ここが知りたい
ロボット
創造設計

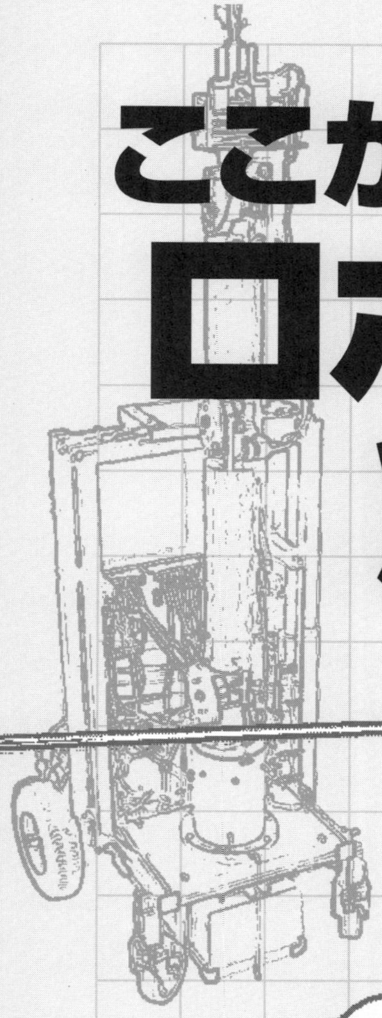

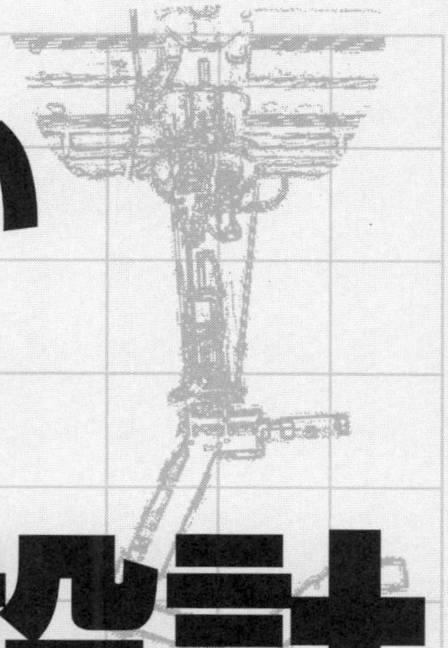

米田　完
大隅　久
坪内孝司
……………共著

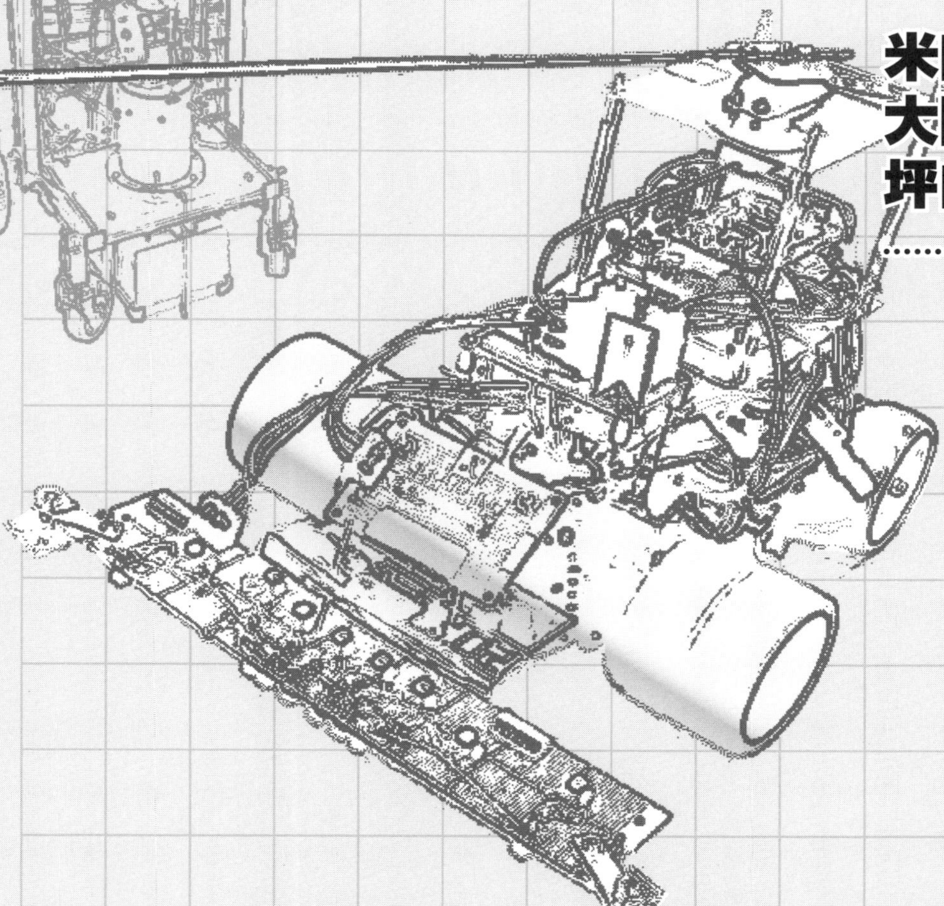

講談社サイエンティフィク

巻頭言

ロボットづくりは好きですか．好きになりたいですか．設計・製作の実力をつけたいですか．本書はロボットについて，もっともっと知りたい読者のために，理論・実践の両面から，とにかくわかりやすく書いています．

ロボットの創造設計には，実にさまざまな知識・ノウハウが必要です．本書ではこれまで教科書には出てこなかったようなことが，たくさん書いてあります．それは，ロボットづくりの専門家に弟子入りしたら教えてもらえる秘伝のワザです．そして，多くの先人の知恵です．それらは，みなさんが設計のアイデアを練るときに，白紙を前にするよりずっと見通しよく，ことがらを整理するのに役立つはずです．

本書はどこから読んでも大丈夫，興味のあるところからどんどん読み進んでください．読みながら自身のロボットづくりに思いをめぐらせてもらえれば，これ以上のことはありません．

創造設計に王道はあるか

よく日本人に不足しているといわれる創造性は，ロボット設計でいえば，「性能を高めるために，単純な前向きの改良的設計ではなく，回り道やジャンプを含んだ開発を，成功に結びつけるように，うまく実施できる能力である」と著者は思っている．

創造性のジャンプの距離は，「頭のやわらかさ」でもあり，残念ながら人間が年をとるとともに衰えていくのが基本である．しかし，たとえば常にスポーツをしている人が動体視力や反射神経の優れた状態を維持しているのと同じように，創造性のジャンプ力も日頃の訓練で高く保つことができる．だいたい，幸いなことに，「ためす」ことを繰り返すことは「訓練する」ことにもなっている．パズルやなぞなぞでも頭の柔軟性が鍛えられるのである．ロボコンに参加したり，製品を開発したり，ロボット研究をすることは，1回ずつの活動は，創造性を「ためしている」にすぎない．しかしこれを常習することで，「訓練」になると考えていいだろう．ただし，この常習的「ためし」を「訓練」にするには，ためしの多様性が必要である．つまり，いつも同じような「ためし」をやっているのでは「訓練」にならない．新たなことに果敢にチャレンジして，いつも新鮮な試練を乗り越えるように活動することが「ためし」を「訓練」化するのである．

創造力アップのためにすべきことは何か

①ジャンプのための助走力をつける．ジャンプの踏み切り台を固める．これはベースとなる技術を身につけることである．よくできないところからジャンプばかりねらっては，基礎のないバラックの城のようなものしかできない．また，踏み切り台の

位置は目標に単純に近いほうがいいとはかぎらない．サッカーのシュートと同じように，脇からねらうのが有効なことも多い．脇道は，すなわち回り道であるが，その回り道の中にジャンプ台あり，なのである．

②ジャンプの方向を見きわめるための知識をたくわえる．課題を整理して目標の位置を把握する．先人のつくった道は最大限に利用することでジャンプすべき距離を節約できる．とくに先人のつくった地図を見せてもらえるならば，これ以上のことはない．大先生や達人に弟子入りすることは，その秘蔵の地図を見せてもらうことである．

③着地時にころばないための反射神経を育てる．ときには現状がジャンプであることを認識していない場合もあるが，問題の飛躍的解決の兆候を見逃さない能力が必要である．

④着地後の進化能力をつける．着地は，ほとんどの場合，目的地そのものには到達していない．ゴルフでいえばホールインワンではない．その後のパッティングの着実さで勝負が決まる．これはその分野の経験による問題解決能力である．ただし，ジャンプした先は，その前の場所と勝手が違うことも多い．そこでの問題解決能力をつけておくためには，「現状では余計なこと」にも手を出しておく必要がある．つまり，専門外のことはまったく興味なし，ではいけない．

創造性のあるプロになれ

プロは知識や技術に習熟し，無意識のうちに正しい選択と着実な作業を行うものである．それには，同じことを飽きるほど繰り返さなければならない．そうして安定した仕事ができるのである．しかし，仕事の界面を活性化させ，周囲の情報をとり入れ，いつでもジャンプの機会をうかがい，ジャンプ先の行動のために「現在は余計なこと」もやっておく，というのが創造性のあるプロの態度であるべきだと思う．

本書は，このようなロボット創造の過程を手助けするために書かれている．まず，ジャンプの踏み切り台となる基礎が書いてある．これを読んでジャンプ踏み切り地点をできるだけ目標に近づけてほしい．場合によっては(実は多くの場合)これらの基礎知識だけでジャンプなしで目標点に到達できるはずである．また本書には，ロボット創造には直接関係しないようにも思える「回り道」がたくさん書いてある．これらはきっとジャンプ着地時の立ち上がり能力となるであろう．そして本書ではさらに，これまであまり広まらなかった，実は大事なノウハウ的なこと，いわばロボット創造界隈の秘蔵の「地図」を公開している．これをジャンプの方向性を見いだすための指針にしてほしい．

2005年7月

著者代表　米田　完

目　次

第１部　ロボット創造設計

第２部　ロボット工学百科

姉妹編
「はじめてのロボット創造設計」
目　次

第１部　ロボット創造設計

第２部　ロボット工学百科

第 1 部　ロボット創造設計

1 車輪型ロボットの創造設計

1.1 車輪型ロボットの活動範囲を広げるために

車輪は生物にはない，人類の発明した機械である．その性能はすばらしい．重い自動車も軽々と走り，スピードは脚型の比ではない．現在でも車輪付きの機械は，自動車をはじめ手押しの台車や旅行用カートまで，たいへん多く使われている．しかしそのほとんどは，車輪用に整備された平坦な路面，つまり舗装された道路とか，建物内の廊下のような，なめらかな地面で使われる．図1.1のように，もっともっと車輪を活用したい．しかも本書では，人間の助けがいらないロボットとして一人前のものを目標にする．ロボットの活動範囲は人間と同じ，あるいは人間が行けないような危険な地域，さらには宇宙の果ての惑星上まで，決して平坦ではないところに行かなくてはならない．普通の自動車でも，ある程度の荒れ地を走ることはできる．しかしロボットは通常，自動車のように大きくない．小さなボディと小さな車輪では，砂利道のような荒れた路面や，歩道と車道の間のような段差を何事もないかのように進むのはむずかしい．また，小さいからといって台車やカートのように人間に持ってもらいながら進むのでは一人前のロボットになれない．惑星探査ローバーのように，凸凹のところを自分の力で進んでいくロボットの創造設計をしようではないか．

そこで本章では，車輪型ロボットの凹凸走破性能を高めるための技術を解説していく．はじめに，大きな車輪のメリット，前輪より後輪のほうが段差に上りにくい現象などを説明し，全輪駆動や多車輪にすることのメリットなども解説する．これらのことは，なんとなく頭で想像できることであるが，ロボット設計を「なんとなく」から工学的裏付けのあるものにするのが本書の目的であるので，少し詳細に考察する．

さて，車輪型ロボットの形を創造設計するには，どんな形にすると，どんなよいことがあるのか，頭に入れておいて発想するとよい．本書ではどちらかというとスピードレースのような平坦な地形を猛スピードで走るロボットよりは，凸凹道でもいけるようなロボットについて詳しく説明していく．凸凹地形に関しては，たとえ

図1.1 車輪を使おうどこまでも

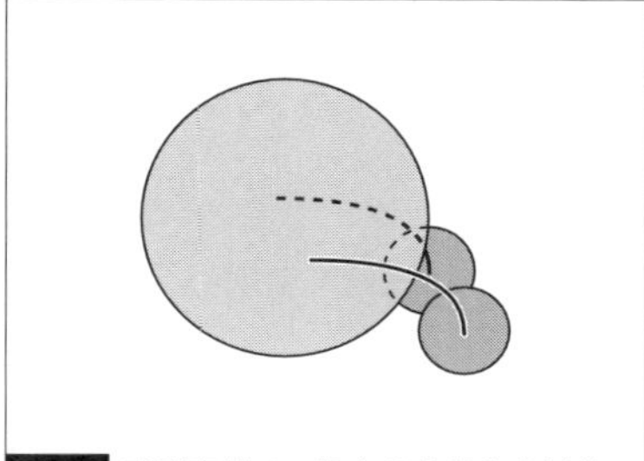

図1.2 球形車輪の3輪車は意外と高性能

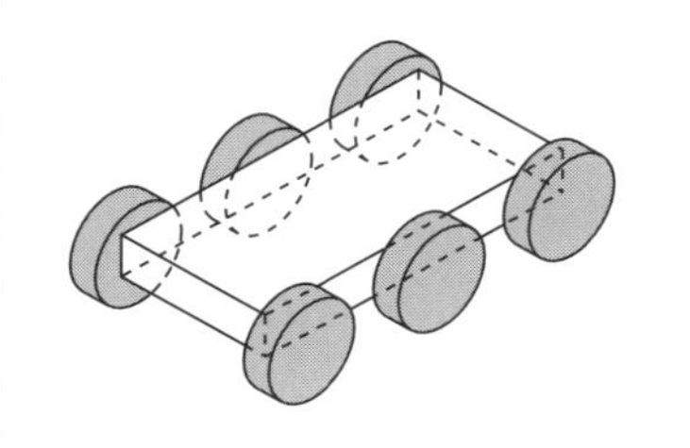

図1.3 サスペンションのない6輪車は凹凸になじまない

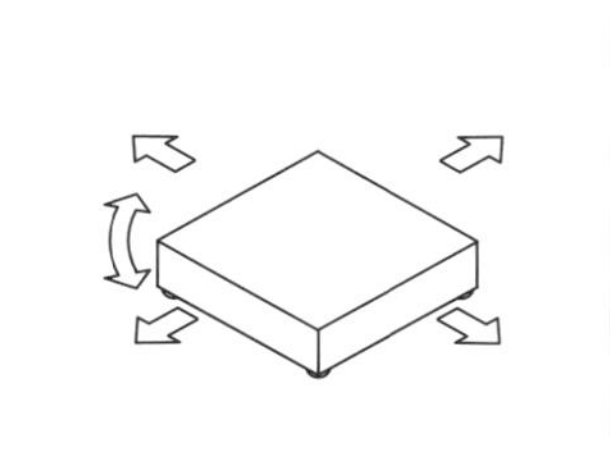

図1.5 進行方向と車体の向きが自在の全方向移動車

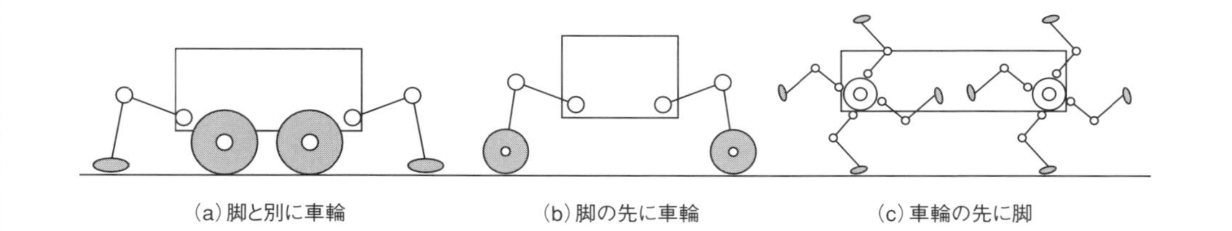

図1.4 車輪と歩行のハイブリッド3形態

ば，図1.2のようなロボットは，けっこういける．このロボットの何がいいのか．前の車輪が大きくて重心が前にあるけれど，どういいのか．この先の本章を読み進んでほしい．

この3輪車は凸凹地形でも常に車輪を接地させていることができる．しかし，この形では，はげしい凹凸があると転んでしまうだろう．そこでもっと広い範囲に車輪が接地する図1.3のような多車輪のロボットがいいと考えられる．しかし胴体にたくさんの車輪を直接つけてしまうと凸凹地形ではいくつかの車輪が浮いてしまう．そこで車輪を上下させるサスペンションのメカニズムが必要になってくる．本章では多車輪型ロボットのサスペンションメカニズムについても説明する．

さらに，車輪型とも歩行型ともいえるようなハイブリッドな構造のロボットも創造できる．代表的なものは図1.4の3種類であろう．このような，ロボットならではの一見変な「かたち」を創造する手がかりを本章で解説しよう．

また，通常の車輪型の機械は，たとえば自動車のように前進後退とカーブができるが，真横に進んだり，斜め方向に平行移動したりはできない．ロボットは狭い場所で活動することも多いから，図1.5のように，どんな方向にも進めてどんな向きにもなれる「全方向移動」が便利なことが多い．本章では全方向移動車両のメカニズムの全貌を整理して解説していく．

ところで，競技のためのロボットは，これらのすべてを駆使して創造設計をすると，確実によい性能を得ることができる．競技では，車輪がスリップして進めないことがよくある．物を持ったら重心がかたよって坂を上れない，相手を押し出そうとしたら自分の前輪がスリップした，などである．どんな設計をすればいいのか，本章を読んでほしい．さらに上級者は，全方向移動ができる競技ロボットに挑戦してほしい．その場で左右に動ける全方向移動のメリットは大きいはずである．

1.2　車輪型ロボットのステアリングメカニズム

車輪型ロボットのメカニズムは，マニピュレータや歩行ロボットのメカニズムにくらべて，ボディの下のほうに隠れてしまうことが多く，注目度が低い．しかし，高速でも地面に吸いつくように揺れずに走行したり，あるいは岩場のような荒れ地で巧みに車輪を上下させて確実なグリップを得ながら進んだり，よい設計のメカニズムは胸のすくような気持ちのよい動作を見せてくれる．

ここでは，平面内運動をするステアリングメカニズムの設計について説明し，次の節で，上下運動をするサスペンションメカニズムの設計について説明する．

1.2.1　ステアリングと車輪の配置

車輪型ロボットをつくるときに最初に決めることは，車輪の数と配置であろう．大きく分類して図1.6の(a)～(c)のような独立2輪駆動型と，(d)，(e)のようなアクティブステアリング型がある．

独立2輪駆動型は左右別々のアクチュエータ(モータ)でそれぞれの車輪を駆動する．その回転速度を等しくすれば直進，差をつければその分だけカーブする．駆動しない車輪は1つ，あるいは2つで，自在キャスタにする．

アクティブステアリング型は，1つのアクチュエータを駆動用に，もう1つのアクチュエータをステアリング用につける．ステアリング用アクチュエータで車輪の角度を変えるとカーブする．

このほかにも4輪操舵型，全方向移動型などの特殊なものがある．特殊なものについては後で紹介する．ここではまず，図1.6のものについて考えよう．

1.2.2　前輪キャスタと後輪キャスタ

小さな車輪型ロボットでは，自動車のようなアクティブステアリング型よりも，独立2輪駆動のほうがつくりやすい．このとき図1.6(a)のようにキャスタを前にするのと，(b)のようにキャスタを後ろにするのと，どちらがよいであろうか．選択の理由になる要素は2つある．1つめは，ロボコンなどでは非常に重要なことで，対象物へのアクセス性である．たとえばロボットがボールを持っていて，これをゴールポストに入れるとしよう．図1.7(a)のように，前キャスタのロボットは，後輪の操作で，前の部分を左右に振ることができる．これによってボールの位置を左右に調整でき，簡単にゴールの真上にボールを持っていくことができる．これがもし後キャスタのロボットであれば，前輪はすぐには左右に動かせないので，ゴールの直近まできて左右にずれているときは，いったんバックしてやり直さなければならない．

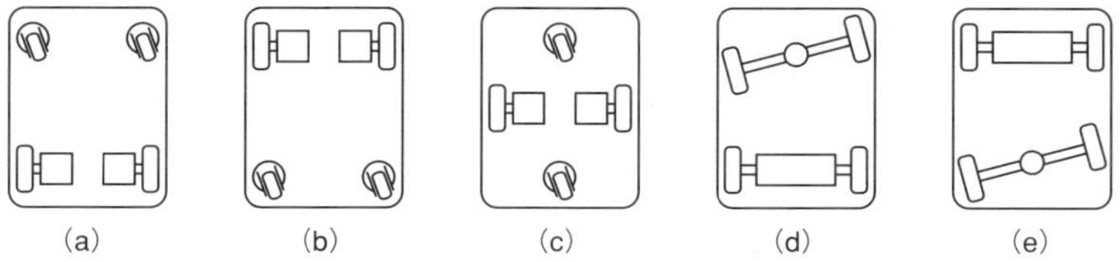

図1.6 ステアリング車輪の配置

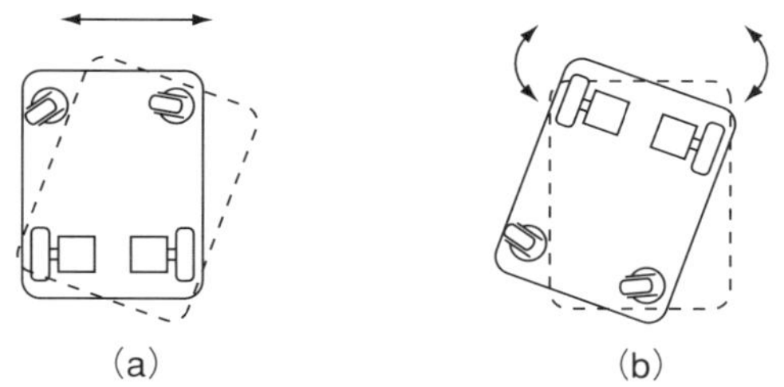

図1.7 前輪キャスタ(a)と後輪キャスタ(b)の挙動

一方，後キャスタのロボットにも長所がある．図1.7(b)のように目的の位置まで達したところで，車体の角度を変えるのが得意である．たとえば，ブルドーザのバケットのような左右に幅広のものを壁に押し当てて地表のものを全部すくい取りたいとする．少し斜めになってしまって左右のどちらかだけが先に壁に当たってしまったら，後キャスタのロボットは，当たったままで角度を変えて壁と平行にすることができる．しかし，前キャスタのロボットは，当たったところを左右にずらさないと角度調整ができない．左右に狭い袋小路のようなところや，二方が壁のコーナーでは，ほとんど身動きできなくなってしまう．キャスタ型ではないが，自動車を駐車場にとめるときも同様である．左右に幅が狭いスペースに通路から直角に曲がって入るには，バックして入れたほうがよい．つまり後キャスタのような運動がよい．以上をまとめると，前キャスタ型はロボットの先頭部分の左右位置調整が得意，後キャスタ型は角度調整による壁やコーナーへの追い込みが得意，ということになる．

2つめの選択要素は，動輪への荷重である．バケットや荷台にボールなどを積んだ状態では，空荷のときよりも大きな駆動力が必要である．このときスリップしないように，積み荷の増加によってキャスタの荷重ではなく動輪の荷重が増える構造がよい．つまり，前方にバケットをもっているならば前輪駆動，後方に荷台があるならば後輪駆動がよい．

このほか，重心の高いロボットが急坂を登るときは，後輪の荷重が増えるので後輪駆動がよい．

なお，独立2輪駆動で，図1.6(c)のように，左右に動輪，前後にキャスタを配置する構造もある．この構造は，車体中央を回転軸にしたその場回転(超信地旋回)ができるため，迷路通過のような狭いコーナー部での方向転換が得意である．また，前輪キャスタと後輪キャスタの中間的な特性をもたせることができる．ただし，駆動輪がきちんと接地するように，キャスタを少し浮かせぎみにしたり，サスペンション機構をつけたりすると，前後にグラグラしやすい．背の高いロボットではとくに注意が必要である．

1.2.3 車軸

ここからは，具体的なメカニズム設計の要点を説明していこう．よいメカニズムの第一歩は，単純だけれどもしっかりと車輪の回転を支持することである．車軸を左右に通さず，1つの車輪だけをベアリングで支持する場合に，図1.8(a)のような1つの普通の(深溝玉軸受けという)ベアリングでは，ガタつきが生じてしまう．深溝

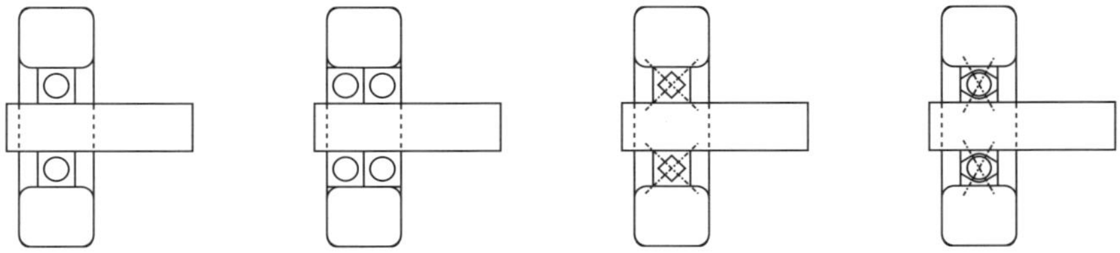

図1.8 車輪のベアリング

玉軸受けはスラスト方向(軸の方向)の平行移動の力には比較的強くガタつきも小さいが，軸を傾けようとする力に対しては弱い．スラスト方向の平行移動の力ではベアリング内のすべてのボールに均等に荷重がかかるが，軸を傾ける力に対しては上下の少数のボールだけが荷重を負担する．そのためボールの変位が大きめになる．それが［タイヤ径/ベアリング径］倍されてタイヤ表面の横方向のガタつきになるから，実際につくってみるとかなり気になる．これは大口径のベアリングを使ってもそれほど改善されない．だから，車輪の単独支持のところはぜひとも図1.8(b)のような2枚重ねのベアリングにしてほしい．なお，図1.8(c)のような，スラスト方向の荷重にきわめて強く，軸を傾ける荷重にもガタつきの少ないクロスローラベアリングというものもある．ただし，現状の市販品の最小径は45 mmで価格も高い．図1.8(d)は4点接触型ベアリングというもので深溝玉軸受けとは溝の形状が違う．深溝玉軸受けは溝の半径がボールより少し大きく，ボールと溝の底が接しているが，4点接触型では溝の中央の曲率を小さく，つまりV字形状にして溝とボールが2点で接触するようにしている．内輪と外輪で合計4点である．ころがり抵抗が若干大きくなるデメリットがあるが，スラスト方向のガタつきが小さい．ただし，それでも軸を傾ける力に対する耐荷重はさほどないようで，実際に使用していると軸を傾けるガタつきが生じてくる．

なお，車軸，ベアリング，車輪(ホイール)の3者をすべてきつく押し込んではめると，すなわち「しまりばめ」にすると分解できなくなるので，車軸とベアリングの間はスルスルと入るくらいの状態がよい．ただし，これは図1.8のように車軸が固定でホイールが空転する構造の場合の話で，動輪などで車軸とホイールは固定で，車体側にベアリングをつけるときは，車軸とベアリングは「しまりばめ」にし，ベアリングと車体間をゆるくする．詳細は本書姉妹編*p.145を参照してほしい．

* 米田 完，坪内孝司，大隅 久，はじめてのロボット創造設計，講談社(2001).

1.2.4 キャスタ

A. キャスタの軸

小型の車輪型ロボットでは，図1.6(a)～(c)のようにキャスタを使うことが多い．もともとキャスタというのはステアリング軸の直線より接地点が後ろにずれているということである．詳しいことは後の「1.2.7 ステアリングジオメトリー」のところで説明するが，簡単にいえば，走行の抵抗でステアリング軸が回転し，車輪が進行方向を向くのである．だから，キャスタのステアリング軸は，ごく軽く回るようにしたほうがよい．市販のキャスタは，大きなスラスト荷重(軸方向の荷重，この場合は鉛直荷重)がかかったときにも，小さいトルクで回転させられるように，スラストベアリングの構造になっている．購入するときは，この部分がしっかりしたものを

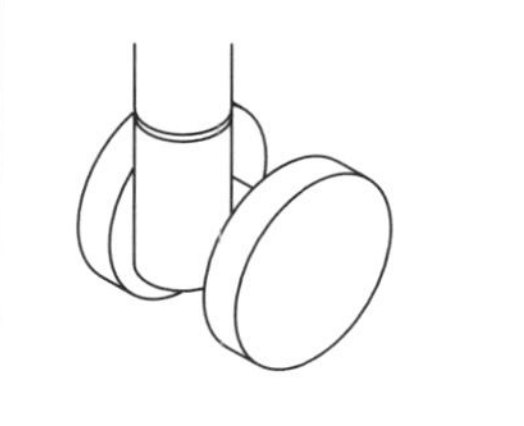

図1.9 双輪キャスタ

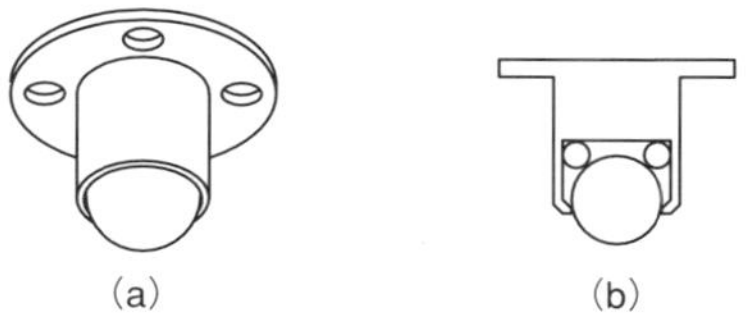

図1.10 ボールキャスタ

選ぼう．

キャスタのメカニズムを自分でつくる場合は，ステアリング軸にはスラストベアリングを使うか，ラジアルベアリングを2段重ねにするとよい．いずれにしても，荷重がかかったときにステアリングの軸線が傾かないように，しっかり支持しなければいけない．また，車軸も前述のようにベアリングを2重にして，ふらつかないようにする．なお，キャスタが進行方向後方にきちんと向くためには，ステアリング軸が地面に垂直でないといけないから，キャスタにサスペンションをつけるときは，軸ができるだけ傾かないようにしたほうがよい．詳しくは「1.3 車輪型ロボットのサスペンションのメカニズム」に示した．

図1.9のような双輪キャスタは，地面上で車輪をステアリングさせるときの回転抵抗が小さい．1つの車輪について見てみれば，ステアリング軸の直線と接地点が横にずれているから，車輪を回転させずにステアリング軸を回す，いわゆる据え切り状態にならないという長所がある．このような状態を，キングピンオフセットがついているという（詳しくは☞1.2.7項）．

なお，市販のキャスタの車軸部分にボールベアリングが入っていないのが気になるかもしれない．しかし，本章後半の「1.5.1 車軸に働く力と摩擦トルク」に説明するように，車輪径にくらべて車軸径が細ければ，すべり軸受けでも摩擦によるトルクは小さい．

B. キャスタの材質

小型のキャスタの車輪はナイロン製かゴム製が一般的である．大荷重をささえる大きなキャスタの車輪は，スチール（鋼鉄）のホイールにゴムのタイヤがついているものもある．ナイロン製のタイヤは，ころがり抵抗が小さいが，かたい路面では走行音（転動音）が大きい．また，ゴムよりも弾力がなくて，細かい凸凹に合わせてタイヤがへこまないから，屋外の舗装道路などには向いていない．

C. ボールキャスタ

図1.10(a)ようなボールキャスタというのもある．ステアリング軸がクルッと回らなくても全方向にスムーズに転がって調子がいいように思われる．しかし，中は図1.10(b)のようになっていて，結局，ボールベアリングのような「ころがり」ではなくて，「すべり」によって運動を支持している．だから，荷重が大きいと回転の抵抗が大きくなってしまう．小さなロボットで，ささえる力が小さいときに限定して使用したほうがよいだろう．

ボールキャスタにはもう1つ欠点がある．普通の車輪は円盤型で幅（厚み）があるから，接地点は横に幅広の線状になるが，ボールキャスタは球なので，接地点がほとんど点である．カーペットのような路面では沈み込みがはげしく，走行抵抗が大きくなってしまう．さらに，ころがっていくと接地していた面が内部に入っていくので，ゴミや水分の付着に弱い．また，ボールは変形の小さい材料でなければならないので，スチールを使用しており，大径のものにすると重くなってしまうという欠点もある．

1.2.5 アクティブステアリング

キャスタを使わず，ステアリング軸をアクチュエータで駆動して方向を変える機構は，自動車では一般的であるが，ロボットに使われることは比較的少ない．そのメカニズムは少し複雑になるが，キャスタ方式よりも直進安定性のよい車両をつくることができる．

ステアリング機構は，車輪がころがる方向は前後だけで，左右にはすべらないことを利用している．つまり瞬間的な進行方向は必ず車軸に垂直な方向になる．このことを頭に入れて働きを見てみよう．

ステアリングの機構は図1.11のように左右の前輪が同一軸のものと，独立しているものがある．このときの旋回中心は，図1.11(a)では前2輪の共通車軸の延長線上，図1.11(b)では前輪の車軸を延長した2つの直線の交点となる．前輪の角度のみを変えるステアリング機構の車両では，後輪の旋回中心はその車軸の延長線上，つまり後輪の真横に限定されるから，図1.11(b)のタイプでは前輪2つの車軸の交点が後輪の真横にくるようにする．厳密に常にそうなるわけではないが，アッカーマンリンクと呼ぶ4節リンク機構によってこれを実現できる．これについては次項で説明する．

同様に，前後の機構が逆になったもの，つまり前輪が固定軸で後輪がステアリングする場合には後2輪の車軸の延長線が前輪車軸の延長線上で交差するようにする．実例では，フォークリフトが後輪ステアリングになっている．フォークリフトは前に大きな荷物をかかえるから，荷物と車体を合わせて考えれば，前輪車軸のあたりが前後方向の中央で，旋回中心の位置が中央くらいにくるというわけである．

ところで，図1.11では，(a)のほうがずっと単純でつくりやすいが，ちょっと複雑な(b)のほうがよいことが2つある．1つは，図1.11(a)だと前輪の位置が大きく前後するから，前輪の周辺を大きく空けておかなくてはいけない．自動車であればエンジンを置くスペースが減ってしまう．高速に走行する小型ロボットでは，シャーシ底面はできれば低いほうがよい．つまり，図1.12(a)のように車輪の上にシャーシではなくて，図1.12(b)のようにシャーシの横に車輪を配置したい．図1.11(a)では，それがやりにくい．2つめは，支持領域の広さの違いである．図1.11(a)だと4輪の接地点を結んでできる四角形の領域が狭くなってしまい，荷物などで重心がかたよ

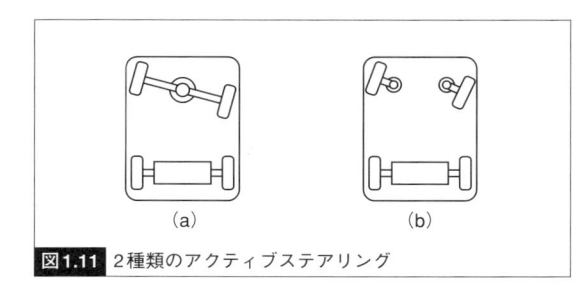

図1.11 2種類のアクティブステアリング

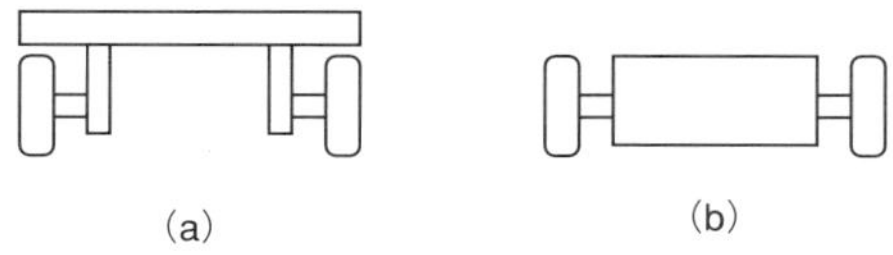

図1.12 車輪とシャーシの関係

っている場合や，カーブで遠心力が働く場合に左右に転倒しやすくなってしまう．一方，図1.11(b)ならば四角形はほとんど変化しないので，左右に踏ん張った状態はそのまま維持できる．

1.2.6 アッカーマンステアリング機構

図1.11(b)のように，ステアリング角度が左右別々に設定できる構造では，前2輪の車軸の延長線の交点が後輪の車軸の延長線上にくるようにするために，アッカーマンリンクと呼ぶ図1.13(a)のような4節リンク機構が使われる．図には表されていないが2つのキングピンを結ぶシャーシ自体が1つの節であるから合計4つの節になっている．この機構はリンクの四辺形が中立位置で長方形ではなく台形になっているところが特徴である．長方形ならば2つの車軸は常に平行で，その交点は無限遠になる．台形の場合はどうか．ここでは前輪のステアリング機構の各軸はすべて鉛直であるとしよう．実際の自動車の車輪の旋回軸(キングピン軸という)は下部が外側より，つまり前から見て左右2つの軸がハの字になっている．次項で説明するように，車輪接地点とステアリング軸線を近づけるためである．それを簡単化して上から見た平面上で考えられるように，キングピン軸も鉛直であるとする．図1.13(a)のように，左右それぞれのキングピンとタイロッドエンド(図の下側の棒の両端)を結んだ直線が，後輪の車軸上で交わるようにすると，ほぼ具合のよい特性が得られる．これをアッカーマン-ジャントーの原理という．厳密にステアリング中心が後軸上に一致するわけではない．図1.13(b)のように，前2軸の交点は，ステアリング半径が大きいときはやや後方になる．このように前2輪の車軸線の交点Aを見ると，かなり後方であるが，それぞれの前輪車軸線と後輪車軸線との交点B，Cはそれほど離れていない．自動車では，旋回中は車体にかかる遠心力で外側の車輪に大きな荷重がかかるので，ほぼB点が中心になるといわれている．

1.2.7 ステアリングジオメトリー

ステアリング機構の各部の設計値によって，車両の直進安定性のよし悪しや，ステアリングトルクの大小，あるいは駆動と制動の力がステアリング回転にどう影響するかが変わる．まず，直進性がよいとはどういうことか．ほんとうは，凹凸があってもまっすぐに進むなど，後の項で出てくるサスペンション機構ともからんでくるのだが，ここでは平面走行を考えよう．競技用ロボットの設計では，直線のスピードコースでふらつかないで矢のように突っ走る車両を設計する手がかりとなるは

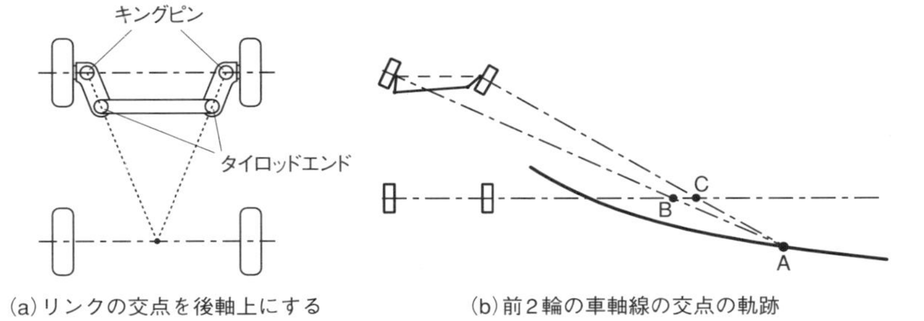

(a)リンクの交点を後軸上にする　(b)前2輪の車軸線の交点の軌跡

図1.13 アッカーマン-ジャントーのステアリング

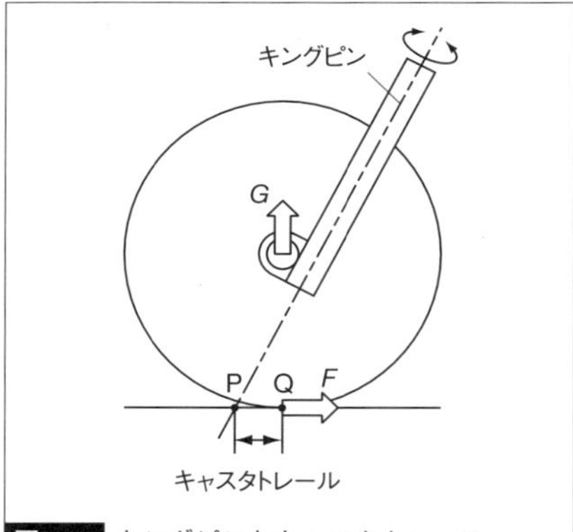

図1.14 キングピンとキャスタトレール

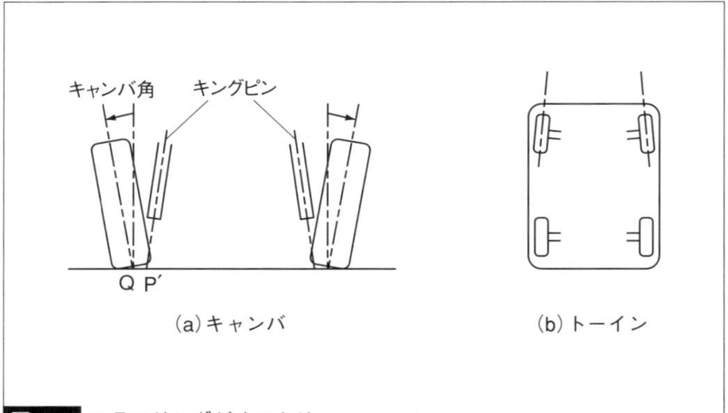

図1.15 ステアリングジオメトリ

ずである．

図1.14のような，車輪のステアリング用の軸を「キングピン」という．横から見て，この軸は若干傾斜させて，しかも車軸より少し下を通るように設計する．これはなぜかというと，車両の重量で車輪が下に押しつけられる力が，ステアリングを直進する位置(中立位置)に向かわせるような力になるようにするためである．車両の重量をささえる力Gは，車輪の接地点に作用し，そのままステアリング機構中の車軸の部分に上向きにかかる．これは，キングピン軸を中心として首を横に振るような回転に対して，まっすぐに立たせるような力を受けていることになる．こうして，重力によってステアリングが中立位置に向かうようになる．これは自転車でも同じである．ハンドル軸が後傾し，その軸線は前輪の車軸よりも下にあるはずである．

次に，横から見てキングピンの延長線が地面と交わる点Pを，車輪の接地点Qよりも前方にする．この距離PQをキャスタトレールという．車両が前進したときには，車輪のころがり抵抗によって，図のように車輪が接地点Qで後ろ向きの力Fを受ける．キングピン軸が接地点より前方にあるから，このFによってステアリングが中立位置に向かおうとする．スピードを出せば出すほど，ころがり抵抗が大きくなるので，中立位置に向かおうとする力が大きくなる．高速走行時は，ステアリングを中立位置からずらそうとするとトルクがいるわけだが，高速では，ほとんどステアリングを回さずに走るので，ちょうどよい．自転車のハンドル軸も，その延長線が地面と交わる点は，車輪の接地点よりも前にある．

以上の2つが，直進安定性を生み出す設計の基本であるが，このほかにも，ステアリング設計の要点としては，次のような項目がある．自動車のステアリングでは図1.15(a)のように，前2輪を前から見て下すぼまりになるように傾ける．この角度をキャンバ角という．また，図1.15(b)のように，前2輪を上から見て，前方すぼまりになるようにする．これをトーインという．キャンバ角をつけると，車輪が地面にベタつきでなくなるので，ステアリングのためのトルクが小さくてすむ．また，サスペンションをつけると，だいたい沈み込むと下広がりになるので，通常位置ではそれと反対の角度をつけておく意味もある．しかし，この角度の影響で，前進すると前2輪が左右の外側に向かっていこうとする．これを解消するために，トーインにする．また，図1.15(a)のように，キングピンには，前から見て下広がりになるような角度をつける．キングピン軸は，接地点の真上につけられればよいのだが，スペース的に(自動車ではブレーキディスクがあったりして)ホイールの中央にはおさまりにくいので，内側に位置させる．そして，キングピン軸の延長線が地面と交わる点P′が接地点Qに近くなるように，キングピンを下広がりに傾ける．それでもP′とQは少し離れていて，この距離をキングピンオフセットという．キングピンオフセットがあると，車輪にトルクをかけると，キングピン軸回りに回転しようとするトルクが生じてしまう．そこで，とくに駆動輪では，このキングピンオフセットをほぼゼロにする．これは，カーブの途中で駆動力をかけると，直進するほうに軌道がずれるアンダーステア，逆にますます曲がるほうにずれるオーバーステアという特性にも関係してくる．

以上の設計は，キャスタトレールを設けることと，キングピンを後傾させて車軸より下にすることの2点を除けば，小さなロボットでは，ほとんど気にする必要はないだろう．一方，大きくて高速走行をする自動車では非常に重要なことである．大きめの乗用車がステアリングを切った状態でとまっていたら，その車輪の角度をよく見てみよう．鉛直軸回り以外の回転角度もかなりついているのがわかる．

1.2.8 ディファレンシャルギア

カーブを曲がっているときの車輪の回転速度は，左右で違う．外側のほうが速く回る．独立2輪駆動方式では，これを利用してカーブさせるわけだが，アクティブステアリング方式では，駆動輪の左右の回転速度差を許容しなければならない．駆動輪のアクチュエータが1つのときは，ディファレンシャルギア(差動歯車．☞本書姉妹編p.193)を用いる．

これは図1.16のように，かさ歯車を組み合わせたものである．小かさ歯車をアクチュエータで公転させ，左右2枚の大かさ歯車に回転を伝える．大かさ歯車は車輪とつながっている．左右の車輪の速度差がないときは，小かさ歯車は自転しない．つまり，小かさ歯車と大かさ歯車のかみ合い部はころがらずに，一体となって回る．左右の車輪の速度差があるときは，その分だけ小かさ歯車が自転する．

ディファレンシャルギアでは，左右の車輪の速度は違うが，トルクが等しい．小かさ歯車は自転していても，図1.17のように，左右2か所のかみ合い部分の力が等しい．つまり，小かさ歯車の公転トルクは，左右の大かさ歯車に等分配される．こうして，速度差のある左右の車輪に，等しい駆動力が伝えられるのである．

なお，アクチュエータからの入力部分は，図1.18のようにかさ歯車を使って車軸とアクチュエータ軸を直交させることもできる．よく勘違いするが，このかさ歯車は，差動の機能とは関係ない．

ディファレンシャルギアは，左右の車輪が良好にグリップしているときはよいが，

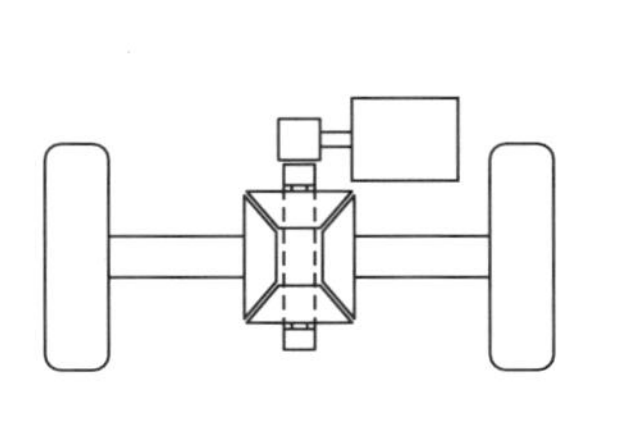
図1.16 ディファレンシャルギア

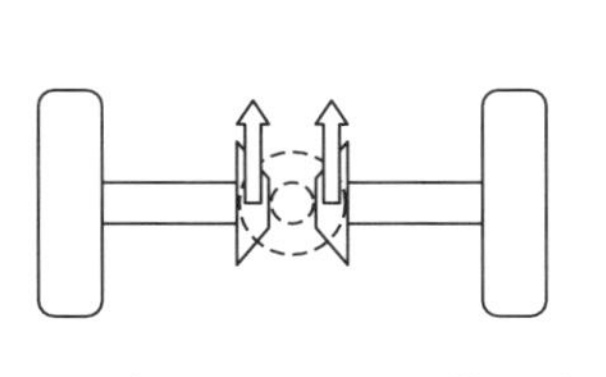
図1.17 ディファレンシャルギアによる力の等配分

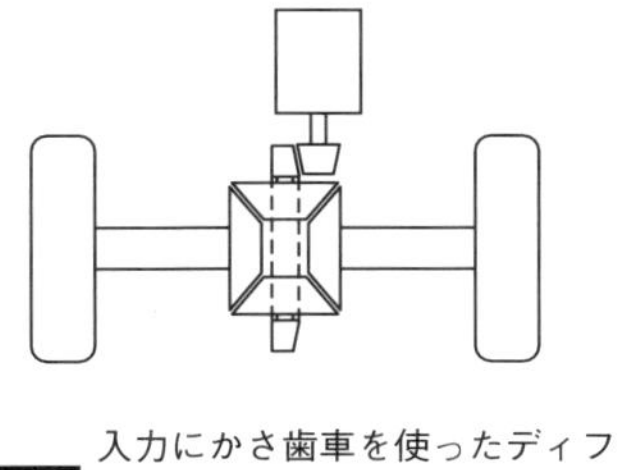
図1.18 入力にかさ歯車を使ったディファレンシャルギア

片方がスリップすると，両方とも進まなくなる．スリップした接地部は，静止摩擦から動摩擦に移行して摩擦力が減少し，駆動力が伝えられなくなる．左右等トルク分配なので，スリップしていない車輪にも駆動力が伝えられなくなる．こうして，片方がぬかるみにはまったような状態では，ぬかるみ側車輪は空転し，反対側車輪もトルクが出なくなって，前進できなくなる．これを防止するために，リミテッドスリップデフと呼ぶ機構が使われる．これは，摩擦力や遠心力あるいは粘性を利用して，回転差の大きいときにはトルクを等分配しない機構であるが，詳細は省略する．

小型のロボットやおもちゃで，前進のみ(正確には，前進トルクのみ，ブレーキなし)のときには，ディファレンシャルギアの代わりにワンウェイクラッチを使うこともできる．一方向のみに回転するベアリングのようなもので，これを左右両方の駆動輪のホイール部に入れる．自転車の後輪のラチェット機構と同じである．回転の速いほうの車輪は空転していることになる．地面との摩擦力を最大限に利用して加速しようという場合には，不利である．

なお，4輪駆動車では，前後の車輪の間にも速度差が生じるので，ディファレンシャルギアが必要である．つまり，前2輪間，後2輪間，前後間の3つのディファレンシャルギアをつけなくてはいけない．前後の速度差は凹凸地形の場合にも生じる．急な上りの途中の車輪と，水平な部分に接地した車輪では，同一車両内でも速度が違う．図1.19のように，斜面の角度変化が大きな部分に近い車輪は速度が大きくなる．正確には，図1.19のように前後輪の接地部の法線(面に垂直な線)の交点が車両の瞬間回転中心(完全な並進以外は瞬間的にその点回りの回転運動と考えられる)となる．この中心点から遠い車輪は速度が大きい．

1.2.9 4輪ステアリングメカニズムと連接車両

自動車が小さい半径でコーナーを曲がるとき，図1.20のように後輪が前輪より内側を通る．これは内輪差といって，前輪だけのステアリングを行っているかぎり避けられない．同じことが前輪だけがキャスタで後輪が固定軸の台車でも起こる．小さな室内で角を曲がろうとしたときに内側の家具などに当たってしまう．このとき，もし後輪が少し横にずれてくれたら，家具に当たらずにコーナーを通過できる．ロボットが狭いところで活躍できるようにするには，前輪だけでなく後輪もステアリング機能があるほうがよい．

そこで，前輪と後輪をともに曲げる4輪ステアリング(4 wheel steering = 4WS)

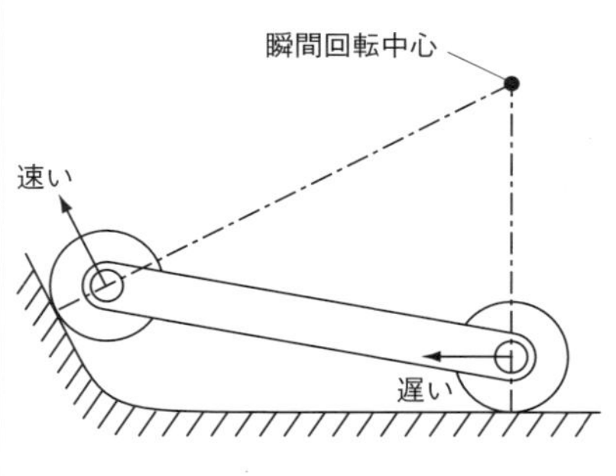

図1.19 斜面では車輪速度に差がある

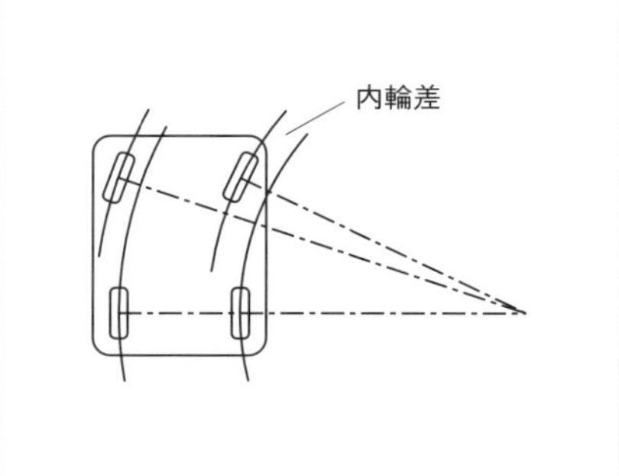

図1.20 2輪ステアリングの内輪差

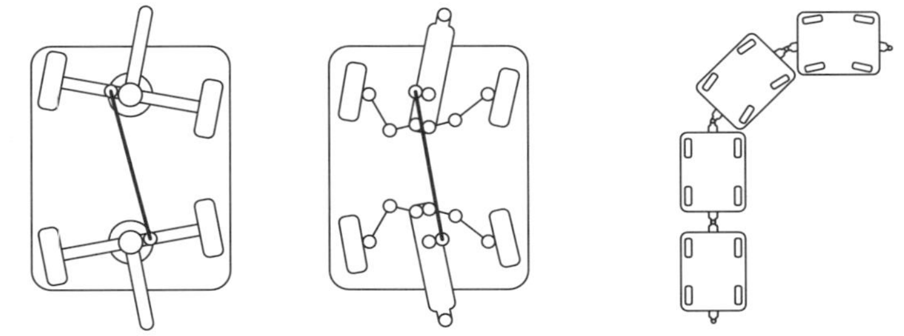

図1.21 4輪ステアリングの内輪差

の機構を見てみよう．もし，ステアリングのためのアクチュエータを前輪2つ用と後輪2つ用に別々に装備するならば，旋回の中心はどこにでももってくることができる．しかし，通常の実用的な車両では，図1.21(a)，(b)のようなリンク機構で前後のステアリングを連動させている．

この4輪ステアリングを図1.21(c)のような連接車両に使うと，先頭車のたどった軌道を後続車もたどっていくようにできる．空港で荷物を運ぶ車両などに使われる．

図1.21(a)のような左右一体のステアリングは，機構は単純だが，安定支持範囲，つまり4つの接地点でつくる四角形エリアが狭くなる．これは，2輪ステアリングのときも同じだが，4輪ステアリングでは前後ともに回転するから，支持範囲の左右幅が狭くなって倒れやすくなる．とくに連接車両の中間部では，カーブ中の牽引力が内側に向くので，内側に倒れやすい*．

* 鉄道模型をカーブに並べて，前後両側から引っ張ると，内側に倒れるのを知っている読者もいるだろう．

1.3 車輪型ロボットのサスペンションメカニズム

ここでは，車輪の上下方向の動きをつかさどるサスペンションのメカニズムについて説明する．平地だけを走行するからサスペンションはいらない，というのは早計である．4つ以上の車輪をしっかりと接地させるためには，車輪の上下位置を調整する機構が必要である．車輪をスポンジやゴムにして弾性をもたせることも，その解決法の一種であるが，やわらかすぎる車輪は走行抵抗が大きくなる．とくにスピードを出すときには不利である．そこで，ほぼ平地をスピード走行するロボットから，はげしい凹凸のある地形を走破するロボットまで，サスペンションメカニズムの基本を説明しよう．

1.3.1 サスペンションの機能

サスペンションには，大きく分けて2つの機能がある．1つは，すべての車輪を適正な圧力で接地させる機能である．3輪車には，この機能はなくてもよい．しかし4輪以上でサスペンションがない場合には，いわゆる「不静定」という位置が決まっても力の配分が決まらないという状態になる．これがはげしくなると1輪が浮いた状態になる．日常では，机の4つの脚のうち，1つが浮いてガタガタするのがこの状態である．浮くほどではなくて目には見えないけれども，1つの脚にはほとんど荷重がかかっていないということもある．サスペンションの第一の機能は，このような接地力の配分を均等に近くすることである．これは力学的にいえば，静的な力についての話である．

サスペンションの第二の機能は，凹凸地面を走行しても車体があまり揺れないようにする，つまりショックを吸収して振動を抑制することである．これは力学的にいえば，動的な力についての話であり，「1.6 車輪型ロボットの動力学」で詳しく説明する．

凹凸の大きな不整地で良好な接地力配分を実現するには，大きなサスペンションストロークがあり，しかもその変位した位置によってあまり発生力が変わらないのがよい．それには弱いスプリング，つまりばね定数の小さいスプリングを，自然長よりもかなり縮めた状態で使用するのがよい．ただし，このような弱いスプリングを単純にすべての車輪につけてしまうと，車体の傾きを復元する力が弱く，ゆらゆらと揺れるような車両になってしまう．そこで，イコライザと呼ぶ力均等配分メカニズムを使うとよい．具体的なメカニズムを4輪と6輪以上に分けて次項以降に説明する．

1.3.2 サスペンションアーム

サスペンションのメカニズムは，車輪をスムーズに上下させることが基本である．上下動は，図1.22(a)のような，完全な鉛直の平行移動が理想だと思うかもしれないが，そうでもない．図1.22(b)のように，斜めに上下すると，地面の凹凸をうまく吸収してくれる．たとえば，凸部に乗り上げるときのことを考えよう．凸部に当たった車輪は，質量がある物体だから瞬時には上昇できない．しかし，車両の前進速度はそのままキープしたい．そのためには，凸部に当たった車輪を少し後退させながら上昇させればよい．これを実現するのが図1.22(b)の，斜め伸縮型のサスペンションである．なお，このように車軸に直接，伸縮するシリンダ(通常ここをダンパとする)をつけ，これと同軸にスプリングをつけたサスペンションをストラット型という．

図1.22(c)のタイプは，トレーリングアーム型と呼ばれ，(b)と同様に，車輪が上昇するときに後退して，凸部乗り上げがスムーズにできる．なお，バイクは前輪がストラット型，後輪がトレーリングアーム型のものが多い．

図1.22(d)のような単純な横向きのスイングアームは，上下すると車軸の角度が変わるので，あまりよくない．これを改善するために，上下2段の平行リンク機構にしたのが図1.22(e)のダブルウィッシュボーンタイプである．自動車では，上下のスイング部をそれぞれ前後2本の棒で構成するが，小型のロボットならそれぞれ水平な一枚板でいいだろう．このほかにもマルチリンクなど，複雑な構成のサスペンションもあるが，ロボットに採用するのは大げさかと思われる．

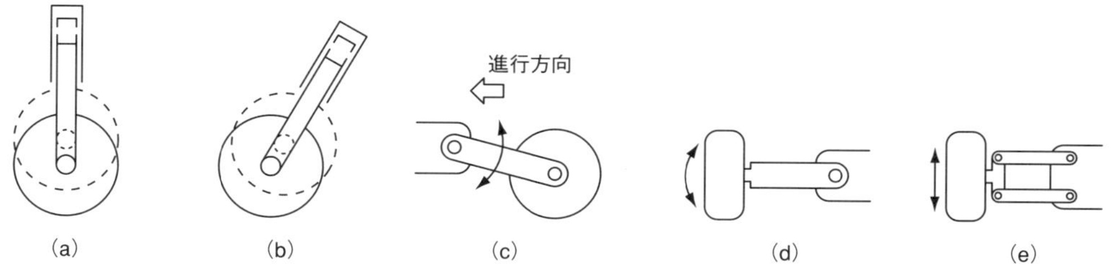

図1.22 サスペンション形式と車輪の移動

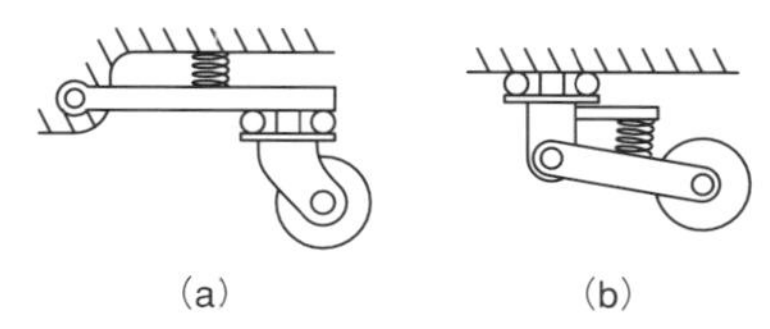

図1.23 自在キャスタにサスペンションをつける

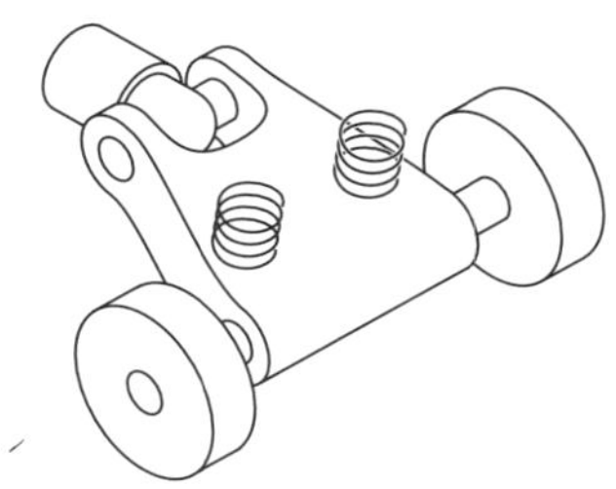
図1.24 2自由度サスペンション

ステアリングで角度の変わる車輪のサスペンションの設計は，注意が必要である．ステアリングの回転運動とサスペンション上下運動とが干渉し合わないようにする必要がある．たとえば，キャスタにサスペンションをつけるときには，上下動でステアリングの軸(キングピン軸)が傾いてしまわないようにする．図1.23(a)のようにステアリング軸の上にばねを配置すると，傾いてしまう．そこで，図1.23(b)のようにステアリング軸と車軸の間にばねを配置するとよい．市販のキャスタをそのまま使うと，どうしても図1.23(a)のタイプになってしまうが，その場合も，キングピンからサスペンションの支点までの距離をできるだけ長くとるようにする．

ここまでは，車輪1つのサスペンションを見てきたが，左右の2輪をまとめて上下させるサスペンションもつくることができる．もっとも単純なのは，図1.22(c)のトレーリングアームに左右2輪をそのままつけるものである．ただし，2輪は同じ上下動しかしない．そこで，図1.24のように，トレーリングアームを2自由度のジョイントで支持して，左右の2輪が別々に上下できるようにする．これは，横から見ればトレーリングアームだが，前後方向から見れば図1.22(d)と同じスイングアームである．アームには，スプリングを左右に2つつける．スプリングの取り付け位置はどうすればよいだろうか．横から見たトレーリングアームとしてのばね定数(ここでは，車輪にかかる力/車輪の上下変位)と，前後から見たスイングアームとしてのばね定数を別々に設計できる．トレーリングアームとしてのばね定数を大きくしたいときには，2本のスプリングを支点から遠く，つまり車輪に近く取り付ける．スイングアームとしてのばね定数を大きくしたいときには，2本のスプリングを左右に離して取り付ければよい．たとえば，地面の凹凸にやわらかく反応するように，2輪同時の上下動のばね定数を低めにし，車体がロール(左右に傾く)しないように，2輪が逆に動くばね定数を大きめにしたいとしよう．このときは，2本のスプリングを左右に離して，前後方向には支点近くにつければよい．ダンパをつける位置についても同様である．スプリングとダンパの位置を別にすれば，設計のバリエーションが広がる．たとえば，2本のスプリングの左右距離を小さく，2本のダンパの左右距離を大きくすれば，ロール方向のばね定数は小さいけれどダンパの利きは強い，という設計もできる．

なお，サスペンションにつけるスプリングとダンパの定数をどのように選べばよいかについては，「1.6 車輪型ロボットの動力学」で説明する．

1.3.3　4輪車のサスペンション

4輪車のサスペンションは，4つの車輪にそれぞれ前項のようなメカニズムをつけ

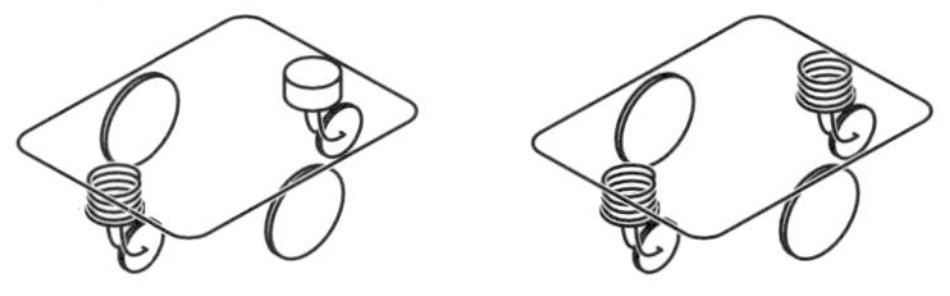

図1.25 前後キャスタ車のサスペンション

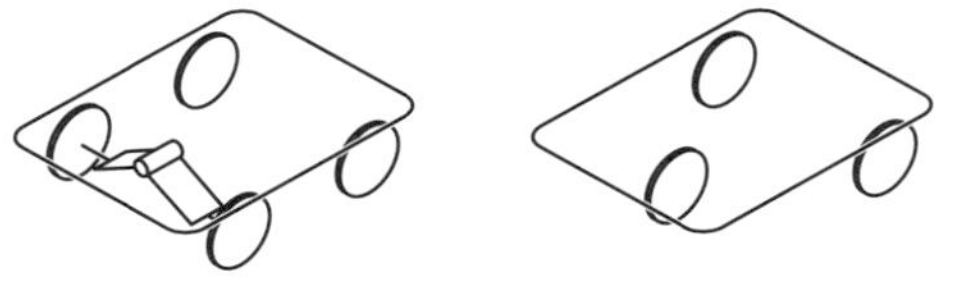

図1.26 ボギー型イコライザと支持範囲

てもよいが，低速で走行するロボットの場合は，より簡単にすることもできる．4つの接地点をもつ車両は，車輪が浮かないようにすることだけを考えれば，1つの車輪だけにサスペンションをつければよい．たとえば図1.25(a)のように，2つの動輪と1つのキャスタは固定で，もう1つのキャスタだけが上下すればよい．しかし，これにはちょっと欠点があって，急ブレーキをかけると，車体が前に傾いてしまいやすい．これはダンパをつけることで改善される．なお，図1.25(b)のように，前後のキャスタを両方ともサスペンション付きにすると，前後揺れ(ピッチング)が起こりやすい．これは，動輪の接地力を大きくしておくために，前後のサスペンションのばね定数を小さくするから，前後方向の傾斜を復元する力(トルク)が不足するのである．

前2輪がキャスタの4輪車の場合は，キャスタを2つともサスペンション付きにしてもよいが，前後にゆらゆらしないようにするには，図1.26(a)のように，キャスタの中央に支点をもつ，ボギーと呼ぶシーソー型のアームをつけるとよい．これによって，左右のキャスタに同じ接地力がかかるようになる．このように力を均等配分するものをイコライザという．つまり，イコライザというのは，差動装置である．ボギーの場合は，中央部の支点が入力で，両端部が出力である．常に入力の半分の力がそれぞれの出力に伝わる．このときの出力の変位はどのくらいでもよい．

イコライザにはスプリングをつける必要はない．ダンパは，場合によってはつけてもよいが，通常は不要である．なぜなら，イコライザで構成されるサスペンションは，ふわふわと漂うような状態ではなく，3本脚のものがしっかりと地面に立っているような状態だからである．もっと正確にいえば，車体の上下動や前後左右の傾きに対して，その変位が無限小でも有限の復元力が働くからである．4輪にスプリングをつけたようなサスペンションでは，変位に比例した復元力が出るので，平衡点近くの無限小の範囲では復元力が働かない．ちょうどスプリングにおもりを吊したのと同じである．上下にゆらゆらとするのが想像できるだろう．この揺れを抑えるためにダンパが必要なのである．

さて，図1.26(a)のようにボギーを使ったサスペンションにも欠点がある．それは，車輪で支持している領域があたかも狭くなったかのように倒れやすいのである．たとえば図1.26(a)の車両は，(b)のような3輪車と同じだけの支持力しか出せない．つまり3輪車と同様に倒れやすい．カーブを高速で走行するときに外側に転倒しやすいだろう．

なお，ボギーをキャスタではなく動輪2つの間につけることもできるが，よい設計とはいえない．このときは，2つのキャスタと動輪の中央部の3点で接地する擬似3輪車になる．普通は動輪の荷重を大きくするために重心を動輪よりにするだろうから，重心が支持三角形(3つの接地点を結ぶ三角形)の細いほうによってしまう．すると，キャスタ側にボギーをつけたときよりもさらに倒れやすくなってしまうからである．

また，図1.27のように，ボギーではなく，車体の中央部のねじり回転部によって，イコライザの機能をもたせることもできる．この場合は3輪車のように支持領域が小さくならない．ただし，中央のボディというものが存在しないので，機器搭載などのレイアウトが難しいだろう．この構成のロボットは「研究室のロボットたち」(p.135)で紹介している．

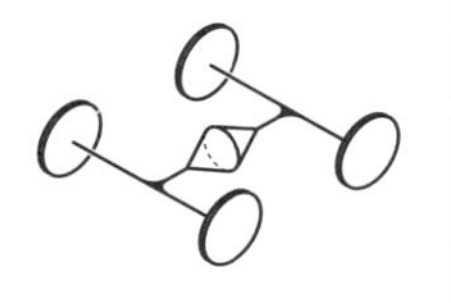

図1.27 車体中央ねじり型イコライザ

1.3.4 6輪(8輪以上)車のサスペンション

6輪以上の車両の接地力適正配分にも，前項のボギー型アーム，すなわちイコライザの方式が基本となる．イコライザによってあたかも3点支持しているかのようにするのである．ただし，4輪車では1つだったイコライザの数は，もっと必要である．その数は，図1.28のように，トーナメント戦の試合数のように考えるとよい．実際の車輪は前後と左右に配置されているが，これを全部一直線にならべて，それぞれの車輪を出場チームとみなす．ただし，決勝戦までやらなくてよい．残りが3チームになるまで，つまり3点支持になるまででよい．このように考えると，4輪車では1つだったイコライザが，6輪車では3つ，8輪車では5つ必要なことがわかる．

イコライザの機能をもつメカニズムとしては，シーソー型のボギー以外に，ねじり型のものがある．図1.29の6輪惑星ローバーは，車体の左右に前後逆で同角度だけスイングするロッカーと呼ばれるアームを使っている．車体に対して差動ギアを介して左右のロッカーがついている．車体を入力，2つのロッカーを出力とすれば，これも差動装置であり，すなわちイコライザである．また，車体を無視すれば，この部分は単なる回転ジョイントである．つまり4輪車の図1.27(ボディ中央ねじり回転)と同じである．図1.29では，左右のロッカーの前端にそれぞれボギーをつけて2つの車輪を支持している．ロッカーの後端は1つの車輪がつけてある．このようにして，6つの車輪を3つのイコライザでつないでいるのである．これをロッカー・ボギーサスペンションと呼んでいる．NASAの火星探査ローバー「パスファインダ」がこの構造である．

1.4 車輪型ロボットの特殊メカニズム

1.4.1 不整地走破のための特殊メカニズム

普通の車輪型ロボットでは，大きな段差は越えられない．だいたい車輪の半径の半分くらいが確実に越えられる限界である．ここでは，階段を上るための特殊な車

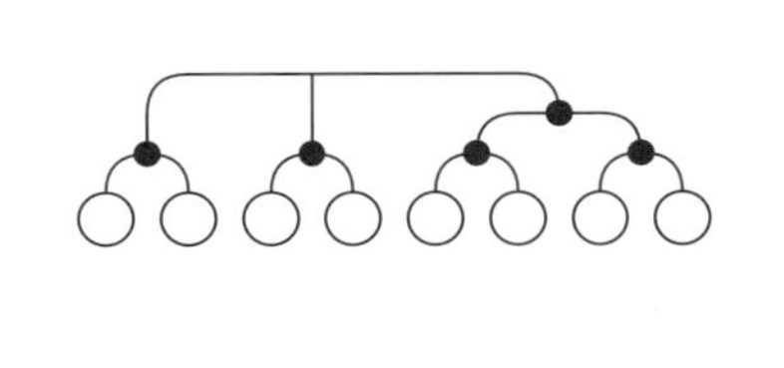

図1.28 イコライザの必要数は上位3チームを選出するトーナメント試合数と同じ

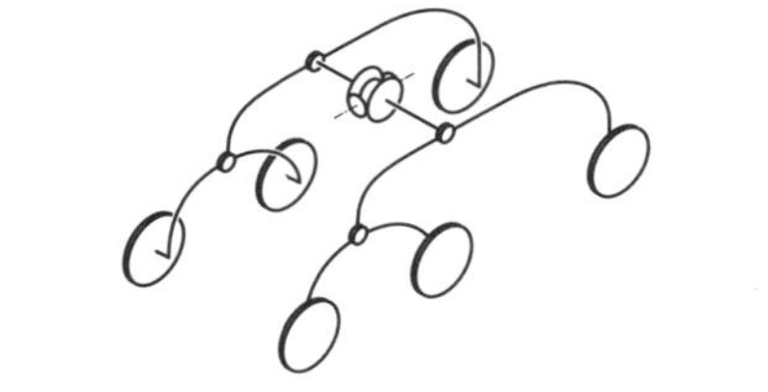

図1.29 ロッカー・ボギー型イコライザ

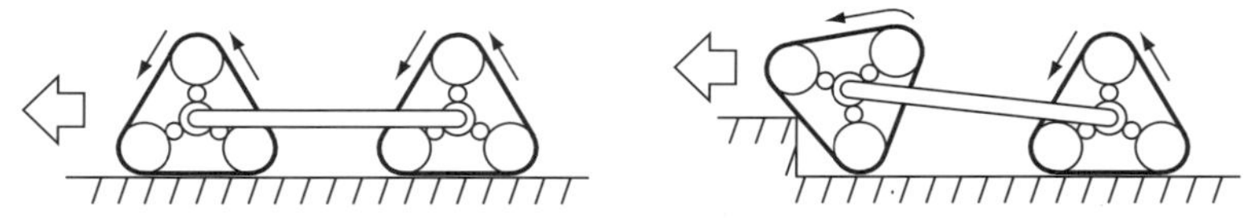
(a)平地ではベルトだけが回転
(b)階段ではホイールごと回転
図1.30 三角形ホイール

輪をもつロボットを紹介しよう．

A. 三角形ホイール

図1.30は，3つの小車輪がついた三角型ホイールで，個々の小車輪も，ホイール全体もモータで駆動するものである．この図では，まわりにベルトがついているが，ベルトなしの車輪だけのものが文献[2]で紹介されている．平地では図1.30(a)のように三角形を回さないで2つの小車輪を地面につけて走り，階段にさしかかると図1.30(b)のように三角形全体を回して段を上ることができる．段の途中で，次の段の手前まで移動するときは1つの小車輪だけを接地させて進むこともできる．この車輪を駆動するのに，三角形ホイール全体用のモータと小車輪用のモータを別々にする必要はない．図1.30のようにギアをつけて，中心にあるギアをモータで駆動する．平地では三角形ホイール全体はころがりにくいから，小車輪が回り，段差にさしかかると小車輪が回らなくなるから，三角形ホイール全体が回り始める．これは，小車輪と三角形ホイールとが差動で，つまりどちらか軽く回るほうが回転するということである．

B. ノッチ付き車輪

図1.31は平行移動する爪がついたホイール[3]である．2枚の円盤を前後に少しずらして配置し，その間をつなぐように爪をつけてある．この爪を階段の角に引っかけて上がろうというものである．胴体につけた傾斜センサの情報をもとに，爪がいつも水平になるように後方の円盤を偏芯軸回りに回転させて調整する．

C. 形状可変クローラ

クローラとは，「キャタピラ」の商品名で呼ばれているような履帯(ベルト)，あるいは履帯付きの車両のことである．図1.32のように状況に応じて形を変えられるクローラがある[4]．大きなクローラベルトの中で車輪の位置を変えている．平地では

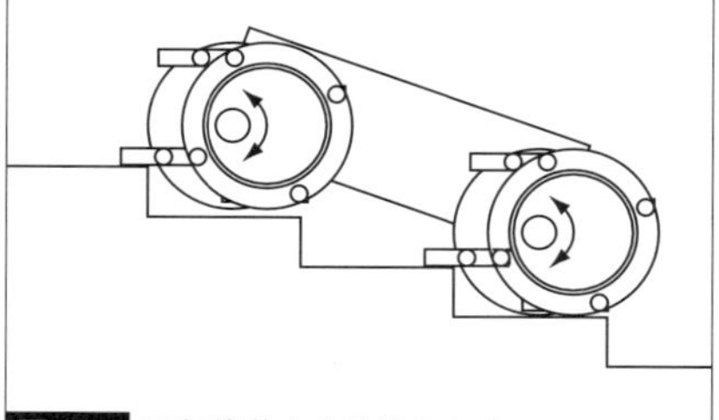
図1.31 平行移動する爪付きホイール

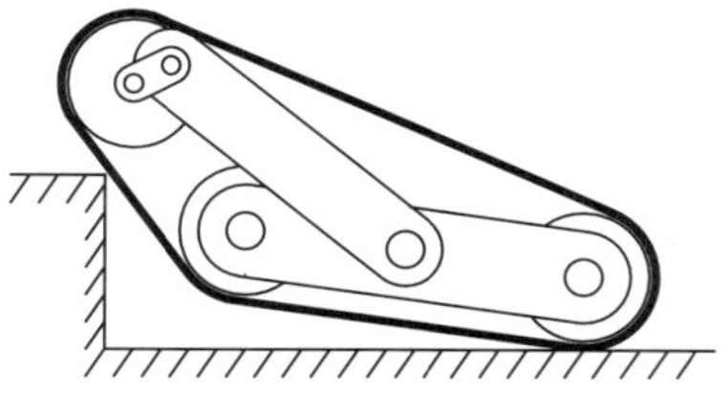
図1.32 形状可変型クローラ

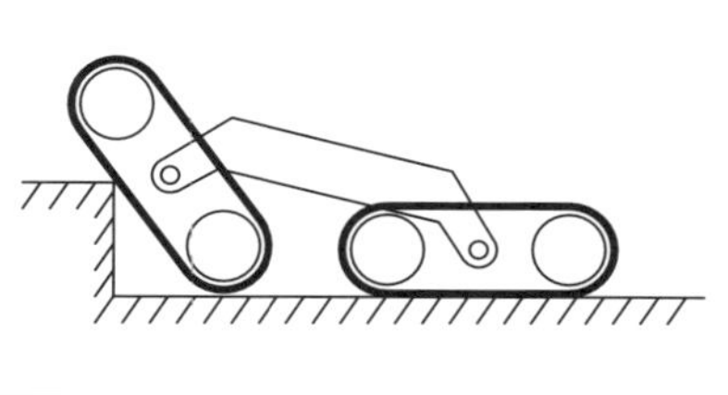

図1.33 4クローラ

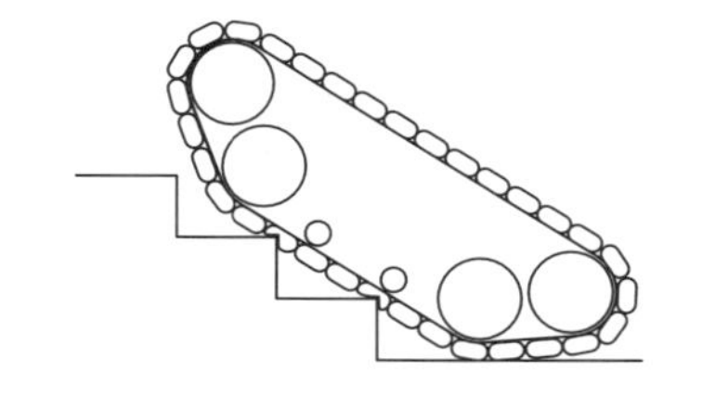

図1.34 形状適応クローラ

ブルドーザのような最前面が半円のクローラだが，段を越えるときには戦車のような最前部が上がった形状にする．上りながら最前部の車輪を押し下げるように形状を変化させて，中間部が上がりやすくすることもできる．

D. 4クローラ

図1.33のように4つのクローラをもち，それらを別々に傾けることができるものもある．これは，図のように凹凸のあるところで車体を水平に保ったり，階段の最上部のような凸型地形でも車体がバタンと急に傾斜することなくなめらかに進んだり，全体を高くして車体につけたマニピュレータの到達点を高めたりできる．その場旋回をするときは，4つのクローラの外側をはね上げて中央よりだけを接地させ，クローラと地面とが横すべり方向にこすれあうのを軽減することができる．

E. 対地適応変形クローラ

図1.34のクローラは，形状は通常のいわゆる戦車型であるが，履帯の表面の材質が特殊である．写真は「研究室のロボットたち」(p.136)を見ていただきたい．図のように階段などの凹凸に合わせてへこみ，そのままの形でかたくなるような性質をもっている．そうすると，階段の角のところで良好なグリップが得られ，表面自体はツルツルでもすべり落ちたりしない．この性質は，袋の中に粉体を詰めて実現している．ちょうどソバ殻の枕や米の入った袋のような感触である．試作機では消防ホースを短く切って裏返して袋状にしたものの中に小麦粉を詰めている．消防ホースは，表は布の編み物であるが，裏には樹脂のコーティングがしてあるので，多少の表面摩擦も期待してこれを表側にしている．

また，「研究室のロボットたち」(p.136)の写真にあるように，クローラ中央部の転輪(アイドラ)は，階段の途中ではベルトが一直線になるようにしておくが，階段の最上部にさしかかったときには，2つを開くように上に移動させて，ベルト中央部がたわんで上にへこむようにしている．また，その場旋回をするときは2つの転輪を近づけて下に出し，ベルトの中央付近だけで接地するようにすると，摩擦抵抗が少なく旋回できる．

1.4.2 脚車輪ハイブリッドメカニズム

脚と車輪を両方もつような形態は，両方の短所を補い，長所を生かし合うことができる．その基本形態は，本章はじめの図1.4に示した3種類がある．図1.4(a)はボディに脚と車輪が別々についたもの．たとえば，人間が台車を押しているようなものである．図1.4(b)は脚の先に車輪がついたもの．たとえば，人間がローラースケートをはいているようなものである．図1.4(c)は車輪の周囲に脚がついたもの．ち

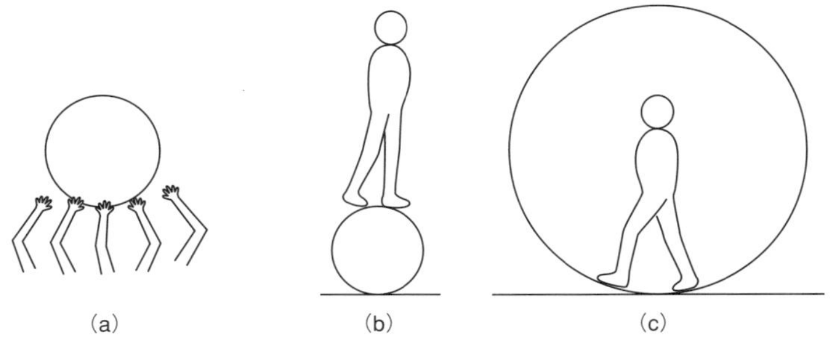

図1.35 脚車輪ハイブリッド型のバリエーションのつづき

ょっと違うがウニが転がっていくような感じである．

これ以外にもバリエーションはある．頭を柔軟にして考えてみよう．図1.35(a)のように運動会で大きな玉を大勢の頭上を手で前に送っていくような形態はどうだろう．地面側に脚があるのがちょっと反則だけれども，一種の脚車輪ハイブリッド方式であろう．あるいは，図1.35(b)のように人間や動物が玉乗りをして進んでいく形態も，脚車輪ハイブリッドといってもよい．さらに，図1.35(c)のように，大きなリングやベルトの中で人間が歩いていくのも，そうである．

それぞれの形態は，さらに各部がアクティブかパッシブかで分類することができる．ただし，脚に相当する部分がパッシブでは，あまり脚車輪ハイブリッドとはいえない．脚といっても，単に車輪の周囲についた爪のようなもの，あるいは車輪をささえるサスペンション的なものにすぎない．

脚も車輪もアクティブなものは，アクチュエータの数が増えて重くなるという欠点がある．これは，普通の脚の形をしたものに，さらに車輪をつけようとするからである．たとえば，脚といっても，図1.36のように，車輪を上下させるアクチュエータだけをもつものでもよい．車輪の半径を超えるような大きな段差でも，車輪をもち上げるようにして上ることができる．また，踏んではいけない配管をまたぎ越えたり，溝をまたいで越えることもできる．もう1つの例は，一見，脚に見えない機構であるが，図1.37のような6輪ロボットも車輪の位置をアクティブに動かせるという点で同類である．このロボットは，砂地で車輪が埋まりそうになったときなどに，はうように進むことができる．前，中，後の3軸のうち，1つの軸についた2輪だけを回して，残り4輪は回さない．同時に，直動アクチュエータを伸縮させて，回している2輪の部分だけを前進させる．これを前，中，後の各部分について順番に行えば，ロボット全体を進ませることができる．これは，ロシアの惑星ローバー「マーソホート」に使われている．なお，マーソホートでは3つの車軸をそれぞれロ

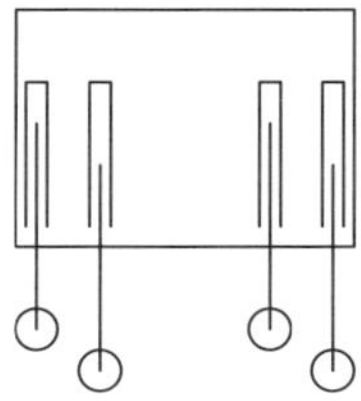

図1.36 上下動だけの脚車輪

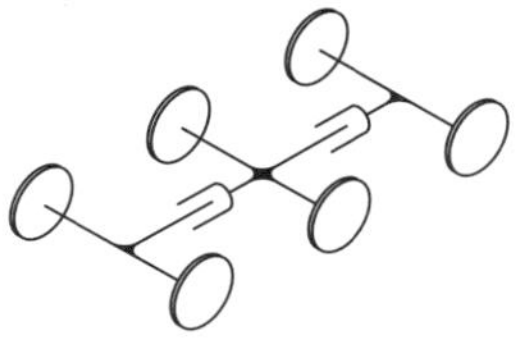

図1.37 前後に伸縮する6輪車

ール回転，すなわち，前後方向の軸回りに回転させて左右の車輪を上げ下げする機能をつけている．

1.4.3 全方向移動車

A. 2タイプの全方向移動（完全ホロノミックと不完全ホロノミック）

全方向移動とは，図1.38のように平らな床面上で前後の平行移動，左右の平行移動，鉛直軸回り回転がそれぞれ独立して任意にできることである．つまり平面内での3自由度移動が可能である．これらの動作は組み合わせて実行することができ，たとえば前移動と右移動を組み合わせて右前斜めに胴体の向きを変えずに移動することができる．このときの前移動速度と右移動速度の比率を変えれば，45度でも60度でも，斜めの方向を任意にとることができる．また，胴体の回転も組み合わせられるので，平行移動でなく，自動車のようなカーブに沿った走行もできる．たとえば図1.39のような平行移動とカーブの組み合わせになる．さらに，逆方向に回転しながらカーブするという一見スピンしているかのような走行もできる．理論的に，剛体（大きさがあって変形しない）の平面内での運動自由度は3であるから，この3自由度走行車は車体が1つの（トレーラなどではない）車両としては平面内の移動なら何でもできることになる．

実際の全方向移動車には2つのタイプがある．3自由度分の速度がいつでも発生できる「いつでも全方向移動」の構造と，平行移動の方向を変える際に車輪のステアリング動作時間が必要な「ちょっと待って全方向移動」の構造である．後者はこのあと説明するステアリング車輪の一部の構造にあてはまる．

B. なめらかなころがり

全方向移動車の重要な性能の1つは，車輪がなめらかなころがり動作ができるかどうかである．なめらかでないというのは，平坦な床面なのに車輪の凸凹のせいで車体が上下に揺れてしまうような状態である．たとえば，真円の車輪ならなめらかであるが，八角形の車輪はなめらかではない．つまり車輪がころがることによって車軸から接地点までの距離が変化しないことがなめらかな動作の条件である．

わざわざ八角形の車輪にすることはないと思うが，たとえば，図1.40のように，大きな車輪のまわりに小さい車輪をたくさんつけたものを使うとそうなってしまう．つまりこれは小さい車輪の個数だけ角がある多角形のようなもので，大車輪の回転によって車軸が上下する．つまり走行すると車体が上下してしまうので，なめらかなころがりとはいえない．

そこで，このなめらかなころがりを実現するために，いろいろなメカニズムが考

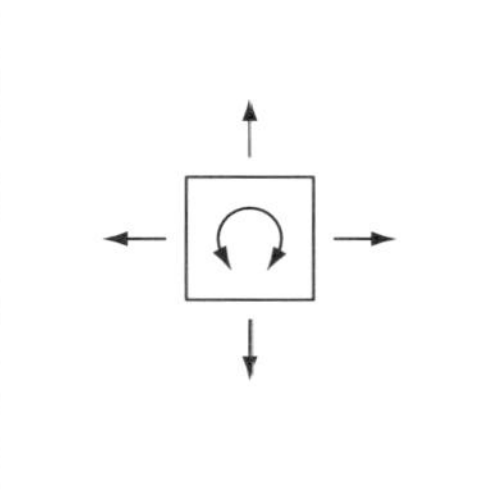

図1.38 全方向移動

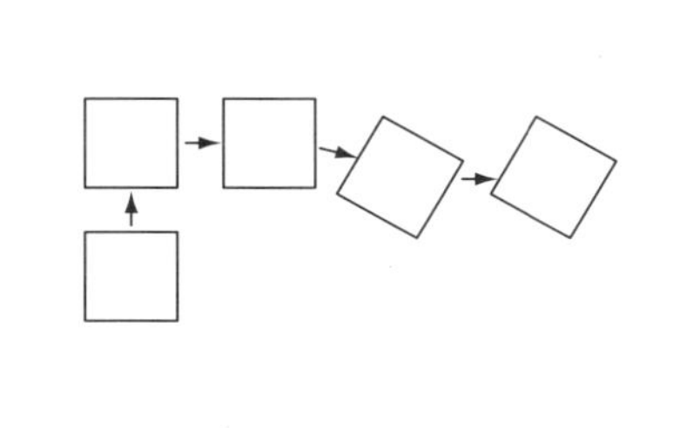

図1.39 全方向移動車両の動きの例

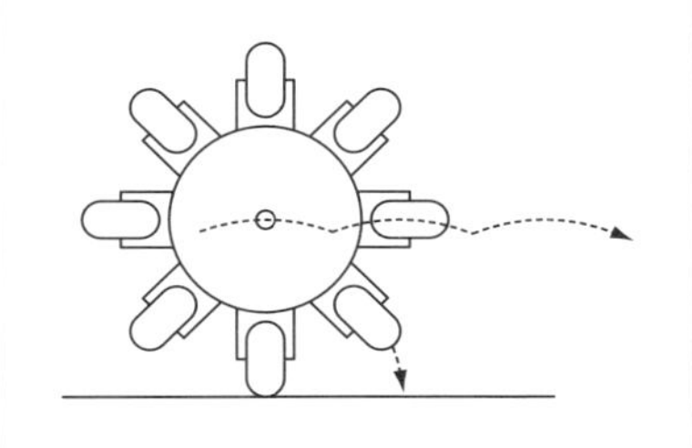

図1.40 なめらかにころがらない車輪

えられている．それらは，使用する車輪によって，2軸駆動球車輪タイプ，方向性車輪タイプ，ステアリング車輪タイプの3つに分類できる．それぞれを順に説明していこう．

C. 2軸駆動球車輪

1つの車輪で2自由度の駆動を行おうというものである．ちょうどコンピュータのマウスのように球形の車輪を用いる．しかしマウスでは，上から押しつける手の力は球にかかっていない．力は周囲の樹脂素材とマウスパッドとの接触部でささえている．このため球はほんの軽く保持するだけでよい．全方向移動車をつくるには，球で車両重量をささえたいので図1.41のように上から小さな球を押し当てる．この小球はボールキャスタとして市販されているものでよいが，小球とホルダとの間は，ころがり接触ではなく，すべりが生じるので回転の抵抗はあまり小さくない．

このような2軸駆動の球車輪で全方向移動車をつくるには複数の球車輪を使うことになる．自由度数だけを考えれば，3自由度の全方向移動をつくりだすには，2軸駆動の球車輪が1.5個あればよい．0.5個というのは，たとえばアクチュエータを1つなくした1軸駆動(他軸はフリー)の球車輪である．しかし実際には3点以上の接地点がないとボディをささえられないし，車両全体が対称形でないのはカッコよくないので，2軸駆動の球車輪を3つか4つつけるのがいいだろう．

球車輪の異端児が図1.42のような球体車両である．重心を中央からずらした内部機構を2自由度に動かすことで車両全体がころがる．しかし鉛直軸回りの回転を起こすのは重心移動ではできない．内部を鉛直軸回りに勢いよく回転させて，もっと正確にいえば角加速度を生じさせて慣性を利用したり，内部に回転する円板を用意して，その軸の向きを変えてジャイロ効果を使ったりすると実現できる．

一方，外見的には球車輪でありながら，1つの車輪では1方向の駆動しか行わず，それと直交する方向にはフリーな回転をするものもある．たとえば図1.41の2軸駆動の1つをアクチュエータなしにしたものがある．また，図1.43のように球車輪を傾斜軸回りに駆動して，その直交方向にはフリーというのもある[5)]．これらは機能的には次項に示す方向性車輪に分類される．

D. 方向性車輪

1つの車輪で駆動する方向とフリーの方向をもつものである．駆動方向には良好なグリップによって地面との間に推進力を発生し，それと直交する方向にはフリーなころがり回転をして，他の車輪の駆動にしたがう構造である．図1.40に示した大

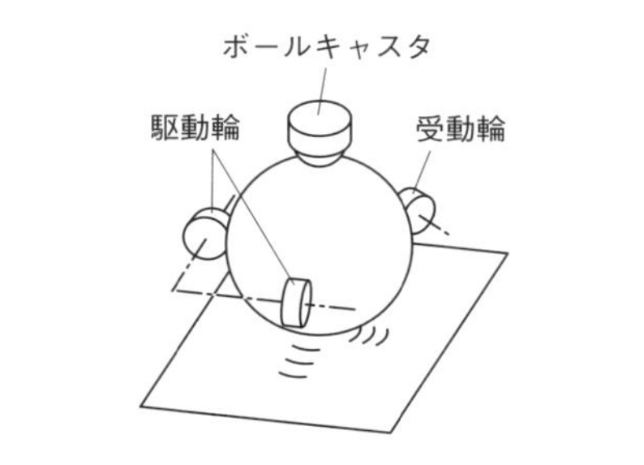

図1.41 球車輪の支持

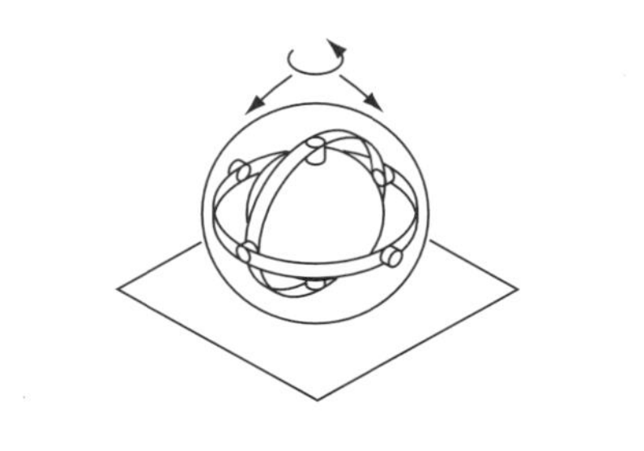

図1.42 球体車両

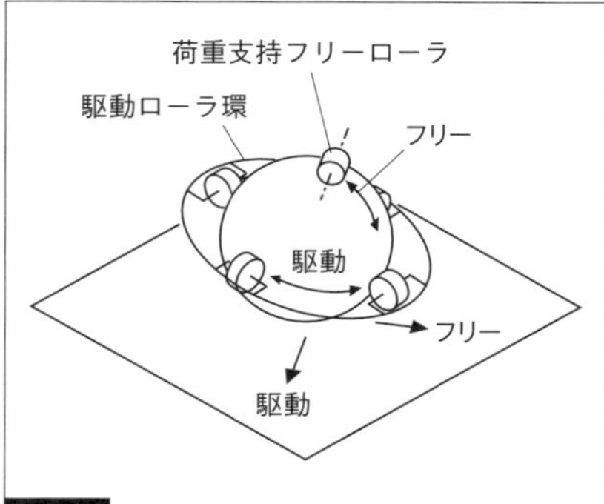

図1.43 傾斜軸のみ駆動の球車輪

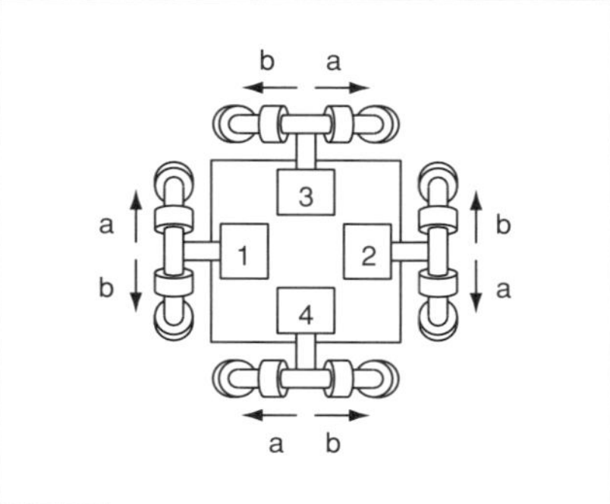

図1.44 方向性車輪を使った全方向移動車

車輪の周囲に多数の小車輪をつけたものが典型例である．図の横方向には大車輪の軸をアクチュエータで回して推進する．それと直交する，紙面手前←→奥の方向の移動には小車輪のフリー回転で受動的にころがる．

全方向移動車をつくるには，このような方向性車輪を最低3つ使用すればよい．しかし車両としてつくりやすいのは図1.44のような四辺形のものであろう．1と2の車輪で前後に推進し，3と4の車輪で左右に推進する．すべての車輪をaの方向に進むように回せば車両が右に回転し，1と4をa，2と3をbに進むように回せば車両全体を左上に斜めに進ませることができる．

図1.40の車輪は前にも説明したように，多角形のようなものだから，なめらかに回転しない．これを解消するために工夫したのが図1.45の車輪である[6]．まず小車輪の形を樽（たる）のようにする．樽の側面は真横から見て円の一部，真上（樽の軸方向）から見て円であるが，球と違ってタテヨコの円の半径が異なる．この樽型車輪を使えば，地面に接するところを横から見て円形にできる．立体的に見ればドーナツの外側面のような形である．そして隣どうしの小車輪が重なり合うように，1つおきに大きめの中空型と小さめの中実型にする．本書ではこれを相互入れ子型小車輪と呼んでおこう．大小どちらの小車輪の軸受けも中実車輪の脇から中空車輪の中へと続く部材についている．また，図1.46は同じようになめらかな外側面をもつカップ型の小車輪の車輪である[7]．

図1.47(a)のように小車輪3つの大車輪を2枚重ねて，小車輪がない部分を補い合うようにしたものがある．オムニアルファと呼ばれる車輪で，市販されている．樽型の小車輪を自作するのはむずかしいから，市販品があるとつくりやすい．1つ欠点があって，カーブの軌道を正確に制御するのが少しむずかしい．大車輪が回転すると地面との接地点が裏の小車輪，表の小車輪と順次移動する．直進のときには問

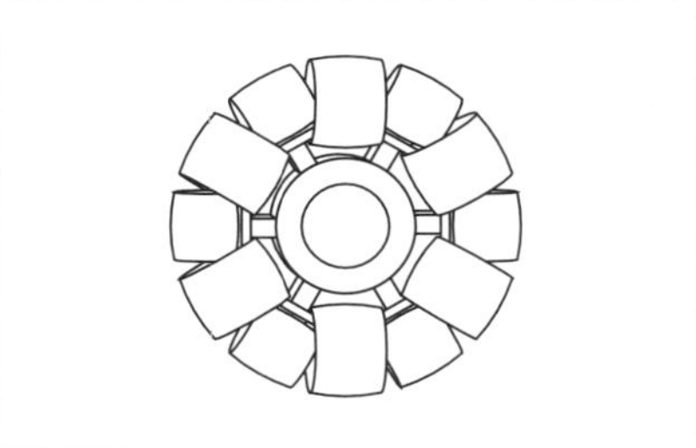

図1.45 入れ子型車輪

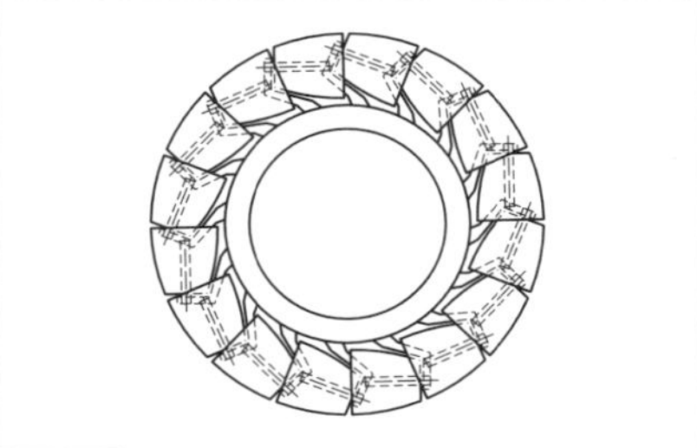

図1.46 カップ型車輪

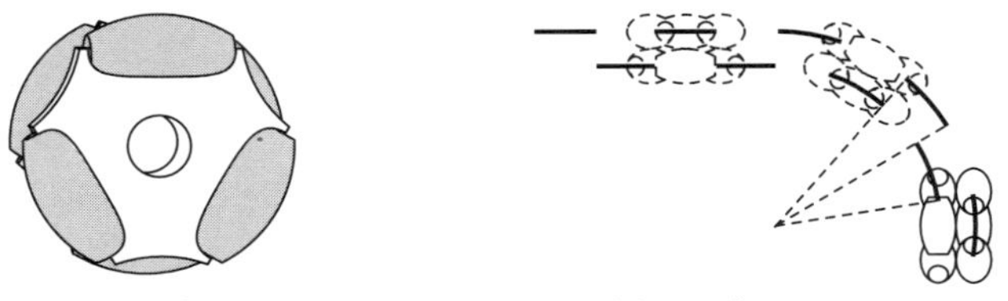

(a)3つのコロが60度ずれて重なった構造　　(b)カーブのオドメトリ

図1.47 オムニアルファ車輪

題ないが，図1.47(b)のようにカーブさせながら駆動するときには，裏と表の接地点でカーブ半径が異なるため，大車輪を一定の回転角速度で駆動すると脈動が生じてしまう．

この小車輪を2つだけにしたのが図1.48である．小車輪の直径は大車輪と同じで，大車輪1回転の間に1つの小車輪を2回接地させる．小車輪の形は樽型といってもいいが，タテヨコの半径が同じで，つまり球面である．球の上下をカットした大きなチーズのような形である．この車輪は先のオムニアルファ(図1.47)と同じくカーブで不都合がある．

そこで，2つの小車輪を同一の大車輪軸につけるのをやめ，図1.49のように別々にする．これは直交車輪機構と呼ばれる．2つの小車輪が交互に接地するのは同じであるが，その接地点は駆動方向の線上に2つになっているので，駆動中に接地点チェンジがあってもほとんど問題ない．

以上のような改良型の方向性車輪は，全方向移動車をつくるにあたっては単純な小車輪付き大車輪(図1.40)と同様に図1.44のようにすればよい．

図1.50 メカナムホイール

一方，ちょっと特性の違う方向性車輪で，図1.50のように樽型の小車輪を斜め45度に配置して重なりをもたせたものもある．メカナムホイールと呼ばれる．この大車輪を回転すると斜め45度の方向に駆動力を発生し，逆の斜め45度方向にはフリーになる．つまり，接地している小車輪の軸の方向に駆動できて，その小車輪が回転する方向にはフリーである．このメカナムホイールを使って全方向移動車をつくるには図1.51(a)のように4つの大車輪を配置する．これはわざと接地部分の小車輪が見えるようにガラスの床面を下からのぞいたように描いている．4輪とも接地した部分がbの方向に動くように回せば図の上方向に移動し，1と4をa，2と3をbに回せば図の左方向に移動する．また，1と3をa方向，2と4をb方向に回せば図の左回

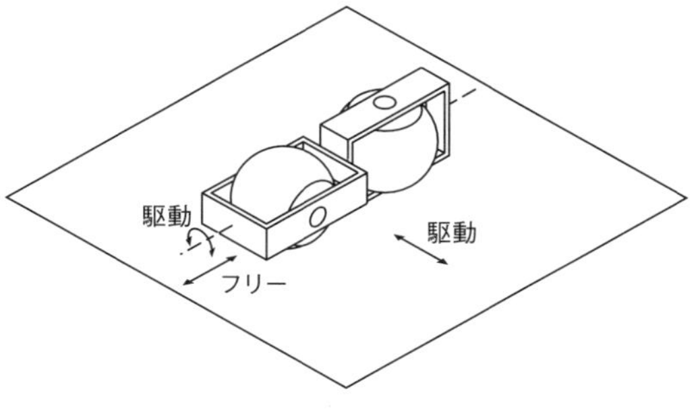

図1.48 小車輪２個の方向性車輪

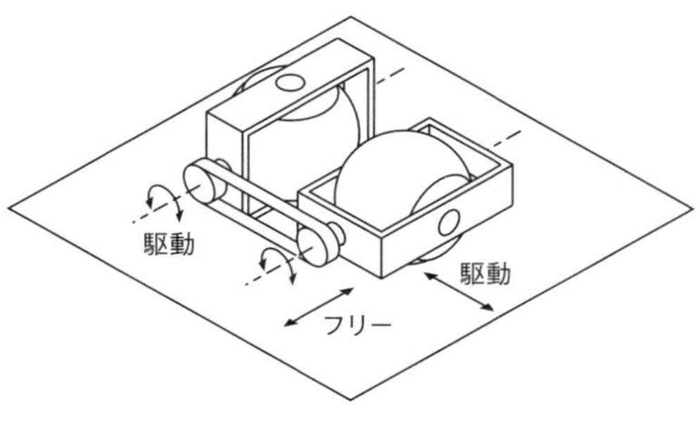

図1.49 ２軸型の方向性車輪

りにその場旋回をする．この旋回ができるようにするには，接地面において4つの車輪の駆動方向（小車輪の軸方向）が斜め45度の正方形をなすようにしなければならず，図1.51（b）のように放射状では，ボディが旋回する方向がすべてフリーになってしまい，外からの力で受動的に旋回できてしまう．

方向性車輪の仲間に図1.52のような方向性クローラがある．図1.52（a）はクローラに小球をつけた数珠のような構造，（b）はクローラに小円筒をつけたビーズ飾りのような構造である．どちらもクローラの縦方向（紙面の左右方向）には駆動力を発生でき，横方向（紙面に垂直な方向）には，球や円筒がころがってフリーである．車輪と違ってクローラは床面に接する部分が直線状で，複数の小球あるいは小円筒が接地している．このため，車輪型で問題となった車軸の上下は起こらない．つまり，なめらかなころがりが実現できる．ただしどちらもクローラを支持するために少し複雑な機構が必要である．これらのクローラは，接地点が多いので荷重をささえるのに有利である．とくに小円筒つきクローラは接地部分が線状なので大荷重向きである．

これらの方向性クローラを使って全方向移動車をつくるには，方向性車輪の場合と同じで図1.44のように4つのクローラを配置すればよい．

E. ステアリング車輪

通常の円形車輪を用い，その車軸の方向，すなわちステアリング角を自在に動かすことによってその車輪の推進方向を変えるものである．通常は車軸回りの回転とステアリング軸回りの回転の両方に独立にアクチュエータをつける．図1.53（a）のようなステアリング軸の直下に接地点がある構造では，その場で止まってステアリング軸を回すときに，いわゆる据え切り状態でタイヤをひねるような状態になってしまい，摩擦が大きく好ましくない．火のついたタバコの先を灰皿に押しつけてもみ消すような状態である．そこで図1.53（b）のようにステアリング軸から横にずれた位置に車輪をつける．この横オフセット車輪の構造ではステアリング軸の回転と同期

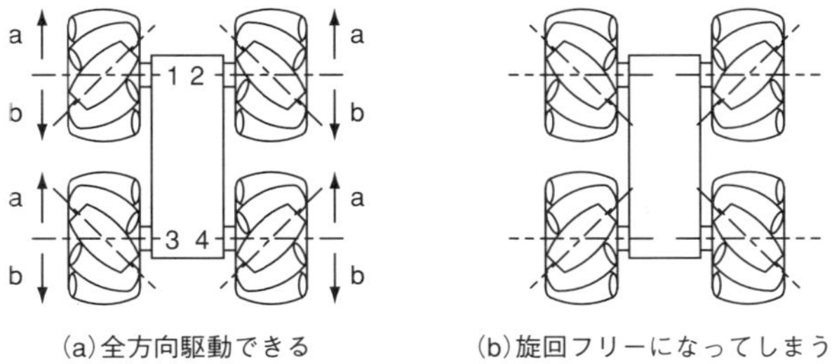

図1.51 下から見たメカナムホイールの配置

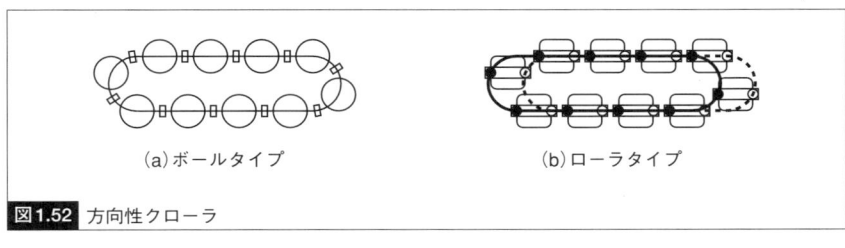

図1.52 方向性クローラ

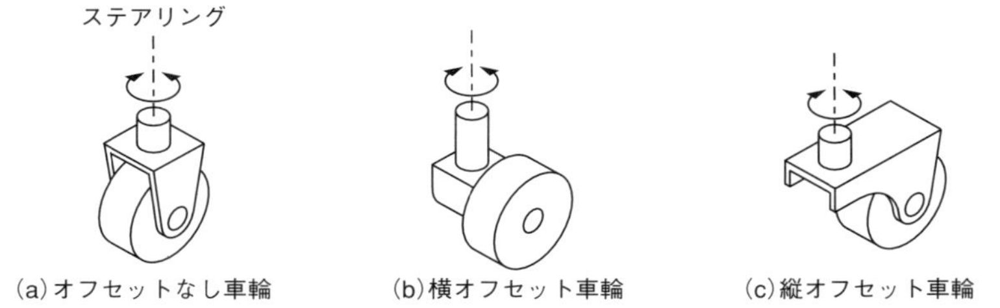

図1.53 ステアリング車輪と車軸位置

して車輪を回せば，ころがりながらステアリングを回すことができる．もみ消し状態でないので摩擦が小さい．また，図1.53(c)のようにステアリング軸から前後にずれた位置に車軸をつけた，いわば前後オフセット車輪の構造もある．この場合には据え切りはできない．しかしステアリング軸の部分は前後左右どの方向へも進むことができる．どうするかというと前後に動かすにはもちろん車輪を回せばよい．左右に動かすにはステアリング軸のアクチュエータを回せばよい．そのままでは真横に進むのははじめの一瞬だけだが，続けて横に行きたければ車輪も追従させて回せばよい．ちょうどアクチュエータのない普通の受動キャスタが横に移動するときと同じである．はじめに車輪の方向がくるっと大きく変わり，さらに進行方向に沿うようにころがりながら向きが徐々に変わる．ただし，受動キャスタでは常に車輪がステアリング軸より進行方向の後方にあるのに対して，前方にすることもできる．つまり車輪でステアリング軸を引っ張っていくような形にもできる．

ステアリング車輪の一種で，1つの車輪ではなく図1.54のように2つの独立駆動車輪をつけ，その代わりにステアリング軸をフリー(アクチュエータなし)にすることもできる．動作の様子は前後オフセット車輪の場合と同じである．違いはステアリング軸の駆動は2つの車輪の回転差によって行うことである．

また，図1.55のようにディスク型車輪を傾斜させて回し，その傾斜の向き，すなわち傾斜角ではなく傾斜している方向を変えることで推進方向を変えるものもある．原理的には横オフセット車輪と同じである．傾斜の向きを変えるには，車体に対して車輪駆動ユニット全体を回転させるのがつくりやすい構造である．

これらのステアリング車輪を使って全方向移動車をつくるには，自由度数だけを考えれば，ステアリング車輪を1.5個つければよい．しかし実際には図1.56のように，4つのステアリング車輪を使うのが実用的であろう．図1.56(a)のように斜めに進んだり，(b)のようにその場回転をすることができる．

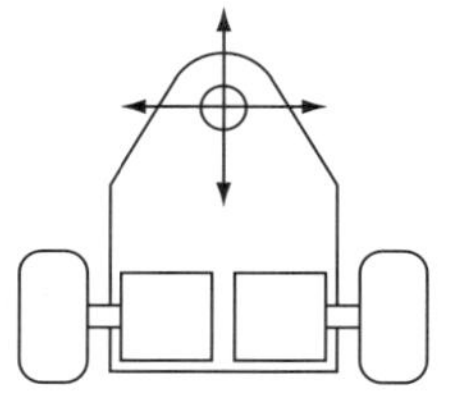

図1.54 双輪駆動キャスタ

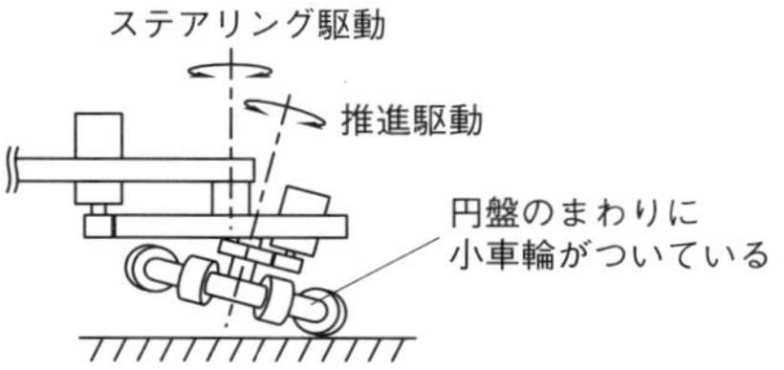

図1.55 傾斜ディスク車輪

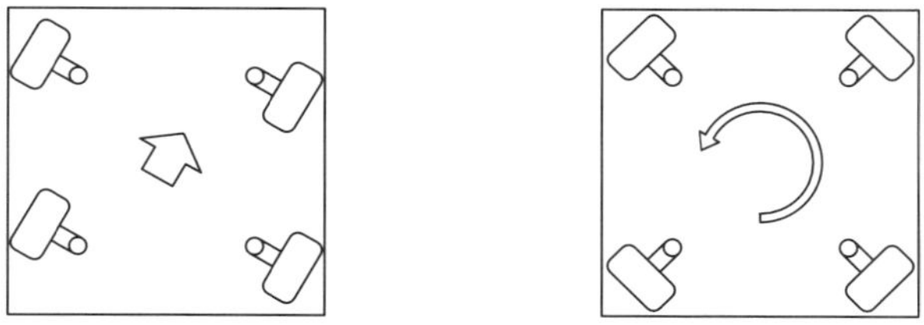

図 1.56 方向性車輪を4つ使った全方向移動車

ところで，横オフセット型のステアリング車輪を使った全方向移動車は，移動方向を変えるには時間がかかる．たとえば図1.57(a)のように，前進した後に停止し，次に右に移動するには停止中にステアリング軸を回さなければならない．先に分類した「ちょっと待って全方向移動」のタイプである．このタイプの車両でも図1.57(b)のようにRのついた(角に円弧部分がある)軌道にすれば待つ必要はないし，一時停止もしなくてよい．

一方，縦オフセット型のステアリング車輪(図1.53(c))と，独立2輪駆動型のステアリング車輪(図1.54)は，ちょっとわかりにくいけれども，「いつでも全方向移動」のタイプである．たとえば，前進の直後に右に移動することもできる．つまり前進中に急にそれをやめて右移動を行うことができる．その動作は，縦オフセット型ステアリングでは，ステアリング軸が真右に動くように，ステアリングモータを右に回しながら，あわせて車輪モータを前進させればよい．独立2輪駆動のステアリングでも同じくステアリング軸が真右に動くように，左のアクチュエータを速く前進，右のアクチュエータを遅く前進させればよい．図1.58は双輪駆動キャスタ型で，図1.57(a)と同じように角のある直角方向転換をする様子である．

1.5 車輪型ロボットの静力学と不整地走行

ここでは，車輪型ロボットの不整地走行能力を幾何学的，力学的に考察して，ロボット創造設計の工学的裏付けを得ることにする．力がどのようにかかっているかというのは，目には見えないけれども，機械を設計するときの基本中の基本である．

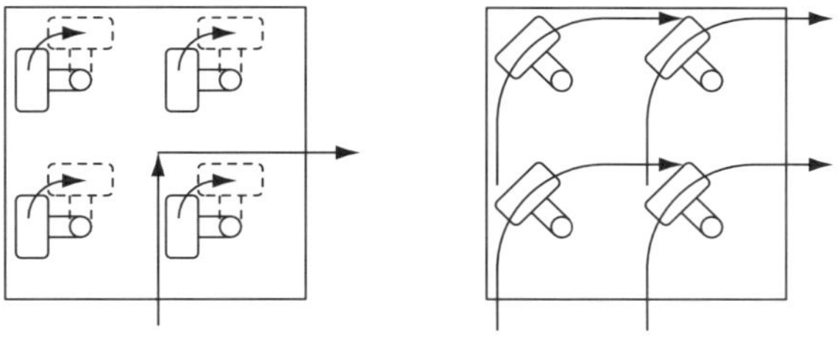

図 1.57 横オフセット車輪使用の全方向移動車の特性

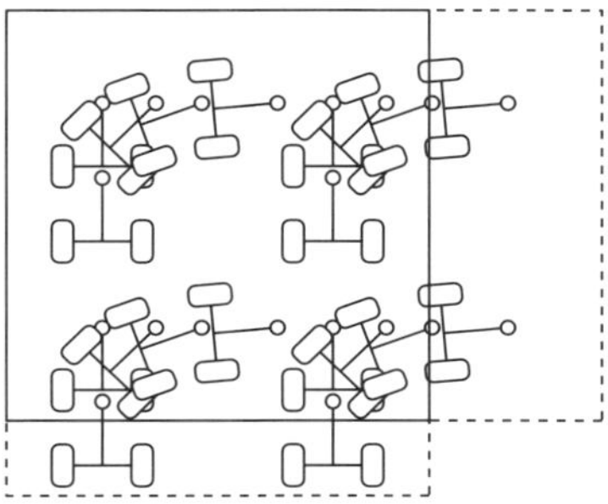

図 1.58 双輪駆動キャスタ使用の全方向移動車の瞬時方向転換

1.5.1 車軸に働く力と摩擦トルク(小径軸受けのマジック)

はじめに，単体の車輪の車軸について力の加わり方を説明する．車輪は小さな力(トルク)でするすると回ったほうが当然よい．重い車重をささえていても小さな力で横に移動できる．たとえば，自転車の軸受けの抵抗は非常に小さくつくられている．もしこれが大きかったら，こぐための力が大きくなって疲れてしまう．だから車輪型ロボットの車軸には，モータで駆動する軸も受動的に回転する軸も，すべてボールベアリングを入れたほうが回転の抵抗が少なくてよいのはいうまでもない．では，どのようなボールベアリングでもよいであろうか．実は，大きすぎるベアリングはよくない．逆に，よく設計された軸受けであれば，必ずしもボールベアリングでなくても，すべり軸受けでも十分なことが多い．

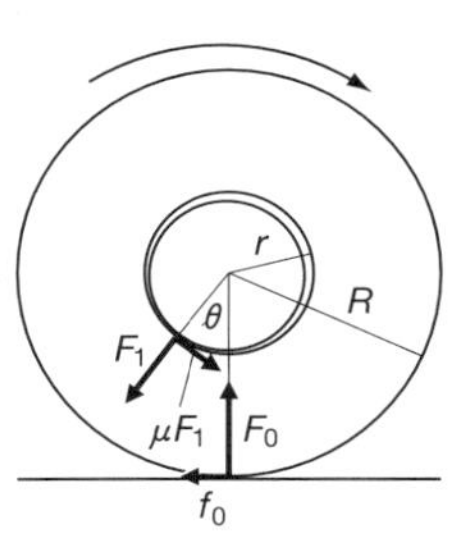

図1.59 軸受けに働く力

図1.59のように半径rの軸があって，半径Rの車輪が自由回転するようにはめてあるとする．つまり，軸と車輪の穴とですべり軸受けを構成している．この軸受けのすべり摩擦によるトルクを相殺するためのトルクは，車輪の外周部では小さな力で発生することができる．つまり，小さな半径rのところに生じている摩擦トルクを，大きな半径Rのところで発生させればよいので，小さな力でよい．これが小径軸受けのマジックである．マジックの効果は，軸と車輪の半径の比が大きいほど，すなわち大径の車輪に小径の軸であるほど顕著になる．つまり，軸受け部の摩擦にくらべて車輪外周部の力は小さくなり，車両の推進がごく小さい力でできるようになる．

これは一見単純なことに思われるが，きちんと力のバランスを考えると，次のように若干複雑である．図1.59のように車輪が地面から受ける垂直抗力をF_0，また軸受け部の摩擦係数(動摩擦係数)をμとする．この2つは既知の量である．未知の量として接地部の接線方向の力をf_0，車輪が軸から受ける力の作用点の鉛直線からの角度をθ，軸受け面に垂直な抗力をF_1とする．すると，それに摩擦係数を掛けて，μF_1が摩擦力となる．この，未知数が3つの問題は，3つの方程式で解くことができる．すなわち，水平方向と鉛直方向の並進力のバランス式，および車軸回りのモーメントのバランス式である．整理すると，

$$F_0 - F_1\cos\theta - \mu F_1\sin\theta = 0 \tag{1.1}$$

$$-f_0 - F_1\sin\theta + \mu F_1\cos\theta = 0 \tag{1.2}$$

$$\mu F_1 r - f_0 R = 0 \tag{1.3}$$

となる．計算過程を省略するが，この連立方程式を解くと，

$$f_0 = \frac{1}{\sqrt{\dfrac{R^2\left(\dfrac{1}{\mu^2}+1\right)}{r^2}-1}}F_0 \tag{1.4}$$

となる．摩擦係数がゼロに近い場合には，もちろん抵抗力f_0はゼロに近くなる．逆に摩擦係数が非常に大きな場合は，$1/\mu^2$の項はほぼ0になり，さらにR/rが大きいときは，

$$f_0 \fallingdotseq \frac{1}{\sqrt{\dfrac{R^2}{r^2}-1}}F_0 \rightarrow \frac{r}{R}F_0 \tag{1.5}$$

となる．このことから，たとえ摩擦係数が無限に大きくても，軸径rが車輪径Rの1/10であれば$f_0 \fallingdotseq 0.1F_0$となり，鉛直荷重と水平抵抗力の比，つまり車両全体とし

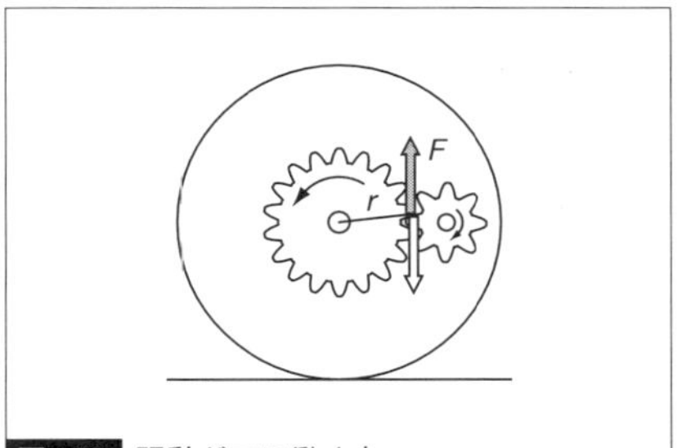

図1.60 駆動ギアに働く力

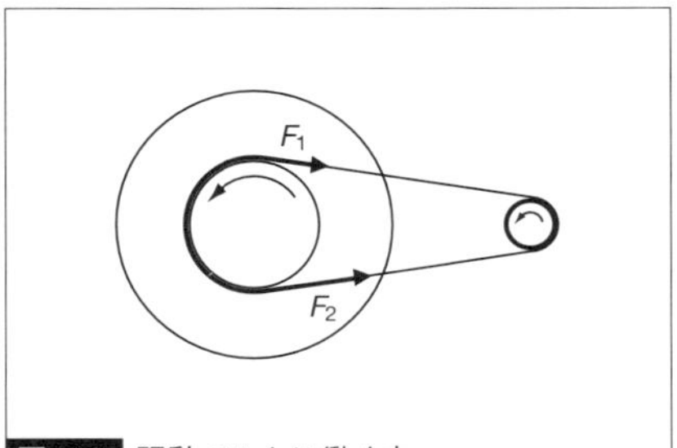

図1.61 駆動ベルトに働く力

ての見かけの摩擦係数は0.1に抑えることができる．これは，数学的には解けても直感的に納得がいかないかもしれない．

どうしてこのような現象が起きるかというと，鉛直荷重をささえる力が軸受け部の垂直抗力ではなく，摩擦力（μF_1）で得られるようになるのである．つまり，軸受けの下面はほとんど浮いたような状態になるのである．

以上の細かい計算や，極限的状態の考察はともかく，一般に軸受けの径は必要以上に大きくしないほうがよい．これは，すべり軸受けだけでなく，ボールベアリングを使う場合にもあてはまる．ボールベアリングは大きな荷重がかかっても抵抗となるトルクが小さいが，荷重がゼロでもトルクが必要である．これは内部に充填されたグリスの粘性やボールとリテーナ（ボールの保持器）との摩擦のためである．さらにゴムシール付きのものは，その摩擦抵抗がある．また，予圧のかかった精度の高いベアリングでは，ころがり抵抗も比較的大きい．著者の経験では，大口径のシール付きベアリングを使ってしまい，その抵抗によって，車両がほとんど空走しない（駆動部を外した状態でも）ほどになってしまったことがある．

ところで，車軸にかかる荷重は，車重をささえるための力だけではない．モータからの駆動力を伝える副作用として，車軸に並進力がかかる場合がある．たとえば，図1.60のようにギアを使ってトルクを伝達している場合には，実際には，車輪についたギアが，モータ側のギアとのかみ合い部において図のように歯車ピッチ円の接線方向の力Fを受けている．この力Fにギアの半径rをかけたものがトルクとして伝わるわけであるが，同時に並進力も伝わっている．その力を受けるために軸受けには並進力Fが生じているのである．とくに車輪についたギアが小さいときには，トルクのわりに大きな並進力となる．このため，小径のギアで大トルクを伝えるような軸は，車軸にかぎらず中間軸でも，すべり軸受けよりボールベアリングでささえたほうがよい．

また，駆動力をベルトで伝える場合には，ベルトの張力を受ける．図1.61のようにベルトの2つの張力F_1とF_2の差によってトルクが伝達されるが，軸にはF_1とF_2を合わせた並進力がかかる．とくにベルトがたるまないように強く張っていると，トルクによらず軸受けには大きな並進力がかかる．

1.5.2 不整地走行の幾何学（車輪径のマジック）

車輪型ロボットは，ある程度の凹凸であればそれを意識することなく走行を続けることができる．これは円形の車輪によって地面の細かな凹凸が緩和されているからである．地面すなわち車輪の接地している部分の凹凸にくらべて，車軸の上下動はなめらかになっているのである．1つの車輪の下側と中心軸が別の軌道で動くわけがないと思うのは短絡的すぎる．もちろん，車輪がやわらかければ下側と中心の距離，つまり車輪半径が変わって別の軌道をとる．しかし，ここでは車輪はかたい円板だとする．それでも地面の凹凸が緩和されるのはなぜか．それは幾何学的に解明することができる．定性的(数値はともかく傾向として，の意味)に，小さな径の車輪よりも大きな径の車輪のほうが凸凹道を進ませやすい．たとえば小さい車輪の手押し台車で砂利道を進むのはたいへんだが，大きな車輪のリアカーならずっと楽である．これについて整理して考察してみよう．どのくらいの径の車輪をつければよいのかという設計の裏付けが得られる．

円形の車輪はその一番下の部分だけが地面に接しているのではない．凸凹道においては一番下の前後の部分が重要な役割をもっている．たとえば，図1.62のように車輪が地面にある凸部にさしかかったとき，小さな車輪Aではその直前で接触し始めるのに対し，大きな車輪Bはもっと手前から接触が始まる．ここでは車輪はかたくて変形しないと考えるから，凸部に完全に乗り上がった時点では，両者とも凸部の高さhだけ車軸が上昇する．すると，より手前から接触を始める大きい車輪のほうが，長い距離を使ってこの高さhの上昇をしていることになる．つまり上昇はゆるやかである．

この現象は車軸の軌跡を表してみるとわかりやすい．図1.63のように高さhの凸部に接触し始めた半径rの車輪の軸は，車輪と同じ半径rの円弧の軌跡で上昇する．なぜかというと，凸部の手前で接触した車輪は，すべることなく，その接触点Pを中心にした回転運動を起こす．そのため，点Pから車輪半径rだけ離れた車軸は，半径rの円弧を描いて上昇するのである．ここで，車軸が上昇を開始する位置が凸部の頂点よりどれだけ手前であるか，その水平距離を緩和距離と呼んでLとすると，

$$L=\sqrt{r^2-(r-h)^2} \tag{1.6}$$

となる．凸部高さhが大きければ手前になるのはもちろんのことだが，凸部高さと車輪半径の比(h/r)が関係している．とくに凸部高さが車輪半径にくらべてはるかに小さいときは，$(h/r)\ll 1$として，

$$\begin{aligned}L&=\sqrt{r^2\left\{1-\left(1-\frac{h}{r}\right)^2\right\}}\\&=\sqrt{r^2\left(1-1+2\frac{h}{r}-\frac{h^2}{r^2}\right)}\fallingdotseq\sqrt{r^2\left(1-1+2\frac{h}{r}\right)}=\sqrt{2rh}\end{aligned} \tag{1.7}$$

と考えることができる．車輪半径の平方根に比例した距離だけ手前から上昇を始める．

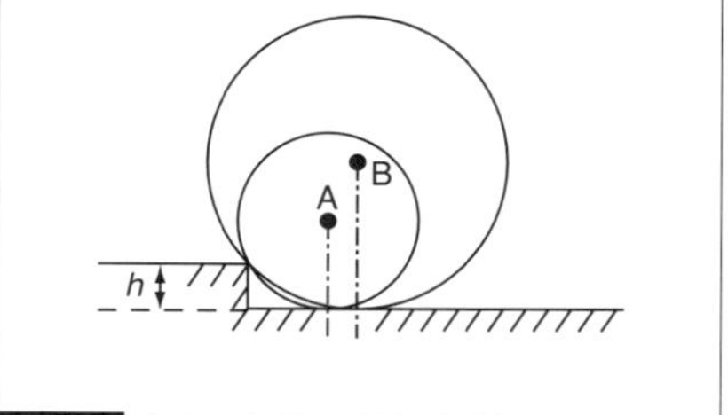

図1.62 大きな車輪は手前で接触する

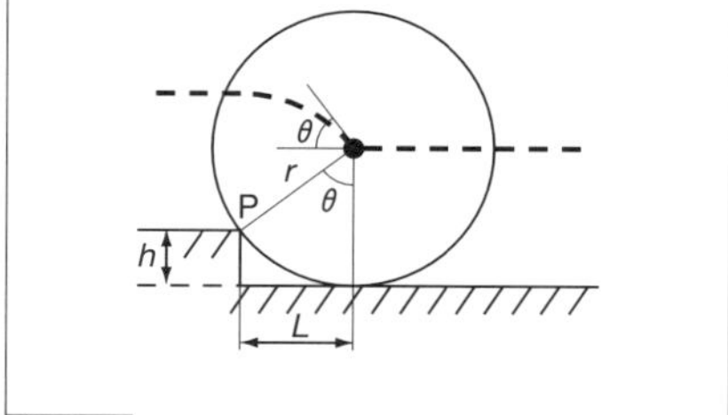

図1.63 段差乗り越えの軌跡

また，この上昇の角度は図1.63を見ればわかるように，はじめが一番急である．その角度θは

$$\sin\theta=\sqrt{\frac{2h}{r}-\frac{h^2}{r^2}} \tag{1.8}$$

である．上と同様に車輪半径にくらべて十分小さな凸部高さの場合には，

$$\sin\theta \fallingdotseq \sqrt{\frac{2h}{r}} \tag{1.9}$$

となる．さらにθが小さいときには$\theta \fallingdotseq \sin\theta$となるので，最急上昇角度$\theta$は，$h/r$の平方根に比例することとなる．次項で説明するように，この最急上昇角度θが，凸部通過のときに必要な力に関係している．

以上は凸部に乗り上げるときのことを考えたが，凸部から下りるときも同様で，軌跡は対称形になる．すなわちLだけ行きすぎてから地上に接触し，そのときの最急角度は$-\theta$である．

一方，溝のような凹部通過のときにも車輪径は大きいほうが有利なのはいうまでもない．これを幾何学的に説明しよう．

まず，凹部に特有な場合と，そうでなくて凸部と共通の場合に分ける．車輪半径が小さく，凹部の幅dが深さhにくらべて大きな場合には，図1.64のように車輪はいったん凹部の底に接触する．このときは1つの凹部は前半の凸部からの下降と後半の凸部への上昇を組み合わせただけのものである．最急角度などは凸部と同じである．

凹部の深さhが大きく幅dが小さい場合，また車輪半径rが大きな場合には，車輪は凹部の底に接触しないで通過する．先ほどの式(1.6)で表されたLがdの1/2より大きな場合は，底に接触しない．このときの車輪の下降量h_sは

$$h_s=r-\sqrt{r^2-\frac{d^2}{4}}=r\left(1-\sqrt{1-\frac{d^2}{4r^2}}\right)\fallingdotseq r\left\{1-\left(1-\frac{d^2}{8r^2}\right)\right\}=\frac{d^2}{8r} \tag{1.10}$$*

＊　式(1.10)では，$\delta \ll 1$のとき，
$(1\pm\delta)^p \fallingdotseq 1\pm p\delta$
という近似を使っている．ここでは$p=1/2$．

のようになり，溝の幅dの2乗に比例し，車輪半径rに反比例する．先に示したような砂利道においては，砂利の間の土に車輪が接触するかどうか微妙なところだが，仮に接触しないとして，小さな車輪の手押し台車よりも大きな車輪のリアカーのほうが下降量が小さいことがわかる．

なお，この式は溝の幅，車輪半径ともに2倍になれば，図を2倍に拡大したことになり，下降量も2倍になるわけで，至極当然な形でもある．実際に数値を入れて考えてみよう．車輪半径が50 mm，凸部深さ10 mmの場合には，緩和距離Lは31 mmになるから，凹部の溝幅が62 mm未満では車輪が底部に接触しない．また，もし溝幅が20 mmの場合には下降量h_sはわずかに1 mmとなる．砂利道のような不整地の凹凸は，上下も前後も同じようなスケールで凹凸があると考えると，つまり半径

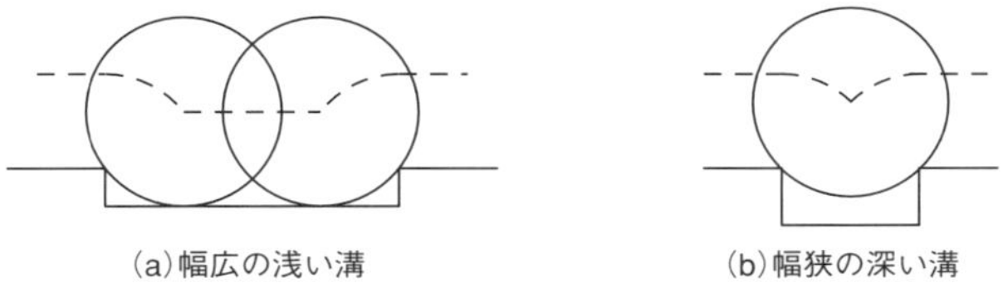

図1.64 溝の大きさによる車輪軌跡の違い

50 mmの車輪は縦横20 mm程度のスケールの凹凸をたった1 mm程度にまで緩和してくれることになる．すばらしい車輪径のマジックではないか．

1.5.3　車輪径と走行抵抗

大きな車輪の恩恵は凹凸をなめらかにするだけではない．通常，平坦地では，車輪がかたくて変形がごく小さければ，ころがり抵抗はほとんどない（☞ 2.4 これがころがり抵抗だ）．ごく軽い力で前に進ませることができる．しかし路面の凹凸があると，車輪が凸部に乗り上げるための力を得るために前に進む力が必要になる．このときに必要な力は平坦地での推進力とくらべてずっと大きい．しかし，大きな車輪はこの推進力を小さくすませてくれる．たとえば，砂利道では小さな車輪の手押し台車より，大きな車輪のリアカーのほうが，スムーズなだけでなく押したり引いたりする力も小さくてすむのである．これは，大きな車輪のほうが凸部のより手前から上昇を始め，その上昇角度が小さいからである．その様子を計算してみよう．

図1.65(a)のように，車輪の半径をr，凸部は高さhの切り立った段差であるとしよう．車輪が段の角に接触して上昇を始める瞬間には，車輪と角との接触点は車軸の鉛直下方よりθの角度だけ前方にある．前項で計算したように，この角度θは

$$\sin\theta \fallingdotseq \sqrt{\frac{2h}{r}} \qquad (1.9)$$

である．そして先の図1.63のように，この角度θは車軸が上昇していく角度でもある．すると，このときに必要な推進力は，この角度θの斜面を上るときの力と同じである．図1.65(a)のように，この車輪が水平前方向きの推進力f_pで押されているとする．この車輪がささえている車重をG，斜面からの垂直抗力をNとすると，これらがつり合う（車両は加速しないで準静的に進むとする）ためには，

$$f_p = G\tan\theta \qquad (1.11)$$

となる．θが小さければ，$\sin\theta \fallingdotseq \tan\theta$（☞ 1.18 これが三角関数の級数展開と近似だ）であるから，必要な推進力fは，

$$f_p = G\sqrt{\frac{2h}{r}} \qquad (1.12)$$

となり，同じ重量，同じ凸部高さでは，車輪半径rの平方根に反比例して，大きな車輪では力が小さくなることがわかる．

ところで，4輪車のように複数の車輪があれば，その数による凸凹平均化の恩恵がある．通常，凸部への乗り上げは全部の車輪で同時に起こるということはないであろう．すると，その乗り上げに必要な力は時間的に分散する．さらに，場合によっては，ある車輪が凸部に乗り上げるのと，他の車輪が凸部から下りるのとが同時になって，下りるときに前に押し出される力によって上る力の助けになることがある．つまり車輪が多ければ，必要な推進力の最大値は小さくてよい．

1.5.4　駆動輪と受動輪

凸部に乗り上げるのに，台車を押したり引いたりして外部からの前進力によって乗り上げるのと，車輪が自ら回転して乗り上げるのとでは必要な力が違う．だから，1つの車両でモータのついた駆動輪とモータのない受動輪がある場合，駆動輪が凸部に乗り上げるときと，受動輪が凸部に乗り上げるときとで，駆動輪のモータの出すべきトルクに違いがある．駆動輪が乗り上げるときのほうが少ないトルクでいい

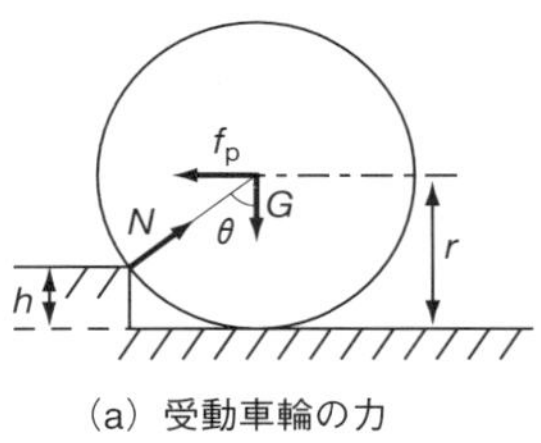

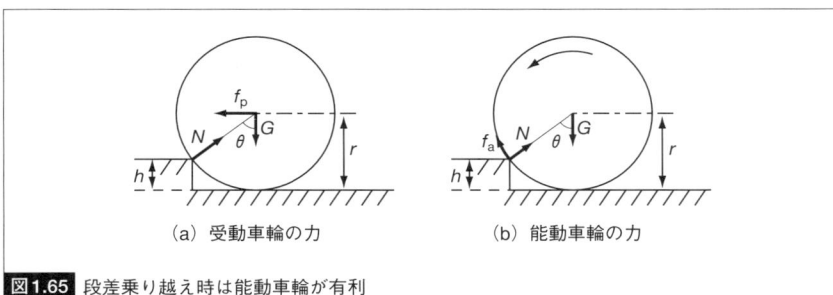

図1.65 段差乗り越え時は能動車輪が有利

のである．図1.65(a)のように車輪が凸部の角に当たったときに，受動輪は前方に押される力f_p(添え字はpassiveの意味)と，角から受ける接触力Nと，車重による鉛直下向きの力Gを受けている．角からの力Nは車輪の半径方向，すなわち角から車軸に向かう方向である．3つの力がつり合うためには，

$$f_p = G\tan\theta \tag{1.11}$$

である．一方，図1.65(b)のように，駆動輪が乗り上げる場合には，押される力f_pがない代わりに自らの駆動トルクによって車輪の接線方向の力f_a(添え字はactiveの意味)を出す．3つの力のつり合いから，

$$f_a = G\sin\theta \tag{1.13}$$

である．角度θが小さければ，$\sin\theta$と$\tan\theta$とはほぼ等しく，f_pとf_aに大きな差はない．しかし，角度が大きいとき，たとえば車輪半径の1/2の大きな凸部に乗り上げるときには，式(1.8)より$\sin\theta = 0.86$，つまり$\theta = 60°$で，$\tan\theta = 1.73$であるから，駆動輪は車輪にかかる重量の0.86倍の推進力(トルク/車輪半径)でいいのに対して，受動輪では重量の1.73倍もの大きな力で推進してやらなければならない．たとえば，荷物と合わせて30 kgの台車があり，車輪半径が10 cmとすると，5 cmの段差に乗り上げるのに，水平に押すだけでは51.9 kgfの力が必要になる．賢明な諸君らであれば，傾けて前輪をもち上げたり，後輪を引き上げたりするであろう．それと少し似たような効果が，モータ付きの車輪型ロボットでも，前輪駆動と後輪駆動の違いで生じてくる．

1.5.5 段差における重心移動の効果

車道から歩道に乗り上げるような大きな段差では，前輪だけが上った状態では車体が傾斜するため，重心が後ろになって前輪と後輪の荷重配分が変わる．図1.66(a)のように前輪が段差に乗り上げ始めるときは車体は水平である．車体の質量がMで，重心が中央にあるとすれば，前後の車輪の荷重配分は等しく$Mg/2$である．段差乗り越えのときにもっとも大きな駆動力を要するのは上り始めの最急上昇角度のところだから，前輪が乗り越えるための最大推進力は，前輪のささえている$Mg/2$の$\sin\theta$倍(前輪駆動の場合)または$\tan\theta$倍(前輪が受動の場合)である．しかし，前輪が完全に上の段に乗って，後輪が段差にさしかかったときは，図1.66(b)のように車体が傾いているので後輪の荷重が増え，前輪の荷重が減る．これは車軸に対して重心の高さが高いほど増減が大きい．両輪が水平面上にあるときに重心が高さHの位置にあるとし，ホイールベース(前後車軸間距離)をW，車輪の半径をr，段差の高さをhとすると，前輪の荷重F_fは

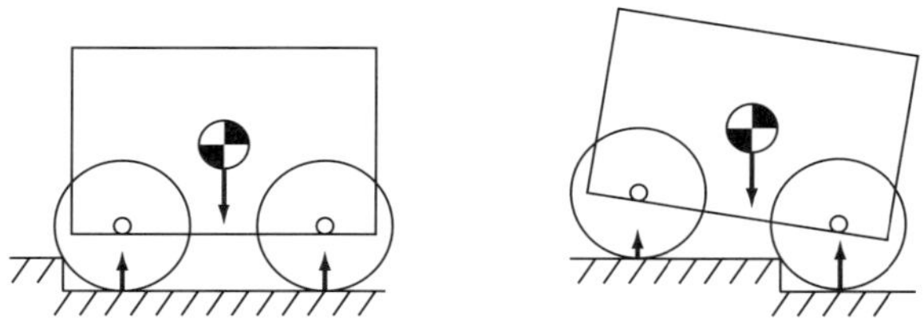

図1.66 荷重変化のために後輪が上りにくい

$$F_{\mathrm{f}} = \left(\frac{1}{2} - \frac{H-r}{\sqrt{W^2-h^2}}\frac{h}{W}\right)Mg \tag{1.14}$$

一方，後輪の荷重F_{r}は

$$F_{\mathrm{r}} = \left(\frac{1}{2} + \frac{H-r}{\sqrt{W^2-h^2}}\frac{h}{W}\right)Mg \tag{1.15}$$

である．

すると，後輪が乗り上げるときの最大駆動力は，$F_{\mathrm{r}} \sin\theta$（後輪駆動の場合）または$F_{\mathrm{r}} \tan\theta$（後輪が受動の場合）である．整理すると，前輪駆動・後輪受動の場合には，前輪乗り越え時に$(Mg/2)\sin\theta$，後輪乗り越え時に$F_{\mathrm{r}}\tan\theta$となって後輪乗り越え時に大きな駆動力が必要である．一方，前輪受動・後輪駆動の場合には，それぞれ$(Mg/2)\tan\theta$，$F_{\mathrm{r}}\sin\theta$となって，どちらが大きいとはいえないが，いずれも先の受動後輪乗り越え時よりも小さいことがわかる．つまり，段差乗り越えに関しては，後輪駆動のほうが有利である．

1.5.6 駆動トルクによる荷重変化

モータの駆動トルクによって前後輪の荷重配分の変化が生じる．モータが車輪をトルクTで前進方向に駆動するとき，車体はその反作用のトルクとして前側がもち上がるようなトルクを受ける．トルクが大きすぎれば前輪が宙に浮くウイリー走行になるが，それほどでもない場合には，前輪の荷重が減って，その分だけ後輪の荷重が増える．ホイールベースをWとすると，反作用トルク$-T$を打ち消すだけの荷重変化量はT/Wである．つまり前輪はT/Wだけ荷重が減少し，後輪はT/Wだけ荷重が増加する．ますます後輪乗り越えに不利な状況となる．

車椅子の操縦者はこのことを巧みに利用している．通常，車椅子の前輪は小さく，段差に押しつけても上れない．しかし体を少し後傾させて重心を後ろにするとともに，腕で後輪に急に大きなトルクをかけてその反トルクで前輪の荷重を減らしている．段の高さが前輪径にくらべて大きな場合には，前輪が浮き上がるほどトルクをかけなくてはならないが，それほどでない場合にも，荷重減少の効果で上りやすくなる．そして，前輪が段に乗った後，車体が後傾して重心が後ろになり，上りにくくなってしまった後輪は，大きな車輪径の効果と，駆動輪である効果によって，それほど大きくない駆動トルクで乗り越えることができるのである．車椅子の後輪が大径で，しかも駆動輪である構造は，大いに意味があるのである．

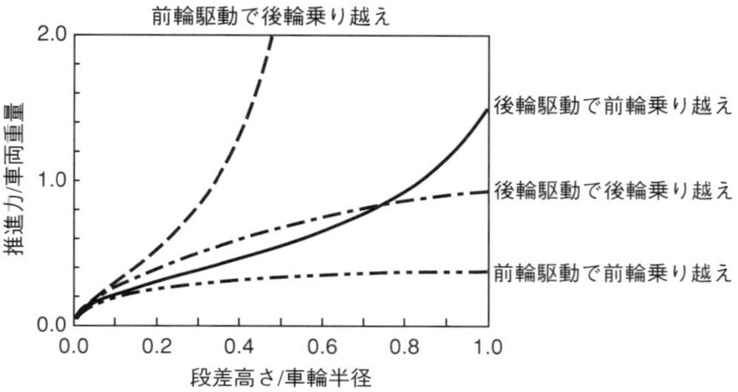

図1.67 段差乗り越えに必要な推進力（重心高さ/車輪半径＝2，ホイールベース/車輪半径＝3の場合）

以上のような効果をすべて考慮すると，前輪駆動と後輪駆動のそれぞれの車輪が段差を越えるときに必要な最大推進力は図1.67のようになる．ただし，これは重心の高さを車輪半径の2倍，ホイールベースを車輪半径の3倍としたときの例である．前輪駆動，後輪駆動ともに駆動輪自体が乗り越えるときには小さめの推進力でよい．後輪乗り越えのほうが力が大きいのは車体が後ろに傾いている影響と駆動トルクの反作用の影響で後輪の荷重が増えているからである．一方，後輪駆動で前輪が段を越えるときの推進力は，段差が大きくなると急激に増えてくる．段差が車輪半径に近くなると段差が壁のように立ちはだかるから，受動である前輪をどんなに押しても進まなくなるのである．しかし，幸いに駆動トルクの反作用で後輪に荷重が移動するために発散しない．つまり後輪の駆動トルクで前輪をもち上げてウイリー走行の状態になって段を越えるのである．さて，とびぬけて一番力が必要なのは前輪駆動で後輪が乗り越える場合である．車体傾斜の影響もあるが，とくに駆動トルクの反作用の影響で後輪荷重が大きくなる．このため，ある程度以上の段差では推進力を出せば出すほどますます後輪が段差手前の地面に押しつけられて永遠に上れない．

1.5.7　スリップ限界

ここまでは，駆動トルクの大小を説明してきた．これらの値よりも大きなトルクを出せば段差を上れる．しかし，十分強力なモータをつけたからといってどんな段差でも上れるわけではない．地面とタイヤの間の摩擦力には限界があるから，スリップしてしまう．「(2.3) これが摩擦係数だ」で説明しているように，摩擦力の最大限界値f_{max}は接触面に垂直な方向の押しつけ力Fに比例して

$$f_{max} = \mu_{max} F \tag{1.16}$$

であると考えてよい．駆動輪が平地上にあるときは，Fは駆動輪の鉛直荷重，f_{max}が水平方向の最大推進力である．駆動輪が段の角に当たっているときは，接触面をタイヤの接触点における接平面と考えて，Fは車輪の半径方向の押しつけ力，f_{max}は車輪の周方向（接線方向）の最大推進力である．図1.68に段差乗り越えのそれぞれの条件において最低限必要な静止摩擦係数の値の計算例を示しておく．

段差にさしかかって車両が傾くと荷重配分の変化によってスリップする限界の駆動力が変わる．駆動する車輪の荷重が少なくなると，モータのトルクが十分に大きくても，車輪がスリップして段差を乗り越えられないことがある．もっとも厳しいのが前輪駆動の車両で受動の後輪が段差を乗り越えるときであり，前述したように

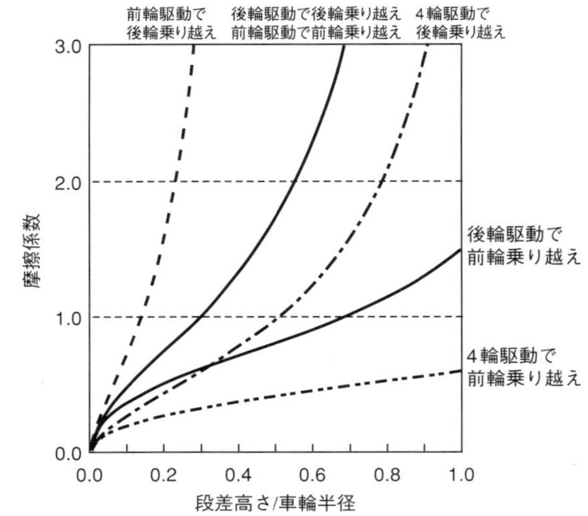

図1.68 段差乗り越えに必要な摩擦係数（重心高さ/車輪半径＝2，ホイールベース/車輪半径＝3の場合）

受動のために必要推進力が大きい効果，車体傾斜による後輪荷重増加，駆動トルクの反作用による後輪荷重増加，そして結果として駆動する前輪の荷重は小さく，スリップしやすい．著者の経験でもこの条件で前輪がスリップして上れない状況をよく目にしてきた．製作したロボットの前輪が段差を越えても喜んではいけない．後輪が上るときが勝負の分かれ目である．

1.5.8 4輪駆動のメリット

駆動輪自身が段差を乗り越えるほうが，受動輪が駆動輪に押されて乗り越えるよりも小さい摩擦係数ですむことは先に示したとおりだが，それならば全部の車輪が駆動輪であればよいのは明白である．しかし，この場合にはさらに有利なことがある．駆動輪自体が段差に上がるときに自身のトルクによる乗り上げ力に加えて，もう1つの駆動輪の推進力を受けるので，車輪を段差に押し当てる向きの力を大きくできる．そのため，必要な摩擦係数がさらに小さくできるのである．たとえば図1.69のように高さが車輪半径に近いような大きな段差のときは，ちょうど90度に近いような急坂を上るのと同じである．ここで，上ろうとしている車輪だけが駆動輪だとすると，そのトルクをいくら増やしてもすべるだけである．むしろ後ろから押してやって車輪を急斜面に大きな垂直抗力で接地させたほうがよい．垂直抗力が大きくなることによって得られる摩擦力の限界が大きくなるから，これを利用して自身の

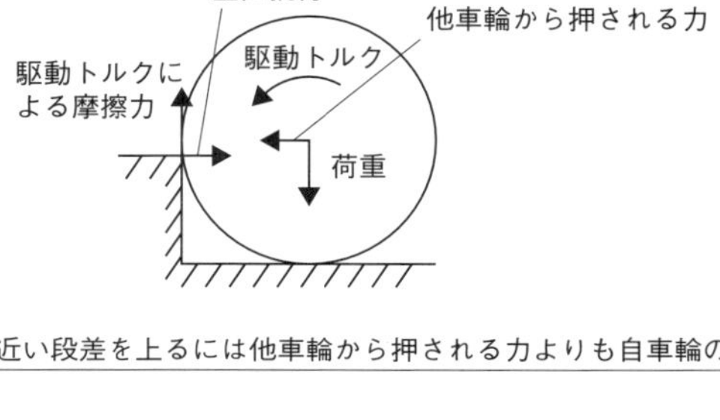

図1.69 車輪半径に近い段差を上るには他車輪から押される力よりも自車輪のトルクが有効

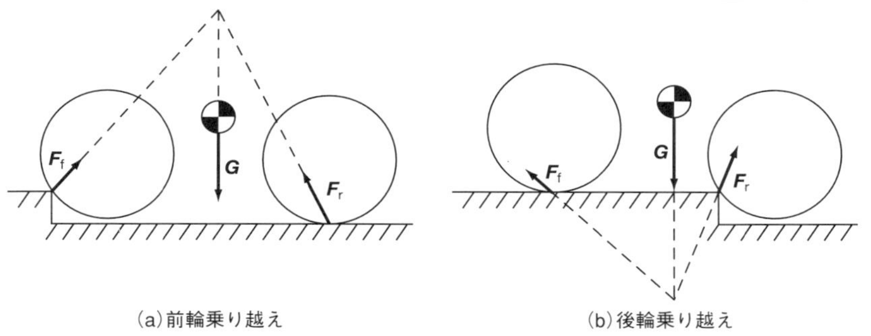

図1.70 4輪駆動車の段差乗り越え時の力バランス

トルクで上るようにしなければならない．4輪駆動(4 wheel drive = 4WD)ではこれが実現できるわけである．

4輪駆動でも，図1.65(a)の後ろから押してやる力は無制限に出せるわけではない．後輪のトルクをいくら大きくしようとしても後輪接地部の摩擦力には限界がある．つまり前輪と後輪の両方の接地部で摩擦力を気にしないといけない．摩擦力/垂直抗力の値を前輪接地でμ_f，後輪接地部でμ_rとしよう．μ_rを小さくするとμ_fを大きくする必要があり，μ_rを大きくすればμ_fは小さい値でよい．これらを両天秤にかけて，もっとも小さい摩擦係数で上れるのは，両者が同じ値になるときである．つまり$\mu_f = \mu_r$のときである．これは前後の車輪のトルク配分を調整することによって実現することができる．

はじめに図1.70(a)のように前輪が段差にさしかかったところを考えよう．前輪が受ける床からの力ベクトルを$\boldsymbol{F}_f$，後輪が受ける床からの力ベクトルを$\boldsymbol{F}_r$とする．車両の重心には重力ベクトル$\boldsymbol{G}$(大きさ$\boldsymbol{Mg}$で下向き)がかかっている．通常，これらの未知の力$\boldsymbol{F}_f$，$\boldsymbol{F}_r$を完全に求めるには，並進2方向の力のバランス式とモーメントのバランス式，および前後輪の間の内力(引き合ったり押し合ったりする力)を条件として連立方程式を解くことになる．しかし，ここでは，知りたいのは車輪接地部の摩擦係数だけである．つまり力$\boldsymbol{F}_f$，$\boldsymbol{F}_r$の方向がわかればよい．そこで，モーメントのバランスだけに注目してみる．外部から車両に働く力は重力と2つの接地の力の合計3つだけである．これら3つの力がバランスするには，その3本の作用線が1点で交わらなければならない(☞ 1.6 これが力のバランスだ)．これを方程式で表すには前輪側の力ベクトルの作用線が重心の真上に達する点の高さと，後輪側の力ベクトルの作用線が重心の真上に達する点の高さが等しいということを式にすればよい．

$$\frac{W}{2}\cot\alpha_r = h + \left(\frac{W}{2} + r\sin\theta\right)\cot(\theta - \alpha_f) \tag{1.17}$$

となる．ここで，α_f，α_rは$\boldsymbol{F}_f$と$\boldsymbol{F}_r$が車軸と接地点を結ぶ直線(車輪の半径の線)となす角とする．すると，それぞれの接地点における垂直抗力と摩擦力との比は$\mu_f = \tan\alpha_f$，$\mu_r = \tan\alpha_r$である．前後のトルクを調整してこのμ_fとμ_rを等しくしたいから，上式で$\alpha_f = \alpha_r$($= \alpha$とおく)にすればよい．つまり

$$\frac{W}{2}\cot\alpha = h + \left(\frac{W}{2} + r\sin\theta\right)\cot(\theta - \alpha) \tag{1.18}$$

である．このαに関する方程式は，解析的に解くことができない．すなわち解を数

式として表すことはできない．しかし解は存在して値を見つけることはできる．ここでは数値を代入して近いものを見つけた結果を図1.68に示した．このグラフではαではなく$\tan\alpha$すなわち摩擦係数を示している．また，ホイールベースWは車輪半径rの3倍としている．

後輪が段差に乗り上げるときは図1.70(b)のように3つの力ベクトルが1点で交わる．車体の傾き角をψとして，式で表せば，

$$\left(\frac{W}{2}\cos\psi - r\sin\theta - (H-r)\sin\psi\right)\cot(\theta-\alpha_{\mathrm{r}}) = \left(\frac{W}{2}\cos\psi + (H-r)\sin\psi\right)\cot\alpha_{\mathrm{f}} \tag{1.19}$$

ただし，$\sin\psi = h/W$である．ここでも$\alpha_{\mathrm{f}} = \alpha_{\mathrm{r}} = \alpha$とおくと，前後輪で同時に摩擦力が限界に達する条件となる．これも解析的には解けないが，数値計算によって求めた$\tan\alpha$の値を図1.68に示す．先ほどと同じく，ホイールベースWは車輪半径rの3倍，重心高さHは車輪半径rの2倍としている．

図1.68のグラフを見るには，どうすればいいかというと，たとえば実際に得られそうな摩擦係数は1.0が限界であるとしよう．前輪駆動で，前輪が段差を乗り越えるときと後輪が段差を乗り越えるときの必要摩擦係数を見ると，後輪乗り越えのほうが常に大きい．すると，後輪乗り越えの必要摩擦係数が限界値である1.0に達するところが乗り越えられる最大の段差である．これは車輪半径の0.15倍くらいであることがわかる．一方，後輪駆動の場合には，前輪乗り越えは小さい摩擦係数でよく，後輪自身が乗り越えるときの必要摩擦係数が大きい．これが1.0に達するところが限界段差である．これは段差高さが車輪半径の0.3倍程度であり，前輪駆動より2倍くらい高い段差に上れることがわかる．次に，4輪駆動の場合を見てみよう．4輪駆動でも，前輪よりも後輪が乗り越えるときのほうが条件が厳しい．必要摩擦係数が1.0に達するのは，段差高さが車輪半径の0.5倍程度のところである．このように4輪駆動で適切な推進力配分を行えば，同じ摩擦係数の限界値でも高い段差を上れるのである．

もともと4輪駆動車は，ぬかるみのようなところ，床面のゴミや水分による摩擦力低下に強いのであるが，このような段差乗り越えに対しても大いに有利なのである．さらにロボットが荷物を積んだときの荷重変化にも強い．また，ロボットに搭載したマニピュレータなどで力を出したときにも荷重が変化する．とくに，上のほうにあるものを前方に押そうとすると前輪が浮きそうになる．このとき前輪駆動だったら駆動力が出なくなってしまう．引く力の場合は逆だから，後輪駆動では力が出ない．その力の作用点が高いほど前後輪荷重の変化が大きいから，図1.71のような，高い位置で作業をするロボットは4輪駆動がよい．ロボット競技に参加する諸君，思いあたる節があるのではないか．

1.5.9 連接車輪型ロボットの段越え

ここまでは4輪(2軸)の車両について考えてきたが，図1.72のような連接型の多車輪ロボットは，段差乗り越えに対してとても有利である．全体の車重が同じであるとすると，1軸あたりの荷重が小さいから段差乗り越えに必要な推進力が小さい．また，すべてが駆動輪であるとすると，段差に上がる車輪の荷重にくらべて他の駆動輪にかかる荷重が大きいから，先の4輪駆動のメリットがさらに大きく出る．つまり，平地にある駆動輪の荷重が大きいからスリップしないで得られる推進力が大き

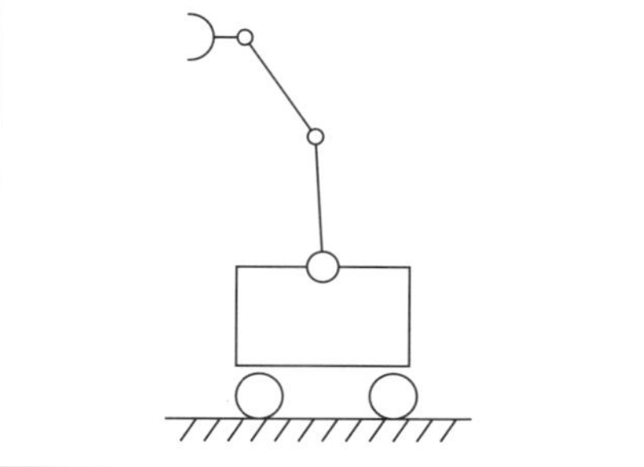

図1.71 前後輪荷重変化の大きい高所作業ロボット

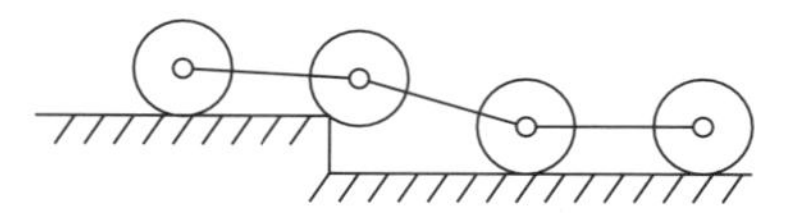

図1.72 連接多車輪ロボット

く，段差に上がろうとする車輪を大きな力で段に押しつけることができる．ただし，段差にさしかかった車輪が1つか少数で，他の多くの車輪が良好なグリップのある地面上にあるときにかぎられる．

なお，いうまでもないが，1つのボディに多数の車輪をつけても，大きな段差では浮いてしまう車輪があるので，このようにうまくはいかない．それでも，サスペンションをつければ，小さめの段差に対しては多車輪の効果が出るはずである．

1.6 車輪型ロボットの動力学

1.6.1 タイヤとサスペンション

動力学とは物体の慣性，加速減速のことを考えた力学であるが，ここではとくに車両の振動について考えよう．凹凸のある地面を走るときに車両が振動するのを抑制するためには，やわらかいタイヤを使う，あるいはサスペンションをつけるのが有効である．なお，やわらかいタイヤやサスペンションは，凹凸地形においてすべての車輪を地面に適切な力で接地させるという役目もある．この役目については「1.3 車輪型ロボットのサスペンションメカニズム」で説明している．ここでは車輪は常に地面に接地しているものとして，車体のほうの運動を考えよう．

タイヤの弾性による車体の振動抑制は応答が速いので，高周波入力すなわち細かい凹凸に対応できるのが特徴である．また，タイヤがつぶれることで接地面が大きくなってその接地範囲の平均的な高さを走るのと同じようになる効果もある．たとえば，自動車がパチンコ玉を乗り越えてもタイヤの変形によって上下動を小さくできる．鉄道車両のようなかたい車輪で乗り上げたら大きな上下動が起こるであろう．一方，タイヤの変形量が大きいと，ころがり抵抗が大きくなる(☞ 2.4 これがころがり抵抗だ)．つまりエネルギーロスが大きくなるので，自動車でいえば燃費が悪くなり，車輪型ロボットでは大きなモータが必要だったり，スピードが出なかったりする．だから効率の点では，かたい車輪のほうがよい．

一方，サスペンションはタイヤと違って走行のための抵抗が増えることはない．しかし，応答速度の点ではタイヤの弾性による振動吸収よりも遅く，細かい凹凸には追従しきれないことがある．そのため，サスペンションによって遅い周期で変位の大きい振動の抑制をして，タイヤの弾性によって速い周期で変位の小さい振動の抑制をする．

1.6.2　自由振動の臨界減衰

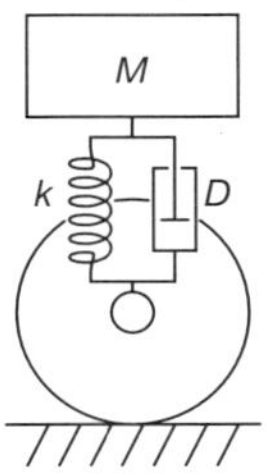

図1.73 ばね・マス・ダンパモデル

通常，サスペンションは図1.73のようなばねとダンパで構成する．ばねというのは変位量に比例した力を発生し，ダンパというのは変位速度に比例した力を発生する．だから，ばねは車輪と車体の距離を一定距離に保とうとする復元力を出し，ダンパは揺れの速さを遅くするような抵抗力を出す．ばねだけでダンパがなくても，サスペンション各部の摩擦抵抗によって少し振動抑制ができるが，やはり適切なダンパを装備したほうがよい．ではどのくらいの強さのばねとダンパをつければよいかというと，なるべく速く振動がおさまって中立点にもどるのがよい．「自由振動」と呼ぶ図1.73のようなばねとダンパで支持された質量をもつ物体が振動している状態を考える．もちろん，何もしなければ振動しない．たとえば，手で変位させておいて，さっと手を離した後の運動を考える．

数学的には「1.15 これがn元1階線形微分方程式の解き方だ」に示したが，ばねだけが強いと振動はなかなかおさまらず，ダンパが強すぎるとジワッとゆっくりしか動かないので中立点にもどるのが遅くなる．そこで「臨界減衰」と呼ぶ振動しないでもっとも速く中立点に近づく状態にする．このときのばねとダンパの強さと車体の質量との関係は次のようなる．

$$D^2 = 2Mk \tag{1.20}$$

D：ダンパの抵抗係数＝ダンパの力/ダンパの伸縮速度

M：車両質量

k：ばね定数＝ばねの力/ばねの伸縮長さ

臨界減衰になる条件は，ばねとダンパの係数の比だけで決まるから，ばねもダンパも両方強くてもよいし，両方弱くてもよい．

1.6.3　強制振動の周波数応答

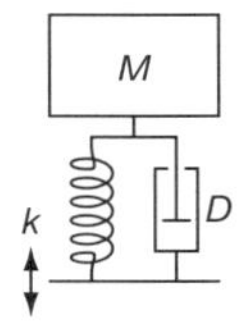

図1.74 強制振動のモデル

臨界減衰の条件を満たしたうえでばねとダンパの強さを決めるには，「強制振動」における周波数応答を考えるとよい．図1.74のように地面の振動が車体にどれだけ伝わるか，ということを計算すればよく，数学的なことは「1.17 これが強制振動と共振だ」を参照してほしい．大まかにいえば，同じ臨界減衰でもばねとダンパが両方強ければ高い周波数の振動まで伝わり，ばねもダンパも弱くした組み合わせでは低い周波数の振動のみが伝わる．つまり車体の揺れは弱いばねとダンパの組み合わせのほうがゆっくりとしたものになる．臨界減衰の条件(式(1.20))を満たしているとき，車体の振動の振幅が地面の振幅の$1/\sqrt{2}$になる周波数νは

$$\nu = \frac{1}{2\pi}\sqrt{(2+\sqrt{5})\frac{k}{M}} \tag{1.21}$$

である．

1.6.4　車輪振動の抑制

サスペンションのばねとダンパは，臨界減衰の条件を満たし，強制振動の振幅をより低い周波数まで小さくするために，弱いばねと弱いダンパのほうがいいかというと，そううまくはいかない．ここまでは車体の運動だけを考えてきたが，車輪の運動も考えなければならない．車輪はいつも地面に合わせて上下すると仮定していたが，それには車輪が浮き上がらないように地面に押さえつけておく必要がある．

車輪の質量はゼロではないので，加減速のための力が必要である．車輪を下に引っ張る力は地面からは得られないし，車輪の質量に働く重力はそれほど大きくない．そうすると，車輪を下向きに大きく加速させるためには，車体から車輪に大きな力を伝えなければならない．その様子を考えるために，今度は車体が固定されていて車輪が自由振動すると仮定する．手で車輪に変位を与えておいて，さっと手を離したとき，中立点にもどる運動を考える．この運動が実際の地面の変位より速くなければ，車輪が地面から浮いてしまう．速く中立点にもどすためには，大きめのばね定数とそれに見合った大きめのダンパ定数が必要になるのである．これは車輪の下に手をそえて，持ち上げて変位させている状態を想像してもよい．ゆっくり上下させれば車輪は手に乗ったままだが，手をすばやく下げると車輪が離れることもある．

1.6.5 車体傾斜の抑制

A. ノーズダイブとテールスクワット

自動車や電車に乗っているとき，前向きに乗っているとして，加速中は頭が後ろにのけぞるようになり，減速するときは頭が前のめりになるであろう．これと同じことが車体全体にも起こっている．つまり車両を加速するときには車体が後傾し，減速時には前傾する．これはサスペンションの変形による車体の運動の中心が重心よりも下にあるからである．逆に，上部から支持されたロープウェーのゴンドラのようなものは加速時に前傾して減速時に後傾する．自動車の場合には高さにくらべて前後に長いから，前傾といっても角度が変化するよりはむしろ前部が下がるような状態になり，後傾のときは後部が下がるようになる．これをノーズダイブ，テールスクワットという．サスペンションがやわらかすぎるとノーズダイブやテールスクワットが大きくなる．加速や減速は長時間続くわけではないので，サスペンションのダンパをかためにして，これをある程度抑制することもできる．

B. 4輪クレーンは揺れる

車輪型ロボットを設計するとき，長い車体に短いホイールベースの車両は揺れやすいので注意が必要である．実例では4輪のクレーン車は図1.75(a)のようにブームが前に大きく張り出し，しかも作業時のバランスをとるために車体後部を重くしてある．そのため，図のような左右水平軸(ピッチ軸)回りの慣性モーメントが大きい．加えて，カーブを曲がるときの旋回半径を小さくするために前後の車輪を中央よりにつけている．つまりホイールベースが短い．このような車両はピッチ軸回りの回転運動が生じやすい．同じようなことは，図1.75(b)の山車のようにホイールベース

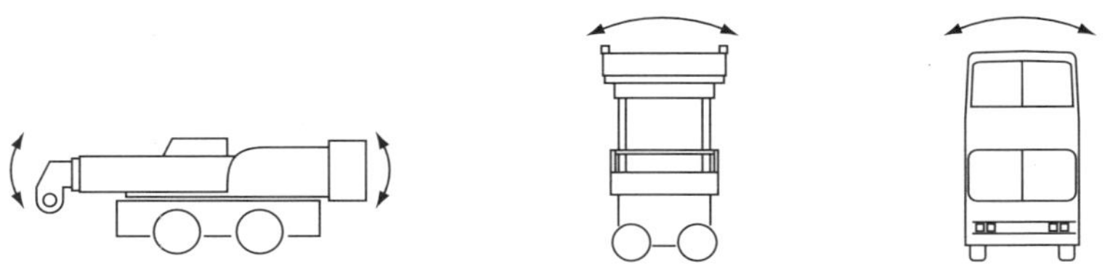

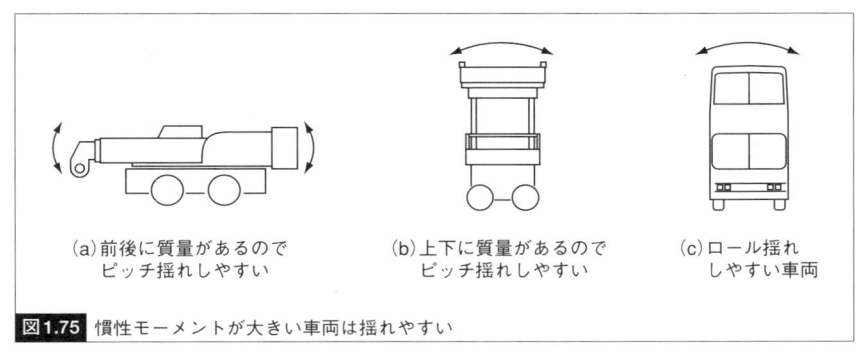

(a)前後に質量があるので
ピッチ揺れしやすい

(b)上下に質量があるので
ピッチ揺れしやすい

(c)ロール揺れ
しやすい車両

図1.75 慣性モーメントが大きい車両は揺れやすい

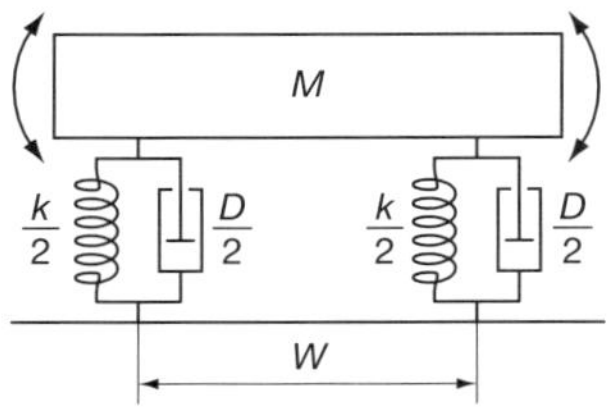

図1.76 回転振動のモデル

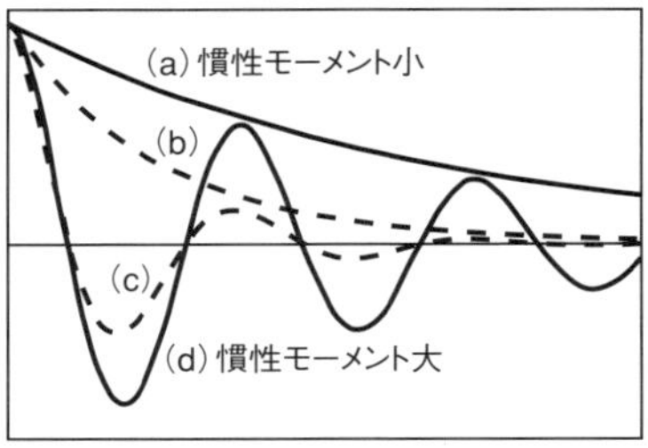

図1.77 慣性モーメントの大きさによる運動の違い

に対して極端に背の高い車両でも起こる．山車はサスペンションをつけていないので実際にはほとんど揺れないが，このようなロボットをサスペンション付きでつくってはいけない．もう1つ例をあげると，手押しの台車に冷蔵庫やタンスのような背の高いものを積んだときも同様である．手押しの台車にはサスペンションがないからいいが，もしあったら，ゆらゆらしてあぶないことは想像できるだろう．このことを少し物理学と数学を使って説明しよう．

図1.76のように前輪と後輪にばね＋ダンパのサスペンションがあるとする．車輪は回転させないとして，ばねとダンパが直接地面に固定されているのと同じと考える．車体の質量をM，重心を通る左右方向の水平軸（ピッチ軸）回りの慣性モーメントをIとする．車体の上下方向の並進運動に関する運動方程式は

$$M\ddot{z} = -D\dot{z} - kz \tag{1.22}$$

となる．ここで，車体の上下の振動に対してばねとダンパがもっとも短時間で揺れを収束させる「臨界減衰」の状態にするとよい．そのためにはばねとダンパの係数の比率を調整すればよく，

$$D^2 = 2Mk \tag{1.20}$$

とすればよい（☞ 1.15 これがn元1階線形微分方程式の解き方だ）．この状態で，次にピッチ軸回りの回転の運動を考えよう．回転の運動方程式は，ホイールベースをWとして，

$$I\ddot{\theta} = -W\left(D\frac{W\dot{\theta}}{2} + k\frac{W\theta}{2}\right) = -\frac{W^2}{2}(D\dot{\theta} + k\theta) \tag{1.23}$$

となる．ここで上下運動が臨界減衰になる$D^2 = 2Mk$を代入すると，

$$\frac{2I}{W^2}\ddot{\theta} + \sqrt{2Mk}\cdot\dot{\theta} + k\theta = 0 \tag{1.24}$$

となる．この運動方程式の解は$I < (1/4)MW^2$の場合は図1.77(a)のような過減衰，$I = (1/4)MW^2$のときは図1.77(b)のような臨界減衰，$I > (1/4)MW^2$のときは図1.77(c)のような減衰振動になる．とくに$I \gg (1/4)MW^2$のとき，たとえばホイールベースWが小さいときは，図1.77(d)のようになかなか減衰しない振動となる．これが先のクレーン車のような状態である．つまり車体の長さや高さ（正確には車体のピッチ軸回りの慣性モーメント）に対してホイールベースが小さいと，ピッチ軸振動が減衰しにくいのである．ピッチ軸の回転運動は凹凸のある地面の場合のほか，上記のように発進加速やブレーキで生じるから，平地であっても振動しがちな車両になってしまう．

また，2階建てバスのように背の高い車両は，ピッチ軸だけでなくロール軸（車両

の前後方向の軸)回りの運動も減衰しにくい．前から見ると図1.75(c)のようになっている．上下動をちょうどよく減衰するようにしたサスペンションでは，ロール軸回転に対する減衰力が十分ではなく，車体の上部が左右にゆらゆらと振動してしまう．

このほかの条件として，静的な加重の変化，つまり荷物を積んだとか，坂で車体が傾いたとかに対しては，ある程度大きなばね定数にしなければならない．同様に，ゆっくりとした力の変化であるカーブ中の遠心力に対してもばね定数が小さすぎると，大きく傾いてしまう．自動車には，このローリング運動を抑制するため，左右独立のサスペンションでも少しだけ連動させる機構をもつものもある．

また，車両の質量が一定ではなく，荷物を載せたりして変わるときは，いつも「臨界減衰」というわけにはいかない．荷物を積んだ状態でちょうどよいばねとダンパにしているトラックは，空荷ではポンポンと跳ねるようになってしまう．

参考文献

1) 米田 完，坪内孝司，大隅 久，はじめてのロボット創造設計，講談社(2001)．
2) 高野政晴，「研究室紹介」，日本ロボット学会誌，**1**，No.1，pp.63-64，(1983)．
3) 田口 幹，佐藤央隆，「足付き車輪による階段昇降機械の研究」，日本ロボット学会誌，**15**，No.1，pp.118-123 (1997)．
4) 岩本太郎，山本広志，本間和男，藤江正克，中野善之，「地形変化に応じながら走行する形状可変形クローラ走行車の機構と制御」，日本ロボット学会誌，**2**，No.3，pp.24-32 (1984)．
5) 和田正義，浅田春比古，「車両幅可変機構を有する全方向移動車の設計とその車椅子への応用」，日本ロボット学会誌，**16**，No.6，pp.816-823(1998)．
6) 淺間 一ほか，「2つの自律移動ロボットの相互ハンドリングによる協調搬送」，日本ロボット学会誌，**15**，No.7，pp.1043-1049(1997)．
7) 関東自動車工業株式会社，「車椅子」，特開2002-58707．

2 マニピュレータの創造設計

2.1 マニピュレータを3次元で動かすために

複数のリンクと関節が直列につなげられた腕型のシリアルリンクマニピュレータは，産業用ロボットをはじめとしたロボット構造のもっとも基本となるものである．この構造は腕型ロボットだけでなく，脚型ロボットの脚部，パラレルリンク機構の一部など，ほとんどのロボットの構造に利用される．

その使われ方を見ると，産業用ロボットでは，つかんだ物を決められた場所に置くピックアンドプレイス作業，アーク溶接などのように決められた線に沿って決められた速度で移動する作業，電子部品を基板に挿入する作業，手先にグラインダを取り付けることによるバリ取り作業などさまざまである．一方，脚型ロボットの脚部を見ると，遊脚として移動している間は，足先を一歩先の接地点に移動させる動きを行い，接地した後は体重をささえながら体を前方に移動させる動きを行っている．また，人間が両手でビーチボールをかかえる際は，それぞれの手先をボールの大きさの間隔に保ちながら，適当な押しつけ力を与えている．野球のピッチャーがボールを投げるときには，手先をできるだけ速く動かし，しかもリリースの瞬間に指先でボールに力を与えている．

このように，腕型の機構はさまざまな作業，動作を行っている．しかし，これらの動作をもう一度眺めなおすと，行っていることは，手先を目標の位置・姿勢にもっていく，手先を目標の軌道に沿って動かす，手先で目標となる力を発生する，といった基本動作だけであり，これらを組み合わせることでさまざまな動作が生成されていることがわかる．

マニピュレータの手先が3次元の空間を動く場合，手先の位置は(x_e, y_e, z_e)という3つの変数で表される．また，手先の姿勢を表す変数も$(\phi_e, \theta_e, \psi_e)$と3つ必要となる（図2.1(a)）*．しかも，手先の運動が並進と回転運動を伴い，その回転軸の方向が時々刻々変化すると，直感ではわかりにくいコリオリ力やジャイロモーメン

* ϕ_e，θ_e，ψ_eをそれぞれどのような角度とすればよいかについては2.5.4項に詳しく示す．

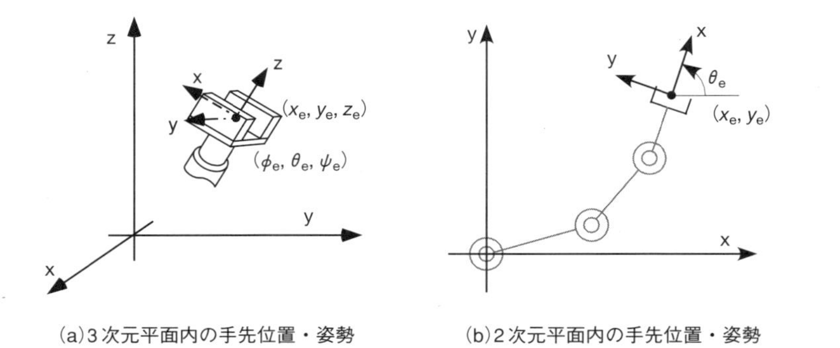

図2.1 2次元平面と3次元空間における位置・姿勢の表現の違い

トが発生する．このように3次元空間では，単にマニピュレータの手先の位置と姿勢を表すためだけでも，必要となる変数が6つと多く，直感的に把握しにくい力やモーメントも考慮しなくてはならない．このため運動学，動力学など，すべてが複雑となる．これに対して，2次元平面内でだけ運動するマニピュレータの場合には，手先の位置を表す変数は(x_e, y_e)と2つで，姿勢を表す変数も，x軸と手先がなす角度θ_eという1つの要素だけですむ(図2.1(b))．回転軸もマニピュレータの存在する平面の法線方向を向いており，変化することはなかった(☞本書姉妹編*第2章)．

ここでは，3次元空間を運動するマニピュレータを動かすための方法を，その基本からわかりやすく紹介していきたいと思う．まず，2.2～2.5節において，マニピュレータの関節角の値から手先の位置・姿勢を求める運動学計算の方法を説明する．2.6節では，2.5節で得られた運動学計算の式をもとに，マニピュレータの手先を好きな位置・姿勢にもっていくための逆運動学計算を，いくつかのタイプのマニピュレータについて示す．2.7節で手先を目標の軌道に沿って動かす際の，姿勢の軌道のつくり方を説明する．次に，2.8節では，関節の回転や並進速度と手先位置・姿勢の速度の関係がヤコビ行列と呼ばれる行列で表されることを示す．このヤコビ行列を解析することで，手先の動きやすさ，力の出しやすさがわかる．2.9節では，手先の目標位置・姿勢を達成するためにマニピュレータに必要な関節数よりも多くの関節をもつ冗長自由度マニピュレータの制御の方法を紹介する．最後に，2.10節でマニピュレータ手先を目標の加速度で動かすために必要となる動力学計算法の概略を示す．

3次元空間のマニピュレータを動かすための式はとても複雑で，難解に見える．しかし，それを支配する根本の原理さえ理解できれば，いくら式が複雑に見えても恐れるに足らずである．少々式が難しく見えても気にせずに読み進んでほしい．そして，なぜその式が出てくるのかを理解できたなら，あとは式を公式のように利用していけばよい．

* 米田 完，坪内孝司，大隅 久，はじめてのロボット創造設計，講談社(2001)．

2.2 運動学計算の考え方

マニピュレータの手先を3次元空間内の好きな位置・姿勢にもっていくためには，マニピュレータの関節数は最低でも6となる．そして，運動学計算も，2次元の場合のように簡単にはならず，長くて煩雑となる．姿勢を表す3つの変数の計算はとくにめんどうである．しかも，マニピュレータを構成する関節の組み合わせやリンクの構造が変わると，それに応じて運動学計算の結果も異なる．このため，あるタイプのマニピュレータについて苦労して運動学計算を行っても，他の構造のマニピュレータには利用できない．これに対して，リンクが結合された機構を統一的に表現する記法は，1955年，DenavitとHertenbergという人により提案されており，ロボット工学ではこの記法を利用することが多い．ロボット研究者の間では「DH記法」と呼ばれ，ロボット工学の最初に教わる．

図2.2に示すように，マニピュレータとはリンクと呼ばれるかたい棒が何本もつなぎ合わされたものである．そして，隣り合う2つのリンクの間には，回転軸，あるいは直動軸が1つだけ存在し，この軸が2つのリンクを結合している．マニピュレータの根元から手先の間に，いかに多くの関節があろうとも，隣どうしのリンクの関係は，あくまで，それらの間にある1つの関節の角度や並進量によって決定される．

そこで，図2.3のように，すべてのリンクの片端にそれぞれxyz座標系を設けてお

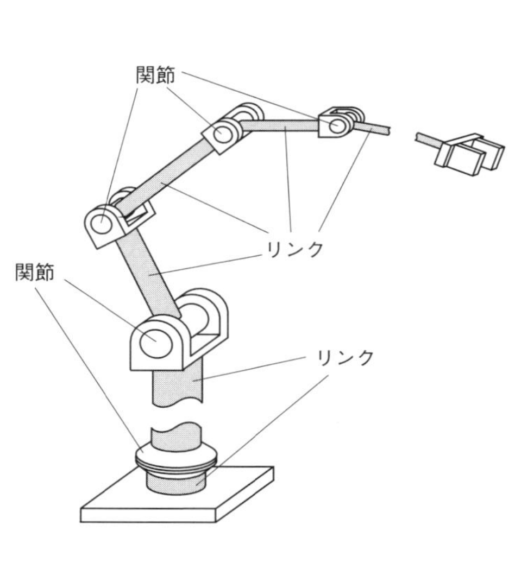

図2.2 リンクと関節の直列結合

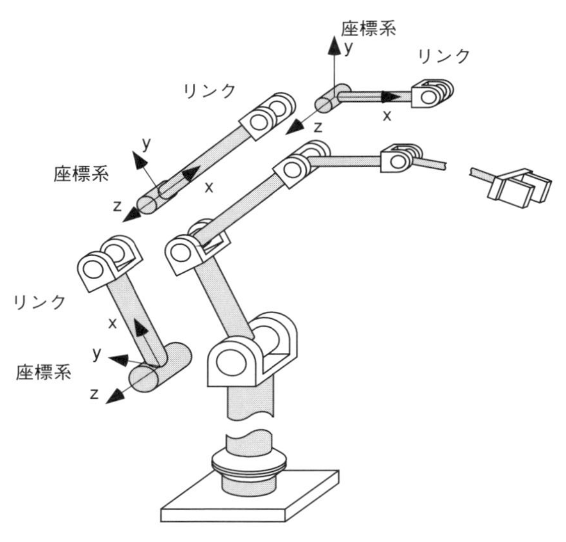

図2.3 座標系の導入によるリンク位置・姿勢の表現

き，各リンクの位置と姿勢を，その座標系原点の位置と座標軸の向き(具体的にはx，y，z軸の単位方向ベクトル)で表しておくことにする．これをリンク座標系と呼ぶ．すると，隣どうしのリンク座標系の相対的な位置・姿勢の動きは，間に存在する1つの関節の変位だけで表すことができる．後に示すように，この相対位置・姿勢なら簡単な計算で求めることができる．よって，マニピュレータの根元から先端まで，隣り合う2つのリンク座標系の相対位置・姿勢を順に求めていき，最後にこれらすべてを統合すれば，根元から見た手先の位置・姿勢が求まる，というのが運動学計算の手順である．

まずは図2.4のように，根元から先端に向かい，リンクと関節にそれぞれ番号をつけていく．関節は一番根元の関節を第1関節とし，手先に向かい，第2，第3とする．リンクについては，地上に固定されたベースリンクを第0リンクとし，手先に向かい，第1，第2，とする．それぞれのリンクの座標系をどこにとるかについては，リンクパラメータとともに2.3節で説明する．

2.3 リンク座標系とリンクパラメータ

2.3.1 リンク座標系とリンクパラメータの定義

そもそも「リンクとは何か」ということを，運動学を計算するという立場から眺めてみよう．図2.5を見てほしい．図中のリンクの形状や太さが変わっても，リンク両端の軸の相対的な位置・姿勢が変わらなければ，手先の位置・姿勢はまったく同じである．つまり，「リンクとはその両端にある関節軸の相対的な位置・姿勢を固定するもの」と考えることができる．よって，1つのリンクを運動学的に表すと，両端にある回転軸あるいは直動軸の2直線の間の関係を表す2変数(2直線の間の距離とねじれ角)で表すことができる．ただし後に述べるように，関節がつなぎあわされていく際，隣り合うリンクどうしの関係を表すために，さらに2つの変数が必要と

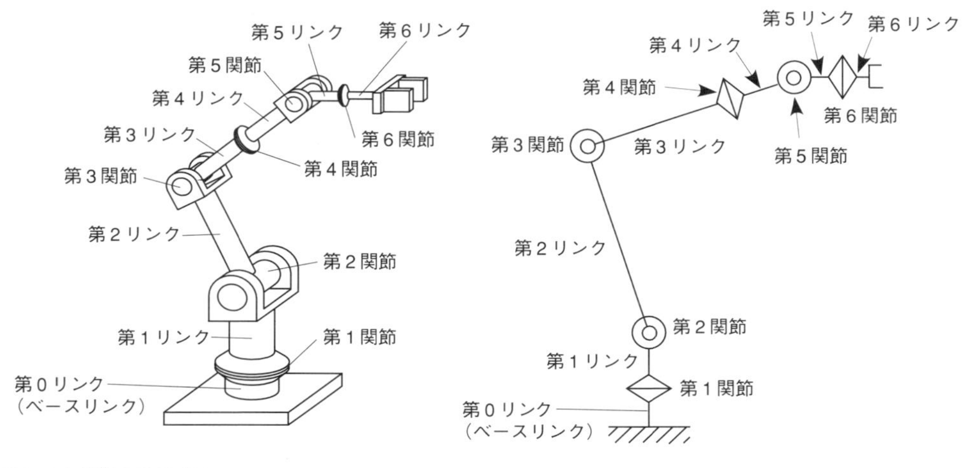

図2.4 リンクと関節の番号づけ

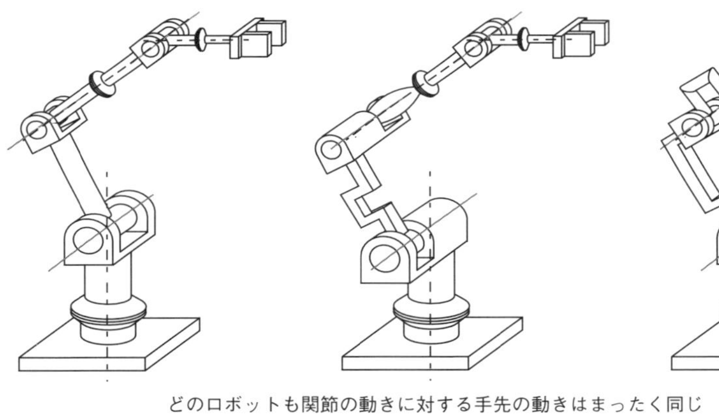

どのロボットも関節の動きに対する手先の動きはまったく同じ

図2.5 リンク形状の異なるマニピュレータ

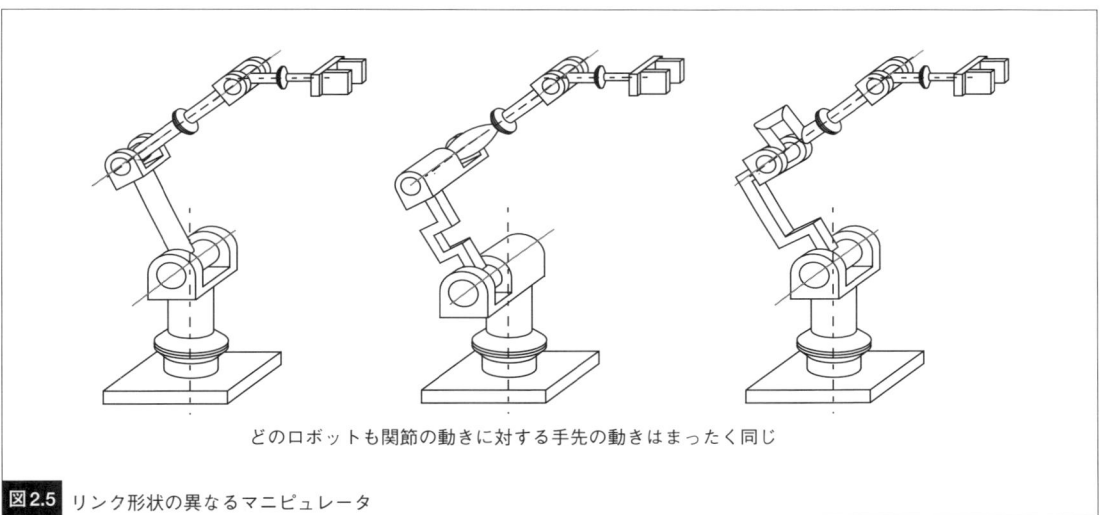

なる．

リンク座標系の設定法とこれらの変数のとり方について説明する．座標系の設定法は，回転関節の場合と直動関節の場合で，若干とり方に差があるので，回転関節と直動関節それぞれについて説明していく．

はじめに，回転関節の場合を図2.6に示す．まず，第i関節と第$i+1$関節の回転軸の共通法線を求める．そして，共通法線と第i関節回転軸の交点を第iリンク座標系Σ_iの原点とし，z軸を回転軸，x軸をこの共通法線と一致させる．第$i+1$リンク座標系Σ_{i+1}も，同様に第$i+1$リンク両端の回転軸の共通法線から同じように設定する．つまり，どのリンク座標系も，x軸はそのリンク両端の2つの関節軸に垂直に，z軸は根元側の関節軸方向に，それぞれ常に一致している．

次にΣ_iとΣ_{i+1}の相対位置関係を，Σ_iを移動させてΣ_{i+1}と重ね合わせる手順として考える．この手順は以下の①～④のとおりである．

①共通法線，すなわちΣ_iのx軸に沿ってΣ_iを関節$i+1$との交点まで移動させる

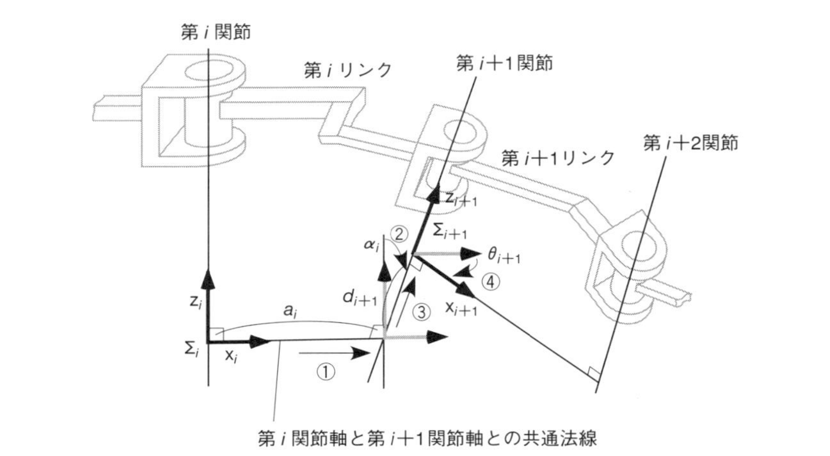

図2.6 回転関節の場合のリンク座標系とリンクパラメータのとり方

(この移動量をa_iとする)

②共通法線を軸にして移動後のΣ_iを回転させ，Σ_iのz軸を関節$i+1$の回転軸，すなわちΣ_{i+1}のz軸と重ねる(このときの回転角をα_iとする)

③回転後の座標系を関節$i+1$の回転軸に沿って平行移動し，Σ_{i+1}の原点と重ねる(この並進量をd_{i+1}とする)

④関節$i+1$回りに回転をさせ，並進移動後のΣ_iとΣ_{i+1}のx軸を一致させる(この回転角をθ_{i+1}とする)

この①〜④で利用したパラメータのうち，a_iをリンク長さ，α_iをリンクのねじれ角，d_{i+1}をリンク間距離，θ_{i+1}をリンク間角度という．そしてこれらをリンクパラメータと呼ぶ．根元側に回転関節をもつリンクの場合，①〜③のa_i，α_i，d_{i+1}がマニピュレータの構造によって決まる定数，④のθ_{i+1}が関節変数となる．つまり，この4つの変数が隣り合う座標系の関係を表す変数で，①，②のa_i，α_iがリンク両端の関節軸の相対関係を，③，④のd_{i+1}，θ_{i+1}がリンク間の相対関係を表している．

第i関節と第$i+1$関節の回転軸が1点で交わる場合には，共通法線と回転軸の交点は回転軸どうしの交点となる．x軸は両方の回転軸に垂直となるようにとる．リンク長さa_iは0となる．第i関節と第$i+1$関節の回転軸が平行な場合には，共通法線を無数に引くことができるため，Σ_iの原点の位置が上記の説明では定まらない．このようなときは，Σ_iからΣ_{i+1}への移動の際$d_{i+1}=0$となる位置など，できるだけリンクパラメータに0が増えるようにΣ_i原点を設定しておけばよい．リンクパラメータに0が多ければ多いほど，計算が簡単となるからである．

次に直動関節が存在する場合を説明する．第$i+1$関節が直動関節だったとする．これを図2.7に示す．この場合にも，直動方向の軸をこれまでの回転関節と同じように考えることで，図2.6と同様に，まったく同じ座標系のとり方をすればよい．ただし，「リンクパラメータに0を増やす」という考え方からは，Σ_{i+1}は次のようにとるとよい．

第$i+1$関節が直動すると，その関節から先のすべてのリンクと関節も同じ方向に平行移動する．つまり，その関節から先のリンクと関節を同じ方向に平行移動させることができれば，直動関節は別の場所についていたと考えても，運動学計算の結

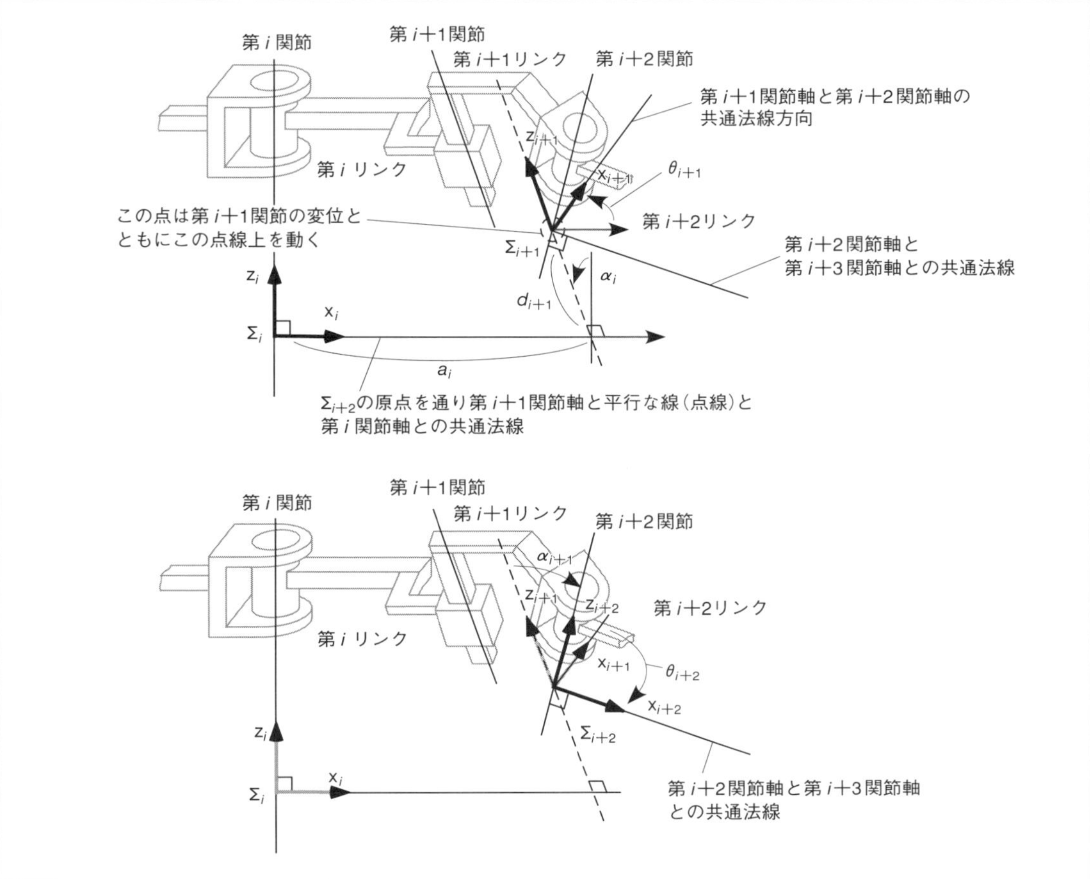

図2.7 直動関節の場合のリンク座標系とリンクパラメータのとり方

果は同じとなるはずである．そこで，直動関節をさらに1つ先のリンク座標系，Σ_{i+2}の原点を通るように選び，リンクパラメータのいくつかを0としてしまうことを考える．

まず，第$i+2$関節軸と第$i+3$関節軸との共通法線を引く．Σ_{i+2}の原点は，この共通法線の第$i+2$関節軸上の足となる．そこで，直動関節も，このΣ_{i+2}原点を通るように存在するものと考え，関節$i+1$の直動軸と平行な線を，Σ_{i+2}原点を通るように引く（図2.7中の点線）．直動関節が並進するとΣ_{i+2}原点はこの線上を動くことに注意しよう．そして，この新たに引いた軸と関節iの回転軸の共通法線をとることにする．Σ_{i+1}は，原点をΣ_{i+2}原点と同じとし，z軸を第$i+1$関節軸と平行に，x軸を第$i+1$関節と第$i+2$関節の共通法線方向にとる．このように第$i+1$関節軸を定義することで，第$i+1$リンクのリンク長さa_{i+1}とリンク間距離d_{i+2}をともに0とすることができる．なお，Σ_iとΣ_{i+1}の間のリンクパラメータでは，①，②，④のa_i，α_i，θ_{i+1}がマニピュレータの構造によってあらかじめ決まる定数，③のd_{i+1}が関節変数となる．

2.3.2　6自由度マニピュレータのリンクパラメータ

以上のとり方を6自由度マニピュレータに適用してみよう．例としてあげるのは

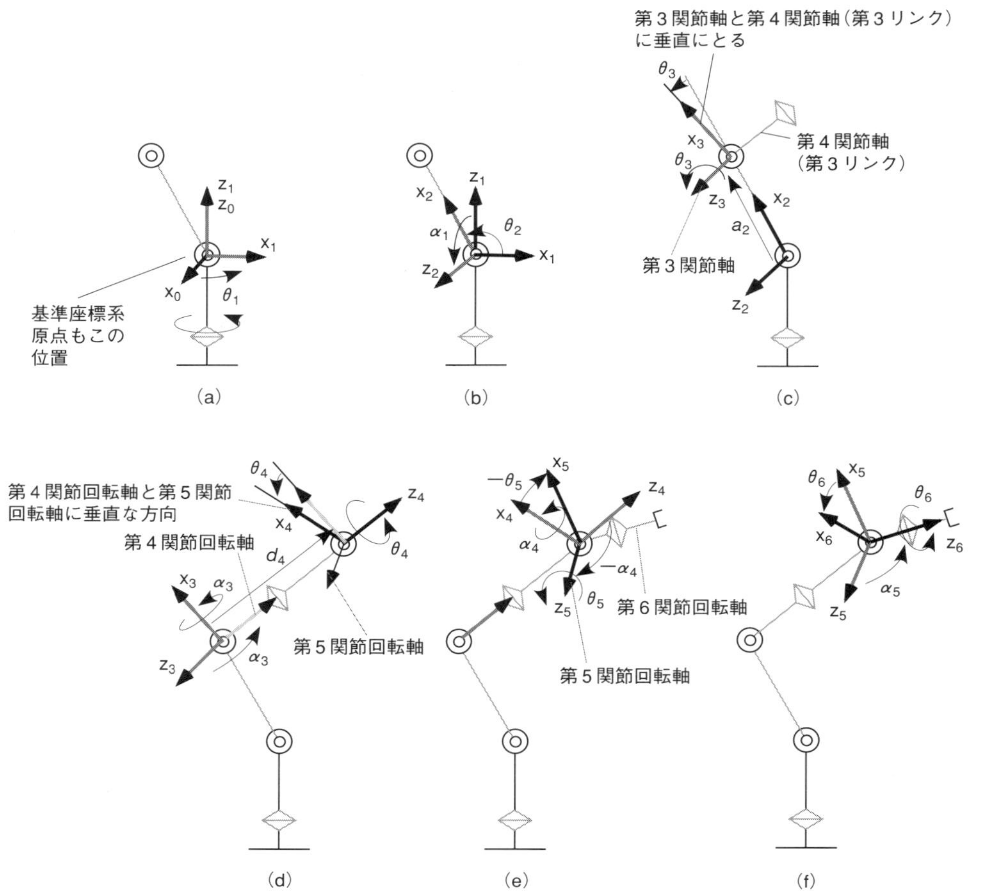

(a) Σ_1の原点を第1，第2関節の回転軸の交点にとり，z_1を第1関節上に設定する．x_1は第1，第2関節の回転軸に直交するよう設定する．Σ_0は$\theta_1=0$となるときにΣ_1と重なるように定義しておくと，リンクパラメータの0を増やすことができる．

(b) Σ_2の原点は第2，第3関節回転軸の共通法線の，第2関節側の足に設定する．共通法線は無数に引けるが，図2.8の機構ではΣ_1の原点と同じにとると簡単である．z_2は第2関節回転軸と同じ向き，x_2は第2リンクと同じ向きである．Σ_1とΣ_2の原点が同じなので$a_1=d_2=0$，z_1をz_2に重ねるためのリンクねじれ角は$\alpha_1=90^\circ$である．x_1をx_2に重ねるための回転がθ_2となる．なお，リンクねじれ角は，z_2を紙面奥向きにとると-90°となる．ここではz軸をすべて紙面手前向きにとる．

(c) Σ_3の原点を第3，第4関節の回転軸の交点にとる．z_3は第3関節回転軸と同じ向き，x_3は第3，第4関節回転軸に直交するようにとる．Σ_2のx_2方向への平行移動量$a_2=l_2$，z_2とz_3は平行なので$\alpha_2=0^\circ$である．平行移動後，x_2をx_3に重ね合わせるための回転がθ_3である．

(d) Σ_4の原点を第4，第5関節の回転軸の交点にとる．z_4は第4関節回転軸と同じ向き，x_4は第4，第5関節回転軸に直交するようにとる．第3，第4関節回転軸が1点で交わるので，$a_3=0$，z_3をz_4に重ねるためのリンクねじれ角$\alpha_3=90^\circ$である．$d_4=l_3+l_4$だけ平行移動後，x_3をx_4に重ね合わせるための回転がθ_4である．

(e) Σ_5の原点は第5，第6関節の回転軸の交点にとるので，Σ_4の原点と同じとなる．z_5は第5関節回転軸と同じ向き，x_5は第5，第6関節回転軸に直交するようにとる．Σ_4とΣ_5の原点が同じなので$a_4=d_5=0$である．z_4をz_5に重ねるためのα_4は$\alpha_4=-90^\circ$，x_4をx_5に重ねるための回転がθ_5となる．図では回転がマイナス方向となっているので注意．

(f) Σ_6の原点は暫定的にΣ_5の原点と同じにとる．z_6は第6関節回転軸と同じ向き，x_6も暫定的に第6リンクと同じ方向にしておく．Σ_5とΣ_6の原点が同じなので，$a_5=d_6=0$である．z_5をz_6に重ねるためのリンクねじれ角$\alpha_5=90^\circ$である．x_5をx_6に重ねるための回転がθ_6となる．Σ_6を暫定的に手先座標系としておこう．

図2.8 リンク座標系の設定方法

図2.4のマニピュレータである．図のマニピュレータでは，関節の回転軸が1点で交わる点が，第2，第3，第5関節上に存在する．リンクをはさんで隣り合った2つの軸が1点で交わるので，そのリンク長さaは0となる．

上の定義にしたがった座標系の設定手順を図2.8に，得られた座標系のz軸を書き込んだものを図2.9に示す．

手先位置といっても，求まった座標系の原点は関節5の上に存在している．ただし，どんな形や大きさのロボットハンドが先端に取り付けられたとしても，もはやΣ_6から見たハンド先端の位置と姿勢は，ロボットの姿勢，すなわちθ_1～θ_6とは無関係に一定となる．よって，次の2.5.2項に示すように，Σ_6から定数で表される同次変換行列を掛けることで，実際の手先位置・姿勢を簡単に求めることができる．

以上より求まったリンクパラメータを表2.1に示す．

表2.1を見ると，0とか90°といった単純な値がほとんどである．定義では一般性を重視し，角度がどのような値をとっても成り立つように説明した．しかし，実際のロボットではリンクが不必要にねじれてついていることはほとんどない．

表中のリンク長を見ると，必ずしも外見上のリンクの長さ，ということではないことがわかる．部品としては長さをもっていても，運動学上では長さ0となるリンクはいくらでもある．これは，たとえば2つの回転軸が直交する場合に生じる．また，図2.4の構造では，第4リンクと第5リンクがリンクを回転軸とした関節をはさんでつながっている．片方のリンクの根元から次のリンクの先端までの距離は，途中の回転関節が回転してもしなくても常にl_3+l_4と一定である．そこで，わざわざl_3とl_4を別々に考えずに，「l_3+l_4のリンク間距離をもつリンクと0のリンクが存在する」と考えることで，計算が簡単になる．

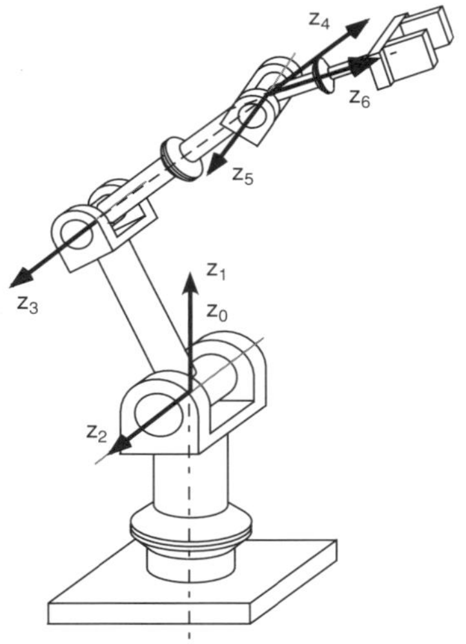

座標系の原点は3か所に集まっている。よって，根元の座標系から
先端の座標系までの平行移動はわずか2回となる

図2.9 設定されたリンク座標系

表2.1 リンクパラメータ

i	a_{i-1}	α_{i-1}	d_i	θ_i
1	0	0	0	θ_1
2	0	90°	0	θ_2
3	l_2	0	0	θ_3
4	0	90°	l_3+l_4	θ_4
5	0	−90°	0	θ_5
6	0	90°	0	θ_6

2.4 同次変換行列

さて，これで2つの座標系の間は，関節変数を含むリンクパラメータで表されることがわかった．ただし，「座標系間の相対位置・姿勢をどうやって計算するのか」について説明するには，同次変換行列についての知識が必要となる．

2.4.1 座標系と姿勢

剛体の位置・姿勢を表現するには，剛体上に剛体を代表する座標系を固定し，この座標系の位置と姿勢を用いる．まず，座標系の姿勢を表す方法を説明する．図2.10のように，物体に固定された座標系のx，y，z軸方向の単位ベクトル(長さが1のベクトル)を基準座標系で表したものを，それぞれ$\boldsymbol{e}_{\mathrm{x}}$，$\boldsymbol{e}_{\mathrm{y}}$，$\boldsymbol{e}_{\mathrm{z}}$とし，これを並べた行列を$\boldsymbol{R}$とする．

$$\boldsymbol{R} = \begin{bmatrix} \boldsymbol{e}_{\mathrm{x}} & \boldsymbol{e}_{\mathrm{y}} & \boldsymbol{e}_{\mathrm{z}} \end{bmatrix} = \begin{bmatrix} e_{\mathrm{xx}} & e_{\mathrm{yx}} & e_{\mathrm{zx}} \\ e_{\mathrm{xy}} & e_{\mathrm{yy}} & e_{\mathrm{zy}} \\ e_{\mathrm{xz}} & e_{\mathrm{yz}} & e_{\mathrm{zz}} \end{bmatrix} \tag{2.1}$$

ただし

$$\boldsymbol{e}_{\mathrm{x}} = \begin{bmatrix} e_{\mathrm{xx}} \\ e_{\mathrm{xy}} \\ e_{\mathrm{xz}} \end{bmatrix}, \quad \boldsymbol{e}_{\mathrm{y}} = \begin{bmatrix} e_{\mathrm{yx}} \\ e_{\mathrm{yy}} \\ e_{\mathrm{yz}} \end{bmatrix}, \quad \boldsymbol{e}_{\mathrm{z}} = \begin{bmatrix} e_{\mathrm{zx}} \\ e_{\mathrm{zy}} \\ e_{\mathrm{zz}} \end{bmatrix}$$

である．

ここには9つの成分が入っている．しかし，これらは全部独立ではない．3つのベ

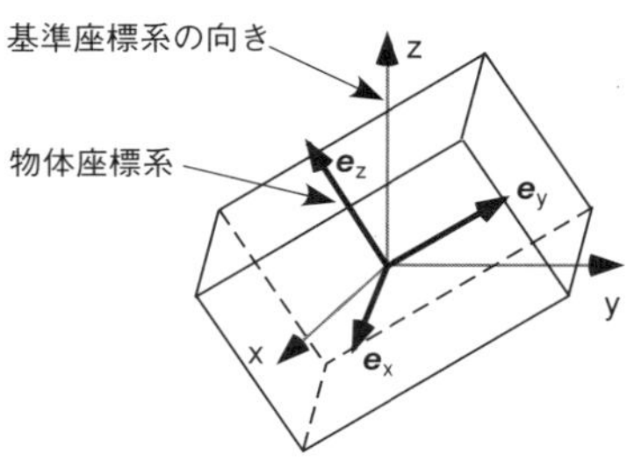

図2.10 座標系による物体の姿勢表現

クトル$\boldsymbol{e}_{\mathrm{x}}$，$\boldsymbol{e}_{\mathrm{y}}$，$\boldsymbol{e}_{\mathrm{z}}$の長さがすべて1であること，それぞれがお互いに直交しなくてはならないこと，の合計6つの条件式を満たさなくてはならないため，自由に決めることのできる成分は，9つのうちの3つである．この3つが姿勢を表す変数に相当する．座標系で姿勢を表現するときは，姿勢を表す3変数の代わりに，式(2.1)の行列$\boldsymbol{R}$を書く．

2.4.2 回転行列

式(2.1)の$\boldsymbol{R}$は回転行列と呼ばれ，長さ1の座標系の軸ベクトルをx，y，zの順に並べただけの行列である．この行列は直交行列と呼ばれるものの1つで，いろいろとおもしろい性質をもつ．たとえば，この行列に任意のベクトルを掛けてみる．

$$\begin{pmatrix} x' \\ y' \\ z' \end{pmatrix} = \boldsymbol{R}\boldsymbol{x} = (\boldsymbol{e}_{\mathrm{x}} \quad \boldsymbol{e}_{\mathrm{y}} \quad \boldsymbol{e}_{\mathrm{z}}) \begin{pmatrix} x \\ y \\ z \end{pmatrix} = x\boldsymbol{e}_{\mathrm{x}} + y\boldsymbol{e}_{\mathrm{y}} + z\boldsymbol{e}_{\mathrm{z}} \tag{2.2}$$

この計算結果には2つの解釈の方法がある．1つめの解釈は，「$\boldsymbol{R}$で表される座標系では単に(x, y, z)と表されていた点が，基準座標系ではどういう値となるのかを求める計算を行った」というものである．2つめの解釈は，「基準座標系の(x, y, z)という点を表す位置ベクトルに，$\boldsymbol{R}$で表される回転を施した」という解釈である．つまり回転行列には，座標変換と回転という2つのとらえ方がある（☞ 1.1 これがロボットのための線形代数だ）．

図2.11を使って説明しよう．図2.11(a)は，基準座標系をz軸回りにθだけ回転した様子を表す．もとの基準座標系から見て，x軸上の(1, 0, 0)の点は$(\cos\theta, \sin\theta, 0)$に，y軸上の(0, 1, 0)の点は$(-\sin\theta, \cos\theta, 0)$に，z軸上の(0, 0, 1)の点は変わらず(0, 0, 1)となる．よって，回転後の座標系$\boldsymbol{R}$は

$$\boldsymbol{R} = \boldsymbol{R}_{z} = \begin{bmatrix} \cos\theta & -\sin\theta & 0 \\ \sin\theta & \cos\theta & 0 \\ 0 & 0 & 1 \end{bmatrix} \tag{2.3}$$

となる．z軸回りに回転した座標系なので添え字をzとした．この$\boldsymbol{R}_{z}$に(1, 0, 0)を掛けてみると

$$\begin{bmatrix} \cos\theta & -\sin\theta & 0 \\ \sin\theta & \cos\theta & 0 \\ 0 & 0 & 1 \end{bmatrix} \begin{bmatrix} 1 \\ 0 \\ 0 \end{bmatrix} = \begin{bmatrix} \cos\theta \\ \sin\theta \\ 0 \end{bmatrix}$$

となる．計算の結果出てきたのは，図2.11(b)の回転後の座標系で(1, 0, 0)と表されている点が，基準座標系で見たらどうなるかを表している．一方これは，基準座標系で(1, 0, 0)と表される点をz軸回りにθだけ回転した後の値にもなっている．式(2.3)の行列に任意のベクトルを掛け合わせると，そのベクトルがz軸回りにθだけ回転したベクトルを得ることができる．

同じように，y軸，x軸回りの回転行列も同様に求めることができる（図2.11(c)，(d)）．求め方は，基準座標系で回転した後の座標系成分を求め，これらをx，y，z軸の順に書き並べるだけである．

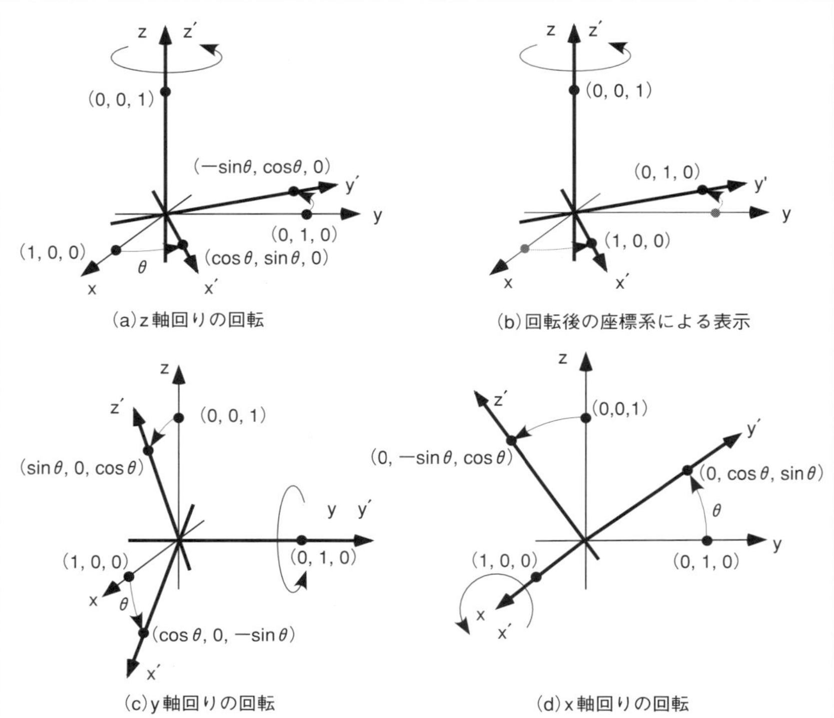

図2.11 座標系の回転

$$
\boldsymbol{R}_{\mathrm{y}} = \begin{bmatrix} \cos\theta & 0 & \sin\theta \\ 0 & 1 & 0 \\ -\sin\theta & 0 & \cos\theta \end{bmatrix} \tag{2.4}
$$

$$
\boldsymbol{R}_{\mathrm{x}} = \begin{bmatrix} 1 & 0 & 0 \\ 0 & \cos\theta & -\sin\theta \\ 0 & \sin\theta & \cos\theta \end{bmatrix} \tag{2.5}
$$

以上で，x軸，y軸，z軸回りの単独の回転を行う行列を示した．

次に，これら式(2.3)～(2.5)の行列を，好きな順に好きな数だけ掛け合わせてできる行列を考えよう．実はこの結果得られる行列も，基準座標系をある1つの軸回りに回転してできる座標系を表す行列となっている．よって，これも回転行列となる．ただし，この場合の回転軸がどうなるかは行った掛け算に応じて決定される．さらに，どのような向きの座標系も右手系をなしているかぎり(第1象限から原点に向かって座標系を眺めたときに，x，y，z軸が反時計回りに並んでいるかぎり)，基準座標系をうまく回転させれば，1つの軸回りの回転だけで重ね合わせることができる．よって，式(2.1)で示した$\boldsymbol{R}$もまた回転行列である．回転行列を含む直交行列では，逆行列がその行列の転置行列となる．つまり，

$$
\boldsymbol{R}^{-1} = \boldsymbol{R}^{\mathrm{T}} \tag{2.6}
$$

という性質がある．これは$\boldsymbol{R}^{\mathrm{T}}\boldsymbol{R} = \boldsymbol{I}$となることから導かれる．この関係もよく利用されるので覚えておくとよい．

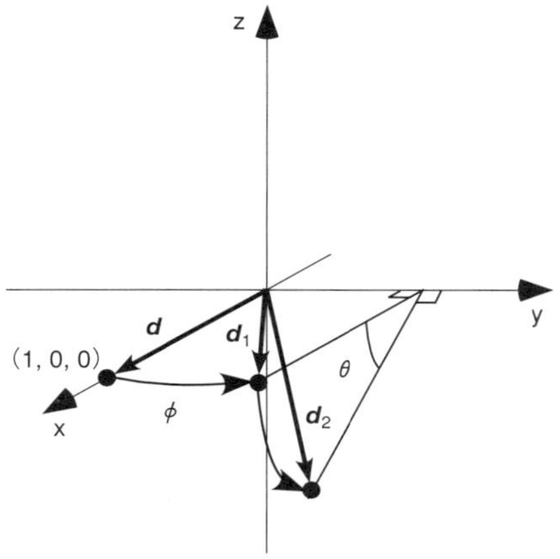

図2.12 ベクトルの基準座標系z軸および基準座標系y軸回りの連続回転

2.4.3 回転行列どうしの掛け算

次に回転行列どうしの掛け算の意味を説明しよう．図2.12は，x座標上の位置ベクトル$\boldsymbol{d}=[1 \quad 0 \quad 0]^{\mathrm{T}}$を，まずz軸回りに$\phi$だけ回転させ，次にy軸回りに$\theta$だけ回転させた様子を示す．この回転の結果を得るには，まず$\boldsymbol{d}$をz軸回りに回転させるのであるから，回転後の$\boldsymbol{d}_1$は

$$\boldsymbol{d}_1=\begin{bmatrix}\cos\phi & -\sin\phi & 0\\ \sin\phi & \cos\phi & 0\\ 0 & 0 & 1\end{bmatrix}\boldsymbol{d}=\begin{bmatrix}\cos\phi & -\sin\phi & 0\\ \sin\phi & \cos\phi & 0\\ 0 & 0 & 1\end{bmatrix}\begin{bmatrix}1\\0\\0\end{bmatrix}=\begin{bmatrix}\cos\phi\\ \sin\phi\\ 0\end{bmatrix} \tag{2.7}$$

である．次に，この回転により得られたベクトル$\boldsymbol{d}_1$を基準座標系のy軸回りに回転させる．$\boldsymbol{d}_1$は基準座標系で表されたベクトルであるから，

$$\boldsymbol{d}_2=\begin{bmatrix}\cos\theta & 0 & \sin\theta\\ 0 & 1 & 0\\ -\sin\theta & 0 & \cos\theta\end{bmatrix}\boldsymbol{d}_1=\begin{bmatrix}\cos\theta & 0 & \sin\theta\\ 0 & 1 & 0\\ -\sin\theta & 0 & \cos\theta\end{bmatrix}\begin{bmatrix}\cos\phi\\ \sin\phi\\ 0\end{bmatrix}=\begin{bmatrix}\cos\phi\cos\theta\\ \sin\phi\\ -\cos\phi\sin\theta\end{bmatrix} \tag{2.8}$$

となる．以上で，基準座標系のz軸，基準座標系のy軸回りの順にベクトルを回転させた後のベクトル$\boldsymbol{d}_2$が求まった．

一方，式(2.7)，(2.8)で行った

$$\boldsymbol{d}_2=\boldsymbol{R}_{\mathrm{y}}\boldsymbol{R}_{\mathrm{z}}\boldsymbol{d} \tag{2.9}$$

の計算は，$\boldsymbol{R}_{\mathrm{y}}\boldsymbol{R}_{\mathrm{z}}$で表される座標系における$\boldsymbol{d}$，すなわちx軸が基準座標系では$\boldsymbol{d}_2$であることも意味している．この$\boldsymbol{d}$がy軸，z軸の場合でも式(2.9)の回転の手順は同じである．よって，$\boldsymbol{R}_{\mathrm{y}}\boldsymbol{R}_{\mathrm{z}}$で表される座標系は，基準座標系をz軸回りに回転させ，回転後の座標系を基準座標系のy軸回りに回転させた座標系である．

式(2.9)の意味するところを，図2.13を使ってもう少し詳しく見てみよう．式(2.8)では，得られた$\boldsymbol{d}_1$を，最後に基準座標系のy軸回りに回転させて$\boldsymbol{d}_2$を得た．したがって，逆に基準座標系をy軸回りに回転させて，回転後の座標系から$\boldsymbol{d}_2$を見れば，y軸回りの回転はキャンセルされるので，$\boldsymbol{d}_2$はy軸回りの回転前のベクトルとなっているはずである．つまり，行列$\boldsymbol{R}_{\mathrm{y}}$で表される座標系から$\boldsymbol{d}_2$を見ると，z軸回りにだ

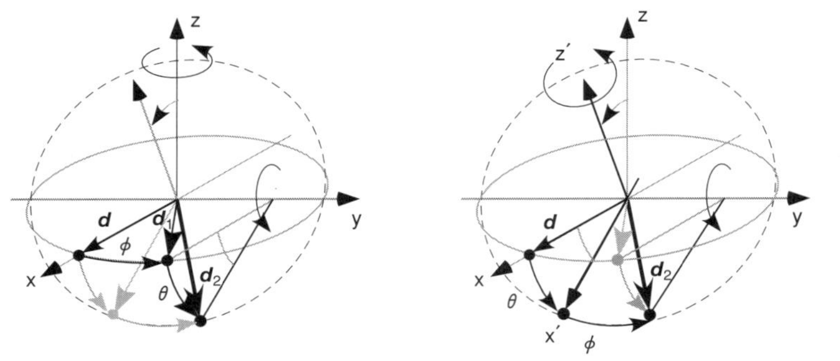

図2.13 回転行列の積の順序と座標系の回転の関係

け回転したx軸が見えることになる．よって，行列$\boldsymbol{R}_{\mathrm{y}}$で表される座標系のz軸回りに$\boldsymbol{R}_z$の回転を行えば，最終的に2つのx軸を重ね合わせることができる．同様に，この$\boldsymbol{d}$がy軸，z軸の場合でも，$\boldsymbol{R}_{\mathrm{y}}$の座標系で$\boldsymbol{R}_z$の回転を行えば，y，z軸を重ね合わせることができる．よって，$\boldsymbol{R}_{\mathrm{y}}\boldsymbol{R}_z$の表す座標系は，基準座標系の回りに$\boldsymbol{R}_{\mathrm{y}}$の回転を施し，その結果得られた座標系に$\boldsymbol{R}_z$の回転を施したものとなる．

$\boldsymbol{R}_1$，$\boldsymbol{R}_2$を回転行列として以上をまとめると，次のとおりである．

①$\boldsymbol{R}_1\boldsymbol{R}_2$は，基準座標系を$\boldsymbol{R}_2$だけ回転させた後，それをさらに基準座標系で$\boldsymbol{R}_1$だけ回転させた座標系を表している．これは，基準座標系に$\boldsymbol{R}_1$を施し，次に$\boldsymbol{R}_1$で表される座標系で，$\boldsymbol{R}_2$の回転を施した座標系でもある．

②$\boldsymbol{R}_1$に$\boldsymbol{R}_2$を掛けるとき，$\boldsymbol{R}_2\boldsymbol{R}_1$と左から掛ければ，$\boldsymbol{R}_1$を基準座標系回りに$\boldsymbol{R}_2$だけ回転させた座標系が得られる．右から掛けて$\boldsymbol{R}_1\boldsymbol{R}_2$とすれば，$\boldsymbol{R}_1$の座標系において$\boldsymbol{R}_2$だけ回転させた座標系が得られる．

なお，②で示した回転行列を右側から掛けるという手順が，運動学計算の中心となる．

2.4.4 同次変換行列

これまで，姿勢の異なる座標系間で表される点の座標変換が回転行列で行えることを説明した．しかし，図2.14に示すように，原点の異なる座標系間では，原点が異なる分だけ平行移動を行わなくてはならない．図2.14より，座標系Σ_{o}で表される位置ベクトル${}^{\mathrm{o}}\boldsymbol{d}$が，基準座標系$\Sigma_{\mathrm{w}}$では

$$ {}^{\mathrm{w}}\boldsymbol{d} = \boldsymbol{R}_{\mathrm{o}}{}^{\mathrm{o}}\boldsymbol{d} + {}^{\mathrm{w}}\boldsymbol{a} \tag{2.10} $$

と表される．ただし，

$$ \boldsymbol{R}_{\mathrm{o}} = [\boldsymbol{x}_{\mathrm{o}} \ \ \boldsymbol{y}_{\mathrm{o}} \ \ \boldsymbol{z}_{\mathrm{o}}] $$

で，左上の添え字(wとo)はその座標系での表示であることを表している．式(2.10)では，行列の掛け算とベクトルの足し算が行われている．この計算を行列の掛け算のみで行ってしまう方法がある．ベクトルを$\boldsymbol{a}$だけ平行移動し，さらに$\boldsymbol{R}_{\mathrm{o}}$の回転を行いたい場合には

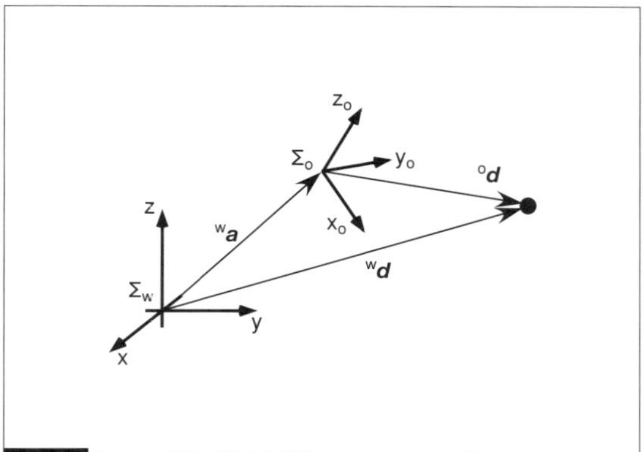

図2.14 回転と平行移動を伴うベクトルの変換

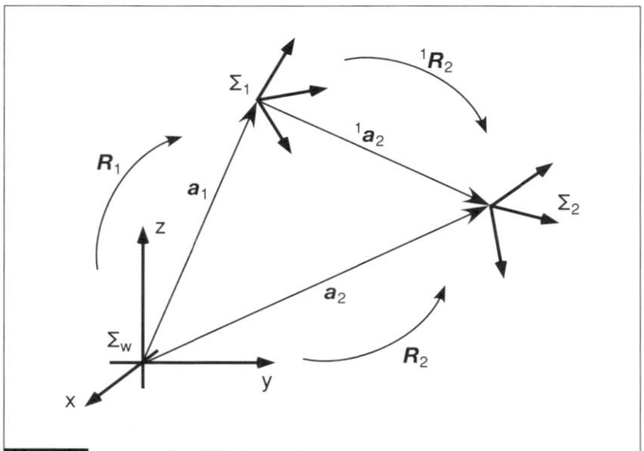

図2.15 2つの座標系間の関係

$$\boldsymbol{T}_o = \begin{bmatrix} \boldsymbol{R}_o & \boldsymbol{a} \\ 0 & 1 \end{bmatrix} \tag{2.11}$$

という行列$\boldsymbol{T}_o$をつくる．また，変換したいベクトル成分に1を加え，

$$ {}^o\boldsymbol{d}' = \begin{bmatrix} {}^o\boldsymbol{d} \\ 1 \end{bmatrix} \tag{2.12}$$

とする．この$\boldsymbol{T}_o$と${}^o\boldsymbol{d}'$を掛け合わせると

$$\boldsymbol{T}_o {}^o\boldsymbol{d}' = \begin{bmatrix} \boldsymbol{R}_o & \boldsymbol{a} \\ 0 & 1 \end{bmatrix} \begin{bmatrix} {}^o\boldsymbol{d} \\ 1 \end{bmatrix} = \begin{bmatrix} \boldsymbol{R}_o {}^o\boldsymbol{d} + \boldsymbol{a} \\ 1 \end{bmatrix} \tag{2.13}$$

となる．つまり，式(2.10)で行った計算結果が，式(2.11)の行列と式(2.12)のベクトルの掛け算1回の操作のみで求まった．この$\boldsymbol{T}_o$を同次変換行列という．

$\boldsymbol{T}_o$は物体座標系の位置・姿勢を表すという，もう1つの意味ももっている．$\boldsymbol{T}_o$は物体座標系原点の基準座標系における位置・姿勢両方の情報をすべて含んでいるので，物体に固定された座標系の位置・姿勢をそのまま表している．そして，同次変換行列$\boldsymbol{T}_o$とベクトルの掛け算は，

①$\boldsymbol{T}_o$の表す座標系で表記されたベクトルを，基準座標系における表記へ変換する
②基準座標系で表記されたベクトルを$\boldsymbol{a}$だけ並進移動して，さらに$\boldsymbol{R}_o$の回転を加える

という2通りの意味をもつ．

2.4.5 同次変換行列の積

基準座標系とは別に，図2.15のように2つの座標系Σ_1とΣ_2を考えよう．基準座標系から見たΣ_1の姿勢と原点の位置を，それぞれ$\boldsymbol{R}_1$と$\boldsymbol{a}_1$とすると，基準座標系からΣ_1への同次変換行列$\boldsymbol{T}_1$は，

$$\boldsymbol{T}_1 = \begin{bmatrix} \boldsymbol{R}_1 & \boldsymbol{a}_1 \\ 0 & 1 \end{bmatrix}$$

となる．また，Σ_1から見たΣ_2の姿勢と原点の位置を，${}^1\boldsymbol{R}_2$，${}^1\boldsymbol{a}_2$とすると，Σ_2で表されたベクトルをΣ_1で表すための同次変換行列${}^1\boldsymbol{T}_2$は

$$
{}^1\boldsymbol{T}_2 = \begin{bmatrix} {}^1\boldsymbol{R}_2 & {}^1\boldsymbol{a}_2 \\ \boldsymbol{0} & 1 \end{bmatrix}
$$

である．これらを掛け合わせた行列は

$$
\boldsymbol{T}_1 {}^1\boldsymbol{T}_2 = \begin{bmatrix} \boldsymbol{R}_1 & \boldsymbol{a}_1 \\ \boldsymbol{0} & 1 \end{bmatrix} \begin{bmatrix} {}^1\boldsymbol{R}_2 & {}^1\boldsymbol{a}_2 \\ \boldsymbol{0} & 1 \end{bmatrix} = \begin{bmatrix} \boldsymbol{R}_1 {}^1\boldsymbol{R}_2 & \boldsymbol{R}_1 {}^1\boldsymbol{a}_2 + \boldsymbol{a}_1 \\ \boldsymbol{0} & 1 \end{bmatrix} \tag{2.14}
$$

となる．この行列の姿勢を表す左上3×3の成分，すなわち$\boldsymbol{R}_1 {}^1\boldsymbol{R}_2$を見ると，$\Sigma_2$の姿勢を基準座標系で表記したものとなっている．また，一番右の列は，基準座標系から見たΣ_2の原点となっていることがわかる．つまり，

$$
\boldsymbol{T}_1 {}^1\boldsymbol{T}_2 = \boldsymbol{T}_2 = \begin{bmatrix} \boldsymbol{R}_2 & \boldsymbol{a}_2 \\ \boldsymbol{0} & 1 \end{bmatrix} \tag{2.15}
$$

となっている（図2.15参照）．座標系がいくつ連なっていても，基準座標系をスタートとして，座標系間の相対位置・姿勢を表す同次変換行列を右側にどんどんと掛け合わせていくと，その結果得られる同次変換行列から，最後に同次変換行列を掛けた座標系の位置・姿勢を得ることができる．これが運動学計算の原理となる．

2.5 運動学計算

2.5.1 リンク座標系間の同次変換行列

同次変換行列を利用して，運動学計算を行ってみよう．

まず，隣り合ったリンク座標系の間の同次変換行列を求める．リンクの根元側にある座標系を先端側にある座標系に重ね合わせるには，2.3.1項で説明したように，①～④の移動，回転を行えばよい．そこで，第iリンク座標系を第$i+1$リンク座標系に重ね合わせる手順を，それぞれ同次変換行列で表してみる（図2.16）．

①x軸方向並進

$$
\boldsymbol{T}_{\mathrm{tx}} = \begin{bmatrix} 1 & 0 & 0 & a_i \\ 0 & 1 & 0 & 0 \\ 0 & 0 & 1 & 0 \\ 0 & 0 & 0 & 1 \end{bmatrix} \tag{2.16}
$$

②x軸回り回転

$$
\boldsymbol{T}_{\mathrm{Rx}} = \begin{bmatrix} 1 & 0 & 0 & 0 \\ 0 & \cos\alpha_i & -\sin\alpha_i & 0 \\ 0 & \sin\alpha_i & \cos\alpha_i & 0 \\ 0 & 0 & 0 & 1 \end{bmatrix} \tag{2.17}
$$

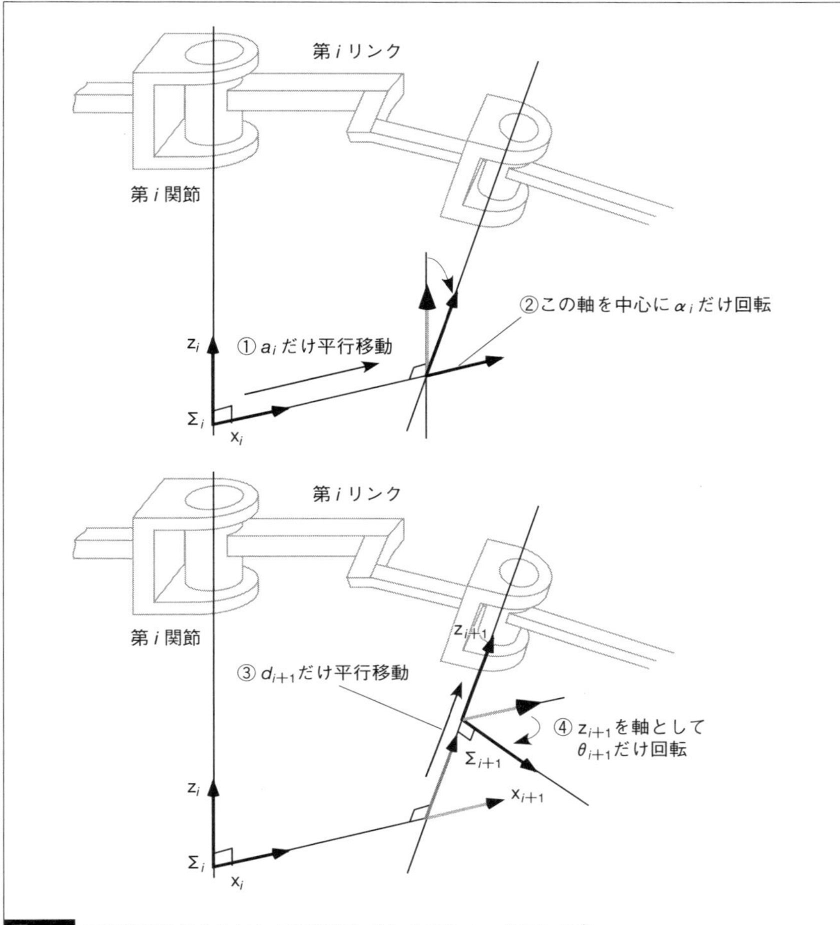

図2.16 回転関節の場合のリンク座標系とリンクパラメータのとり方

③z軸方向並進

$$\boldsymbol{T}_{\mathrm{tz}} = \begin{bmatrix} 1 & 0 & 0 & 0 \\ 0 & 1 & 0 & 0 \\ 0 & 0 & 1 & d_{i+1} \\ 0 & 0 & 0 & 1 \end{bmatrix} \tag{2.18}$$

④z軸回り回転

$$\boldsymbol{T}_{\mathrm{Rz}} = \begin{bmatrix} \cos\theta_{i+1} & -\sin\theta_{i+1} & 0 & 0 \\ \sin\theta_{i+1} & \cos\theta_{i+1} & 0 & 0 \\ 0 & 0 & 1 & 0 \\ 0 & 0 & 0 & 1 \end{bmatrix} \tag{2.19}$$

第iリンク座標系に対して，①〜④の変換を行うことで，第iリンク座標系から第$i+1$リンク座標系への同次変換行列${}^{i}\boldsymbol{T}_{i+1}$が求まる．

$$
\begin{aligned}
{}^{i}\boldsymbol{T}_{i+1} &= \boldsymbol{T}_{\mathrm{tx}}\boldsymbol{T}_{\mathrm{Rx}}\boldsymbol{T}_{\mathrm{tz}}\boldsymbol{T}_{\mathrm{Rz}} \\
&= \begin{bmatrix} 1 & 0 & 0 & a_i \\ 0 & 1 & 0 & 0 \\ 0 & 0 & 1 & 0 \\ 0 & 0 & 0 & 1 \end{bmatrix}
\begin{bmatrix} 1 & 0 & 0 & 0 \\ 0 & \cos\alpha_i & -\sin\alpha_i & 0 \\ 0 & \sin\alpha_i & \cos\alpha_i & 0 \\ 0 & 0 & 0 & 1 \end{bmatrix}
\begin{bmatrix} 1 & 0 & 0 & 0 \\ 0 & 1 & 0 & 0 \\ 0 & 0 & 1 & d_{i+1} \\ 0 & 0 & 0 & 1 \end{bmatrix} \\
&\quad \begin{bmatrix} \cos\theta_{i+1} & -\sin\theta_{i+1} & 0 & 0 \\ \sin\theta_{i+1} & \cos\theta_{i+1} & 0 & 0 \\ 0 & 0 & 1 & 0 \\ 0 & 0 & 0 & 1 \end{bmatrix} \\
&= \begin{bmatrix} \cos\theta_{i+1} & -\sin\theta_{i+1} & 0 & a_i \\ \cos\alpha_i\sin\theta_{i+1} & \cos\alpha_i\cos\theta_{i+1} & -\sin\alpha_i & -d_{i+1}\sin\alpha_i \\ \sin\alpha_i\sin\theta_{i+1} & \sin\alpha_i\cos\theta_{i+1} & \cos\alpha_i & d_{i+1}\cos\alpha_i \\ 0 & 0 & 0 & 1 \end{bmatrix}
\end{aligned} \tag{2.20}
$$

これが隣り合うリンク座標系間の同次変換行列となる．つまり，Σ_iから見たΣ_{i+1}は${}^{i}\boldsymbol{T}_{i+1}$となる．

式(2.20)はかなり難しい式に見えるかもしれないが，回転関節の場合にはθ_{i+1}以外，直動関節の場合にはd_{i+1}以外は，全部マニピュレータの部品の寸法からあらかじめ知ることのできる値なので，それを与えておけばただの数値である．

2.5.2 運動学計算

さて，以上で，根元側のリンク座標系Σ_iから見た1つ先のリンク座標系Σ_{i+1}の位置・姿勢がわかった．したがって，これらを根元から順に手先まで掛け合わせることで，先端のリンク座標系を求めることができる．一方，先端リンク座標系と実際に位置決めを行わせたいハンドの相対位置・姿勢は，ハンドをマニピュレータ先端に取り付けたときに決まってしまうので，定数行列となる．そこで，リンク数をnとし，この行列を${}^{n}\boldsymbol{T}_{\mathrm{h}}$とすると，手先の位置・姿勢を表す座標系を求めることができる．すなわち

$$\boldsymbol{T}_{\mathrm{h}} = {}^{\mathrm{w}}\boldsymbol{T}_1 {}^{1}\boldsymbol{T}_2 \cdots {}^{n-1}\boldsymbol{T}_n {}^{n}\boldsymbol{T}_{\mathrm{h}} \tag{2.21}$$

により，マニピュレータ先端に取り付けたハンド座標系の基準座標系から見た同次

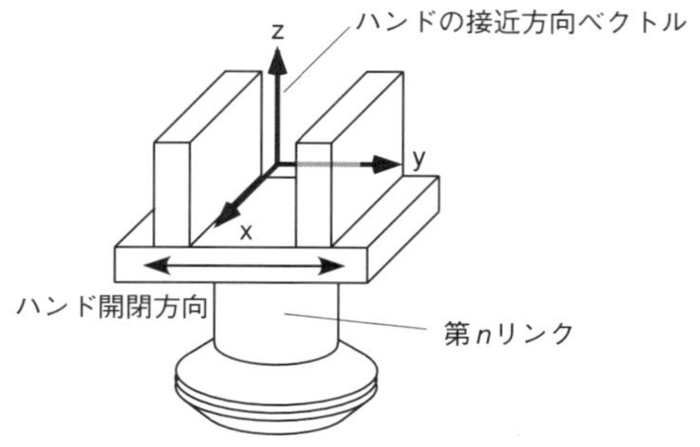

図2.17 ハンド座標系の設定のしかた

変換行列が求まる．位置・姿勢の各成分は，$\boldsymbol{T}_{\mathrm{h}}$の成分から求めることができるので，運動学計算ができたことになる．ハンドをΣ_nに対して定義することで，ハンドを交換した場合にも計算の変更が最小限ですむ．

なお，ハンド座標系のとり方の1つとして用いられる設定法を図2.17に示す．取り付けた軸方向をz軸とし，ハンドの開閉方向をy方向にとる．このz方向をハンドの接近方向ベクトルと呼ぶ．

2.5.3 運動学計算の例

最後に計算例として，図2.18(a)のマニピュレータの運動学計算を実際に行ってみよう．ハンドはΣ_6と同じ姿勢とし，第5，6リンク軸上にl_5+l_6だけ平行移動したところに設定したとする．すべての回転関節角の値が0となる初期姿勢は図2.18(b)のとおりであり，以下に用いられる関節回転角はこの初期姿勢からの回転角度である．

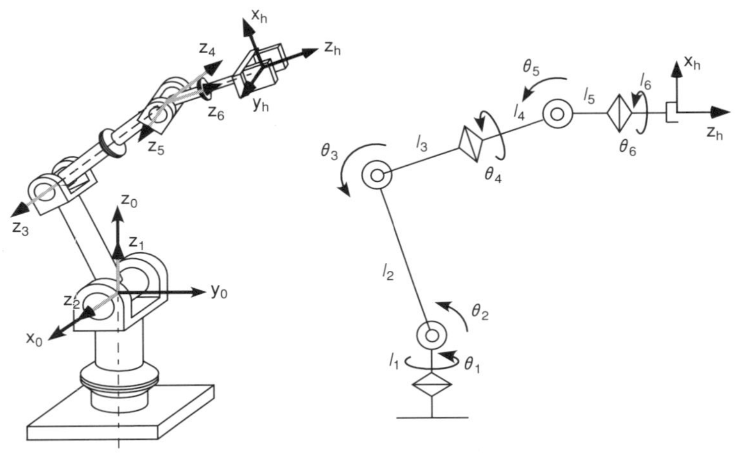

(a)6自由度マニピュレータのモデル

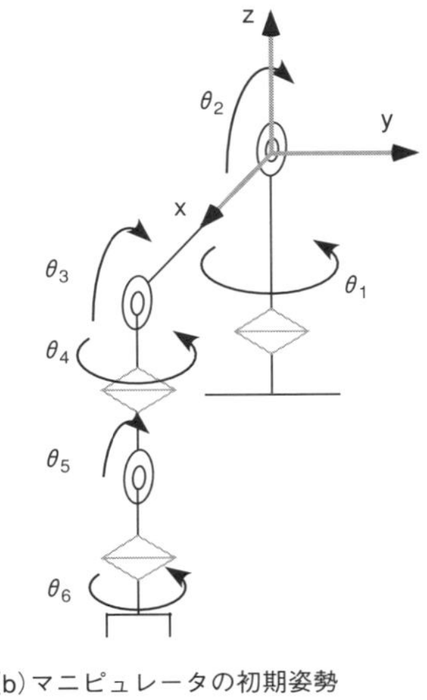

(b)マニピュレータの初期姿勢

図2.18 マニピュレータの初期姿勢

さて，リンクパラメータの表より

$$
{}^{w}\boldsymbol{T}_1 = \begin{bmatrix} \cos\theta_1 & -\sin\theta_1 & 0 & 0 \\ \sin\theta_1 & \cos\theta_1 & 0 & 0 \\ 0 & 0 & 1 & 0 \\ 0 & 0 & 0 & 1 \end{bmatrix} \tag{2.22}
$$

$$
{}^{1}\boldsymbol{T}_2 = \begin{bmatrix} \cos\theta_2 & -\sin\theta_2 & 0 & 0 \\ 0 & 0 & -1 & 0 \\ \sin\theta_2 & \cos\theta_2 & 0 & 0 \\ 0 & 0 & 0 & 1 \end{bmatrix} \tag{2.23}
$$

$$
{}^{2}\boldsymbol{T}_3 = \begin{bmatrix} \cos\theta_3 & -\sin\theta_3 & 0 & l_2 \\ \sin\theta_3 & \cos\theta_3 & 0 & 0 \\ 0 & 0 & 1 & 0 \\ 0 & 0 & 0 & 1 \end{bmatrix} \tag{2.24}
$$

$$
{}^{3}\boldsymbol{T}_4 = \begin{bmatrix} \cos\theta_4 & -\sin\theta_4 & 0 & 0 \\ 0 & 0 & -1 & -l_3-l_4 \\ \sin\theta_4 & \cos\theta_4 & 0 & 0 \\ 0 & 0 & 0 & 1 \end{bmatrix} \tag{2.25}
$$

$$
{}^{4}\boldsymbol{T}_5 = \begin{bmatrix} \cos\theta_5 & -\sin\theta_5 & 0 & 0 \\ 0 & 0 & 1 & 0 \\ -\sin\theta_5 & -\cos\theta_5 & 0 & 0 \\ 0 & 0 & 0 & 1 \end{bmatrix} \tag{2.26}
$$

$$
{}^{5}\boldsymbol{T}_6 = \begin{bmatrix} \cos\theta_6 & -\sin\theta_6 & 0 & 0 \\ 0 & 0 & -1 & 0 \\ \sin\theta_6 & \cos\theta_6 & 0 & 0 \\ 0 & 0 & 0 & 1 \end{bmatrix} \tag{2.27}
$$

$$
{}^{6}\boldsymbol{T}_{\mathrm{h}} = \begin{bmatrix} 1 & 0 & 0 & 0 \\ 0 & 1 & 0 & 0 \\ 0 & 0 & 1 & l_5+l_6 \\ 0 & 0 & 0 & 1 \end{bmatrix} \tag{2.28}
$$

が得られる．i番目の座標系から見て$i+1$番目の座標系の原点がどこにあり，x，y，z軸がそれぞれどの方向を向いているかを調べてみると，各行列が正しいかどうかの検算の代わりとなる．

以上の6つの行列を順に掛け合わせていこう．それぞれの計算で得られる同次変換行列の座標系原点を表す4行目の上から3成分のθ_1～θ_6に0を代入し，各リンク座標系の原点座標が図2.18(b)と同じとなることを確認していくとよい．

$$
{}^{\mathrm{w}}\boldsymbol{T}_1 = \begin{bmatrix} \cos\theta_1 & -\sin\theta_1 & 0 & 0 \\ \sin\theta_1 & \cos\theta_1 & 0 & 0 \\ 0 & 0 & 1 & 0 \\ 0 & 0 & 0 & 1 \end{bmatrix} \tag{2.29}
$$

$$
{}^{\mathrm{w}}\boldsymbol{T}_2 = {}^{\mathrm{w}}\boldsymbol{T}_1 {}^{1}\boldsymbol{T}_2 = \begin{bmatrix} \cos\theta_1\cos\theta_2 & -\cos\theta_1\sin\theta_2 & \sin\theta_1 & 0 \\ \sin\theta_1\cos\theta_2 & -\sin\theta_1\sin\theta_2 & -\cos\theta_1 & 0 \\ \sin\theta_2 & \cos\theta_2 & 0 & 0 \\ 0 & 0 & 0 & 1 \end{bmatrix} \tag{2.30}
$$

$$
{}^{\mathrm{w}}\boldsymbol{T}_3 = {}^{\mathrm{w}}\boldsymbol{T}_2 {}^{2}\boldsymbol{T}_3 = \begin{bmatrix} \cos\theta_1\cos\theta_{23} & \cos\theta_1\sin\theta_{23} & \sin\theta_1 & l_2\cos\theta_1\cos\theta_2 \\ \sin\theta_1\cos\theta_{23} & \sin\theta_1\sin\theta_{23} & -\cos\theta_1 & l_2\sin\theta_1\cos\theta_2 \\ \sin\theta_{23} & \cos\theta_{23} & 0 & l_2\sin\theta_2 \\ 0 & 0 & 0 & 1 \end{bmatrix} \tag{2.31}
$$

$$
{}^{\mathrm{w}}\boldsymbol{T}_4 = {}^{\mathrm{w}}\boldsymbol{T}_3 {}^{3}\boldsymbol{T}_4 = \begin{bmatrix} \cos\theta_1\cos\theta_{23}\cos\theta_4 + \sin\theta_1\cos\theta_4 & -\cos\theta_1\cos\theta_{23}\sin\theta_4 + \sin\theta_1\cos\theta_4 & -\cos\theta_1\sin\theta_{23} & l_2\cos\theta_1\cos\theta_2 - (l_3 + l_4)\cos\theta_1\sin\theta_{23} \\ \sin\theta_1\cos\theta_{23}\cos\theta_4 - \cos\theta_1\sin\theta_4 & -\sin\theta_1\cos\theta_{23}\sin\theta_4 - \cos\theta_1\sin\theta_4 & -\sin\theta_1\sin\theta_{23} & l_2\sin\theta_1\cos\theta_2 - (l_3 + l_4)\sin\theta_1\sin\theta_{23} \\ \sin\theta_{23}\cos\theta_4 & -\sin\theta_{23}\sin\theta_4 & -\cos\theta_{23} & l_2\sin\theta_2 - (l_3 + l_4)\cos\theta_{23} \\ 0 & 0 & 0 & 1 \end{bmatrix} \tag{2.32}
$$

$$
{}^{\mathrm{w}}\boldsymbol{T}_5 = {}^{\mathrm{w}}\boldsymbol{T}_4 {}^{4}\boldsymbol{T}_5 = \begin{bmatrix} (\cos\theta_1\cos\theta_{23}\cos\theta_4 + \sin\theta_1\sin\theta_4)\cos\theta_5 + \cos\theta_1\sin\theta_{23}\sin\theta_5 & -(\cos\theta_1\cos\theta_{23}\cos\theta_4 + \sin\theta_1\sin\theta_4)\sin\theta_5 + \cos\theta_1\sin\theta_{23}\cos\theta_5 & -\cos\theta_1\cos\theta_{23}\sin\theta_4 + \sin\theta_1\cos\theta_4 & l_2\cos\theta_1\cos\theta_2 - (l_3 + l_4)\cos\theta_1\sin\theta_{23} \\ (\sin\theta_1\cos\theta_{23}\cos\theta_4 - \cos\theta_1\sin\theta_4)\cos\theta_5 + \sin\theta_1\sin\theta_{23}\sin\theta_5 & -(\sin\theta_1\cos\theta_{23}\cos\theta_4 - \cos\theta_1\sin\theta_4)\sin\theta_5 + \sin\theta_1\sin\theta_{23}\cos\theta_5 & -\sin\theta_1\cos\theta_{23}\sin\theta_4 - \cos\theta_1\cos\theta_4 & l_2\sin\theta_1\cos\theta_2 - (l_3 + l_4)\sin\theta_1\sin\theta_{23} \\ \sin\theta_{23}\cos\theta_4\cos\theta_5 + \cos\theta_{23}\sin\theta_5 & -\sin\theta_{23}\cos\theta_4\sin\theta_5 + \cos\theta_{23}\cos\theta_5 & -\sin\theta_{23}\cos\theta_4 & l_2\sin\theta_2 - (l_3 + l_4)\cos\theta_{23} \\ 0 & 0 & 0 & 1 \end{bmatrix} \tag{2.33}
$$

$$^\text{w}\boldsymbol{T}_6 = {^\text{w}\boldsymbol{T}_5}\,{^5\boldsymbol{T}_6}$$

$$= \begin{bmatrix}
\begin{aligned}
&\{(\cos\theta_1\cos\theta_{23}\cos\theta_4 + \sin\theta_1\sin\theta_4)\cos\theta_5 + \cos\theta_1\sin\theta_{23}\sin\theta_5\}\cos\theta_6 \\
&+ \{-\cos\theta_1\cos\theta_{23}\sin\theta_4 + \sin\theta_1\cos\theta_4\}\sin\theta_6
\end{aligned} \\
\begin{aligned}
&\{(\sin\theta_1\cos\theta_{23}\cos\theta_4 - \cos\theta_1\sin\theta_4)\cos\theta_5 + \sin\theta_1\sin\theta_{23}\sin\theta_5\}\cos\theta_6 \\
&- \{-\sin\theta_1\cos\theta_{23}\sin\theta_4 + \cos\theta_1\cos\theta_4\}\sin\theta_6
\end{aligned} \\
\{\sin\theta_{23}\cos\theta_4\cos\theta_5 + \cos\theta_{23}\sin\theta_5\}\cos\theta_6 - \sin\theta_{23}\sin\theta_4\sin\theta_6 \\
0 \\[4pt]
\begin{aligned}
&-\{(\cos\theta_1\cos\theta_{23}\cos\theta_4 + \sin\theta_1\sin\theta_4)\cos\theta_5 + \cos\theta_1\sin\theta_{23}\sin\theta_5\}\sin\theta_6 \\
&+ \{-\cos\theta_1\cos\theta_{23}\sin\theta_4 + \sin\theta_1\cos\theta_4\}\cos\theta_6
\end{aligned} \\
\begin{aligned}
&-\{(\sin\theta_1\cos\theta_{23}\cos\theta_4 - \cos\theta_1\sin\theta_4)\cos\theta_5 + \sin\theta_1\sin\theta_{23}\sin\theta_5\}\sin\theta_6 \\
&- \{\sin\theta_1\cos\theta_{23}\sin\theta_4 + \cos\theta_1\cos\theta_4\}\cos\theta_6
\end{aligned} \\
-\{\sin\theta_{23}\cos\theta_4\cos\theta_5 + \cos\theta_{23}\sin\theta_5\}\sin\theta_6 - \sin\theta_{23}\sin\theta_4\cos\theta_6 \\
0 \\[4pt]
(\cos\theta_1\cos\theta_{23}\cos\theta_4 + \sin\theta_1\sin\theta_4)\sin\theta_5 - \cos\theta_1\sin\theta_{23}\cos\theta_5 \\
(\sin\theta_1\cos\theta_{23}\cos\theta_4 - \cos\theta_1\sin\theta_4)\sin\theta_5 - \sin\theta_1\sin\theta_{23}\cos\theta_5 \\
\sin\theta_{23}\cos\theta_4\sin\theta_5 - \cos\theta_{23}\cos\theta_5 \\
0 \\[4pt]
l_2\cos\theta_1\cos\theta_2 - (l_3+l_4)\cos\theta_1\sin\theta_{23} \\
l_2\sin\theta_1\cos\theta_2 - (l_3+l_4)\sin\theta_1\sin\theta_{23} \\
l_2\sin\theta_2 - (l_3+l_4)\cos\theta_{23} \\
1
\end{bmatrix} \quad (2.34)$$

ここで $\theta_{23} = \theta_2 + \theta_3$ である．

ハンド座標系の式はさらに長くなる．ただし，姿勢を表す最初の3列は $^\text{w}\boldsymbol{T}_6$ と同じとなるので，ハンド座標系の原点 $^\text{w}\boldsymbol{a}_\text{h}$ だけを示す．

$$^\text{w}\boldsymbol{a}_\text{h} = \begin{bmatrix}
\begin{aligned}
&l_2\cos\theta_1\cos\theta_2 - (l_3+l_4)\cos\theta_1\sin\theta_{23} \\
&+ (l_5+l_6)\{(\cos\theta_1\cos\theta_{23}\cos\theta_4 + \sin\theta_1\sin\theta_4)\sin\theta_5 - \cos\theta_1\sin\theta_{23}\cos\theta_5\}
\end{aligned} \\
\begin{aligned}
&l_2\sin\theta_1\cos\theta_2 - (l_3+l_4)\sin\theta_1\sin\theta_{23} \\
&+ (l_5+l_6)\{(\sin\theta_1\cos\theta_{23}\cos\theta_4 - \cos\theta_1\sin\theta_4)\sin\theta_5 - \sin\theta_1\sin\theta_{23}\cos\theta_5\}
\end{aligned} \\
l_2\sin\theta_2 - (l_3+l_4)\cos\theta_{23} + (l_5+l_6)(\sin\theta_{23}\cos\theta_4\sin\theta_5 - \cos\theta_{23}\cos\theta_5) \\
1
\end{bmatrix}$$

$$(2.35)$$

以上が6自由度マニピュレータの運動学計算で，非常にめんどうな式となっている．一方で，位置・姿勢をすべて $\theta_1 \sim \theta_6$ によって表現できている．

2.5.4 姿勢の表現方法と回転行列

姿勢を表すのに用いた回転行列，すなわち座標系の軸を並べる表記方法と，姿勢パラメータのオイラー角，およびロール・ピッチ・ヨー角との関係を示す．

A. オイラー角による姿勢の表現方法

図2.19に示すように，基準座標系をz軸回りに回転させ，次に回転後の座標系を回転後のy′軸回りに回転させ，最後にz″軸回りに回転させると，任意の姿勢にある座標系と必ず重ね合わせることができる．このときに利用した3つの回転，すなわちz，y′，z″軸回りに行ったϕ，θ，ψの3つの回転角の組をオイラー角という．この3つの回転を行った後の座標系は

$$\boldsymbol{R}_z(\phi)\boldsymbol{R}_y(\theta)\boldsymbol{R}_z(\psi)=\begin{bmatrix}\cos\phi & -\sin\phi & 0\\ \sin\phi & \cos\phi & 0\\ 0 & 0 & 1\end{bmatrix}\begin{bmatrix}\cos\theta & 0 & \sin\theta\\ 0 & 1 & 0\\ -\sin\theta & 0 & \cos\theta\end{bmatrix}\begin{bmatrix}\cos\psi & -\sin\psi & 0\\ \sin\psi & \cos\psi & 0\\ 0 & 0 & 1\end{bmatrix}$$

$$=\begin{bmatrix}\cos\phi\cos\theta\cos\psi-\sin\phi\sin\psi & -\cos\phi\cos\theta\sin\psi-\sin\phi\cos\psi & \cos\phi\sin\theta\\ \sin\phi\cos\theta\cos\psi+\cos\phi\sin\psi & -\sin\phi\cos\theta\sin\psi+\cos\phi\cos\psi & \sin\phi\sin\theta\\ -\sin\theta\cos\psi & \sin\theta\sin\psi & \cos\theta\end{bmatrix} \tag{2.36}$$

となる．つまり任意の姿勢を表す回転行列$\boldsymbol{E}$に対して，

$$\boldsymbol{E}=\begin{bmatrix}e_{xx} & e_{yx} & e_{zx}\\ e_{xy} & e_{yy} & e_{zy}\\ e_{xz} & e_{yz} & e_{zz}\end{bmatrix}$$

$$=\begin{bmatrix}\cos\phi\cos\theta\cos\psi-\sin\phi\sin\psi & -\cos\phi\cos\theta\sin\psi-\sin\phi\cos\psi & \cos\phi\sin\theta\\ \sin\phi\cos\theta\cos\psi+\cos\phi\sin\psi & -\sin\phi\cos\theta\sin\psi+\cos\phi\cos\psi & \sin\phi\sin\theta\\ -\sin\theta\cos\psi & \sin\theta\sin\psi & \cos\theta\end{bmatrix} \tag{2.37}$$

となるように，ϕ，θ，ψを決定すれば，任意の姿勢がオイラー角で表せたことになる．オイラー角は，ちょうど図2.18に示したマニピュレータの手先3関節の回転

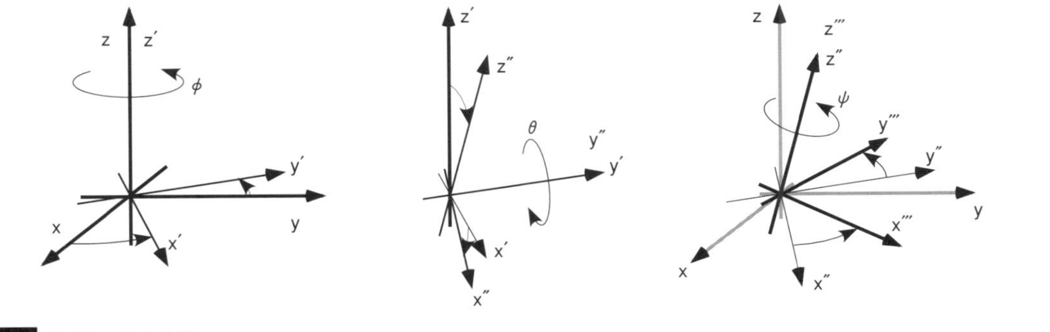

図2.19 オイラー角の定義

角に対応している．

次にe_{xx}～e_{zz}からϕ，θ，ψを決定する手順を示そう．式(2.37)ですぐに目につくのが$e_{zz}=\cos\theta$となっている部分である．しかし，これより$\theta=\cos^{-1}e_{zz}$としてθを求めるのはよくないとされている．$\cos^{-1}$の計算結果が±に2通り存在すること，θが0の近くの値をとる場合に計算誤差が大きく出ることなどが理由である．このため，姿勢の3つの角度を求めるには以下の手順を踏む．

まず，次の式からθを求める．

$$\frac{e_{zx}^{\ 2}+e_{zy}^{\ 2}}{e_{zz}^{\ 2}}=\tan^2\theta$$

より，

$$\theta=\tan^{-1}\frac{\pm\sqrt{e_{zx}^{\ 2}+e_{zy}^{\ 2}}}{e_{zz}}$$

これよりθは2つの値をとりうる．この式は，

$$\theta=\mathrm{atan2}\left(\pm\sqrt{e_{zx}^{\ 2}+e_{zy}^{\ 2}},\ e_{zz}\right) \tag{2.38}$$

と書かれている場合が多い．これは，C言語のatan2(y, x)という関数を利用した表記方法であり，括弧内でカンマに区切られたはじめの値をy，後ろの値をxとしたとき，ベクトル$[x\ y]^{\mathrm{T}}$がx軸となす角度を表す(図2.20)．これを用いると，第1象限から第4象限までの解を$-\pi$から$+\pi$の範囲ですべて表すことができるのでたいへんに便利である．以下，本書でもatan2を利用する．さて，ψもθの符号に気をつけると

$$\psi=\mathrm{atan2}(\pm e_{yz},\ \mp e_{xz}) \tag{2.39}$$

と求まり(複号同順)，同様にϕも

$$\phi=\mathrm{atan2}(\pm e_{zy},\ \pm e_{zx}) \tag{2.40}$$

として求まる(複号同順)．

オイラー角は，図2.21に示すように，2番目のy軸回りの回転が0°か180°，すなわちz軸のみに回転した座標系の姿勢に対して，値が一意に定まらないという欠点をもつ．たとえばz軸に30度回転した姿勢に対しては，$\phi+\psi=30°$を満たす任意のϕ，ψを解と考えることができる．オイラー角は図2.18のマニピュレータの手先3関節の動きにも対応しているので，マニピュレータの第5関節の角度$\theta_5=0$，すなわち肘関節(第3関節)から手先までが一直線となる姿勢は特異姿勢となる．このような姿勢のマニピュレータの逆運動学計算を行うと，解が無数に存在し一意に定まらないので注意が必要である．

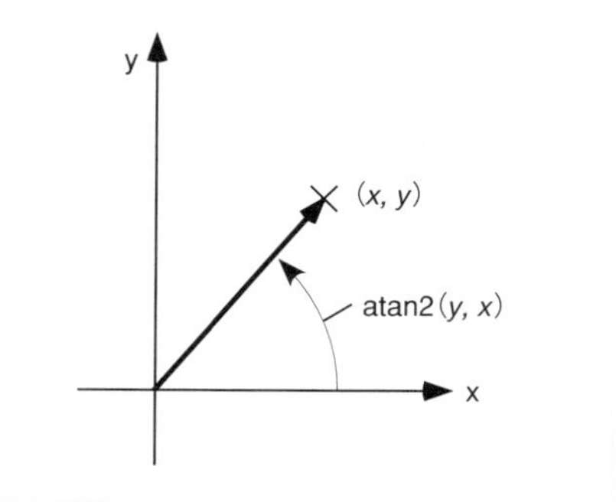

図2.20 atan2(y, x)の定義

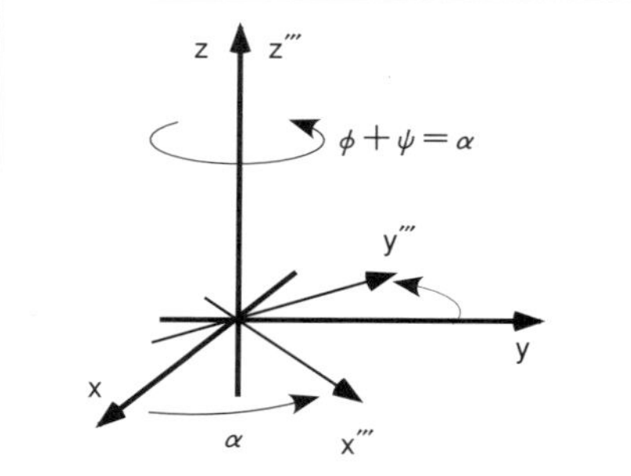

図2.21 オイラー角が一意に定まらない姿勢（θ＝0のとき）

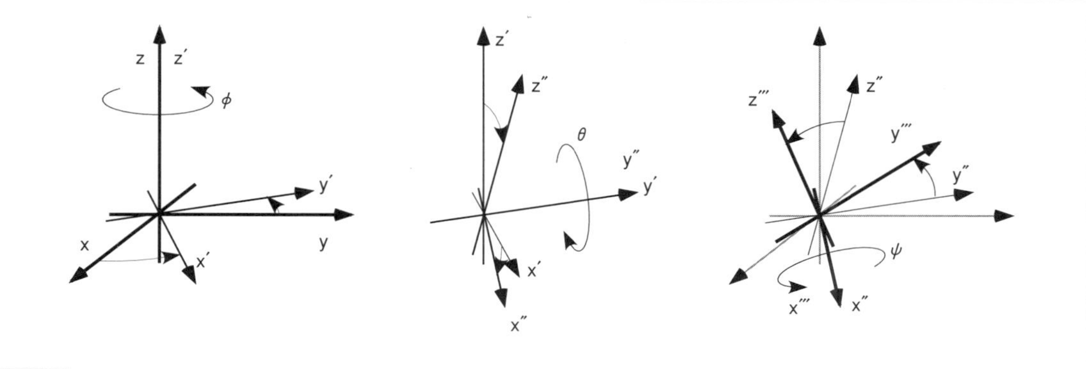

図2.22 ロール・ピッチ・ヨー角の定義

B. ロール・ピッチ・ヨー角による姿勢の表現方法

図2.22に示すように，基準座標系をz軸回りに回転させ，次に回転後の座標系を回転後のy′軸回りに回転させ，最後にx″軸回りに回転させて目標とする座標系に重ね合わせることもできる．このときに利用したz，y′，x″軸回りの3つの回転角ϕ，θ，ψをロール・ピッチ・ヨー角という．この3つの回転を行った後の座標系は

$$
\boldsymbol{R}_z(\phi)\boldsymbol{R}_y(\theta)\boldsymbol{R}_x(\psi)=\begin{bmatrix}\cos\phi & -\sin\phi & 0\\ \sin\phi & \cos\phi & 0\\ 0 & 0 & 1\end{bmatrix}\begin{bmatrix}\cos\theta & 0 & \sin\theta\\ 0 & 1 & 0\\ -\sin\theta & 0 & \cos\theta\end{bmatrix}\begin{bmatrix}1 & 0 & 0\\ 0 & \cos\psi & -\sin\psi\\ 0 & \sin\psi & \cos\psi\end{bmatrix}
$$
$$
=\begin{bmatrix}\cos\phi\cos\theta & \cos\phi\sin\theta\sin\psi-\sin\phi\cos\psi & \cos\phi\sin\theta\cos\psi+\sin\phi\sin\psi\\ \sin\phi\cos\theta & \sin\phi\sin\theta\sin\psi+\cos\phi\cos\psi & \sin\phi\sin\theta\cos\psi-\cos\phi\sin\psi\\ -\sin\theta & \cos\theta\sin\psi & \cos\theta\cos\psi\end{bmatrix} \tag{2.41}
$$

となる．よって

$$
\begin{bmatrix}e_{xx} & e_{yx} & e_{zx}\\ e_{xy} & e_{yy} & e_{zy}\\ e_{xz} & e_{yz} & e_{zz}\end{bmatrix}=\begin{bmatrix}\cos\phi\cos\theta & \cos\phi\sin\theta\sin\psi-\sin\phi\cos\psi & \cos\phi\sin\theta\cos\psi+\sin\phi\sin\psi\\ \sin\phi\cos\theta & \sin\phi\sin\theta\sin\psi+\cos\phi\cos\psi & \sin\phi\sin\theta\cos\psi-\cos\phi\sin\psi\\ -\sin\theta & \cos\theta\sin\psi & \cos\theta\cos\psi\end{bmatrix} \tag{2.42}
$$

を解いてϕ，θ，ψを決定することで，任意の姿勢のロール・ピッチ・ヨー角が求まる．

オイラー角の場合と同様の計算により，以下の式から求めることができる．

$$\theta=\mathrm{atan2}(-e_{xz},\ \pm\sqrt{e_{xx}^{\,2}+e_{xy}^{\,2}}) \tag{2.43}$$
$$\phi=\mathrm{atan2}(\pm e_{xy},\ \pm e_{xx}) \tag{2.44}$$
$$\psi=\mathrm{atan2}(\pm e_{yz},\ \pm e_{zz}) \tag{2.45}$$

ただし，複号同順とする．

ロール・ピッチ・ヨー角は，船などの乗物が揺れるときの回転方向に対して用いられることが多い．たとえばロールは進行方向に向いた軸回りの回転，ピッチングは乗物の先頭の上下方向，ヨーイングはお尻を左右に振る方向を表す．上に述べたz軸を進行方向，x軸を真上方向にとったと考えるとよい．

2.6 逆運動学計算

2.6.1 6自由度マニピュレータの逆運動学

6自由度マニピュレータの逆運動学を解いてみよう．運動学計算の結果からもわかるように，6自由度マニピュレータの逆運動学計算はかなりめんどうそうである．実は，6つの関節の軸が任意に組み合わされたマニピュレータの場合，すべてのタイプのマニピュレータを解析的に解くのはもはや不可能である．そこで，マニピュレータを設計するときに，あらかじめ逆運動学が解けるように関節のタイプや軸の向き，リンクパラメータを決めておく必要がある．図2.23にさまざまなタイプの産業用ロボットの構造を示す．図2.23(a)～(d)の構造のロボットでは，根元から数え

逆運動学解
式(2.48)～(2.50)

(a) 垂直多関節型

$\theta_1 = \text{atan2}(y_r, x_r)$
$\theta_2 = \text{atan2}(z_r, \sqrt{x_r^2 + y_r^2})$
$d_3 = \sqrt{x_r^2 + y_r^2 + z_r^2}$

(b) 極座標型

$\theta_1 = \text{atan2}(y_r, x_r)$
$d_2 = z_r$
$d_3 = \sqrt{x_r^2 + y_r^2}$

(c) 円筒座標型

直動3関節がすべて初期値0のときの手首位置を基準とする

$d_1 = x_r$
$d_2 = y_r$
$d_3 = z_r$

(d) 直交座標型

$d_4 = 0$ のときの高さを $z = 0$ とする

真上から見た図

$\theta_1 = \text{atan2}(y_e, x_e) \pm \text{atan2}(\kappa, l_1^2 + x_e^2 + y_e^2 - l_2^2)$
$\theta_2 = \pi \mp \text{atan2}(\kappa, l_1^2 + l_2^2 - x_e^2 - y_e^2)$　　複号同順
$\theta_3 = \phi_e - \theta_1 - \theta_2$
$d_4 = -z_e$
$\kappa = \sqrt{(l_1^2 + l_2^2 + x_e^2 + y_e^2)^2 - 2\{l_1^4 + l_2^4 + (x_e^2 + y_e^2)^2\}}$

(e) スカラ型

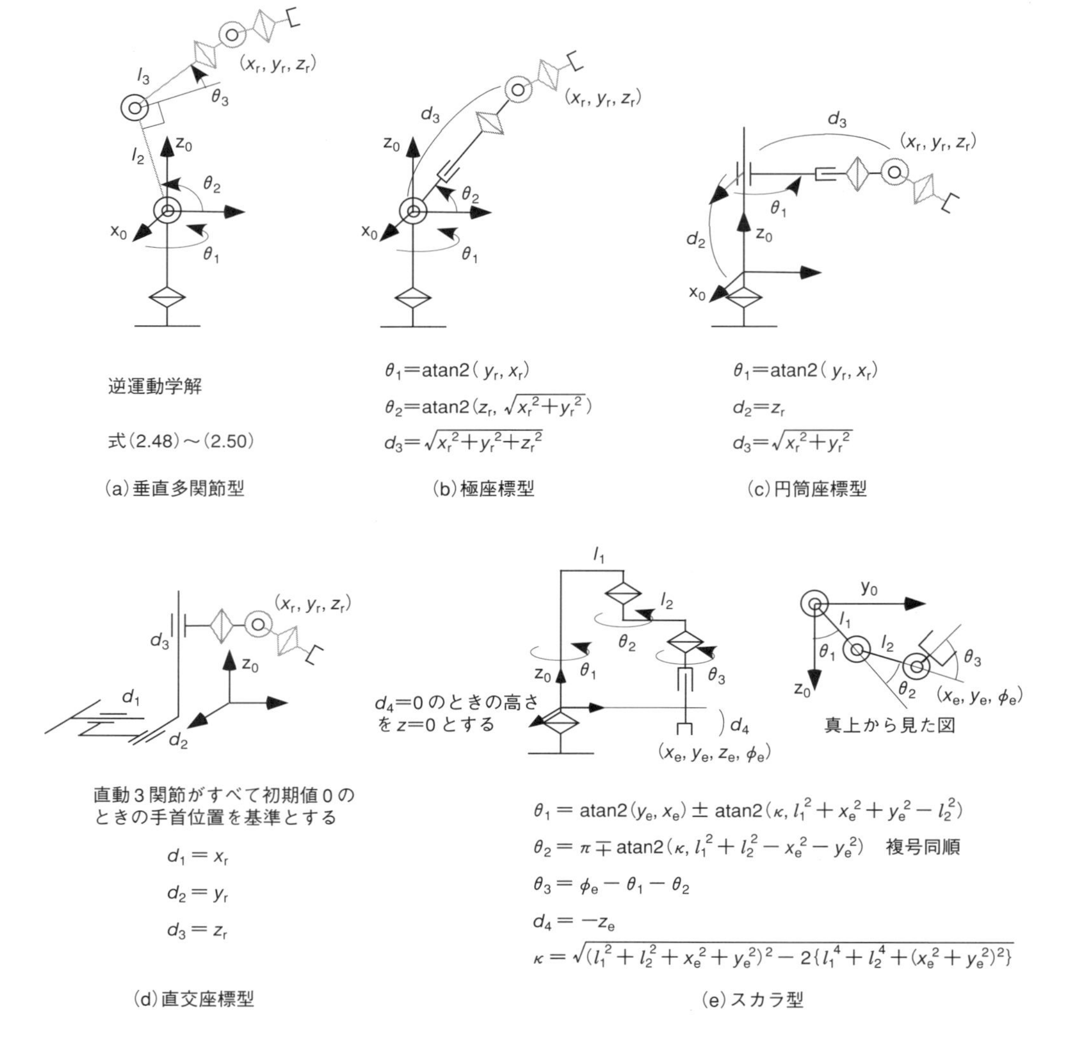

図2.23 マニピュレータのタイプと逆運動学解

て4番目以降の手先側3つの関節の回転軸が第5関節で交わっており，しかもこの交点の位置は，手先に目標の位置・姿勢が与えられると，手先側3つの関節の関節角の値によらず，一意に定まってしまう．この5番目の関節の位置を手首と呼ぼう．この手首の位置は，根元から3つめまでの関節の値だけで決まる．この関係を使うと，逆運動学計算が簡単になる＊．

この手首位置が根元側3関節で決定される特徴をもつマニピュレータについて，逆運動学計算法を示す．まず，達成したい位置・姿勢に仮想的に手先を置き，そのときに手首の位置(x_r，y_r，z_r)がどこになるのかを求める(図2.24(a))．そして，根元からの3関節の値θ_1～θ_3を決定する(図2.24(b))．そしてこれらの値を使い，まずは$\theta_4 = 0$として第4リンクの座標系を求める(図2.24(c))．この座標系は第5関節の位置を原点にもつ．θ_4～θ_6の値は，$\theta_4 = 0$として暫定的に求まった$\Sigma_{4'}$から見た手先目標座標系${}^{4'}\Sigma_{hd}$を求め，2.5.4項に示したオイラー角と同様の計算でθ_4～θ_6を決めればよい(図2.24(d))．

＊ 3つの回転関節軸が1点で交わるマニピュレータ構造の場合には，3つの回転関節軸の交点を手首位置と考えると計算がわかりやすくなる．

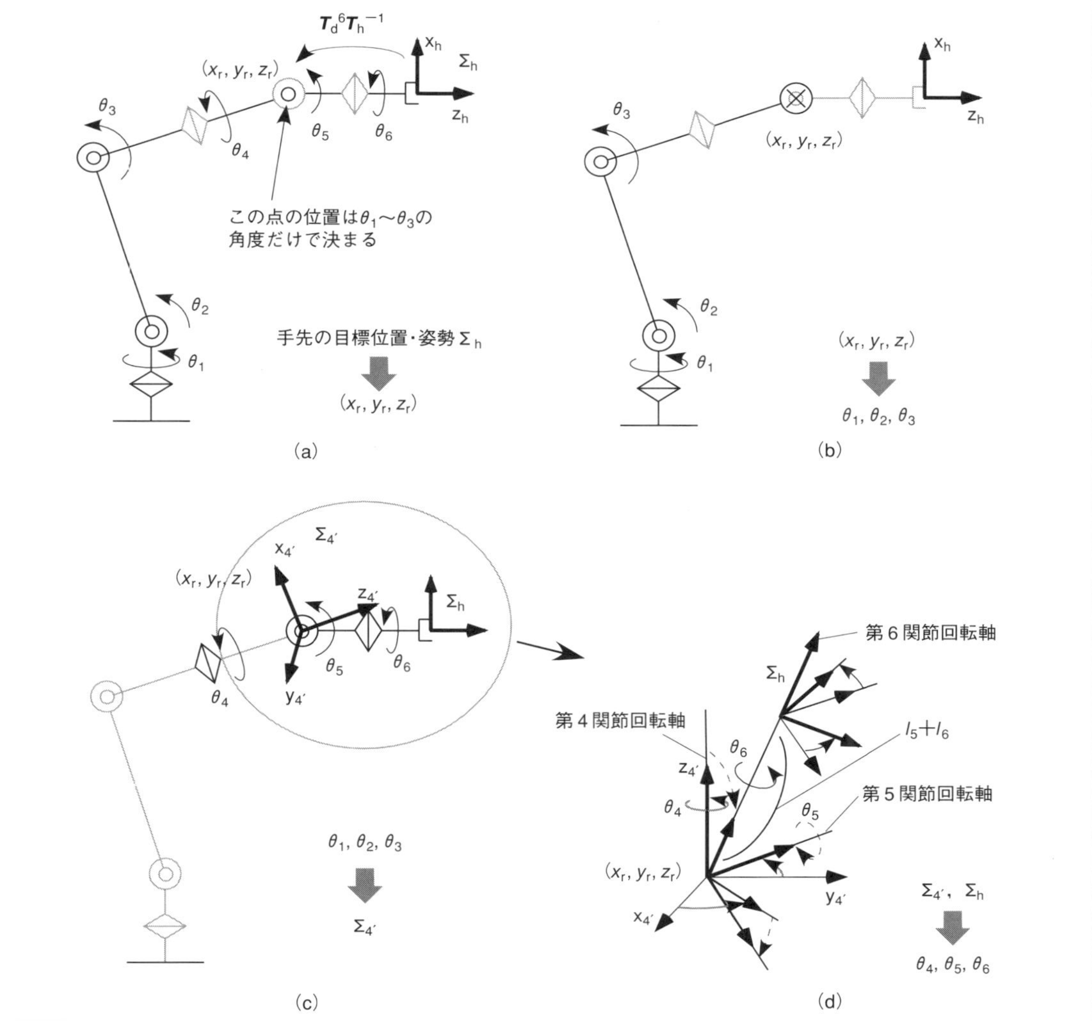

図2.24 逆運動学計算の手順

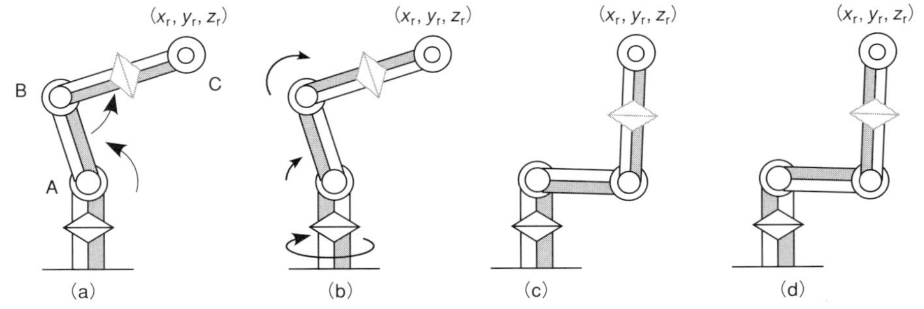

図2.25 4通りの解

これを，図2.18のマニピュレータに実際にあてはめてみよう．達成したい目標のハンド座標系の位置と姿勢を合わせて，これを同次変換行列$\boldsymbol{T}_{\mathrm{hd}}$で表す．一方，実際に位置決めを行わせたいハンド座標系が，第6リンク座標系から見て

$$ {}^{6}\boldsymbol{T}_{\mathrm{h}} = \begin{bmatrix} \boldsymbol{R}_{\mathrm{h}} & \boldsymbol{a}_{\mathrm{h}} \\ \boldsymbol{0} & 1 \end{bmatrix} \tag{2.46} $$

であったとする．この${}^{6}\boldsymbol{T}_{\mathrm{h}}$はマニピュレータ先端にハンドを取り付けた時点で確定しているので，あらかじめ求めておくことができる．すると，

$$ {}^{\mathrm{w}}\boldsymbol{T}_{6}{}^{6}\boldsymbol{T}_{\mathrm{h}} = \boldsymbol{T}_{\mathrm{hd}} $$

であるから，第6リンク座標系の原点のx，y，z座標は，

$$ {}^{\mathrm{w}}\boldsymbol{T}_{6} = \boldsymbol{T}_{\mathrm{hd}}{}^{6}\boldsymbol{T}_{\mathrm{h}}^{-1} \tag{2.47} $$

で計算される${}^{\mathrm{w}}\boldsymbol{T}_{6}$の第4列の上から3成分となっている．これを$(x_{\mathrm{r}},\ y_{\mathrm{r}},\ z_{\mathrm{r}})$としておく．

さて，図2.18(a)より，第4リンク座標系から第6リンク座標系までの座標系はすべて原点が等しく，第5関節上にある．さらに，第4関節の位置は第1～3関節の関節角だけで決まってしまう．ただし図2.25に示すように，この第4関節の位置を決めるための解は4通り存在する．そのため，まずは図2.25(a)を考えることとし，図2.26に示すA点(基準座標系原点)，B点(第3関節)，C点(第4関節)を結んだ三角形を考える．この三角形は3辺の長さがすべて求まるので，3つの角も簡単に求めるこ

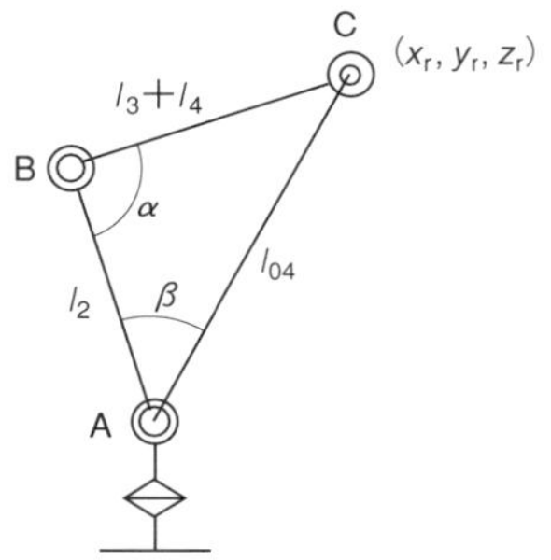

図2.26 逆運動学計算によるθ_1～θ_3の導出

とができる．

図2.26のマニピュレータを真上から見下ろすと，第2，第3，第4リンクは，xy平面の原点を通り$(x_r,\ y_r)$に向かう線分として見える．そして，この線分がx軸となす角がθ_1となる．ただし，逆運動学解には図2.25(a)と(b)の場合があるので，式(2.48)となる．

$$\theta_1 = \mathrm{atan2}(-x_r,\ y_r) \pm \frac{\pi}{2} \tag{2.48}$$ *

* $\theta_1 = \mathrm{atan2}(y_r, x_r)$ または $\theta_1 = \mathrm{atan2}(y_r, x_r) - \pi$ と同じ．

ACの長さをl_{04}とすると

$$l_{04} = \sqrt{{x_r}^2 + {y_r}^2 + {z_r}^2}$$

となるので，余弦定理より

$$2 l_2 l_{34} \cos\alpha = {l_2}^2 + {l_{34}}^2 - {l_{04}}^2$$

が得られる．ただし，$l_{34} = l_3 + l_4$である．さらに，$1 - \cos^2\alpha = \sin^2\alpha$ より

$$2 l_2 l_{34} \sin\alpha = \sqrt{({l_2}^2 + {l_{34}}^2 + {l_{04}}^2)^2 - 2({l_2}^4 + {l_{34}}^4 + {l_{04}}^4)}$$

となる．よって，

$$\alpha = \mathrm{atan2}(\sin\alpha,\ \cos\alpha) = \mathrm{atan2}(\kappa,\ {l_2}^2 + {l_{34}}^2 - {l_{04}}^2)$$

としてαが求まる．ただし，

$$\kappa = \sqrt{({l_2}^2 + {l_{04}}^2 + {l_{34}}^2)^2 - 2({l_2}^4 + {l_{04}}^4 + {l_{34}}^4)}$$

である．これより，θ_3は

$$\theta_3 = \pm\alpha - \frac{\pi}{2} \tag{2.49}$$

となる．+，−の符号はそれぞれ，図2.25(a)，(d)と(b)，(c)の場合に対応している．

βに関しても，余弦定理より

$$2 l_2 l_{04} \cos\beta = {l_2}^2 + {l_{04}}^2 - {l_{34}}^2$$

が成り立つ．さらに

$$2 l_2 l_{04} \sin\beta = \kappa$$

となるので，

$$\beta = \mathrm{atan2}(\sin\beta,\ \cos\beta) = \mathrm{atan2}(\kappa,\ {l_2}^2 + {l_{04}}^2 - {l_{34}}^2)$$

となる．よって，θ_2は次のように求まる．

$$\begin{aligned}
&\text{図2.25(a)の場合} \quad \theta_2 = \mathrm{atan2}\left(z_r,\ \sqrt{{x_r}^2 + {y_r}^2}\right) + \beta \\
&\text{図2.25(b)の場合} \quad \theta_2 = \pi - \left\{\mathrm{atan2}\left(z_r,\ \sqrt{{x_r}^2 + {y_r}^2}\right) + \beta\right\} \\
&\text{図2.25(c)の場合} \quad \theta_2 = \mathrm{atan2}\left(z_r,\ \sqrt{{x_r}^2 + {y_r}^2}\right) - \beta \\
&\text{図2.25(d)の場合} \quad \theta_2 = \pi - \left\{\mathrm{atan2}\left(z_r,\ \sqrt{{x_r}^2 + {y_r}^2}\right) - \beta\right\}
\end{aligned} \tag{2.50}$$

残りの3つ，$\theta_4 \sim \theta_6$を求める手順は以下のとおりである．運動学計算により求まる${}^{\mathrm{w}}\boldsymbol{T}_4$より，$\theta_4$を0とした場合の第4リンク座標系$\Sigma_{4'}$の姿勢が求まる．このときの姿勢を表す回転行列を${}^{\mathrm{w}}\boldsymbol{R}_{4'}$とする．また，第6リンク座標系$\Sigma_6$が達成すべき基準座標系に対する回転行列を${}^{\mathrm{w}}\boldsymbol{R}_6$とすると，$\Sigma_6$の$\Sigma_{4'}$に対する回転行列${}^{4'}\boldsymbol{R}_6$は

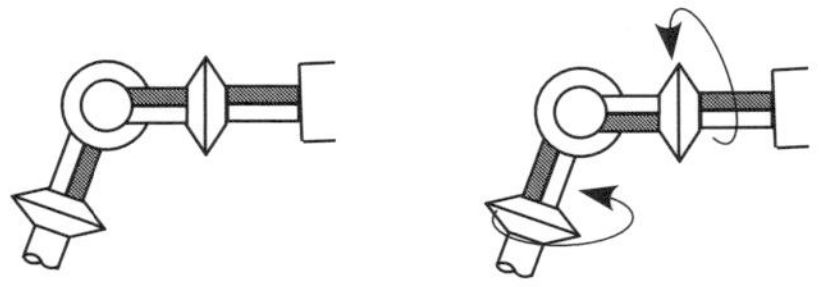

図2.27 オイラー角に対応した2通りの解

$${}^{4'}\boldsymbol{R}_6 = {}^{\mathrm{w}}\boldsymbol{R}_{4'}^{-1}\,{}^{\mathrm{w}}\boldsymbol{R}_6 \tag{2.51}$$

で求めることができる．この後の計算は，オイラー角の求め方の式(2.38)～(2.40)と一致するので省略する．ただし，オイラー角の説明と同様，${}^{4'}\boldsymbol{R}_6$を達成する関節角の組は2通り存在する．これを図に示すと図2.27となる．先ほどの図2.25との組み合わせを考えると，このマニピュレータの逆運動学解は全部で8通り存在することがわかる．図2.23に，それぞれのマニピュレータ構造についての逆運動学計算結果も示しておく．

以上でマニピュレータ手先を目標の位置・姿勢にもっていくための関節角の値を求めることができた．

2.6.2 解析的に解けない場合

この場合には，一般にヤコビ行列を利用した計算方法が必要となる．ヤコビ行列は2.8節で詳しく述べるように，手先の微小変位と関節の微小変位の関係を表す行列である．

どんなに複雑な構造のマニピュレータも，運動学計算は機械的に行うことができる．そこで，正確ではないけれども手先を目標の位置・姿勢の近くまでもっていくことのできる関節角を適当に決める．そして，この関節角で達成される手先位置・姿勢と目標の位置・姿勢の誤差の分だけ手先を動かすことのできる関節の微小変位を求め，いまの変位を修正する．この補正量を求める式を示す．

$$\Delta\boldsymbol{\theta} = \boldsymbol{J}(\boldsymbol{\theta})^{-1}(\boldsymbol{x}_{\mathrm{d}} - \boldsymbol{x}(\boldsymbol{\theta})) \tag{2.52}$$

ただし，$\boldsymbol{J}$はヤコビ行列(☞2.8節)，$\boldsymbol{x}_{\mathrm{d}}$はマニピュレータ手先の目標位置・姿勢である．そして，現在の関節変位ベクトル$\boldsymbol{\theta}$を

$$\boldsymbol{\theta} = \boldsymbol{\theta} + \Delta\boldsymbol{\theta}$$

として修正する．一度の修正では手先を正確に目標にもっていくことができない．これはヤコビ行列が線形近似を前提としているためである．この様子を図2.28に示

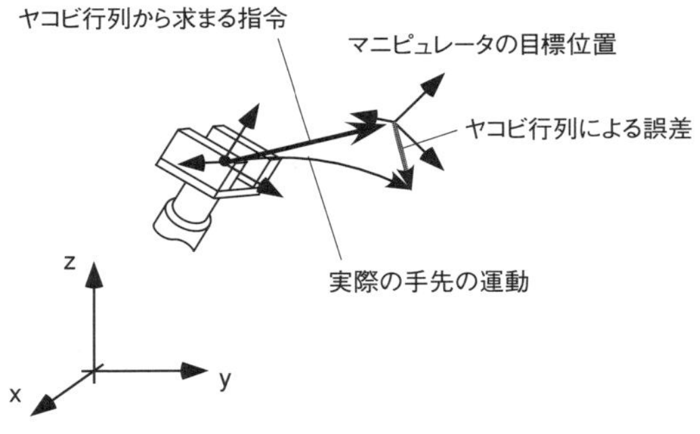

図2.28 ヤコビ行列を利用して求まる指令のもつ誤差

す．そこで，新たに得られた手先位置・姿勢と目標の誤差を再び計算し，同じように関節角度を修正する．これを，達成された位置・姿勢と目標の位置・姿勢との誤差が十分小さくなるまで繰り返すのである．これは実際のロボットを目標点までフィードバックにより移動させるのと同じ方法であり，到達したときの関節角度が結果的に逆運動学解となっている．

2.7 姿勢の軌道生成法

逆運動学計算で求まった角度を実現すれば，手先を目標位置・姿勢に動かすことはできる．ただし，手先の移動中，どこをどの姿勢で通過するかは動かしてみないとわからない．このため，経路が重要となる場合，たとえば軌道近くに障害物が存在する場合や手先で文字を書く場合などには，手先を移動させる軌道も指定する必要がある．そこで，手先の目標位置・姿勢の軌道を行列として指定する方法を示す．

たとえば，図2.29に示すように，手先軌道を現在の位置と目標位置を結ぶ直線上で等速に動かしたいとすれば，その座標は，

$$\boldsymbol{x}(t)=\boldsymbol{x}(0)+\frac{t}{T}\{\boldsymbol{x}_{\mathrm{d}}-\boldsymbol{x}(0)\} \tag{2.53}$$

と表すことができる．ただしTは目標移動時間，tは移動開始時の時刻を0としたときの，移動中の時刻である．一方，姿勢に関しては，オイラー角やロール・ピッチ・ヨー角を式(2.53)のように時間で指定する方法は好ましいとはいえない．それは，これらの角が直感的に把握しにくく，それぞれの角度が時間で指定されても，軌道上での手先の挙動が好ましいかどうかの判断がつきにくいからである．そこで，これらの角に代わり，行列を利用して姿勢の軌道を表現するいくつかの方法が提案されている．ここでは代表的な2つの方法を紹介する．

1つめは，図2.30に示すように，目標姿勢と初期の姿勢の差を，1つの軸回りの回転だけで達成することとし，この回転軸回りの角速度を一定とする方法である．基準座標系をある単位ベクトル$\boldsymbol{n}$の回りにβだけ回転させた座標系を表す行列$\boldsymbol{R}$を$\boldsymbol{R}(\boldsymbol{n},\ \beta)$とすると

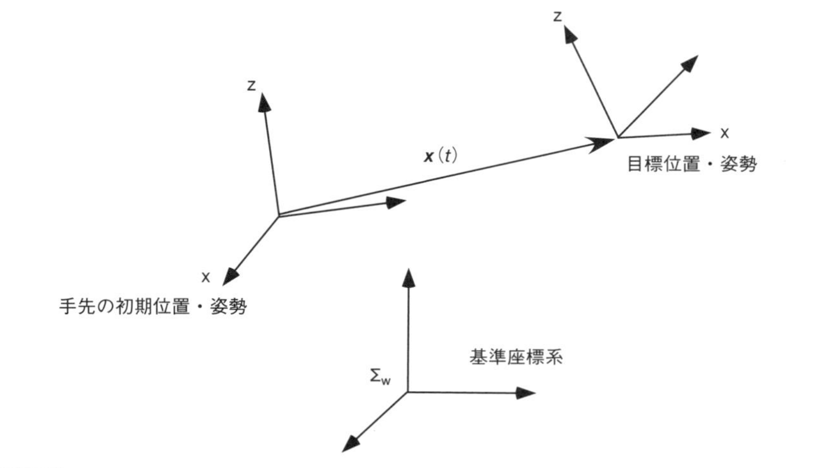

図2.29 手先の初期位置・姿勢と目標位置・姿勢

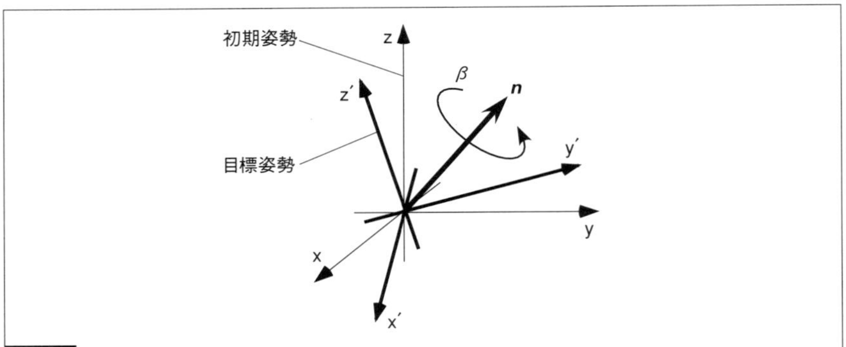

図2.30 1つの軸回りの座標系の回転

$$\boldsymbol{R}(\boldsymbol{n},\ \beta) = \begin{bmatrix} n_x^2(1-\cos\beta)+\cos\beta & n_x n_y(1-\cos\beta)-n_z\sin\beta & n_x n_z(1-\cos\beta)+n_y\sin\beta \\ n_x n_y(1-\cos\beta)+n_z\sin\beta & n_y^2(1-\cos\beta)+\cos\beta & n_y n_z(1-\cos\beta)-n_x\sin\beta \\ n_x n_z(1-\cos\beta)-n_y\sin\beta & n_y n_z(1-\cos\beta)+n_x\sin\beta & n_z^2(1-\cos\beta)+\cos\beta \end{bmatrix} \tag{2.54}$$

ただし

$$\boldsymbol{n} = [n_x \quad n_y \quad n_z]^T$$

と表すことができる．よって，初期の座標系から目標座標系を見たときの回転行列を$\boldsymbol{R}_d$とし，

$$\boldsymbol{R}(\boldsymbol{n},\ \beta) = \boldsymbol{R}_d \quad \text{ただし} \quad \boldsymbol{R}_d = \begin{bmatrix} r_{11} & r_{12} & r_{13} \\ r_{21} & r_{22} & r_{23} \\ r_{31} & r_{32} & r_{33} \end{bmatrix}$$

となるように$\boldsymbol{n}$とβを決定する．

まず，

$$\sin^2\beta = \left(\frac{r_{21}-r_{12}}{2}\right)^2 + \left(\frac{r_{13}-r_{31}}{2}\right)^2 + \left(\frac{r_{32}-r_{23}}{2}\right)^2$$

と，

$$\cos\beta = \frac{1}{2}(r_{11}+r_{22}+r_{33}-1)$$

よりatan2を使ってβを決定することができる．βを0から180度の間の角度として定義してしまえば，βは一意に決定できるので，残りのn_x，n_y，n_zも

$$n_x = \frac{r_{32}-r_{23}}{2\sin\beta}$$

$$n_y = \frac{r_{13}-r_{31}}{2\sin\beta}$$

$$n_z = \frac{r_{21}-r_{12}}{2\sin\beta}$$

から求めることができる．

さて，以上より得られたβと$\boldsymbol{n}$を用いると，目標軌道中で手先を等速に回転させるには，式(2.53)と同様に初期座標系から見て，

$$\boldsymbol{R}(t)=\boldsymbol{R}\left(\boldsymbol{n},\ \frac{t}{T}\beta\right)$$

の姿勢をとらせればよい．同次変換行列では，目標軌道の位置・姿勢をまとめて

$$\boldsymbol{T}_{\mathrm{d}}(t)=\begin{bmatrix}\boldsymbol{R}_i\boldsymbol{R}\left(\boldsymbol{n},\ \frac{t}{T}\beta\right) & \boldsymbol{x}(t)\\ \boldsymbol{0} & 1\end{bmatrix} \tag{2.55}$$

と表すことができる．ただし$\boldsymbol{R}_i$はマニピュレータの基準座標系から見た初期姿勢を表す回転行列である．

2つめは図2.31に示すように，物体の軸を倒す動きと，倒す軸回りの回転で物体の姿勢変化を表す方法である．軸を倒す動きはオイラー角のはじめの2つの回転に対応する．すなわち倒す向きがz軸回りの回転より決定され，倒す角度がy軸回りの回転で決定される．最後のねじりがz軸回りの回転に対応する．よって，まず目標姿勢と初期姿勢の相対姿勢を

$${}^{i}\boldsymbol{R}_{\mathrm{d}}=\boldsymbol{R}_i^{-1}\boldsymbol{R}_{\mathrm{d}}$$

と求め，初期座標系から見たオイラー角に相当する角を式(2.38)～(2.40)より求める．これをϕ_{d}，θ_{d}，ψ_{d}とする．軸を倒す向きは運動中，最初から最後まで同じ向きとするので，残りの2つの回転，すなわちxy面に対する傾斜およびねじりの回転を，運動中等速回転とする．よって，この場合の座標系は

$$\boldsymbol{T}_{\mathrm{d}}(t)=\begin{bmatrix}\boldsymbol{R}_i\boldsymbol{R}_{\mathrm{E}}\left(\phi_{\mathrm{d}},\ \frac{t}{T}\theta_{\mathrm{d}},\ \frac{t}{T}\psi_{\mathrm{d}}\right) & \boldsymbol{x}(t)\\ \boldsymbol{0} & 1\end{bmatrix} \tag{2.56}$$

ただし，

$$\boldsymbol{R}_{\mathrm{E}}(\phi,\ \theta,\ \psi)=\begin{bmatrix}\sin^2\phi+\cos^2\phi\cos\theta & -\sin\phi\cos\phi(1-\cos\theta) & \cos\phi\sin\theta\\ -\sin\phi\cos\phi(1-\cos\theta) & \cos^2\phi+\sin^2\phi\cos\theta & \sin\phi\sin\theta\\ -\cos\phi\sin\theta & -\sin\phi\sin\theta & \cos\theta\end{bmatrix}\begin{bmatrix}\cos\psi & -\sin\psi & 0\\ \sin\psi & \cos\psi & 0\\ 0 & 0 & 1\end{bmatrix}$$

と表すことができる．

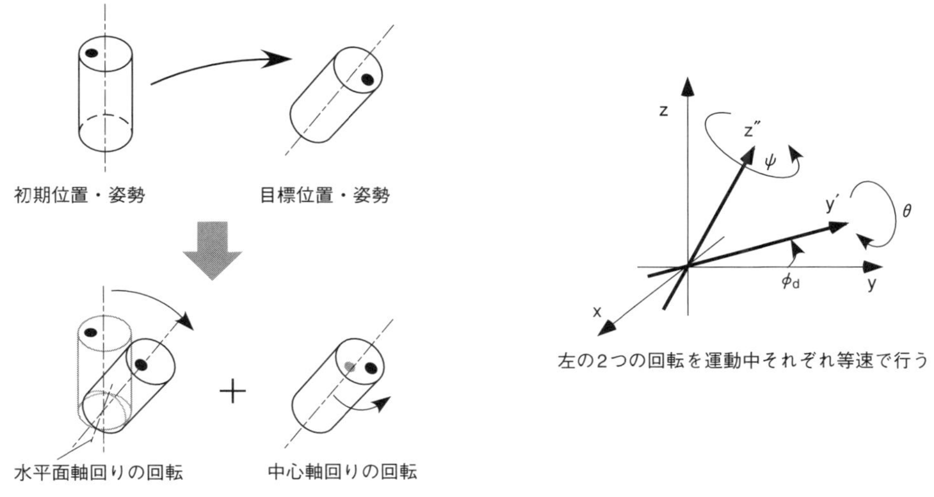

図2.31 2軸回りの回転による軌道の生成法

2.8 ヤコビ行列とは

マニピュレータのヤコビ行列とは，マニピュレータの各関節が現在の姿勢において微小動作を行ったとき，その微小変位と，それに応じて動く手先の微小移動の関係を表す行列である．この関係を利用すると，マニピュレータを目標軌道に沿って速度制御することができる．しかし，ヤコビ行列がもつ情報はこれら微小移動量の関係にとどまらない．この行列を解析することにより，マニピュレータの動きやすい方向，力の出しやすい方向などを求めることができる．さらに，ヤコビ行列の扱い方をマスターすると，機構だけでなく，たとえば計測における誤差の伝播，最小2乗法といったものまでわかるようになる．ここでは，このヤコビ行列とその扱いについて説明する．

2.8.1 偏微分の幾何的な考え方

マニピュレータのヤコビ行列を説明する前に，微小移動量どうしの関係を幾何学的なイメージでとらえてみよう．例として，変数xとyの関数で表されるzを考える．式で書くと

$$z=f(x,\ y) \tag{2.57}$$

となる．この式がどのような形であるかを調べるために，まず，式(2.57)右辺のxとyに適当な値x_0，y_0を代入してz_0を求めてみることにしよう．これを図示したのが図2.32(a)である．次に，このx_0，y_0をxy平面全体について調べれば，それぞれの点に対応した高さのところにzが求まるので，式(2.57)はちょうどxy平面の上に浮かんだでこぼこしたカーペットのようになっている．ただし，このカーペットの厚さは0である．これを図2.32(b)に示す．さて，$(x_0,\ y_0)$上空のカーペット上にあった点が，図2.32(c)に示すようにカーペット上をx方向にほんの少しだけ動くと，zはどれだけ変わるであろうか．zは高さなので，高さ方向の変化を調べればよい．そこで$(x_0,\ y_0)$におけるカーペットの形状を調べてみることにしよう．これには，$(x_0,\ y_0)$を通るxz平面でカーペットを切断し，その断面を調べればよい．この断面を示したのが図2.32(d)である．この断面上ではyは一定値y_0の値しかとらない．よって，式(2.57)のyにy_0を代入して，zをxだけの式と考えることができる．

さて，もしx方向の移動を十分に小さいと仮定すると，$(x_0,\ y_0)$の近くでは傾きは一定と考えてよい(図2.32(e))．よって，この傾きをd，移動した距離をΔxとすると，高さ方向の変化は$d\Delta x$で求まる．このdは式(2.57)のyを定数と考え，xで微分すると求めることができる．このように他の変数をすべて定数と考えて注目する変数だけで微分することを偏微分するという．つまり，$f(x,\ y)$をxで偏微分して$(x_0,\ y_0)$を代入すると，$(x_0,\ y_0)$におけるdが求まる．

以上に説明した関係は，どのxの値に対しても成り立つので，Δxによるzの変化Δz_xは

$$\Delta z_x=\frac{\partial f}{\partial x}\Delta x \tag{2.58}$$

となる．右辺の$\partial f/\partial x$が偏微分を表す記号で，fで表される関数をxで偏微分したことを意味している．たとえば$(x_0,\ y_0)$における，Δxに対するzの変化量は，式(2.58)右辺の偏微分計算で得られる式のx，yに$(x_0,\ y_0)$を代入すれば求めることができる．

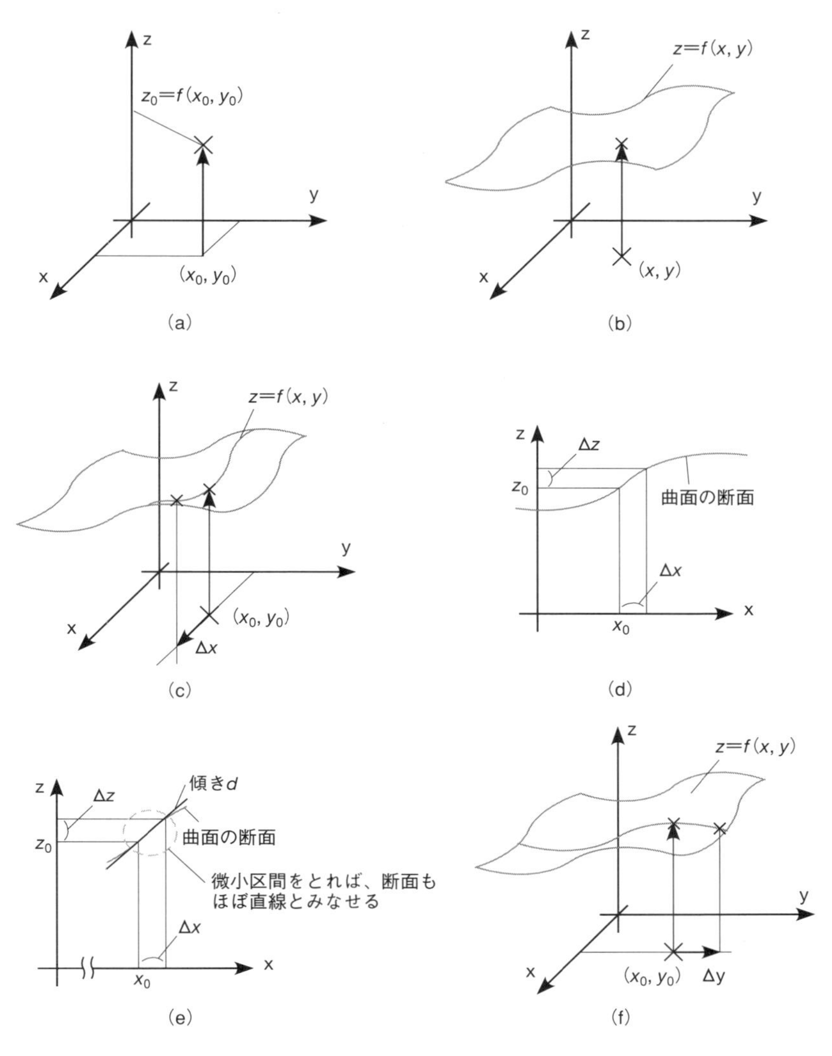

図2.32 偏微分のイメージ

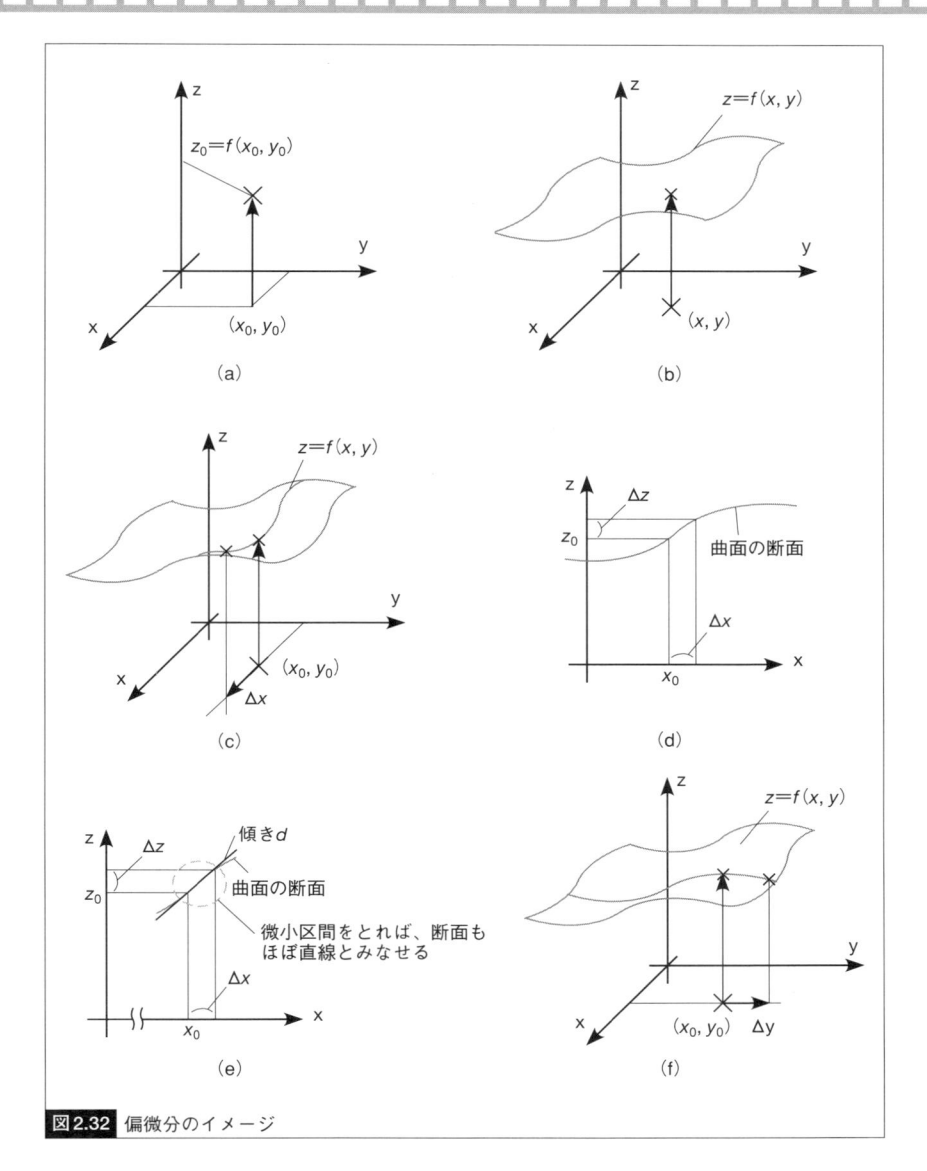

yだけがΔyの変化を行ったときのzの変化量も同様に求めることができる．これは，図2.32(c)の移動方向をy軸に平行とした場合なので，今度は(x_0, y_0)を通るyz平面でカーペットを切断すればよい(図2.32(f))．考え方はxの場合とまったく同じで，Δyによるzの変化Δz_yは

$$\Delta z_y = \frac{\partial f}{\partial y}\Delta y$$

となる．今度はxを定数と見立て，yで偏微分を行っている．

さて，これで，x，yそれぞれの方向に単独に点が動いたときのzの変化が求まった．点がx，y軸上以外の方向に移動した場合にも，移動がカーペット上であれば，その移動はx方向，y方向の動きが同時に発生したとみなすことができる．移動が十分微小でカーペットがなめらかな場合，その結果得られるz方向の変化は，数学的にはx，y方向単独に発生する変位を単に足せばよい．よって，

$$\Delta z = \Delta z_x + \Delta z_y = \frac{\partial f}{\partial x}\Delta x + \frac{\partial f}{\partial y}\Delta y \tag{2.59}$$

が得られる．

2.8.2 マニピュレータのヤコビ行列の定義

さて，次にマニピュレータとして6自由度のものを考え，関節の値をq_1～q_6，手先の位置・姿勢を表す変数をx，y，z，ϕ，θ，ψとする*．運動学計算結果から，たとえばxは

$$x = f_x(q_1,\ q_2,\ q_3,\ q_4,\ q_5,\ q_6) = f_x(\boldsymbol{q}) \tag{2.60}$$

ただし，

$$\boldsymbol{q} = [q_1 \quad q_2 \quad q_3 \quad q_4 \quad q_5 \quad q_6]^{\mathrm{T}}$$

と書ける．よって，q_1～q_6の各関節がそれぞれ微小変位Δq_1～Δq_6を発生したとすると，2.8.1項で示したのと同じように

$$\Delta x = \frac{\partial f_x}{\partial q_1}\Delta q_1 + \frac{\partial f_x}{\partial q_2}\Delta q_2 + \frac{\partial f_x}{\partial q_3}\Delta q_3 + \frac{\partial f_x}{\partial q_4}\Delta q_4 + \frac{\partial f_x}{\partial q_5}\Delta q_5 + \frac{\partial f_x}{\partial q_6}\Delta q_6 \tag{2.61}$$

でx方向の移動量を求めることができる．

同様に，y，zおよび姿勢パラメータϕ，θ，ψについての運動学計算結果を

$$y = f_y(\boldsymbol{q}), \quad z = f_z(\boldsymbol{q}), \quad \psi = f_\psi(\boldsymbol{q}), \quad \theta = f_\theta(\boldsymbol{q}), \quad \phi = f_\phi(\boldsymbol{q})$$

とし，これらがΔq_1～Δq_6によって，どれだけずつ変化するかをすべて並べて書くと，これは行列を使って

$$\begin{bmatrix} \Delta x \\ \Delta y \\ \Delta z \\ \Delta\psi \\ \Delta\theta \\ \Delta\phi \end{bmatrix} = \begin{bmatrix} \frac{\partial f_x}{\partial q_1} & \frac{\partial f_x}{\partial q_2} & \frac{\partial f_x}{\partial q_3} & \frac{\partial f_x}{\partial q_4} & \frac{\partial f_x}{\partial q_5} & \frac{\partial f_x}{\partial q_6} \\ \frac{\partial f_y}{\partial q_1} & \frac{\partial f_y}{\partial q_2} & \frac{\partial f_y}{\partial q_3} & \frac{\partial f_y}{\partial q_4} & \frac{\partial f_y}{\partial q_5} & \frac{\partial f_y}{\partial q_6} \\ \frac{\partial f_z}{\partial q_1} & \frac{\partial f_z}{\partial q_2} & \frac{\partial f_z}{\partial q_3} & \frac{\partial f_z}{\partial q_4} & \frac{\partial f_z}{\partial q_5} & \frac{\partial f_z}{\partial q_6} \\ \frac{\partial f_\psi}{\partial q_1} & \frac{\partial f_\psi}{\partial q_2} & \frac{\partial f_\psi}{\partial q_3} & \frac{\partial f_\psi}{\partial q_4} & \frac{\partial f_\psi}{\partial q_5} & \frac{\partial f_\psi}{\partial q_6} \\ \frac{\partial f_\theta}{\partial q_1} & \frac{\partial f_\theta}{\partial q_2} & \frac{\partial f_\theta}{\partial q_3} & \frac{\partial f_\theta}{\partial q_4} & \frac{\partial f_\theta}{\partial q_5} & \frac{\partial f_\theta}{\partial q_6} \\ \frac{\partial f_\phi}{\partial q_1} & \frac{\partial f_\phi}{\partial q_2} & \frac{\partial f_\phi}{\partial q_3} & \frac{\partial f_\phi}{\partial q_4} & \frac{\partial f_\phi}{\partial q_5} & \frac{\partial f_\phi}{\partial q_6} \end{bmatrix} \begin{bmatrix} \Delta q_1 \\ \Delta q_2 \\ \Delta q_3 \\ \Delta q_4 \\ \Delta q_5 \\ \Delta q_6 \end{bmatrix} \tag{2.62}$$

と表すことができる．式(2.62)で，さらに

$$\Delta\boldsymbol{x} = [\Delta x \quad \Delta y \quad \Delta z \quad \Delta\psi \quad \Delta\theta \quad \Delta\phi]^{\mathrm{T}}$$

$$\Delta\boldsymbol{q} = [\Delta q_1 \quad \Delta q_2 \quad \Delta q_3 \quad \Delta q_4 \quad \Delta q_5 \quad \Delta q_6]^{\mathrm{T}}$$

とし，$\Delta\boldsymbol{q}$の係数となっている行列を$\boldsymbol{J}$とおくと

$$\Delta\boldsymbol{x} = \boldsymbol{J}\Delta\boldsymbol{q} \tag{2.63}$$

となる．式(2.63)の行列$\boldsymbol{J}$を，この6自由度マニピュレータで手先の位置・姿勢6成分を制御する場合のヤコビ行列と呼ぶ．もし，このマニピュレータの制御対象が$(x,\ y,\ z)$座標だけで姿勢が問われなければ，

＊ 角度，長さを変数で表す場合，角度ではθ，長さではlがよく用いられる．ロボット関節の場合，回転関節では角度，直動関節では長さが関節変数となり，これらが混在する．そこで，これらをまとめて一般化座標と呼び，変数qで表すことが多い．

$$\begin{bmatrix}\Delta x\\ \Delta y\\ \Delta z\end{bmatrix}=\begin{bmatrix}\dfrac{\partial f_x}{\partial q_1} & \dfrac{\partial f_x}{\partial q_2} & \dfrac{\partial f_x}{\partial q_3} & \dfrac{\partial f_x}{\partial q_4} & \dfrac{\partial f_x}{\partial q_5} & \dfrac{\partial f_x}{\partial q_6}\\ \dfrac{\partial f_y}{\partial q_1} & \dfrac{\partial f_y}{\partial q_2} & \dfrac{\partial f_y}{\partial q_3} & \dfrac{\partial f_y}{\partial q_4} & \dfrac{\partial f_y}{\partial q_5} & \dfrac{\partial f_y}{\partial q_6}\\ \dfrac{\partial f_z}{\partial q_1} & \dfrac{\partial f_z}{\partial q_2} & \dfrac{\partial f_z}{\partial q_3} & \dfrac{\partial f_z}{\partial q_4} & \dfrac{\partial f_z}{\partial q_5} & \dfrac{\partial f_z}{\partial q_6}\end{bmatrix}\begin{bmatrix}\Delta q_1\\ \Delta q_2\\ \Delta q_3\\ \Delta q_4\\ \Delta q_5\\ \Delta q_6\end{bmatrix}$$

より，この場合のヤコビ行列$\boldsymbol{J}$は

$$\boldsymbol{J}=\begin{bmatrix}\dfrac{\partial f_x}{\partial q_1} & \dfrac{\partial f_x}{\partial q_2} & \dfrac{\partial f_x}{\partial q_3} & \dfrac{\partial f_x}{\partial q_4} & \dfrac{\partial f_x}{\partial q_5} & \dfrac{\partial f_x}{\partial q_6}\\ \dfrac{\partial f_y}{\partial q_1} & \dfrac{\partial f_y}{\partial q_2} & \dfrac{\partial f_y}{\partial q_3} & \dfrac{\partial f_y}{\partial q_4} & \dfrac{\partial f_y}{\partial q_5} & \dfrac{\partial f_y}{\partial q_6}\\ \dfrac{\partial f_z}{\partial q_1} & \dfrac{\partial f_z}{\partial q_2} & \dfrac{\partial f_z}{\partial q_3} & \dfrac{\partial f_z}{\partial q_4} & \dfrac{\partial f_z}{\partial q_5} & \dfrac{\partial f_z}{\partial q_6}\end{bmatrix}$$

となる．また，関節が6より多くても少なくても，式(2.63)をつくることができる．つまり，ヤコビ行列は，行わせたい作業に必要となる変数の数(作業空間の次元)とマニピュレータの関節の数(マニピュレータの自由度)に応じて決定される．

さて，式(2.63)の微小移動がそれぞれ十分に短い時間Δtで発生していたものとみなし，両辺をΔtで割ると

$$\frac{\Delta \boldsymbol{x}}{\Delta t}=\boldsymbol{J}\frac{\Delta \boldsymbol{q}}{\Delta t}$$

が得られる．よってΔtを0に近づけて両辺の極限をとると，式(2.63)で表された微小移動量どうしの関係は，そのまま速度の関係も表していることがわかる．すなわち

$$\dot{\boldsymbol{x}}=\boldsymbol{J}\dot{\boldsymbol{q}} \tag{2.64}$$

である．

この式(2.63)や式(2.64)の関係を使って，マニピュレータを目標の速度，軌道に沿って制御することができる．たとえば手先の現在位置・姿勢において，目標速度$\dot{\boldsymbol{x}}_{\mathrm{d}}$が与えられた場合には，ヤコビ行列の逆行列を用いて

$$\dot{\boldsymbol{q}}_{\mathrm{d}}=\boldsymbol{J}^{-1}\dot{\boldsymbol{x}}_{\mathrm{d}} \tag{2.65}$$

として関節速度を決めればよい．また，目標位置との誤差がある場合や手先の目標移動量が$\Delta \boldsymbol{x}_{\mathrm{d}}$で与えられた場合にも，各関節の変位量は

$$\Delta \boldsymbol{q}_{\mathrm{d}}=\boldsymbol{J}^{-1}\Delta \boldsymbol{x}_{\mathrm{d}} \tag{2.66}$$

で求めることができる．式(2.66)でマニピュレータを制御する方法を分解速度制御(resolved motion rate control)と呼ぶ．

ただし，ヤコビ行列が正方行列であるにもかかわらず逆行列をもたない場合(ヤコビ行列のランクが落ちる場合)には，式(2.65)や式(2.66)は利用できない．この状況は，マニピュレータの構造に依存した特定の姿勢で発生する．このような姿勢は特異姿勢と呼ばれ，マニピュレータを目標速度で動かすことが一般に不可能となる．これについては2.8.7項に示す．また，ヤコビ行列が正方行列ではなく横長の行列となる場合には，目標の手先移動を実現する関節の動かし方が無数に存在する．作業に必要となる関節数よりも多くの関節をもつマニピュレータがこの場合に相当する．

このように必要以上の関節をもつマニピュレータを冗長自由度マニピュレータと呼ぶ．この扱いについては2.9節に述べる．

2.8.3　角速度ベクトル

マニピュレータ手先の姿勢の速度成分としては，オイラー角やロール・ピッチ・ヨー角よりも，基準座標系における角速度ベクトルを利用することが多い．角速度ベクトルとは，ある瞬間の物体の回転速度のx，y，z軸回りの回転成分からなるベクトルである．図2.33は，物体がある瞬間に図中のn軸回りに角速度ω_nの回転運動を行っている様子を表している．物体の回転軸を，右ねじを締めるときの回転方向と合わせ，そのときにねじの進行する方向に対して，長さ1のベクトル$\boldsymbol{n}$をとる．

$$\boldsymbol{n} = [n_x \quad n_y \quad n_z]^T$$

とすると，この物体の角速度ベクトルは

$$\boldsymbol{\omega} = [\omega_n n_x \quad \omega_n n_y \quad \omega_n n_z]^T \tag{2.67}$$

となる．この角速度ベクトルは剛体の運動方程式を立てるときには必ず利用される．そこで，ヤコビ行列を求めるとき，姿勢の速度成分についてはこの角速度ベクトルを利用したい場合が多い．

ところが，時々刻々変化する角速度を積算していっても，その積算した値から，物体がどのような姿勢になったかを決定できない．つまり，この角速度ベクトルを積分しても，物体の姿勢を表すことができない．このため，2.8.2項で示したような求め方をしたくても，姿勢の3変数に対する運動学計算が存在しないのである．この理由を以下に示す*（☞ 1.12 これが非ホロノミック拘束だ）．

* ただし，2次元平面内の回転のように回転軸の向きが一定の場合には積分は可能である．

たとえば，直方体が最終的にx軸回りに90°，y軸回りに90°回転した後の姿勢を書いてみよう．図2.34の2つの姿勢はともにx軸回りに90°，y軸回りに90°回転した後の姿勢を表している．図2.34(a)は先にx軸回りに90°回転し，次にy軸回りに90°回転した場合，(b)はy軸回りに90°回転してからx軸回りに90°回転した場合である．同じ角度ずつ回転したにもかかわらず，達成される姿勢はまったく異なる．このほかにも，x軸に10°，次にy軸に10°，さらにx軸に10°と，小刻みに回転したかもしれず，90°ずつ回転したときの途中のプロセスがわからないと，それによって達成された姿勢は不明なままなのである．マニピュレータの関節ではこのような事態が生じることはなく，あくまで回転後の角度だけから手先の位置を定めることができた．

角速度を積分しても物体の姿勢を表すには至らないことがわかった．今度は達成

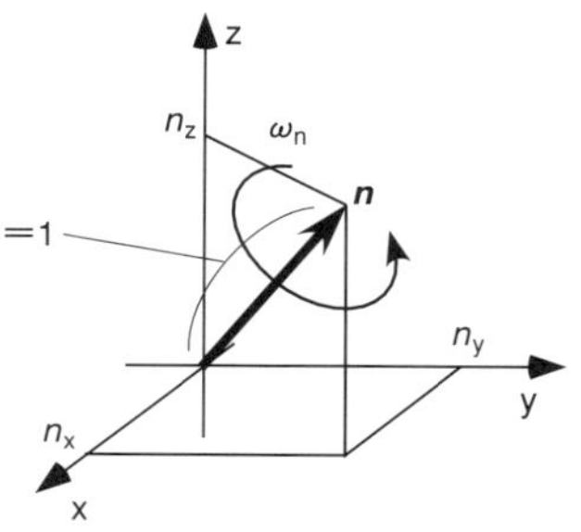

図2.33　角速度ベクトル

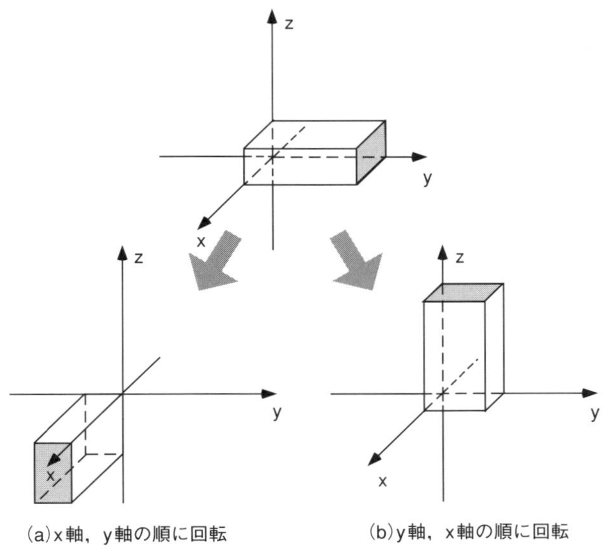

図2.34 角速度ベクトルの積分値が同じで異なる姿勢の物体

された姿勢からx，y，z軸回りに何度回転したかを調べてみよう．実は図2.34(a)の姿勢は，x軸回りに90°回転し，次にy軸回りに90°回転した場合であるだけでなく，y軸回りに90°回転し，その後z軸回りに−90°回転しても達成できる．つまり，図2.34(a)の姿勢は，x軸回り90°，y軸回り90°とも，y軸回り90°，z軸回り−90°とも書くことができる．それどころか，z軸回りに90°，x軸回りに−90°，もう一度z軸回りに180°でも，y軸回りに−90°，z軸回りに90°，y軸回りに180°でも，この姿勢に到達する回転の方法は無数にある．このように，手先の姿勢をx，y，z軸回りの回転角度で表したくても，この回転角度を定めようがない．この特徴は自動車の運転に似ている．すなわち，車を車庫に入れるとき，いろいろな入れ方が存在することに対応している．

以上の理由から，姿勢速度成分を角速度ベクトルと定義する場合，ヤコビ行列の計算以前に，そのもととなる運動学計算結果を求めることができないのである*．

この問題に対処する方法は2.8.4項に示すように2つある．①オイラー角やロール・ピッチ・ヨー角の微小変位量と角速度との関係を求め，オイラー角やロール・ピッチ・ヨー角で求めたヤコビ行列を修正する方法，②ヤコビ行列を幾何学的に求める方法，の2通りである．

* ロボット工学でよくいわれる，「角速度ベクトルは積分できない」とは，本書で説明したことを意味している．

2.8.4 ヤコビ行列の求め方

以下では，方法①，②のそれぞれについて具体的な手順を説明する．

A. 方法①

まず，オイラー角，あるいはロール・ピッチ・ヨー角の速度成分と，基準座標系における角速度ベクトルの関係を求める．図2.35(a)はロール・ピッチ・ヨー角の，図2.35(b)はオイラー角の，それぞれ速度3成分が発生する角速度ベクトルの成分を表している．これら3成分の発生する角速度ベクトルを合計すれば，ロール・ピッ

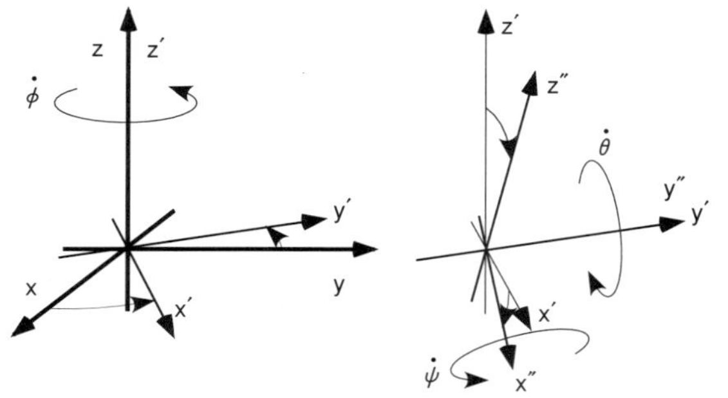

(a) ロール・ピッチ・ヨー角速度の角速度成分

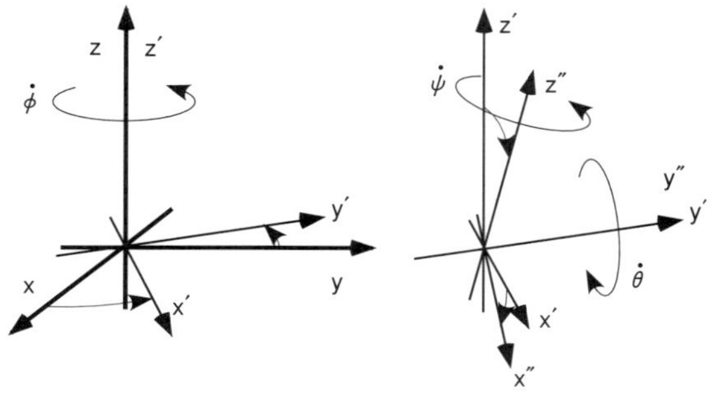

(b) オイラー角速度の角速度成分

図2.35 姿勢パラメータ速度成分の角速度成分

チ・ヨー角，あるいはオイラー角の速度成分と角速度ベクトルとの関係が求まる．以下ではロール・ピッチ・ヨー角について，具体的な計算例を示す．

ϕ は基準座標系z軸回りの回転角度なので，この速度 $\dot{\phi}$ により発生する角速度は

$$\begin{bmatrix} \omega_x \\ \omega_y \\ \omega_z \end{bmatrix} = \begin{bmatrix} 0 \\ 0 \\ 1 \end{bmatrix} \dot{\phi}$$

となる．次に，θ はy軸を基準座標系のz軸回りに ϕ だけ回転した軸回りの角度なので，$\dot{\theta}$ により発生する角速度は，

$$\begin{bmatrix} \omega_x \\ \omega_y \\ \omega_z \end{bmatrix} = \begin{bmatrix} -\sin\phi \\ \cos\phi \\ 0 \end{bmatrix} \dot{\theta}$$

となる．最後に ψ はx軸を，基準座標系z軸回りに回転させ，さらに回転後のy軸回りに θ 回転した軸回りの回転なので，$\dot{\psi}$ により発生する角速度は

$$\begin{bmatrix} \omega_x \\ \omega_y \\ \omega_z \end{bmatrix} = \begin{bmatrix} \cos\phi\cos\theta \\ \sin\phi\cos\theta \\ -\sin\theta \end{bmatrix} \dot{\psi}$$

となる．これらを足し合わせると

$$
\begin{bmatrix}\omega_x\\ \omega_y\\ \omega_z\end{bmatrix}=\begin{bmatrix}0\\0\\1\end{bmatrix}\dot{\phi}+\begin{bmatrix}-\sin\phi\\ \cos\phi\\ 0\end{bmatrix}\dot{\theta}+\begin{bmatrix}\cos\phi\cos\theta\\ \sin\phi\cos\theta\\ -\sin\theta\end{bmatrix}\dot{\psi}=\begin{bmatrix}0 & -\sin\phi & \cos\phi\cos\theta\\ 0 & \cos\phi & \sin\phi\cos\theta\\ 1 & 0 & -\sin\theta\end{bmatrix}\begin{bmatrix}\dot{\phi}\\ \dot{\theta}\\ \dot{\psi}\end{bmatrix} \quad (2.68)
$$

が得られる．これより，ロール・ピッチ・ヨー角で求められたヤコビ行列の姿勢速度成分に，式(2.68)の行列を掛けることによって，角速度ベクトルに変換できることがわかる．

オイラー角の場合にも，同様に

$$
\begin{bmatrix}\omega_x\\ \omega_y\\ \omega_z\end{bmatrix}=\begin{bmatrix}0 & -\sin\theta & \cos\phi\sin\theta\\ 0 & \cos\theta & \sin\phi\sin\theta\\ 1 & 0 & \cos\theta\end{bmatrix}\begin{bmatrix}\dot{\phi}\\ \dot{\theta}\\ \dot{\psi}\end{bmatrix} \quad (2.69)
$$

が得られる．

式(2.68)，あるいは式(2.69)の変換行列を$\boldsymbol{P}$とすると，ロール・ピッチ・ヨー角，あるいはオイラー角の速度である$\dot{\phi}$，$\dot{\theta}$，$\dot{\psi}$と角速度ベクトルの関係は

$$
\begin{bmatrix}\omega_x\\ \omega_y\\ \omega_z\end{bmatrix}=\boldsymbol{P}\begin{bmatrix}\dot{\phi}\\ \dot{\theta}\\ \dot{\psi}\end{bmatrix} \quad (2.70)
$$

と書くことができる．この$\boldsymbol{P}$を用いることで，式(2.63)においてオイラー角あるいはロール・ピッチ・ヨー角で求めておいたヤコビ行列$\boldsymbol{J}$を

$$
\boldsymbol{J}'=\begin{bmatrix}\boldsymbol{I} & 0\\ 0 & \boldsymbol{P}\end{bmatrix}\boldsymbol{J}, \quad \boldsymbol{I}=\begin{bmatrix}1 & 0 & 0\\ 0 & 1 & 0\\ 0 & 0 & 1\end{bmatrix} \quad (2.71)
$$

と変換する．これで，角速度ベクトルを姿勢速度成分とするヤコビ行列$\boldsymbol{J}'$が求まった．

B. 方法②

姿勢パラメータの速度成分を角速度ベクトルとしたときの，6自由度マニピュレータのヤコビ行列の幾何的な求め方を示す．

求めたいヤコビ行列の縦ベクトルを$\boldsymbol{j}_1$～$\boldsymbol{j}_6$とし，式(2.64)を再度書き直すと

$$
\dot{\boldsymbol{x}}=\boldsymbol{J}\dot{\boldsymbol{q}}=[\boldsymbol{j}_1 \quad \boldsymbol{j}_2 \quad \boldsymbol{j}_3 \quad \boldsymbol{j}_4 \quad \boldsymbol{j}_5 \quad \boldsymbol{j}_6]\dot{\boldsymbol{q}}=\dot{q}_1\boldsymbol{j}_1+\dot{q}_2\boldsymbol{j}_2+\dot{q}_3\boldsymbol{j}_3+\dot{q}_4\boldsymbol{j}_4+\dot{q}_5\boldsymbol{j}_5+\dot{q}_6\boldsymbol{j}_6 \quad (2.72)
$$

が得られる．ただし$\boldsymbol{j}_i$はヤコビ行列のi列目の縦ベクトルである．この式を見ると，たとえば根元の関節が速度$\dot{q}_1$で回転したとき，それに応じて発生する手先の移動速度$\dot{\boldsymbol{x}}_1$は，右辺第1成分のみに起因し

$$
\dot{\boldsymbol{x}}_1=\begin{bmatrix}\dot{x}_1\\ \dot{y}_1\\ \dot{z}_1\\ \omega_x\\ \omega_y\\ \omega_z\end{bmatrix}=\dot{q}_1\boldsymbol{j}_1=\begin{bmatrix}j_{11}\dot{q}_1\\ j_{21}\dot{q}_1\\ j_{31}\dot{q}_1\\ j_{41}\dot{q}_1\\ j_{51}\dot{q}_1\\ j_{61}\dot{q}_1\end{bmatrix} \quad (2.73)
$$

となる．式(2.72)の右辺の第2項から第6項は$\dot{\boldsymbol{x}}_1$とは無関係である．そこで，根元の関節だけが速度$\dot{q}_1$で回転したときの手先の位置・姿勢の発生速度を求めれば，速度を表す式の$\dot{q}_1$の係数として，$\boldsymbol{j}_1$の各成分が求まる．同様に，2番目から6番目までの関節がそれぞれ単独に運動したときに手先が発生する速度を求め，同様の計算により$\boldsymbol{j}_2$～$\boldsymbol{j}_6$を求めていくことで，ヤコビ行列のすべての成分を求めることができる．

では，それぞれの関節がある回転速度で動いたときに手先に発生する速度，角速度を求めてみよう．図2.36は，第i関節が回転関節の場合の図である．第i関節の関節軸はΣ_iのz軸で，その位置は第iリンク座標系原点である．これらをそれぞれ$\boldsymbol{z}_i$，$\boldsymbol{a}_i$とおくと，これらは，同次変換行列を根元からi番目まで掛け合わせた結果得られる行列から簡単に得ることができる．式で表すと

$$
{}^{\mathrm{w}}\boldsymbol{T}_i = \begin{bmatrix} \boldsymbol{x}_i & \boldsymbol{y}_i & \boldsymbol{z}_i & \boldsymbol{a}_i \\ 0 & 0 & 0 & 1 \end{bmatrix} = {}^{\mathrm{w}}\boldsymbol{T}_1\,{}^{1}\boldsymbol{T}_2 \cdots {}^{i-1}\boldsymbol{T}_i \tag{2.74}
$$

となる．よって，右辺の計算結果から得られる行列の，3列目と4列目の上から3成分が$\boldsymbol{z}_i$と$\boldsymbol{a}_i$にあたる．

さて，残りの関節は動かないまま第i関節だけが回転すると，マニピュレータの第i関節から先端側は，1つの剛体とみなすことができる．よって，手先は図2.36のように，$\boldsymbol{z}_i$回りの回転方向に運動する．このときの手先の並進速度ベクトルを$\boldsymbol{v}_i$とすると，

$$
\boldsymbol{v}_i = \dot{q}_i \boldsymbol{z}_i \times (\boldsymbol{a}_{\mathrm{h}} - \boldsymbol{a}_i) \tag{2.75}
$$

となる．ただし，$\boldsymbol{a}_{\mathrm{h}}$は手先位置ベクトルを表す(☞ 1.2 これがベクトルの外積だ)．

回転に関しても，第i関節から先端側の点はすべて同一の剛体上にあることから，どの点でも同じ回転角速度が発生していることになる．よって，回転軸で発生する角速度がそのまま手先に伝わる．したがって，第i関節の回転により，手先には

$$
\boldsymbol{\omega}_i = \dot{q}_i \boldsymbol{z}_i \tag{2.76}
$$

の角速度ベクトルが発生する．式(2.75)，(2.76)をまとめると，第i関節の回転により，手先には

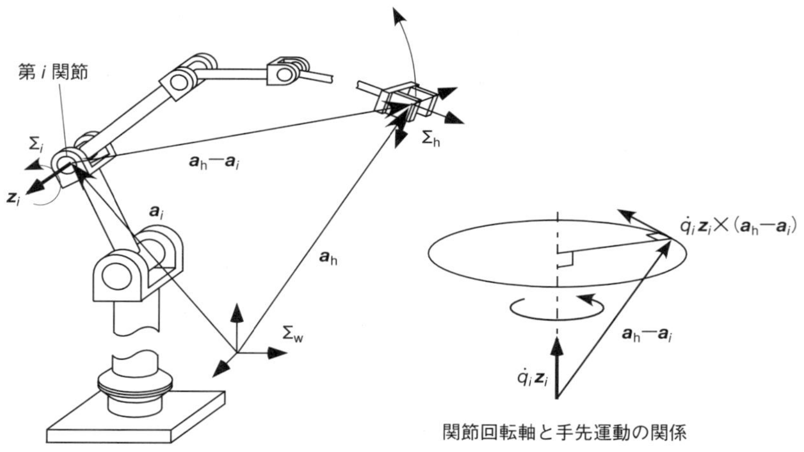

図2.36 関節の回転と手先の動き

$$\dot{\boldsymbol{x}}_i = \begin{bmatrix} \boldsymbol{v}_i \\ \omega_i \end{bmatrix} = \begin{bmatrix} \boldsymbol{z}_i \times (\boldsymbol{a}_{\mathrm{h}} - \boldsymbol{a}_i) \\ \boldsymbol{z}_i \end{bmatrix} \dot{q}_i \tag{2.77}$$

で表される速度，角速度が発生することがわかる．さらに式(2.77)より

$$\dot{\boldsymbol{x}}_i = \boldsymbol{j}_i \dot{q}_i$$

ただし，

$$\boldsymbol{j}_i = \begin{bmatrix} \boldsymbol{z}_i \times (\boldsymbol{a}_{\mathrm{h}} - \boldsymbol{a}_i) \\ \boldsymbol{z}_i \end{bmatrix} \tag{2.78}$$

となるので，これよりヤコビ行列の第i列成分が求まった．もし，関節が直動関節の場合には，手先は関節の直動方向に平行移動するだけで，回転は行わない．よって

$$\boldsymbol{v}_i = \dot{q}_i \boldsymbol{z}_i$$

$$\boldsymbol{\omega}_i = \boldsymbol{0}$$

となる．したがって，直動関節に対するヤコビ行列の縦成分は

$$\boldsymbol{j}_i = \begin{bmatrix} \boldsymbol{z}_i \\ \boldsymbol{0} \end{bmatrix} \tag{2.79}$$

と求まる．以上で得られた$\boldsymbol{j}_1 \sim \boldsymbol{j}_6$を並べて

$$\boldsymbol{J} = [\boldsymbol{j}_1 \quad \boldsymbol{j}_2 \quad \boldsymbol{j}_3 \quad \boldsymbol{j}_4 \quad \boldsymbol{j}_5 \quad \boldsymbol{j}_6] \tag{2.80}$$

とすることで，ヤコビ行列を得ることができる．

2.8.5　ヤコビ行列と静力学

ヤコビ行列は関節の微小回転角度と手先の微小移動量の関係を表す行列である．しかしヤコビ行列が表すのはそれだけではない．ヤコビ行列の転置行列を用いることで，関節のモータが発生する力やトルクと，その結果手先で発生する力の関係も表すことができる．この関係をロボットが行う仕事から求めてみよう．

図2.37(a)のように，ロボットの手先がある物体をFの力で押しながら，距離Δxだけ動いたとしよう．ただし，動きは慣性力が無視できるほど非常にゆっくりであるとしよう．このときに手先が行った仕事は，Fの力で距離Δxだけ動いたのであるから

$$P = F\Delta x \tag{2.81}$$

である．また，手先が図2.37(b)のようにトルクTを出しながら$\Delta\theta$だけ回転したとすると，この場合に手先がした仕事は

$$P = T\Delta\theta \tag{2.82}$$

さて，ハンドが今いる場所からx，y，z方向にそれぞれ力f_{x}，f_{y}，f_{z}を出しながらΔx，Δy，Δzだけ並進し，さらに，x，y，z軸回りにトルクt_{x}，t_{y}，t_{z}を出しながら$\Delta\phi$，$\Delta\theta$，$\Delta\psi$だけ回転を行ったとする．ただし，先ほどと同じように動きは非常にゆっくりとする．さて，この結果ハンドが行う仕事は，以上を合計すると

$$P = f_x \Delta x + f_y \Delta y + f_z \Delta z + t_x \Delta\phi + t_y \Delta\theta + t_z \Delta\psi = \boldsymbol{F}^{\mathrm{T}} \Delta \boldsymbol{x} \tag{2.83}$$

となる．ただし，

$$\boldsymbol{F} = [f_x \quad f_y \quad f_z \quad t_x \quad t_y \quad t_z]^{\mathrm{T}}$$

とする．今度は力も移動量もともにベクトルなので，力ベクトルと移動量ベクトル

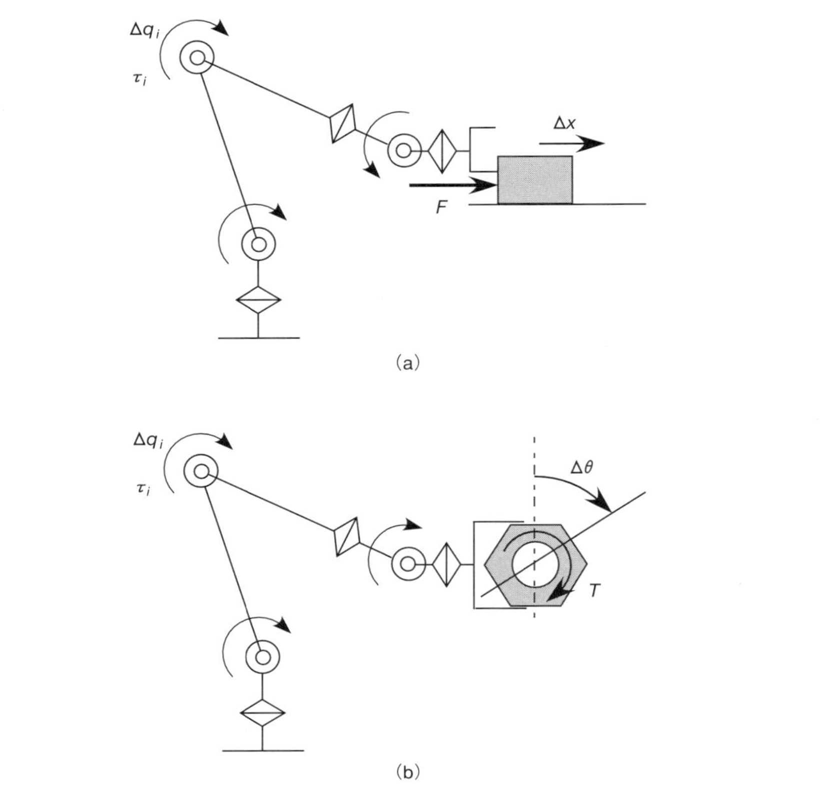

図2.37 ロボット動作と仕事

の内積が仕事となっている．一方，これはマニピュレータの各関節がトルクあるいは力 τ_i を出しながら微小変位 Δq_i を行った結果とも考えることができる．よって，この仕事は

$$P = \tau_1 \Delta q_1 + \tau_2 \Delta q_2 + \tau_3 \Delta q_3 + \tau_4 \Delta q_4 + \tau_5 \Delta q_5 + \tau_6 \Delta q_6 = \boldsymbol{\tau}^{\mathrm{T}} \Delta \boldsymbol{q} \tag{2.84}$$

とも書けるはずである．ただし，

$$\boldsymbol{\tau} = [\tau_1 \quad \tau_2 \quad \tau_3 \quad \tau_4 \quad \tau_5 \quad \tau_6]^{\mathrm{T}}$$

とする．

式(2.83)と式(2.84)で表される仕事は同じなので，

$$\boldsymbol{F}^{\mathrm{T}} \Delta \boldsymbol{x} = \boldsymbol{\tau}^{\mathrm{T}} \Delta \boldsymbol{q} \tag{2.85}$$

が成り立つ．ここで，$\Delta \boldsymbol{x}$ と $\Delta \boldsymbol{q}$ はそれぞれ微小量であるから，ヤコビ行列を用いて

$$\Delta \boldsymbol{x} = \boldsymbol{J} \Delta \boldsymbol{q} \tag{2.86}$$

の関係が成り立っている．式(2.86)の右辺を式(2.85)の左辺に代入すると

$$\boldsymbol{F}^{\mathrm{T}} \boldsymbol{J} \Delta \boldsymbol{q} = \boldsymbol{\tau}^{\mathrm{T}} \Delta \boldsymbol{q} \tag{2.87}$$

$$\therefore (\boldsymbol{F}^{\mathrm{T}} \boldsymbol{J} - \boldsymbol{\tau}^{\mathrm{T}}) \Delta \boldsymbol{q} = 0$$

が得られる．式(2.87)はどの方向の移動 $\Delta \boldsymbol{x}$，つまり $\Delta \boldsymbol{q}$ に対しても成り立たなくてはならないので，$\Delta \boldsymbol{q}$ の係数ベクトルは $\boldsymbol{0}$ でなければならない．よって

$$\boldsymbol{F}^{\mathrm{T}} \boldsymbol{J} - \boldsymbol{\tau}^{\mathrm{T}} = \boldsymbol{0}$$

$$\therefore \boldsymbol{F}^{\mathrm{T}} \boldsymbol{J} = \boldsymbol{\tau}^{\mathrm{T}} \tag{2.88}$$

式(2.88)の両辺の転置をとると

$$J^{\mathrm{T}}F = \tau \tag{2.89}$$

が得られる．つまり，手先で$\boldsymbol{F}$の力を出すには，式(2.89)で計算される$\boldsymbol{\tau}$を関節で発生すればよいことがわかった．この式が力制御の基本である．また，式(2.89)は，マニピュレータが2.9節に示す冗長自由度をもっている場合でも，静力学的には手先の目標力を出すためのトルクに冗長性が存在しないことを示している．

2.8.6 ヤコビ行列と可操作性

ヤコビ行列を解析すると，ある姿勢のマニピュレータがどの方向に動きやすいか，どの方向に力を出しやすいか，といったことも知ることができる．この動きやすさを表す指標として，ロボット工学では可操作性という概念が提案されている．

マニピュレータの関節を半径1の単位球の内部で自由に動かしてみよう．図2.38にイメージ図を示す．このときに手先がどのような範囲を動くかを調べることにより，手先が動きやすい方向がわかる．単位球は

$$\Delta q_1{}^2 + \Delta q_2{}^2 + \Delta q_3{}^2 + \Delta q_4{}^2 + \Delta q_5{}^2 + \Delta q_6{}^2 = \Delta \boldsymbol{q}^{\mathrm{T}} \Delta \boldsymbol{q} = 1 \tag{2.90}$$

で表される．式(2.86)を使って，式(2.90)を$\Delta \boldsymbol{x}$で書き直すと

$$(\boldsymbol{J}^{-1}\Delta \boldsymbol{x})^{\mathrm{T}} \boldsymbol{J}^{-1} \Delta \boldsymbol{x} = \Delta \boldsymbol{x}^{\mathrm{T}} \boldsymbol{J}^{-\mathrm{T}} \boldsymbol{J}^{-1} \Delta \boldsymbol{x} = \Delta \boldsymbol{x}^{\mathrm{T}} (\boldsymbol{J}\boldsymbol{J}^{\mathrm{T}})^{-1} \Delta \boldsymbol{x} = 1 \tag{2.91}$$

となる．式(2.91)の$\Delta \boldsymbol{x}$にはさまれた中央の行列は，ヤコビ行列とその転置行列を掛け合わせた行列の逆行列となっている．以下に示す線形代数の知識を利用して，式(2.91)の表す$\Delta \boldsymbol{x}$の範囲をわかりやすく表現することを試みる．

①ある行列とその転置行列を掛け合わせると，その結果得られる行列は，ちょうど行列の左上から右下に向かう対角線をはさんで，成分が対称になっている．このような行列を対称行列という(☞ 1.1 これがロボットのための線形代数だ)．そして，対称行列の逆行列もまた対称行列となる．

②成分がすべて実数の対称行列(実対称行列)は実数の固有値をもち，固有ベクトルはすべてお互いに直交する．

③ある行列とその転置行列を掛け合わせてできる行列の固有値は，すべて0以上の値をもつ．掛け合わせる行列が正方行列の場合には，得られた行列の固有値はすべてもとの行列の特異値の2乗となる(☞ 1.5 これが特異値だ)．

④ある行列の逆行列の固有ベクトルはもとの行列の固有ベクトルと同じであり，各固有ベクトル方向の固有値は，もとの行列の固有値の逆数となる．

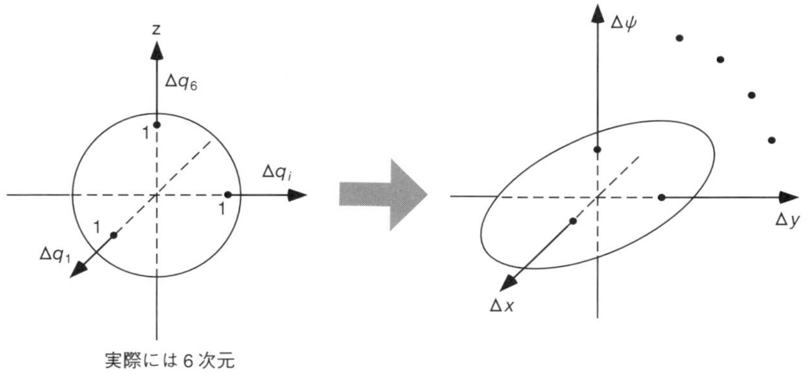

図2.38 関節角の微小動作と手先微小動作の関係

さて，①より$(\boldsymbol{J}\boldsymbol{J}^{\mathrm{T}})^{-1}$は実対称行列となるので，②より6つの固有ベクトルはお互いに直交する．そこで，固有ベクトルの長さをすべて1にして，これらを横に並べた行列$\boldsymbol{T}$をつくる．

$$\boldsymbol{T}=[\boldsymbol{v}_1 \quad \boldsymbol{v}_2 \quad \boldsymbol{v}_3 \quad \boldsymbol{v}_4 \quad \boldsymbol{v}_5 \quad \boldsymbol{v}_6]$$

このように，すべての縦ベクトルの長さが1で，お互いに直交している行列を直交行列という（☞ 1.1 これがロボットのための線形代数だ）．すると，この行列$\boldsymbol{T}$を用いて，

$$\boldsymbol{T}^{-1}(\boldsymbol{J}\boldsymbol{J}^{\mathrm{T}})^{-1}\boldsymbol{T}=\begin{bmatrix} \frac{1}{\sigma_1{}^2} & 0 & \cdots & 0 \\ 0 & \frac{1}{\sigma_2{}^2} & \ddots & \vdots \\ \vdots & \ddots & \ddots & 0 \\ 0 & \cdots & 0 & \frac{1}{\sigma_6{}^2} \end{bmatrix} \tag{2.92}$$

とすることができる（☞ 1.1 これがロボットのための線形代数だ）．ただし，σ_1～σ_6はヤコビ行列$\boldsymbol{J}$の特異値である．行列$\boldsymbol{J}\boldsymbol{J}^{\mathrm{T}}$の固有値は③より$\boldsymbol{J}$の特異値の2乗となるので，$\sigma_1{}^2$～$\sigma_6{}^2$となる．さらに，その逆行列$(\boldsymbol{J}\boldsymbol{J}^{\mathrm{T}})^{-1}$の固有値は，④より式(2.92)の右辺対角成分のように$\sigma_1{}^2$～$\sigma_6{}^2$の逆数となる．

この関係を利用して，$\Delta\boldsymbol{x}$の範囲をよりわかりやすくする工夫をしてみよう．まず，$\Delta\boldsymbol{x}$と式(2.93)の関係にある新たな変数ベクトル$\boldsymbol{z}$を導入する．

$$\Delta\boldsymbol{x}=\boldsymbol{T}\boldsymbol{z} \tag{2.93}$$

この$\Delta\boldsymbol{x}$から$\boldsymbol{z}$への変換は次のような意味をもつ．図2.39に示すように，$\Delta\boldsymbol{x}$の空間の中に，座標軸がそれぞれ固有ベクトル方向を向いた新たな直交座標系を設定しなおし，その座標系で$\Delta\boldsymbol{x}$の成分を表しなおしたときの座標値が$\boldsymbol{z}$である．式(2.91)の$\Delta\boldsymbol{x}$をこの$\boldsymbol{z}$で置き換えてみる．

$$\Delta\boldsymbol{x}^{\mathrm{T}}(\boldsymbol{J}\boldsymbol{J}^{\mathrm{T}})^{-1}\Delta\boldsymbol{x}=(\boldsymbol{T}\boldsymbol{z})^{\mathrm{T}}(\boldsymbol{J}\boldsymbol{J}^{\mathrm{T}})^{-1}\boldsymbol{T}\boldsymbol{z}=\boldsymbol{z}^{\mathrm{T}}\boldsymbol{T}^{\mathrm{T}}(\boldsymbol{J}\boldsymbol{J}^{\mathrm{T}})^{-1}\boldsymbol{T}\boldsymbol{z}=1 \tag{2.94}$$

ここで，$\boldsymbol{T}$は直交行列なので，その逆行列は転置行列と同じものとなる*．すなわち

$$\boldsymbol{T}^{\mathrm{T}}=\boldsymbol{T}^{-1}$$

となる．これを式(2.94)に代入し，式(2.92)を用いると

$$\boldsymbol{z}^{\mathrm{T}}\boldsymbol{T}^{\mathrm{T}}(\boldsymbol{J}\boldsymbol{J}^{\mathrm{T}})^{-1}\boldsymbol{T}\boldsymbol{z}=\boldsymbol{z}^{\mathrm{T}}\boldsymbol{T}^{-1}(\boldsymbol{J}\boldsymbol{J}^{\mathrm{T}})^{-1}\boldsymbol{T}\boldsymbol{z}=\boldsymbol{z}^{\mathrm{T}}\begin{bmatrix} \frac{1}{\sigma_1{}^2} & 0 & \cdots & 0 \\ 0 & \frac{1}{\sigma_2{}^2} & \ddots & \vdots \\ \vdots & \ddots & \ddots & 0 \\ 0 & \cdots & 0 & \frac{1}{\sigma_6{}^2} \end{bmatrix}\boldsymbol{z} \tag{2.95}$$

$$=\frac{z_1{}^2}{\sigma_1{}^2}+\frac{z_2{}^2}{\sigma_2{}^2}+\cdots+\frac{z_6{}^2}{\sigma_6{}^2}=1$$

が得られる．式(2.95)は6次元空間における楕円体の式を表している．ただし6次元空間は頭の中でイメージできないので湯たんぽの形を想像しておけばよい．$\Delta\boldsymbol{x}$の座標軸からは傾いた，固有ベクトル方向を軸にもつ$\boldsymbol{z}$の座標系からこの湯たんぽを見ると，式(2.95)で表される手先の動く範囲は，座標軸を主軸とした楕円体として表されたことになる．また，それぞれの固有ベクトル$\boldsymbol{v}_i$方向の切片は$|\sigma_i|$となっている．

* $\boldsymbol{T}^{\mathrm{T}}\boldsymbol{T}=\boldsymbol{I}$より導くことができる．

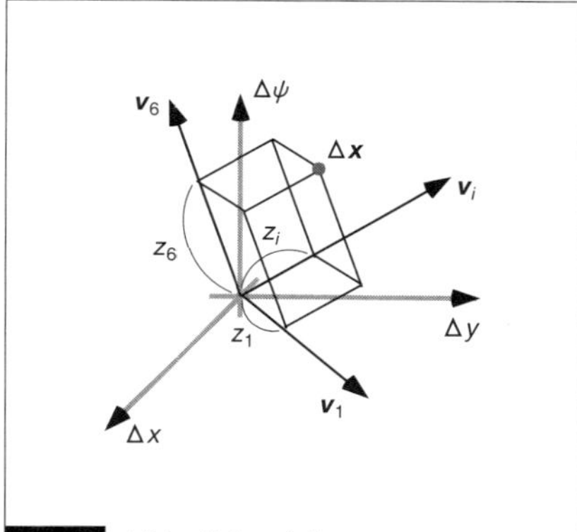

図2.39 座標の基底の変換

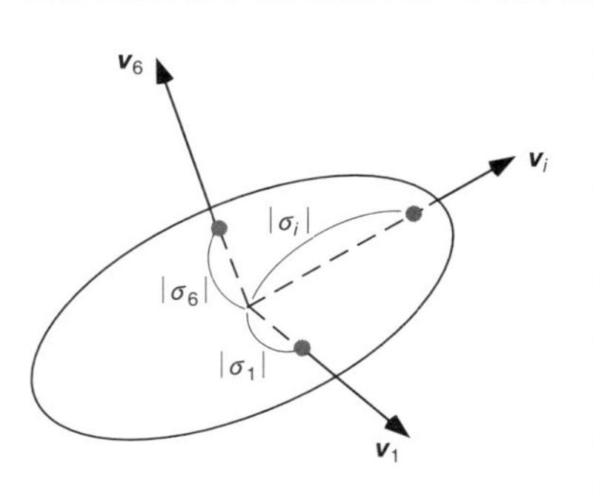

図2.40 可操作性楕円体と固有値・固有ベクトルの関係

これを図に示すと図2.40となる．つまり，$\boldsymbol{JJ}^{\mathrm{T}}$の固有値の絶対値が大きな固有ベクトル方向には動きやすく，小さな方向には動きにくいことがわかる．この楕円体を可操作性楕円体と呼び，また，この楕円体の体積に比例した量を可操作度と呼ぶ．6自由度マニピュレータの場合には，可操作度は$\boldsymbol{J}$の6つの固有値をすべて掛け合わせた値，すなわち$V = |\det(\boldsymbol{J})|$で計算される．また一般的には

$$V = \sqrt{\det(\boldsymbol{JJ}^{\mathrm{T}})}$$

である．この値はマニピュレータの動きやすさとともに，次に説明する特異姿勢からの遠さの指標として利用されることが多い．特異姿勢ではこの値が0となるからである．ちなみに，マニピュレータが2次元の場合には，楕円体は楕円となり，体積は面積となる．

可操作度を利用するうえで注意すべき点がある．6次元空間の基底となるパラメータは，x，y，z方向の並進3成分と，姿勢パラメータの角速度3成分である．これら6つの変数の物理的な次元は同じではない．つまり，6次元空間におけるベクトルの長さが1といっても，その方向によって意味が異なる．たとえばx軸方向の1という長さは1 m/sを意味するが，角速度軸方向の1は1 rad/sを意味する．このため，ベクトルの長さのみに着目して体積を求めても，物理的に適切な意味合いをもつかは必ずしも明確ではない．

2.8.7 マニピュレータの特異姿勢

マニピュレータにさまざまな姿勢をとらせ，それぞれの姿勢における可操作性楕円体を書いてみると，楕円体の形や大きさは，それぞれの姿勢において一般には異なったものとなる．式(2.95)で説明したように，楕円の主軸の長さは$(\boldsymbol{JJ}^{\mathrm{T}})^{-1}$の固有値に表れる特異値の絶対値である．つまり，主軸方向への動きやすさは，その方向に対応した特異値の絶対値の大きさに比例する．そして，もし特異値が**0**となる主軸方向が存在すると，もはやその方向には動くことができなくなる．つまり，本来関節数は足りているにもかかわらず，特定の方向に動けなくなってしまうのである．このような姿勢を特異姿勢と呼ぶ(☞本書姉妹編p.54)．マニピュレータが特異姿勢になっていなくとも，その近くにくるだけで危険な状態となる．特異姿勢の近くでは，特異値が0に近い値となっている方向が存在する．そして，その方向に手先の速度指令が与えられていると，それを実現するために必要な関節角速度が非常に大

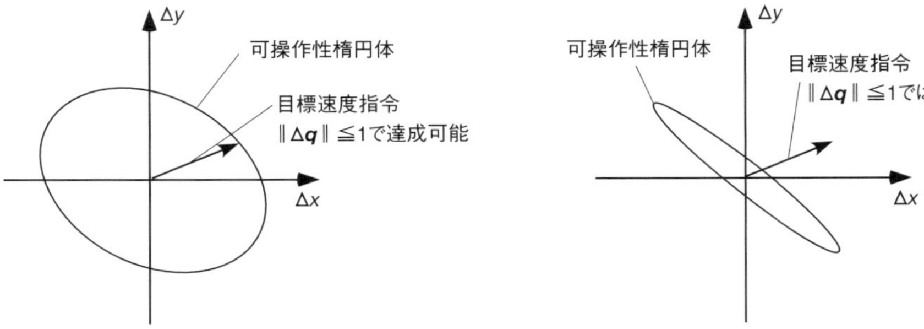

(a) 特異点から遠い場合　　(b) 特異点近傍

図2.41 速度指令と可操作性楕円体の関係

きくなる(図2.41)．このため，特異姿勢近傍であることに気づかずに手先に移動の指令を与えてしまうと，関節角動作が予想を超えて大きくなってしまうのである．

特異姿勢は，ヤコビ行列の固有値に0が存在する状態でもある．よってこれを見分けるには，ヤコビ行列の行列式を調べればよい．行列式はすべての固有値の積となっているので，固有値の中に1つでも0があると行列式の値も0となるからである．ヤコビ行列の各成分は関節角の関数となるので，行列式が0となる関節角を計算で求めることができれば，マニピュレータの特異姿勢を求めることができる．

2.8.8 操作力楕円体

次に，マニピュレータの力の出しやすさについても調べてみよう．動きやすさを調べる際，式(2.90)で用いた微小移動量の単位円と同じように，今度はマニピュレータの各関節の発生力・トルクの2乗和を1とするとき，手先で発生できる力の方向と大きさを求めてみる．発生力・トルクの範囲は

$$\boldsymbol{\tau}^{\mathrm{T}}\boldsymbol{\tau}=1 \tag{2.96}$$

で表される．式(2.89)を使って，式(2.96)を$\boldsymbol{F}$で書き直すと

$$(\boldsymbol{J}^{\mathrm{T}}\boldsymbol{F})^{\mathrm{T}}\boldsymbol{J}^{\mathrm{T}}\boldsymbol{F}=\boldsymbol{F}^{\mathrm{T}}(\boldsymbol{J}\boldsymbol{J}^{\mathrm{T}})\boldsymbol{F}=1 \tag{2.97}$$

となる．今度は式(2.94)と異なり，$\boldsymbol{F}$ではさまれた中央の行列が逆行列となっていない．しかし，$(\boldsymbol{J}\boldsymbol{J}^{\mathrm{T}})^{-1}$とは逆行列の関係となっているので，対角化のための座標変換行列$\boldsymbol{T}$は同じものが利用できる．よって，

$$\boldsymbol{F}=\boldsymbol{T}\boldsymbol{z}$$

とすると，式(2.95)と同じように，式(2.98)が求まる．

$$\boldsymbol{z}^{\mathrm{T}}\boldsymbol{T}^{\mathrm{T}}\boldsymbol{J}\boldsymbol{J}^{\mathrm{T}}\boldsymbol{T}\boldsymbol{z}=\boldsymbol{z}^{\mathrm{T}}\begin{bmatrix}\sigma_1^{\ 2} & 0 & \cdots & 0\\ 0 & \sigma_2^{\ 2} & \ddots & \vdots\\ \vdots & \ddots & \ddots & 0\\ 0 & \cdots & 0 & \sigma_6^{\ 2}\end{bmatrix}\boldsymbol{z}=\sigma_1^{\ 2}z_1^{\ 2}+\sigma_2^{\ 2}z_2^{\ 2}+\cdots+\sigma_6^{\ 2}z_6^{\ 2}=1 \tag{2.98}$$

式(2.98)も式(2.95)の楕円体と同じ主軸をもつ楕円体である．ただし，主軸方向の長さがちょうど逆数となっている．式(2.95)では，σ_iが大きい方向に楕円は長く伸びていたが，式(2.98)では，σ_iが大きい方向の主軸の長さは$1/\sigma_i$と短くなる．つま

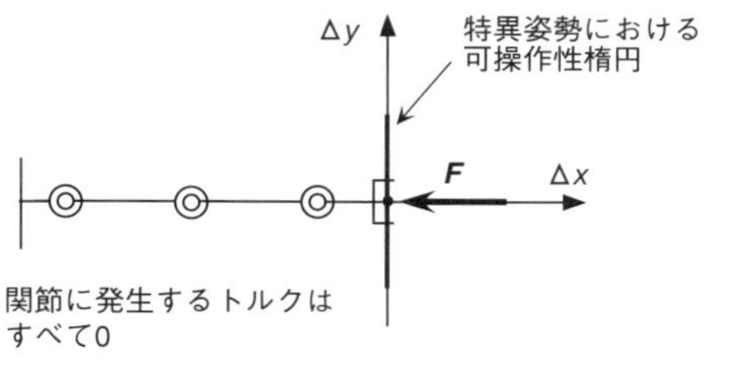

図2.42 特異姿勢における操作力

り，動きやすさと力の出しやすさは反比例の関係にあることがわかる．この楕円体を操作力楕円体と呼ぶ．

マニピュレータが特異姿勢に近づくと，式(2.95)の$\boldsymbol{z}$を主軸とした可操作性楕円体は形がつぶれて，その方向の主軸長さが0となる．一方，このときの操作力楕円体は，その方向の主軸の長さが無限大となる．つまり，特異姿勢においては，マニピュレータはある方向に無限の力を出せることになる．この現象を図2.42を使って説明する．図2.42は3関節マニピュレータの腕が一直線上となった姿勢である．可操作性楕円のΔx方向の主軸の長さが0となっており，操作力楕円はΔx方向に無限の長さの主軸をもつことになる．この状態で手先のx方向に外力をかけると，どの関節のアクチュエータにもトルクは伝わらず，単に関節軸が横から押されるだけとなる．つまり，無限の力を出せるというよりは，「どんなに大きな力がかかっても，アクチュエータには伝達されなくなる」と考えるとよい．腕立て伏せをするときに腕を伸ばした状態では腕が楽なのは，腕がこの特異姿勢となるからである．腕の構造を単純化して考えると，腕が伸びきった姿勢では腕を曲げ伸ばしする筋肉には負担がかからないのである．

2.9　冗長自由度マニピュレータ

目的の作業に必要な関節数よりも多くの関節をもつ冗長自由度マニピュレータについて紹介しよう．冗長とは，「よけいな」「無駄な」といった意味合いをもつ．一方，この一見無駄な関節をあえてマニピュレータに与え，それを有効活用することで，マニピュレータの性能を高めようというのが冗長自由度マニピュレータの考え方である．

たとえば，3次元空間内で，マニピュレータの手先位置・姿勢を少しだけ動かしたいとしよう．このために必要なマニピュレータの関節数は6である．ただし，マニピュレータの姿勢が特異姿勢の近くでは，動かすべき手先の距離が少しであっても，関節を大きく動かす必要のある場合がある．このような場合に関節がもし7つあれば，同じ手先の動きであっても関節の動きははるかに小さくてすむ可能性が高い．ほかにも，冗長自由度マニピュレータは手先をいっさい動かすことなく，腕の姿勢のみを変化させることができる．これにより，目標どおりに手先を動かしながら腕の動作領域に存在する障害物の回避を行うことができる．あるいは，冗長な動作を利用することで，手先の位置・姿勢を変えずに2.8.6項で示した可操作度や2.8.8項で示した操作力楕円体を大きくできる可能性があるので，特異姿勢を避けることができ，より大きな力を手先で発生することができる．

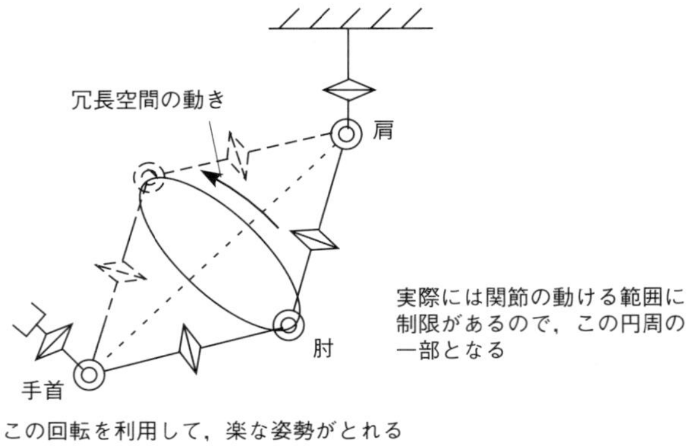

図2.43 人間の腕の構造と等価な7自由度マニピュレータ

ちなみに，人間の腕も，図2.43に示すように，肩から手首の間に7つの回転関節をもった冗長自由度をもつ構造となっている．これにより，たとえばドアノブを楽な腕の姿勢でつかむことができるのである．

2.9.1 冗長マニピュレータの基本動作

冗長自由度マニピュレータを動かすには一工夫しなくてはならない．なぜなら，手先の動かし方のみを指定しても，それを実現できる関節動作は無数に存在するため，その中でどれを選ぶかもいっしょに決めておかなくてはならないからである．このような動かし方の中からもっともよく利用される基本動作が，最小ノルム解と呼ばれるものである．最小ノルム解とは，手先を$\Delta\boldsymbol{x}$だけ微小動作させるとき，それを実現する関節の微小変位$\Delta\boldsymbol{q}$の中で，その成分の2乗和がもっとも小さくてすむ動かし方を指す．

マニピュレータが冗長な場合にも，式(2.63)と同様，手先微小移動と関節角の微小変位の関係はヤコビ行列を利用して

$$\Delta\boldsymbol{x} = \boldsymbol{J}\Delta\boldsymbol{q} \tag{2.99}$$

と書ける．もし，動かしたい手先の自由度と関節の数が同じであれば，$\boldsymbol{J}$は正方行列となるので，特異姿勢になければ$\boldsymbol{J}$の逆行列を両辺に掛けることで，$\Delta\boldsymbol{x}$を実現するための$\Delta\boldsymbol{q}$が一意に求まる．しかし，冗長自由度では$\boldsymbol{J}$が正方行列ではないため，逆行列が存在しない．そこで一般に用いられるのが擬似逆行列と呼ばれる行列である．$\boldsymbol{J}^+$と書くことが多い（☞ 1.4 これが擬似逆行列だ）．

$\boldsymbol{J}^+$は，冗長自由度マニピュレータが最低6自由度方向に動ける姿勢においては

$$\boldsymbol{J}^+ = \boldsymbol{J}^{\mathrm{T}}(\boldsymbol{J}\boldsymbol{J}^{\mathrm{T}})^{-1} \tag{2.100}$$

となる*．

このJ⁺を逆行列と見立て

$$\Delta\boldsymbol{q} = \boldsymbol{J}^+\Delta\boldsymbol{x} \tag{2.101}$$

とすると，これによって得られた$\Delta\boldsymbol{q}$が，$\Delta\boldsymbol{x}$を実現するあらゆる関節角動作の中で，関節変位の2乗和がもっとも小さくなる動作となっているのである．つまり，

$$\Delta q_1^{\,2}+\Delta q_2^{\,2}+\Delta q_3^{\,2}+\Delta q_4^{\,2}+\Delta q_5^{\,2}+\Delta q_6^{\,2} \rightarrow \min$$

となっており，一番少ない動きで手先の目標動作を実現することができる．このような解を，最小ノルム解という．

* 冗長自由度マニピュレータといえども，あまりに変な姿勢をとらせると，動けない方向がたくさんできてしまい，もはやもともと要求された動きもできなくなってしまう．その場合にはこの式は使えない．

このの$\boldsymbol{J}^+$は，

$$\begin{aligned}&\boldsymbol{J}=\boldsymbol{J}^+\boldsymbol{J}\boldsymbol{J}^+\\&\boldsymbol{J}^+=\boldsymbol{J}\boldsymbol{J}^+\boldsymbol{J}\\&(\boldsymbol{J}\boldsymbol{J}^+)^{\mathrm{T}}=\boldsymbol{J}\boldsymbol{J}^+\\&(\boldsymbol{J}^+\boldsymbol{J})^{\mathrm{T}}=\boldsymbol{J}^+\boldsymbol{J}\end{aligned} \tag{2.102}$$

を満たす行列として定義される．これより，手先を動かさずに実現できる関節角動作を求めることができる．この動作は

$$\Delta\boldsymbol{q}=(\boldsymbol{I}-\boldsymbol{J}^+\boldsymbol{J})\Delta\boldsymbol{q}_{\mathrm{a}} \tag{2.103}$$

と表すことができる．ただし右辺の$\Delta\boldsymbol{q}_{\mathrm{a}}$は任意の関節角動作を表す．任意の動作に$(\boldsymbol{I}-\boldsymbol{J}^+\boldsymbol{J})$という行列を掛けてやると，手先を動かさない関節角動作成分が抜き出されるのである．式(2.103)で計算される$\Delta\boldsymbol{q}$が実際に手先でどんな動きになるかは$\boldsymbol{J}$を掛ければわかる．

$$\Delta\boldsymbol{x}=\boldsymbol{J}\Delta\boldsymbol{q}=\boldsymbol{J}(\boldsymbol{I}-\boldsymbol{J}^+\boldsymbol{J})\Delta\boldsymbol{q}_{\mathrm{a}}=(\boldsymbol{J}-\boldsymbol{J}\boldsymbol{J}^+\boldsymbol{J})\Delta\boldsymbol{q}_{\mathrm{a}}=\boldsymbol{0} \tag{2.104}$$

式(2.104)からわかるように，手先の動きが0であることが確認できる．

なお，式(2.103)で求まる手先を動かさない関節動作方向は，その瞬間の姿勢でしか成り立たないため，マニピュレータの姿勢の変化とともに，絶えずヤコビ行列を更新していく必要がある．一方，ヤコビ行列を求めなくても，運動学計算式の$\boldsymbol{x}$に位置決めしたい手先の位置・姿勢を代入し，非線形連立方程式を立てることで，手先を動かさずに実現できる関節角の関係式を求めることができる．この関係式を満たす関節角の組みは，たとえば7自由度マニピュレータで6自由度を制御する場合には曲線を描いており，関節角の値がこの曲線上を動くかぎり，マニピュレータの手先は動かない．このように，手先を動かさない関節動作をマニピュレータのセルフモーションという．式(2.104)で求まる関節角動作はある瞬間でのセルフモーションとなる．

2.9.2 直交射影行列

さて，式(2.103)で表される空間のメカニズムを少し詳しく説明しよう．射影行列の知識が必要となる．射影とは図2.44に示すように影を投影することである．投影したい面に垂直に光を当てて影を落とすことを直交射影と呼ぶ．図2.44(a)では，3次元空間のベクトルをxy平面に映し出している．この結果得られるベクトルはもと

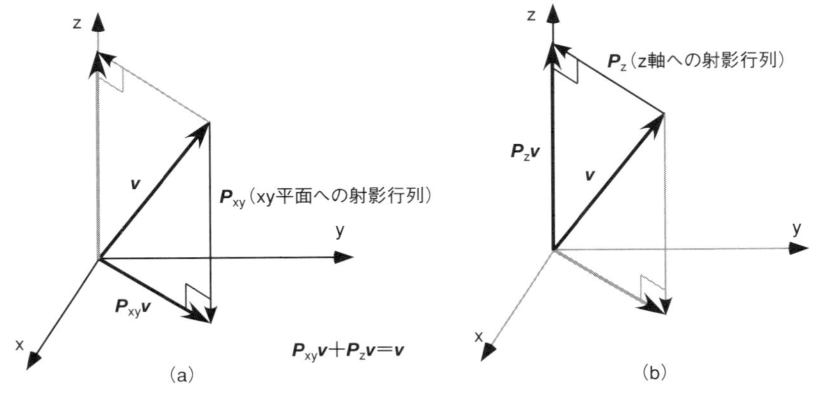

図2.44 直交射影行列の例

のベクトルのうち，xy成分だけをもったものであり，射影行列$\boldsymbol{P}_{\mathrm{xy}}$は

$$\boldsymbol{P}_{\mathrm{xy}} = \begin{bmatrix} 1 & 0 & 0 \\ 0 & 1 & 0 \\ 0 & 0 & 0 \end{bmatrix} \tag{2.105}$$

となる．あるベクトルをxy平面にいったん投影すると，あとはそのベクトルに何回同じ射影行列を掛けても変化しない．よって

$$\begin{aligned} &\boldsymbol{P}_{\mathrm{xy}}\boldsymbol{v} = \boldsymbol{P}_{\mathrm{xy}}(\boldsymbol{P}_{\mathrm{xy}}\boldsymbol{v}) \\ &\therefore \boldsymbol{P}_{\mathrm{xy}}{}^2 = \boldsymbol{P}_{\mathrm{xy}} \end{aligned} \tag{2.106}$$

が成り立つ．このように2乗しても値が変わらない行列のことを射影行列と呼ぶ．また，直交射影行列は対称行列となる．

一方，xy平面と垂直な成分，すなわちz軸への直交射影は，z成分のみを抜き出したベクトルなので

$$\boldsymbol{P}_{\mathrm{z}} = \begin{bmatrix} 0 & 0 & 0 \\ 0 & 0 & 0 \\ 0 & 0 & 1 \end{bmatrix} \tag{2.107}$$

である(図2.44(b))．式(2.105)，(2.107)を見ると

$$\boldsymbol{P}_{\mathrm{xy}} = \boldsymbol{I} - \boldsymbol{P}_{\mathrm{z}} \tag{2.108}$$

という関係がある．すなわち，式(2.105)と式(2.107)の2つの直交射影行列を足し合わせると，単位行列となる．これは偶然ではない．

空間の次元が$\boldsymbol{n}$で，投影面が座標軸を含まない面だったとしても，2つの直交補空間への直交射影行列は，それぞれを足し合わせると単位行列となるのである(☞ 1.1 これがロボットのための線形代数だ)．この理由は以下のとおりである．

空間内の任意のベクトルを$\boldsymbol{x}$とし，これをある部分空間へ直交射影する行列を$\boldsymbol{P}$とする．すると，

$$(\boldsymbol{I}-\boldsymbol{P})^2 = (\boldsymbol{I}-\boldsymbol{P})(\boldsymbol{I}-\boldsymbol{P}) = \boldsymbol{I} - 2\boldsymbol{P} + \boldsymbol{P}^2 = \boldsymbol{I} - \boldsymbol{P}$$

となる．$\boldsymbol{P}$が対称行列なので$\boldsymbol{I}-\boldsymbol{P}$も対称行列である．よって，$\boldsymbol{I}-\boldsymbol{P}$は直交射影行列である．さらに，任意のベクトル$\boldsymbol{x}$は

$$\boldsymbol{x} = \boldsymbol{P}\boldsymbol{x} + (\boldsymbol{I}-\boldsymbol{P})\boldsymbol{x} = \boldsymbol{x}_1 + \boldsymbol{x}_2$$

と，2つの空間のそれぞれの成分$\boldsymbol{x}_1$，$\boldsymbol{x}_2$の和で必ず表すことができる．つまり2つの空間は補空間になっている．この2つのベクトルの内積をとってみる．すると

$$\boldsymbol{x}_1{}^{\mathrm{T}}\boldsymbol{x}_2 = (\boldsymbol{P}\boldsymbol{x})^{\mathrm{T}}(\boldsymbol{I}-\boldsymbol{P})\boldsymbol{x} = \boldsymbol{x}^{\mathrm{T}}(\boldsymbol{P}-\boldsymbol{P}^2)\boldsymbol{x} = 0$$

と0になることから，$\boldsymbol{x}_1$と$\boldsymbol{x}_2$は直交していることがわかる．よって，$\boldsymbol{P}$が射影する空間と$\boldsymbol{I}-\boldsymbol{P}$が射影する空間は直交補空間となっている．

2.9.3　ヤコビ行列と直交射影行列

式(2.101)の$\Delta\boldsymbol{x}$を$\Delta\boldsymbol{\theta}$で表しなおすと

$$\Delta\boldsymbol{q} = \boldsymbol{J}^+\Delta\boldsymbol{x} = \boldsymbol{J}^+\boldsymbol{J}\Delta\boldsymbol{\theta}$$

が得られる．この$\Delta\boldsymbol{\theta}$の係数行列$\boldsymbol{J}^+\boldsymbol{J}$は直交射影行列である．なぜなら

$$(\boldsymbol{J}^+\boldsymbol{J})^2 = \boldsymbol{J}^+\boldsymbol{J}\boldsymbol{J}^+\boldsymbol{J} = \boldsymbol{J}^+\boldsymbol{J}$$

であり，対称行列ともなっているからである．よって，式(2.103)の

$$\boldsymbol{I} - \boldsymbol{J}^+\boldsymbol{J}$$

は，$\boldsymbol{J}^{+}\boldsymbol{J}$が射影する空間の直交補空間への直交射影行列となっている．$\boldsymbol{J}^{+}\boldsymbol{J}$が射影する空間は手先動作を発生させる関節角の動きを表す空間なのに対して，$\boldsymbol{I}-\boldsymbol{J}^{+}\boldsymbol{J}$が射影する空間の成分は手先の動きを発生させない空間なのである．この空間を$\boldsymbol{J}$のゼロ空間とかカーネルなどと呼ぶ．

2.9.4 冗長自由度マニピュレータの制御

さて，手先を動かすための関節動作の最小のものが式(2.101)で求まる動作である．このほかに，さらに腕を楽な姿勢にしたい，あるいは可操作度をアップしたい，という要求を満たすため，冗長自由度マニピュレータの動作指令は一般に式(2.109)とする．

$$\Delta\boldsymbol{q}=\boldsymbol{J}^{+}\Delta\boldsymbol{x}+(\boldsymbol{I}-\boldsymbol{J}^{+}\boldsymbol{J})\boldsymbol{z} \tag{2.109}$$

ただし，$\boldsymbol{z}$は任意のベクトルである．$\boldsymbol{z}$が何であろうと$(\boldsymbol{I}-\boldsymbol{J}^{+}\boldsymbol{J})$を掛けてしまえば手先を動かすことはない．よって，右辺第2項から計算される関節角動作は，手先に与えられた動作指令とは無関係に自由に利用できる．これを冗長項と呼び，さまざまな利用方法が提案されている．たとえば，関節角の関数で表される評価関数$H(\boldsymbol{q})$の値を最大化したいとする．この場合の関節角の動作方向は

$$\frac{\partial H}{\partial \boldsymbol{q}}$$

で求めることができる．よって，式(2.109)の$\boldsymbol{z}$に，この方向のベクトルに正のゲインkを掛けたものを代入し，

$$\Delta\boldsymbol{q}=\boldsymbol{J}^{+}\Delta\boldsymbol{x}+k(\boldsymbol{I}-\boldsymbol{J}^{+}\boldsymbol{J})\frac{\partial H}{\partial \boldsymbol{q}} \tag{2.110}$$

と関節角動作を指定することとする．すると，まず，右辺第1項により希望の手先動作が実現される．しかも第2項によって，評価関数を最大とする方向の成分のうち，手先を動かさない成分のみを抽出してマニピュレータ動作に加えることができる．これが，評価関数が与えられた場合の冗長自由度マニピュレータ制御の基本式となっている．たとえば，この評価関数に可操作度を用いれば，動きやすい姿勢が実現できるわけである．

2.10 マニピュレータの動力学

マニピュレータの逆運動学計算では，手先を目標の位置・姿勢に動かすための関節角度計算法を示した．ただしこれだけでは，手先が目標にいく途中にどこをどのような姿勢で通過するかがわからない．そこで，目標位置・姿勢だけではなく，現在の位置・姿勢と目標位置・姿勢を目標軌道で結び，それに沿って手先を動かす方法として，ヤコビ行列の逆行列を利用した分解速度制御法を説明した．分解速度制御法では，制御サンプリングごとに達成しなくてはならないモータの微小回転量が計算されている．この方法は，マニピュレータの各関節が位置制御系や速度制御系により制御されることを前提としている．ところが，一般に位置制御系や速度制御系は，目標角度・角速度と現在の角度・角速度の偏差を利用してモータへの指令電圧を決定するため，どうしても目標と現在値の間に誤差が生じてしまう．

そこで，手先を目標軌道に沿って，時間遅れなくたどらせるために必要なモータトルクを前もって計算し，それをモータに与えてマニピュレータを動かす方法を考える．これを計算トルク法と呼ぶ．簡単に考えれば，質量mに力Fを与えたときに

発生する加速度をaとしたときの

$$F = ma$$

の右辺aに，目標の加速度a_{d}を代入して，

$$F_{\mathrm{d}} = ma_{\mathrm{d}} \tag{2.111}$$

で計算されるF_{d}を指令として与えるのである．ただし，モータが発生するのは力あるいはトルクとなり，回転モータでは加速度は角加速度，質量は慣性モーメントとなる．このように手先の目標加速度，角加速度から必要となる力・トルクを計算することを逆動力学計算と呼ぶ．ただし，マニピュレータは剛体のリンクが多数，直列につながった構造をしている．リンクが剛体となるために運動方程式でも3自由度の姿勢変化を考慮しなくてはならず，しかも直列につながったことによりお互いの関節の運動が干渉する．このため，もはや式(2.111)のような単純な式で表すことはできなくなる．

関節の力・トルクベクトルを$\boldsymbol{\tau}$とすると，マニピュレータの動力学方程式は

$$\boldsymbol{\tau} = \boldsymbol{H}\ddot{\boldsymbol{q}} + \boldsymbol{c}(\boldsymbol{q},\ \dot{\boldsymbol{q}}) + \boldsymbol{g}(\boldsymbol{q}) \tag{2.112}$$

と表されることが多い．$\boldsymbol{H}$をマニピュレータの慣性行列と呼ぶ．$\boldsymbol{c}$はコリオリ力，遠心力に対応した項，$\boldsymbol{g}$は重力項である．なお，平面内2自由度マニピュレータの動力学方程式は本書姉妹編p.73に示したとおりである．

この式(2.112)の左辺，$\boldsymbol{\tau}$の各成分を計算する方法としては，ラグランジュの運動方程式を利用した方法，ニュートン-オイラー法の2通りが知られている．ラグランジュの運動方程式の利用は，自由度が少ないロボットのときには便利である．しかし，自由度が増加すると式が膨大となるため，6自由度マニピュレータのように自由度の大きなマニピュレータではニュートン-オイラー法の利用が一般的である．そこで本書では，このニュートン-オイラー法を紹介しよう．2.10.1項でその概略を示した後，2.10.2項で手先の目標加速度・角加速度から各リンクの目標加速度・角加速度を求める手順を示す．2.10.3項では剛体の運動方程式を，これらをもとにして，2.10.4項において逆動力学計算法を示す．

2.10.1　ニュートン-オイラー法による動力学計算

関節の力・トルクベクトルを計算する方法の概略を以下に示す．

(1) マニピュレータの手先が目標の時間軌道$\boldsymbol{x}_{\mathrm{d}}(t)$に遅れなく動くために必要な，各関節の目標角度$q_i(t)$，角速度$\dot{q}_i(t)$，角加速度$\ddot{q}_i(t)$を求める．ただし$i=1$～6である(図2.45(a))．

(2) (1)で求めた目標角度$q_i(t)$，角速度$\dot{q}_i(t)$，角加速度$\ddot{q}_i(t)$によってマニピュレータの各リンク重心が発生する速度・加速度ベクトル$\boldsymbol{v}_{\mathrm{G}i}(t)$，$\boldsymbol{a}_{\mathrm{G}i}(t)$，および角速度・角加速度ベクトル$\boldsymbol{\omega}_i(t)$，$\dot{\boldsymbol{\omega}}_i(t)$を計算する(図2.45(b))．

(3) マニピュレータのリンクがすべてバラバラに宙に浮いている状態を想定する．そして，それぞれのリンクに(2)で計算された目標運動をさせるために，それぞれのリンクにどのような力$\boldsymbol{F}_{\mathrm{G}i}$，モーメント$\boldsymbol{m}_{\mathrm{G}i}$を与えればよいかを計算する(図2.45(c))．

(4) (3)で計算された力$\boldsymbol{F}_{\mathrm{G}i}$，モーメント$\boldsymbol{m}_{\mathrm{G}i}$を各リンクに与えるには，マニピュレータのそれぞれの関節から先端に向かい，どのような力あるいはトルク$\tau_i(t)$を与えればよいかを計算する(図2.45(d))．

以上の(1)～(4)の手順により，手先の目標時間軌道を実現することのできる関節

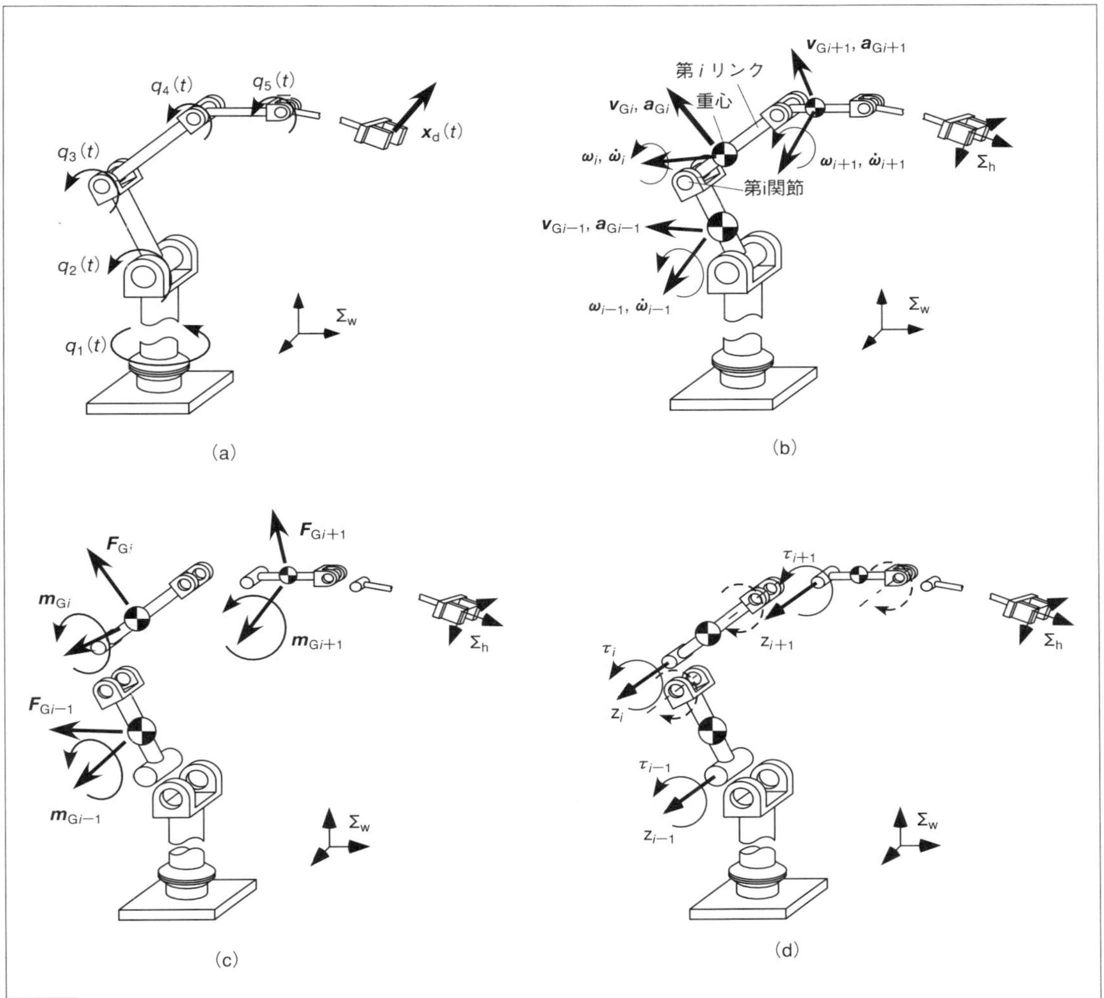

図2.45 ニュートン-オイラー法の概要

角トルクが計算できる．

2.10.2 リンクの目標運動の計算法

まず，2.10.1項の(1)と(2)の具体的手順を見ていこう．

A. 手先目標軌道の関節角目標軌道への変換

手先の目標時間軌道を$\boldsymbol{x}_d(t)$とし，関節角ベクトルを$\boldsymbol{q}$とすると，

$$\boldsymbol{x}_d(t) = \boldsymbol{f}(\boldsymbol{q}) \tag{2.113}$$

として運動学計算結果を表すことができる．また，速度どうしの関係はヤコビ行列を用いて，

$$\dot{\boldsymbol{x}}_d(t) = \boldsymbol{J}\dot{\boldsymbol{q}} \tag{2.114}$$

と表される．式(2.114)の両辺をさらに時間で微分すると

$$\ddot{\boldsymbol{x}}_d(t) = \boldsymbol{J}\ddot{\boldsymbol{q}} + \dot{\boldsymbol{J}}\dot{\boldsymbol{q}} \tag{2.115}$$

となる．動力学計算においては，ヤコビ行列$\boldsymbol{J}$の微分$\dot{\boldsymbol{J}}$も利用することがわかる．以

上の関係から，

$$\boldsymbol{q}=\boldsymbol{f}^{-1}(\boldsymbol{x}_{\mathrm{d}}) \tag{2.116}$$

$$\dot{\boldsymbol{q}}=\boldsymbol{J}^{-1}\dot{\boldsymbol{x}}_{\mathrm{d}}(t) \tag{2.117}$$

$$\ddot{\boldsymbol{q}}=\boldsymbol{J}^{-1}(\ddot{\boldsymbol{x}}_{\mathrm{d}}-\dot{\boldsymbol{J}}\dot{\boldsymbol{q}}) \tag{2.118}$$

として，関節の目標値が算出できる．ただし，式(2.116)の$\boldsymbol{f}^{-1}$は逆運動学計算を表す．

B. 関節，リンクの目標速度，目標角速度の算出法

以上で得られた関節の運動により，各関節，および各リンクの重心が行う運動を求める．第iリンクの根元側関節が第i関節となるので，第i関節は1つ根元側の第$i-1$リンクの先端と同じ運動を行い，第iリンク重心は，第i関節の運動にさらに第i関節の回転による運動を足したものとなる．

さて，リンクが剛体であることから，第i関節の角速度ベクトルと第iリンク重心の角速度ベクトルは等しい．よって，これを${}^{\mathrm{w}}\boldsymbol{\omega}_i$とすると，

$$\begin{aligned}
&{}^{\mathrm{w}}\boldsymbol{\omega}_1=\boldsymbol{0} && \text{直動関節の場合}\\
&{}^{\mathrm{w}}\boldsymbol{\omega}_1=\dot{q}_1{}^{\mathrm{w}}\boldsymbol{z}_1 && \text{回転関節の場合}\\
&{}^{\mathrm{w}}\boldsymbol{\omega}_i={}^{\mathrm{w}}\boldsymbol{\omega}_{i-1} && \text{直動関節の場合}\\
&{}^{\mathrm{w}}\boldsymbol{\omega}_i={}^{\mathrm{w}}\boldsymbol{\omega}_{i-1}+\dot{q}_i{}^{\mathrm{w}}\boldsymbol{z}_i && \text{回転関節の場合}
\end{aligned} \tag{2.119}$$

となる．ただし，${}^{\mathrm{w}}\boldsymbol{z}_i$は基準座標系から見た第$i$関節z軸の単位方向ベクトルである．回転関節の場合には回転軸方向を，直動関節の場合には直動方向を表す．直動関節の場合，その動きにより角速度は新たに発生しないので，その関節での増加分は0である．

基準座標系から見た第i関節と第iリンク重心の速度ベクトル${}^{\mathrm{w}}\boldsymbol{v}_i$，${}^{\mathrm{w}}\boldsymbol{v}_{\mathrm{G}i}$はそれぞれ

$$\begin{aligned}
&{}^{\mathrm{w}}\boldsymbol{v}_1=\dot{q}_i\boldsymbol{z}_1 && \text{直動関節の場合}\\
&{}^{\mathrm{w}}\boldsymbol{v}_1=\boldsymbol{0} && \text{回転関節の場合}\\
&{}^{\mathrm{w}}\boldsymbol{v}_i={}^{\mathrm{w}}\boldsymbol{v}_{i-1}+\dot{q}_i{}^{\mathrm{w}}\boldsymbol{z}_i && \text{直動関節の場合}\\
&{}^{\mathrm{w}}\boldsymbol{v}_i={}^{\mathrm{w}}\boldsymbol{v}_{i-1}+\dot{q}_i{}^{\mathrm{w}}\boldsymbol{z}_i\times{}^{\mathrm{w}}\boldsymbol{l}_{i-1} && \text{回転関節の場合}\\
&{}^{\mathrm{w}}\boldsymbol{v}_{\mathrm{G}i}={}^{\mathrm{w}}\boldsymbol{v}_i+{}^{\mathrm{w}}\dot{\boldsymbol{l}}_{\mathrm{G}i} && \text{直動関節の場合}\\
&{}^{\mathrm{w}}\boldsymbol{v}_{\mathrm{G}i}={}^{\mathrm{w}}\boldsymbol{v}_i+\dot{q}_i{}^{\mathrm{w}}\boldsymbol{z}_i\times{}^{\mathrm{w}}\boldsymbol{l}_{\mathrm{G}i} && \text{回転関節の場合}
\end{aligned} \tag{2.120}$$

となる．${}^{\mathrm{w}}\dot{\boldsymbol{l}}_{\mathrm{G}i}$は直動関節動作時における第$i$関節原点から第$i$リンク重心までの長さの変化速度ベクトル，${}^{\mathrm{w}}\boldsymbol{l}_{\mathrm{G}i}$は第$i$関節座標系原点と第$i$リンク重心を結んだベクトル，${}^{\mathrm{w}}\dot{\boldsymbol{l}}_{\mathrm{G}i}$はその変化速度ベクトル，${}^{\mathrm{w}}\boldsymbol{l}_{i-1}$は第$i-1$関節座標系原点と第$i$関節座標系原点を結んだベクトルである(図2.46)．

C. 関節，リンクの目標加速度，目標角加速度の算出法

各関節とリンク重心の角加速度，加速度を求める．加速度の場合には，速度の場合のように，第i関節の運動に第i関節の回転による運動を単に足したものとはならない．まずは角加速度がどのように表されるか，その結果を示す．ここでも第i関節の角加速度と第iリンクの角加速度は等しいので，これを${}^{\mathrm{w}}\dot{\boldsymbol{\omega}}_i$とする．

$$\begin{aligned}
&{}^{\mathrm{w}}\dot{\boldsymbol{\omega}}_1=\boldsymbol{0} && \text{直動関節の場合}\\
&{}^{\mathrm{w}}\dot{\boldsymbol{\omega}}_1=\ddot{q}_1{}^{\mathrm{w}}\boldsymbol{z}_1 && \text{回転関節の場合}\\
&{}^{\mathrm{w}}\dot{\boldsymbol{\omega}}_i={}^{\mathrm{w}}\dot{\boldsymbol{\omega}}_{i-1} && \text{直動関節の場合}\\
&{}^{\mathrm{w}}\dot{\boldsymbol{\omega}}_i={}^{\mathrm{w}}\dot{\boldsymbol{\omega}}_{i-1}+\ddot{q}_i{}^{\mathrm{w}}\boldsymbol{z}_i+{}^{\mathrm{w}}\boldsymbol{\omega}_{i-1}\times(\dot{q}_i{}^{\mathrm{w}}\boldsymbol{z}_i) && \text{回転関節の場合}
\end{aligned} \tag{2.121}$$

角速度の式のときと比べ，回転関節の場合には，右辺第3項の${}^{\mathrm{w}}\boldsymbol{\omega}_{i-1}\times(\dot{q}_i{}^{\mathrm{w}}\boldsymbol{z}_i)$が新た

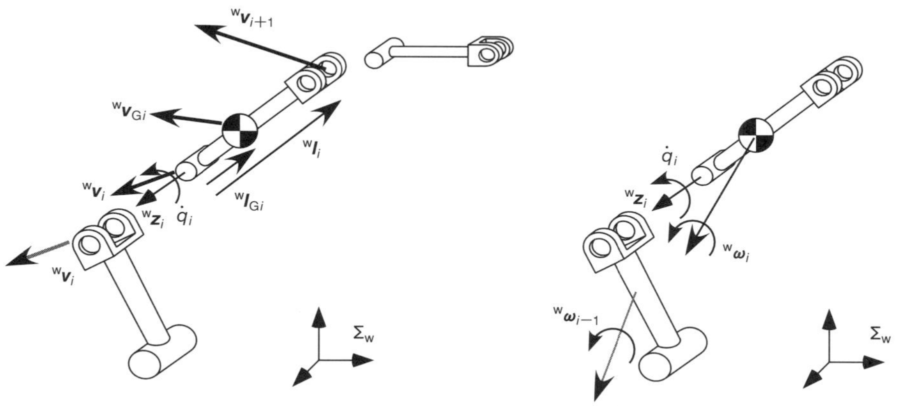

図2.46 リンク速度・角速度

に追加されている．これは，回転している軸が，さらに別の軸回りに回転させられるときに発生する成分である．

次に関節とリンク重心の加速度を求める．${}^{\mathrm{w}}\boldsymbol{a}_i$，${}^{\mathrm{w}}\boldsymbol{a}_{\mathrm{G}i}$はそれぞれ第$i$関節，第$i$リンク重心の加速度ベクトルを表す．

$$
\begin{array}{ll}
{}^{\mathrm{w}}\boldsymbol{a}_1 = \boldsymbol{0} & \\
{}^{\mathrm{w}}\boldsymbol{a}_i = {}^{\mathrm{w}}\boldsymbol{a}_{i-1} + \ddot{q}_{i-1}{}^{\mathrm{w}}\boldsymbol{z}_{i-1} + 2\,{}^{\mathrm{w}}\boldsymbol{\omega}_{i-1} \times \dot{q}_{i-1}{}^{\mathrm{w}}\boldsymbol{z}_{i-1} + {}^{\mathrm{w}}\boldsymbol{\omega}_{i-1} \times ({}^{\mathrm{w}}\boldsymbol{\omega}_{i-1} \times q_{i-1}{}^{\mathrm{w}}\boldsymbol{z}_{i-1}) & \text{直動関節の場合} \\
{}^{\mathrm{w}}\boldsymbol{a}_i = {}^{\mathrm{w}}\boldsymbol{a}_{i-1} + {}^{\mathrm{w}}\dot{\boldsymbol{\omega}}_{i-1} \times {}^{\mathrm{w}}\boldsymbol{l}_{i-1} + {}^{\mathrm{w}}\boldsymbol{\omega}_{i-1} \times ({}^{\mathrm{w}}\boldsymbol{\omega}_{i-1} \times {}^{\mathrm{w}}\boldsymbol{l}_{i-1}) & \text{回転関節の場合} \\
{}^{\mathrm{w}}\boldsymbol{a}_{\mathrm{G}i} = {}^{\mathrm{w}}\boldsymbol{a}_i + {}^{\mathrm{w}}\ddot{\boldsymbol{l}}_{\mathrm{G}i} + {}^{\mathrm{w}}\dot{\boldsymbol{\omega}}_i \times {}^{\mathrm{w}}\boldsymbol{l}_{\mathrm{G}i} + 2\,{}^{\mathrm{w}}\boldsymbol{\omega}_i \times {}^{\mathrm{w}}\dot{\boldsymbol{l}}_{\mathrm{G}i} + {}^{\mathrm{w}}\boldsymbol{\omega}_i \times ({}^{\mathrm{w}}\boldsymbol{\omega}_i \times {}^{\mathrm{w}}\boldsymbol{l}_{\mathrm{G}i}) & \text{直動関節の場合} \\
{}^{\mathrm{w}}\boldsymbol{a}_{\mathrm{G}i} = {}^{\mathrm{w}}\boldsymbol{a}_{i-1} + {}^{\mathrm{w}}\dot{\boldsymbol{\omega}}_{i-1} \times {}^{\mathrm{w}}\boldsymbol{l}_{\mathrm{G}i} + {}^{\mathrm{w}}\boldsymbol{\omega}_i \times ({}^{\mathrm{w}}\boldsymbol{\omega}_i \times {}^{\mathrm{w}}\boldsymbol{l}_{\mathrm{G}i}) & \text{回転関節の場合}
\end{array}
\tag{2.122}
$$

直動関節の場合の関節加速度${}^{\mathrm{w}}\boldsymbol{a}_i$と重心加速度${}^{\mathrm{w}}\boldsymbol{a}_{\mathrm{G}i}$を表す右辺第3項，係数2のついた$2\,{}^{\mathrm{w}}\boldsymbol{\omega}_{i-1} \times \dot{q}_{i-1}{}^{\mathrm{w}}\boldsymbol{z}_{i-1}$，$2\,{}^{\mathrm{w}}\boldsymbol{\omega}_i \times {}^{\mathrm{w}}\dot{\boldsymbol{l}}_{\mathrm{G}i}$はコリオリの加速度と呼ばれる(☞ 1.8 これがコリオリ力だ)．回転軸に対して半径方向に速度をもつベクトルの加速度成分である．また，式(2.122)のそれぞれの式の右辺最終項，${}^{\mathrm{w}}\boldsymbol{\omega}_{i-1} \times ({}^{\mathrm{w}}\boldsymbol{\omega}_{i-1} \times q_{i-1}{}^{\mathrm{w}}\boldsymbol{z}_{i-1})$，${}^{\mathrm{w}}\boldsymbol{\omega}_{i-1} \times ({}^{\mathrm{w}}\boldsymbol{\omega}_{i-1} \times {}^{\mathrm{w}}\boldsymbol{l}_{i-1})$，${}^{\mathrm{w}}\boldsymbol{\omega}_i \times ({}^{\mathrm{w}}\boldsymbol{\omega}_i \times {}^{\mathrm{w}}\boldsymbol{l}_{\mathrm{G}i})$は向心加速度と呼ばれ(☞ 1.7 これが遠心力だ)，回転運動を行うために必要となる回転軸方向への加速度成分である．

以上ですべてのリンクの目標位置・速度・加速度，角速度・角加速度が求まった．

2.10.3 剛体の運動方程式

次に，2.10.1項の手順(3)を示す．それぞれのリンクが，2.10.2項で求めた加速度，角加速度で運動するために必要となる力とモーメントを求める．これは，

$$ {}^{\mathrm{w}}\boldsymbol{F}_{\mathrm{G}i} = \boldsymbol{M}_i{}^{\mathrm{w}}\boldsymbol{a}_{\mathrm{G}i} \tag{2.123} $$

$$ {}^{\mathrm{w}}\boldsymbol{m}_{\mathrm{G}i} = {}^{\mathrm{w}}\boldsymbol{I}_i{}^{\mathrm{w}}\dot{\boldsymbol{\omega}}_i + {}^{\mathrm{w}}\boldsymbol{\omega}_i \times ({}^{\mathrm{w}}\boldsymbol{I}_i{}^{\mathrm{w}}\boldsymbol{\omega}_i) \tag{2.124} $$

となる．$\boldsymbol{M}_i$は

$$ \boldsymbol{M}_i = \begin{bmatrix} m_i & 0 & 0 \\ 0 & m_i & 0 \\ 0 & 0 & m_i \end{bmatrix} $$

で，m_iは第iリンク質量である．${}^{\mathrm{w}}\boldsymbol{I}_i$は基準座標系から見た第$i$リンクの重心回りの慣

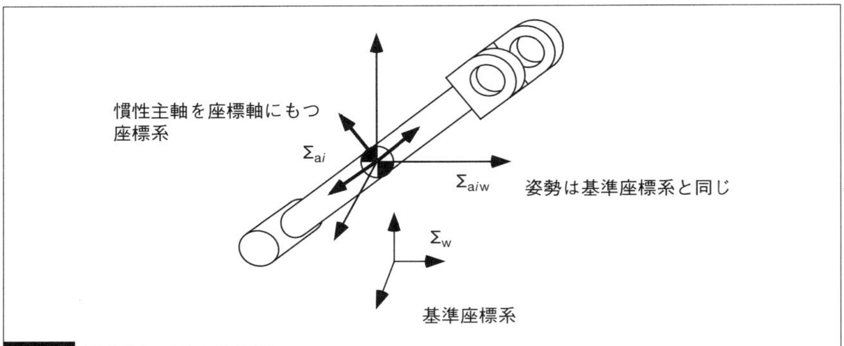

図2.47 慣性テンソルと座標系

性テンソルである．リンクの慣性主軸を座標系にとると，この座標系Σ_{ai}での慣性テンソル${}^{ai}\boldsymbol{I}_i$は

$$
{}^{ai}\boldsymbol{I}_i = \begin{bmatrix} I_{xi} & 0 & 0 \\ 0 & I_{yi} & 0 \\ 0 & 0 & I_{zi} \end{bmatrix}
$$

となる．ただしI_{xi}，I_{yi}，I_{zi}は，それぞれ慣性主軸回りの慣性モーメントである（☞ 1.11 これが慣性テンソルだ）．これに対して式(2.124)の${}^{w}\boldsymbol{I}_i$は基準座標系から見た慣性テンソルである．この変換は次のように行うことができる．

基準座標系で${}^{w}\boldsymbol{\omega}_i$と表される角速度ベクトルを，慣性主軸の座標系$\Sigma_{ai}$で表す．基準座標系から見た$\Sigma_{ai}$の回転行列を$\boldsymbol{R}_{ai}$とすると，

$$
{}^{ai}\boldsymbol{\omega}_i = \boldsymbol{R}_{ai}^{-1}\,{}^{w}\boldsymbol{\omega}_i = \boldsymbol{R}_{ai}^{T}\,{}^{w}\boldsymbol{\omega}_i
$$

となる．この角速度ベクトルによる角運動量ベクトル$\boldsymbol{L}_i$は，Σ_{ai}で表された座標系では

$$
{}^{ai}\boldsymbol{L}_i = {}^{ai}\boldsymbol{I}_i\,{}^{ai}\boldsymbol{\omega}_i = {}^{ai}\boldsymbol{I}_i \boldsymbol{R}_{ai}^{T}\,{}^{w}\boldsymbol{\omega}_i
$$

となる．これを基準座標系に変換すると，

$$
{}^{w}\boldsymbol{L}_i = \boldsymbol{R}_{ai}\,{}^{ai}\boldsymbol{L}_i = \boldsymbol{R}_{ai}\,{}^{ai}\boldsymbol{I}_i \boldsymbol{R}_{ai}^{T}\,{}^{w}\boldsymbol{\omega}_i = {}^{w}\boldsymbol{I}_i\,{}^{w}\boldsymbol{\omega}_i
$$

となる．つまり，姿勢を表す回転行列が$\boldsymbol{R}_{ai}$で表される座標系の慣性テンソル${}^{ai}\boldsymbol{I}_i$と，それを基準座標系に関して表した慣性テンソル${}^{w}\boldsymbol{I}_i$の間には

$$
{}^{w}\boldsymbol{I}_i = \boldsymbol{R}_{ai}\,{}^{ai}\boldsymbol{I}_i \boldsymbol{R}_{ai}^{T} \tag{2.125}
$$

の関係がある．この式(2.125)により，式(2.124)の中の${}^{w}\boldsymbol{I}_i$を計算すればよい．

2.10.4 逆動力学計算

各リンクの重心に与えるべき力とモーメントが求まった．最後に，2.10.1項の手順(4)にあたる，リンクに必要な力とモーメントを与えるための関節トルクの計算手順を示そう．関節トルクはマニピュレータの先端側から求めると，芋づる式に簡単に計算できる．各関節の発生すべき力とモーメントは，①その関節の先端側のリンクが目標の運動を行うための成分，②そのリンクが先端でさらに次のリンクに与えるべき力とモーメント，の合計である．よって，各関節で，先端側のリンクに伝えるべき力ベクトル，モーメントベクトルはそれぞれ

$$
\begin{aligned}
&\boldsymbol{f}_i = \boldsymbol{f}_{i+1} + \boldsymbol{f}_{Gi} \\
&\boldsymbol{m}_i = \boldsymbol{m}_{i+1} + l_i {}^{W}\boldsymbol{z}_i \times \boldsymbol{f}_{i+1} + \boldsymbol{I}_{Gi} \times \boldsymbol{f}_{Gi}
\end{aligned}
\tag{2.126}
$$

と求めることができる．

このように，各リンクが次のリンクに伝えるべき力とモーメントはそれぞれ3成分なので全部で6成分となる．このうち，直動関節であれば${}^{W}\boldsymbol{z}_i$方向の成分のみ，回転関節であればモーメントの${}^{W}\boldsymbol{z}_i$軸回りの成分のみが，その関節のアクチュエータで発生すべき力，あるいはモーメントとなる．よって，

$$
\begin{aligned}
&\tau_i = {}^{W}\boldsymbol{z}_i^{T}\boldsymbol{f}_i \qquad \text{直動関節の場合} \\
&\tau_i = {}^{W}\boldsymbol{z}_i^{T}\boldsymbol{m}_i \qquad \text{回転関節の場合}
\end{aligned}
\tag{2.127}
$$

として，すべての関節アクチュエータの目標力，目標トルクが求まる．

この結果を見てわかるように，各関節が直接発生できるのは，第$\boldsymbol{i}$関節の関節軸方向の力か，関節軸回りのトルク1つだけである．しかし心配はいらない．これ以外の残りの5つの力，モーメント成分は，関節の軸を通じて直接次のリンクに伝わっていく．しかも，各関節が出すべきトルクを合計すると，結果的にすべてのリンクに，必要な6成分をすべて伝えることができているのである．

計算は漸化式の形となっているが，以上で，式(2.112)に示した左辺のトルクベクトル$\boldsymbol{\tau}$のすべての成分を計算することができた．式(2.112)は，動力学方程式の各成分が何に起因しているのかを区別してまとめた表記方法であり，これをもとにしてロボットのさまざまな制御方法が提案されている．

2.11 おわりに

以上がマニピュレータを3次元で動かすための基礎知識である．基礎といってもそれなりの知識が要求されることも事実である．リンク座標系のとり方などは，何度見ても頭が混乱してしまう．ただし本書では，しっかりと見てもらえば必ずわかるように，できるだけていねいな図を用いることを心がけた．このほかにも，行列の固有値，固有ベクトルや，剛体の力学など，大学で教わっても理解に時間のかかる内容が含まれている．しかし，1つずつ着実に勉強してほしい．その原理にさかのぼってしっかりと理解ができたとき，本書の内容はいともたやすく頭の中に入っていくことと思う．ロボットに興味をもった諸君が，1人でも多くロボット研究者，エンジニアとしてロボットに携わっていってくれることを心より願っている．

3 歩行ロボットの創造設計

3.1 高性能な歩行ロボットの実現をめざして

歩行ロボットは，少し以前までは精一杯に歩いている状態だった．これがようやくスマートな歩行を実現できる時代にきている．これはアクチュエータや減速機の進化，歩行制御アルゴリズムの進化の貢献しているところが大であると考えられている．しかし実際には，歩行ロボットシステム全体を適切にまとめる技術が何よりも重要であり，それによって高性能な歩行ロボットが実現できていることはまちがいない．つまり，軽量で無駄のないメカニズムと多才な能力をもつ制御・知能系を1つの歩行ロボットに凝集して完成度を高める技術である．この章では，高性能な歩行ロボットを創造していくには，何をポイントとして押さえて設計をするべきであるかを解説する．メカニズムの構成から制御系のアルゴリズムまで，「歩行」のための具体的な技術を凝集したものである．

歩行の性能は，安定性と速さであるというのがわかりやすいだろう．それに加えて歩行の多才さ，つまり横歩きや回転のような平地でのバリエーションと，凹凸のある不整地への対応能力が問われる．

みなさんはスポーツなどの運動能力を高めるために，筋力トレーニングやストレッチングをするだろう．人間の骨格や筋肉の構成自体は自分では変えられないから，その性能の「程度」を強化するのである．筋力をアップすることはアクチュエータの性能を上げることであり，ぐっと大きな力を出したり，瞬発的な速度を出したりできるようになる．また，ストレッチング運動により，筋肉がよく伸びるようになり関節の可動範囲が大きくなる．これはロボットでいえばアクチュエータのストロークを大きくし，関節部の当たりを減らしてメカニズムの可動範囲を広くすることである．これから創造するロボットは，体の構造そのものからつくっていくことができる．つまり，「程度」以前の，機能の「有無」から考えていくことができる．このような神の仕事，進化の過程をわれわれの力で行っていこうではないか．

本章では，まずはじめに，歩行ロボットの機能を高めるメカニズムの創造方法について，押さえておくべきポイントを具体的な実現例を示しながら説明する．

続いて，歩行のための制御法を解説する．ここでは，安定な歩行を生み出すためのシンプルな原理として倒立振子モデルによる制御法を説明する．また，生物をまねたニューラルネットワークによる歩行パターンの生成法についても説明する．

さらに，脚と腕を含めたロボット全体の安定性のことを解説する．歩くことは，ロボットの機能のほんの一部であって，さまざまな行動を起こす基礎になっているにすぎない．たとえば，ドアを開ける，荷物をかかえる，地面を掘るといった活動が，移動の機能と同時に行えるようにするのがロボットの本分である．さらに，ロボットどうしの相撲やレスリングの場合も安定性が大事である．本章の最後では，このような空間的な体に働くすべての力を包括した力学的取り扱いについて説明する．

3.2 歩行ロボットのメカニズム

歩行ロボットは生物に似た形のものも多いが，それでも生体の筋肉とロボットのアクチュエータ（モータなど）とは，形も特性も違う．だから生物の筋肉と同じ位置にロボットのアクチュエータを配置するというのは，ベストな方法とはいえない．ましてや生物に見られない独創的な形のロボットは，筋肉以前に，その骨格と関節の配置も創造設計することとなる．そこで，ここではさまざまな歩行ロボットの実例をあげながら，創造設計のための重要な8つの注目すべき課題と指針を説明する．それらは「重力との戦い」「エネルギー消費を抑えるために」「可動範囲を広げる」「剛性を保つ」「足先を軽く」「特別な歩容のために」「生物型を回転アクチュエータで」「バックラッシュをなくす」である．

3.2.1 重力との戦い

A. 干渉駆動

生物が進化の過程で海中から地上に上がったときのように，歩行ロボットが自分の体重を脚でささえることはたいへんな負担である．たとえば，腕立て伏せや逆立ちをしてみれば，腕の非力さを感じ，脚の偉大さがわかる．では，どのような設計をすれば脚らしい力強いものができるであろうか．骨格を頑丈につくることはもちろん必要だが，ここではアクチュエータのつけ方について説明しよう．

図3.1はアメリカのカーネギーメロン大学で1980～83年につくられた，歩行ロボットとしてはかなり初期のものの構造である．アクチュエータは油圧のシリンダ・ピストンで，エンジン駆動のポンプを搭載している．注目すべきはアクチュエータのつけ方である．脚の骨格の棒に対して斜め上方から2本のシリンダをつけている．この2本は力を合わせてバーを下に押し下げる．つまり体重をささえる．そして2本の長さを変えることで脚を前後に振る．前後方向に必要な力は上下方向にくらべればずっと小さくてよい．つまり，大きな力が必要な上下方向に2つのアクチュエータが協力して力を発生できるようにし，小さな力でよい前後方向には2つのアクチュエータの差を使って駆動するようにしている．文献[2]ではこのような方法を干渉

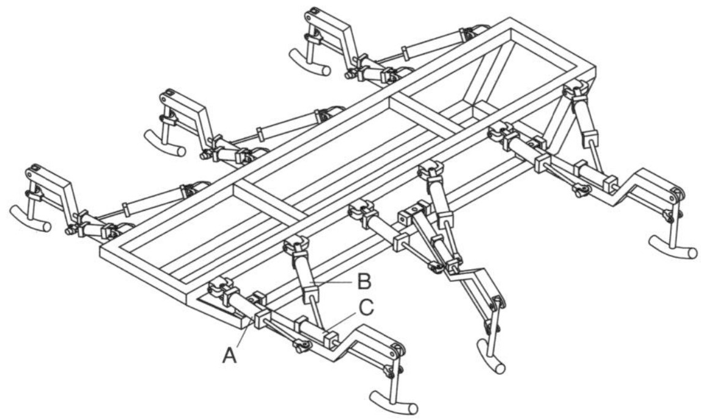

AとBが重力をささえる

図3.1 油圧駆動の6足歩行ロボット

駆動と名づけた．もし，このロボットが干渉駆動でなければ，上下方向には2つのシリンダを合計したくらいの特大のシリンダが必要になる．そしてさらに前後方向用に小さめのシリンダをつけなければならない．つけるべきシリンダの合計を考えれば，干渉駆動のほうが小さめのものですむのである．見方を変えれば，装備したシリンダを休ませることなく常に働かせて，有効に使っているのである．なお，この干渉駆動は上下運動と前後運動がほぼ別々に必要な場合に有効なのであって，斜め方向の運動に対しては有効ではない．もし斜め方向に力を出したいとすると，ほとんど1つのシリンダでしか力を発生できない．もう一方は休んでいることになる．

B. 重力方向分離駆動（GDA）

次に同じ図3.1の脚のバーの上に乗っているシリンダCの働きを見てみよう．このシリンダは脚先を左右にスイングさせるものである．脚先の逆T字型の部分はほぼ鉛直に立っているから，そのスイング用のアクチュエータには体重をささえるような力はほとんどかからない．このように重力から解放されたアクチュエータとすることは，アクチュエータの小型化と省エネルギー化に非常に有効である．文献[3]ではこれをgravitationally decoupled actuation（GDA）と名づけた．脚にかぎらず車輪も，その回転駆動アクチュエータに重力をささえる力がかからないという点で同じ利点をもっている．

GDAによって重力のかからないアクチュエータを多くすることは，残りの少ないアクチュエータで体重をささえることになり，上記の干渉駆動とは基本的には相容れない．しかし図3.1のように一部を干渉駆動，一部をGDAとすることもスマートな設計であるといえるだろう．

次に完全に重力方向アクチュエータを分けたものを考えよう．図3.2の構造では，A，Bの回転関節は水平面内のスイングを行うもので，胴体が水平であれば重力はかからない．先端の直動アクチュエータCだけが重力をささえている．これはマニピュレータでは「スカラ型」と呼ばれるものである．歩行ロボットでは，たとえば「ROWER」という名のスペインのロボットがこの構造である．また，図3.3の構造も1つのアクチュエータだけが重力をささえるものである．ここでは，平行リンク機構（パンタグラフ機構）を用いて，脚の根元にある上下と水平の2つのボールねじ

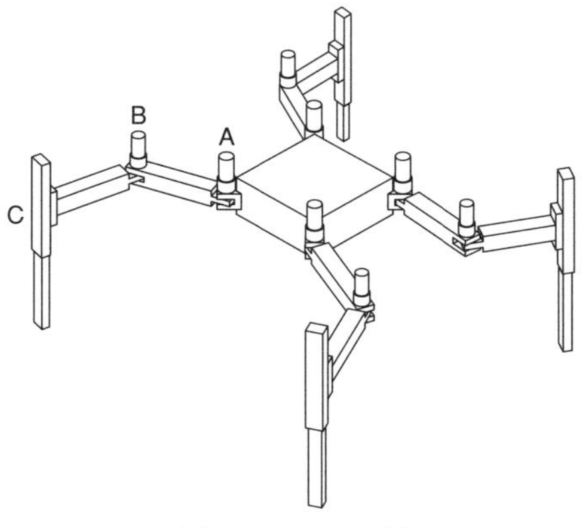
B
A
C
AとBは重力フリーでCが重力をささえる

図3.2 鉛直軸回転2つと鉛直直動関節構造の4足歩行ロボット

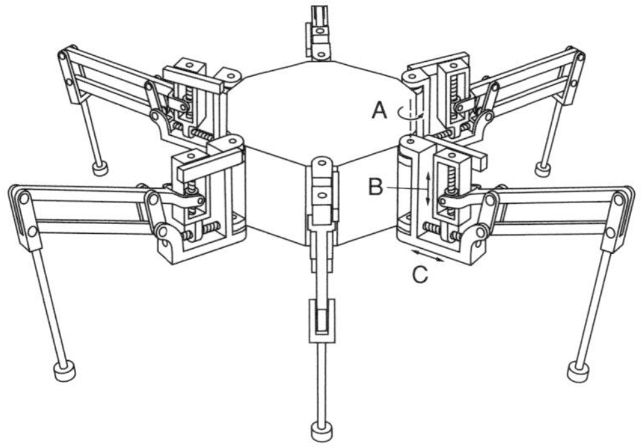
A
B
C
AとCは重力フリーでBが重力をささえる

図3.3 根元回転と直動2つの構造の6足歩行ロボット

のナットの動きB，Cを拡大して脚先に伝えている．さらに脚全体を鉛直軸Aの回りに回転させるアクチュエータをつけている．この機構では，上下駆動Bのアクチュエータだけが重力をささえ，A，Cの2つのアクチュエータは重力から解放されている．ベルギーの「AMRU-5」という名のロボットやフィンランドの「MECANT」というロボット(ただし6脚が放射状でなく左右3脚ずつの配置)がこの構造である．

3.2.2 エネルギー消費を抑えるために

歩行ロボットは車輪型にくらべてどうしてもエネルギーの消費が多くなりがちである．これはバッテリの消費を早めるだけでなく，モータが発熱する原因でもある．歩行ロボットの駆動エネルギーの大部分は体重をささえるために費やされている．この支持脚が体重をささえるときのアクチュエータのエネルギー消費量を少しでも減らしたい．そのためには，次に説明するようないくつかの方法がある．

A. バックドライブしない機構

図3.4のようにアクチュエータと脚関節との間の減速機構に，駆動と逆方向つまり脚からアクチュエータの方向に回せないようなところをつくるとよい．このような逆方向の駆動をバックドライブと呼ぶが，バックドライブできない減速機構を使う

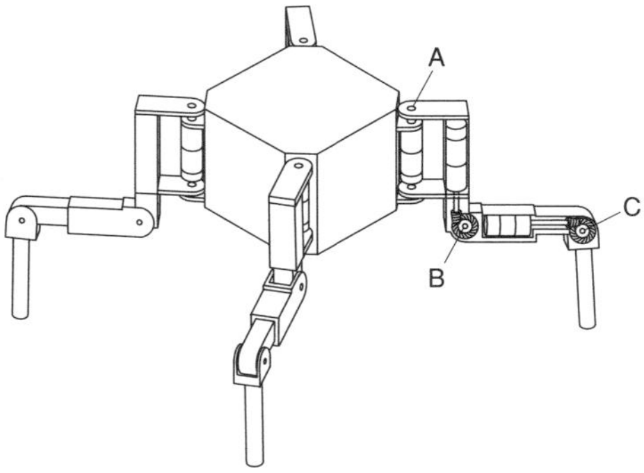
A
C
B
B，C関節はバックドライブしにくいハイポイドギアを使用

図3.4 回転関節3つの4足歩行ロボット

と，アクチュエータの動きを止めてトルクを発生しないようにしても，関節が動いてしまうことがない．たとえば，モータの電流をゼロにしても脚関節が動かないので，立ったままでいられる．バックドライブできない減速機構としてはウォームギアやネジ(この場合はボルトを回してナットを並進させる)がある．また，図3.4のようなハイポイドギアで減速比の大きなものもバックドライブされにくい．

この特性を生かしてエネルギー消費を減らすためには，支持脚のとくに体重をささえる力を出している関節の角度を変えないですむような歩き方にしなくてはいけない．前項のGDAの機構であれば，重力方向のアクチュエータを動かさないですむように，胴体の高さを変えずに歩けばよい．

また，関節を動かさずに体重をささえるときに，実際にモータの電流を小さく，あるいはほとんどゼロにするには工夫がいる．通常どおりにモータを制御すると，関節角度を保持しようとしてトルクを発生してしまう．つまりモータに電流が流れてしまう．そこで位置フィードバック制御のゲインをあえて小さくしたり，その間だけモータの電流を切るような制御法の切り換えをすることが必要である．

なお，これらのバックドライブしない減速機構は摩擦が大きいので，駆動時の力の損失が大きい．体重をささえた脚を上下に動かしている時間が長いような使い方では，かえってエネルギー消費量が増えてしまう．

B. 直線運動を含むリンク(チェビシェフリンク機構)

図3.5の機構をチェビシェフリンク機構と呼ぶ．これを使うとモータの一方向の連続回転で周期的なかまぼこ型の往復運動をつくりだすことができる．これをそのまま足先の軌道とすれば，底辺の直線部分が胴体を推進する支持脚の期間，上部の山型の部分が脚を上げて前に振り出す遊脚の期間となって都合がよい．しかし，ものごとはそう都合よくはできていない．この機構ではどうしても，かまぼこ型の直線のある側に機構本体がきてしまう．これでは地面より下にロボット本体がきてしまう．一方，図3.5を上下さかさにして先端を足先にしても逆かまぼこ型の軌道になってしまう．そこで，図3.5の向きのままで，かまぼこ軌道を下にシフトするような工夫が必要になる．図3.6はその工夫の一例でアメリカのカーネギーメロン大学の

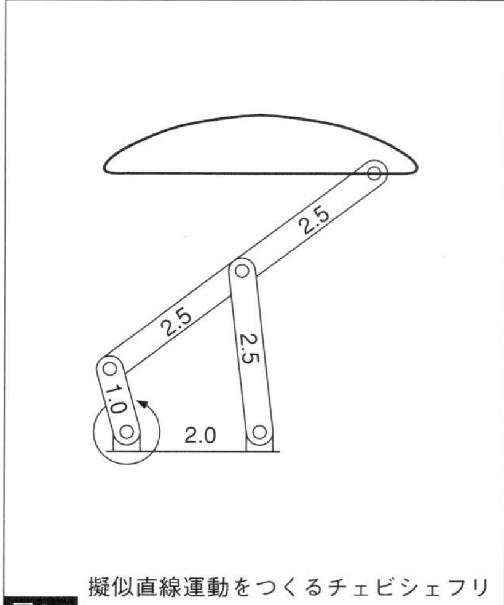

図3.5 擬似直線運動をつくるチェビシェフリンク

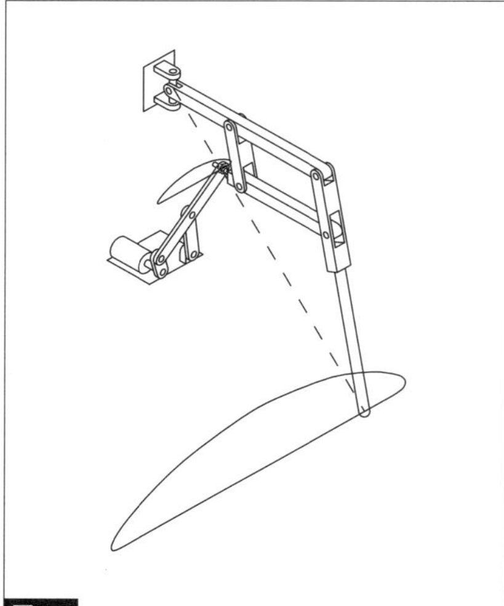
図3.6 チェビシェフリンクに拡大機構をつけた脚

「DANTE-I」という8足歩行ロボットに採用されたものである．チェビシェフリンクで生成したかまぼこ軌道を3次元パンタグラフ機構によって拡大しつつ下方にシフトしている*．

さて，このかまぼこ型の足先軌道の直線部分ではモータが体重をささえるトルクを出さなくてよい．たとえば，この直線の途中でモータの電流を切ったとしよう．モータがフリーになっても，足先は胴体に対して水平方向にしか動かないようにリンク機構で拘束されている．実際には足先のほうが地面についているから，胴体が水平にしか移動せず，ちょうど車輪がついているのと同じ状態である．だから，立ち止まっているときや，ごくゆっくり動いているときには，モータはほとんどエネルギーを消費しない．

* 実際のDANTEロボットでは，地形の凹凸に対応して8本の足先の高さを調整するために，パンタグラフ機構の上端を上下に駆動するアクチュエータも装備している．

C. リラックス姿勢をとる(特異点を利用する)

図3.7のロボットは，4脚をすべて着地させた状態では，モータの電流を切っても立ったままでいられる．このようなことができるのはアクチュエータで胴体の上下動ができない状態のときである．このロボットはもともと4脚接地時には胴体の高さを調整する機構はない．このロボットの詳細は「研究室のロボットたち」(p.135)を見ていただきたい．また，図3.8の6足歩行ロボットは，上下2つのフレームをス

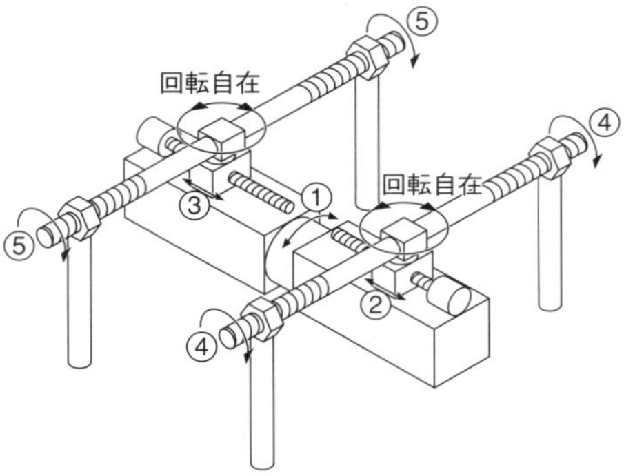

図3.7 全脚接地状態でアクチュエータトルクの不要な5自由度4足歩行ロボット

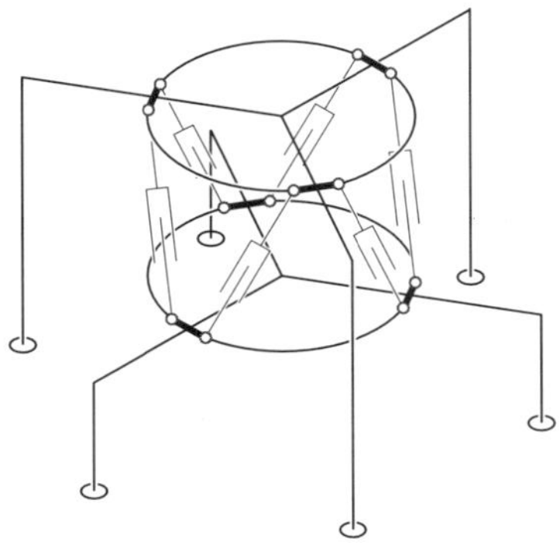

図3.8 スチュアートプラットフォーム型の6自由度歩行ロボット

チュアートプラットフォームと呼ばれる6自由度機構でつなげたものである．6本の直動アクチュエータは油圧シリンダあるいは回転モータ＋ボールねじで実現する．シリンダが回転自在ならばその上下端の関節は，ユニバーサルジョイント(2自由度屈曲ができるジョイント．☞本書姉妹編* p.196)とする．回転自在でない場合にはどちらか一方をボールジョイント(3自由度回転ジョイント．☞本書姉妹編p.196)とし，他方をユニバーサルジョイントにする．上下それぞれに3本ずつの脚があり，交互にもち上げて移動する．このロボットは，6脚すべてが接地しているときには，胴体の上下運動はできない．その代わりに，アクチュエータはトルクを出さなくてよい．このようなリラックスした姿勢で立っていられるようにすれば，エネルギーの消費を少なくすることができる．そうすれば，モータの発熱も少なくできる．

* 米田 完，坪内孝司，大隅 久，はじめてのロボット創造設計，講談社(2001)．

胴体の上下運動ができない状態は，上記のように，もともとアクチュエータがついていない場合のほか，一般に特異姿勢(☞2.8.7 マニピュレータの特異姿勢)の状態で実現することができる．たとえば人間型の場合では，ひざを伸ばしきって立っている状態である．このときは太ももの筋肉で力を出さなくてもよい．腕立て伏せのときに，ひじを伸ばした姿勢ならば少しリラックスできるのも同じである．

D. 可動範囲限界を使う

胴体を下げるほうの可動範囲の限界を使って立つ場合には，アクチュエータは体重をささえる力を出さなくてよい．つまり，もうこれ以上脚が縮められない状態で立っているときは，体重をささえているのは機構的な限界を生じているところ，すなわち可動部が限界に当たっているところであって，アクチュエータは力を出さなくてよい．ただし，そのときにアクチュエータの力を抜くように特別な制御をしてやらなければならない．また，脚の上下運動に関係するすべてのアクチュエータをこの状態にしてしまうと，脚がまったく上げられず，たとえば支持脚より遊脚を高くできないので，一番力のかかるところだけを限界点にするなどの工夫も必要である．

E. 変速機構を使う

脚の上下運動は，遊脚のときは速いが支持脚のときはゆっくり，あるいはほとんど上下しなくてもよいことが多い．一方，上下運動のための力は，遊脚のときは小さく支持脚のときは体重をささえるために大きくなる．そこで，脚を上下させるアクチュエータに減速比を変えられる機構をつければ，遊脚時の高速低トルク運動と，支持脚時の低速高トルク運動をどちらもモータの定格トルクと定格速度付近の効率のよいところで駆動できる．自転車で坂道を上るときに変速するようなものである．しかし，歩行の1歩ごとに切り換えるような頻繁な変速ができて，軽量な機構はなかなかない．

図3.9はモータを2つ使って，高減速比(低速用)と低減速比(高速用)で共通のボールねじを駆動するものである．低速用のほうには途中にクラッチをつけて，つないだり離したりできるようにしている．図中のλ型のリンクの左端A点，B点がそれぞれa，bのボールねじで駆動され，右下端P点の動きを2倍に拡大する動滑車の原理を使った機構をつけて足先の運動としている．B点を固定してA点を上下させるとP点は真横方向に動く．ということは，P点に縦方向に力を加えてもA点を動かそうとする力にはならないのである．つまり，P点の縦方向の力，すなわち脚が体重

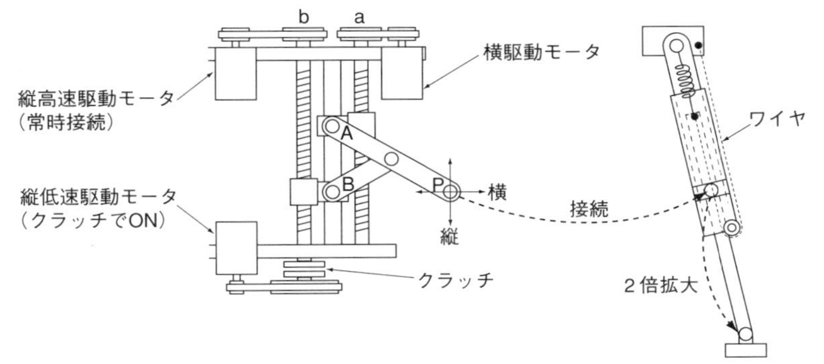

図3.9 縦方向2段変速の脚機構

をささえる大きな力はA点にはかからずB点のみにかかり，bのボールねじだけが負担する（☞2.8.8 操作力楕円体）．そこで，bのボールねじを2段変速で駆動する．部品数を減らすため，クラッチは低速用モータのみにつけ，高速用モータにはつけない．遊脚時にはクラッチを切って高速用のモータだけ接続した状態とする．支持脚時にはクラッチをつないで低速用のモータもあわせて使用する．このとき高速用のモータは接続したままだが，この低減速比で接続されたモータは支持脚のゆっくりした運動では，ごくゆっくり回すだけでよい．つまり高速用モータは支持脚時には，あまりトルクを出す役には立たないが，じゃまにならない程度に速度を合わせて回せばよい．この方法は東京工業大学の「TITAN Ⅵ」に使われている．

F. 地面との摩擦を利用して楽に立つ

4足や6足のロボットが立っているときに，脚を外側に突っ張るように力をかけると，楽に立つことができる．このことは，2本しか脚のない人間では実感しにくい．そこで，図3.10のように2人で背中をつけて立った状態を想像してみよう．床が氷のようにツルツルな場合には，床から受ける力（床反力）は図3.10(a)のように鉛直でなければならない．このときの腰関節とひざ関節に必要なトルクは，それぞれの関節の位置から床反力作用線に下ろした垂線の長さ（h_1，h_2）に，床反力の絶対値を掛けたものである．とくに腰関節は作用線から遠い（h_1が大きい）ので大きなトルクが必要になる．また，ひざ関節のトルクは足先を押し下げるような方向であることに注目してほしい．一方，まったく同じ姿勢でも図3.10(b)のように床面の摩擦を利用

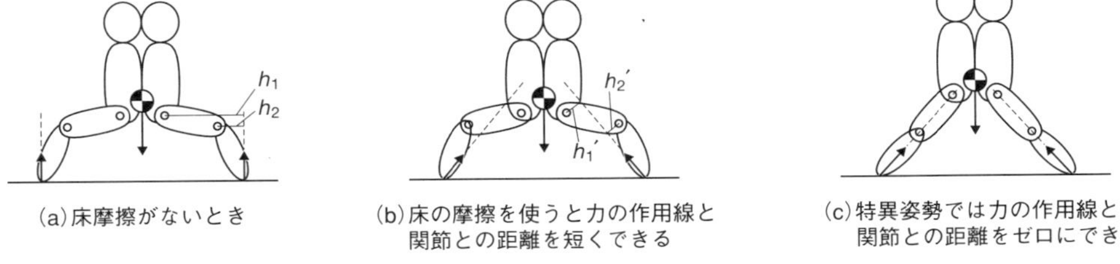

図3.10 床の摩擦を利用して関節トルクを減らす

して，外側に突っ張って立つと，床反力作用線を関節の近くを通るようにすることができる．このときのひざ関節のトルクは先ほどと逆に足先を外側に押し出すような向きである．このほうが楽なのではないかということは想像できるだろう．このときの関節トルクも先ほどと同様に関節から作用線までの距離(h_1', h_2')と床反力の絶対値との積である．ただしこのときの床反力の絶対値は大きい．床反力の鉛直成分が体重をささえるための力であるので，力を斜めにすると絶対値が大きくなるのである．それでも脚の形によっては，鉛直より斜めの床反力のほうが両関節のトルクを小さくすることができる．とくに図3.10(c)のように，ひざを伸ばした状態では，腰－ひざ－足先が一直線になって，床反力作用線の方向をこれに一致させることによってゼロのトルクで立つことができる．

以上のようないくつかの工夫を使って，エネルギー消費の多くなりがちな歩行ロボットを省エネルギー化することができる．

3.2.3 可動範囲を広げる

人間や動物は普通に平地を歩いているだけなら，たいして関節を曲げないですんでいる．しかし，台に上がったり溝をまたいだりするには可動角度が大きいほうがよい．究極的には岩を登るフリークライミングのように柔軟性によって移動能力が大きく変わる．また，平地であっても短距離走では股関節を大きく開いて歩幅を大きくしたり，引きもどす脚のひざを大きく曲げて速く前に振り出したりする．歩行ではないが，しゃがみ込むときには，ひざはもちろん，足首も大きな角度で曲がらなければならない．近ごろのロボットは倒れた姿勢から起き上がれるものも多いが，その途中ではかなり大きな関節可動角度が必要になる．

ロボットに通常使われる軸と軸受けによる回転関節は，生物の骨の関節とは違って，本来，軸そのものは無限に回転できる．可動角度を狭めているのはまわりについている部材である．たとえば図3.11(a)のようなひざ関節では，ふくらはぎがももの裏に当たって120度くらいまでしか曲げられない．人間の肉はやわらかいがロボットの部材はかたいから，当たったらそれ以上曲げられない．可動角度を大きくしようとしてももの裏の切り込みを大きくすると，太もも部分が枠だけのスカスカの構造になってしまう．しかも閉じていない箱状になって剛性が低い(☞本書姉妹編p.100)．そこで，図3.11(b)のように関節軸を後ろにずらしてやれば，180度まで曲げることができる．もちろん前側には曲げられなくなる．さらに万能な可動範囲がほしいときには，図3.11(c)のように片持ち軸にするとよい．形が生物らしくなくなるが，これこそが機械ならではの無限回転が可能な関節である．

ひざは1軸の関節だが，足首や腰は2軸あるいは3軸が一体となった関節である．

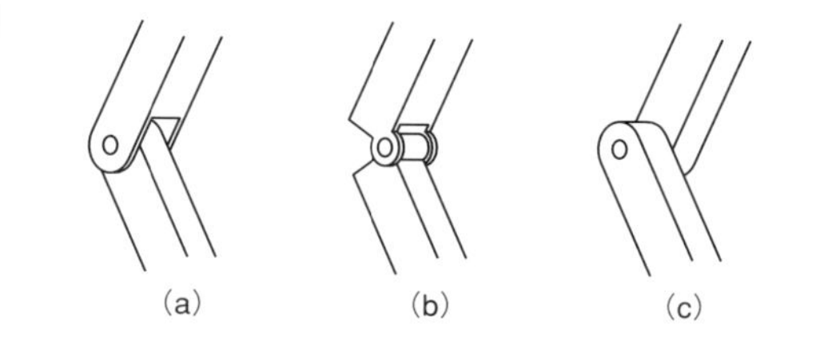

図3.11 ひざ関節の構造

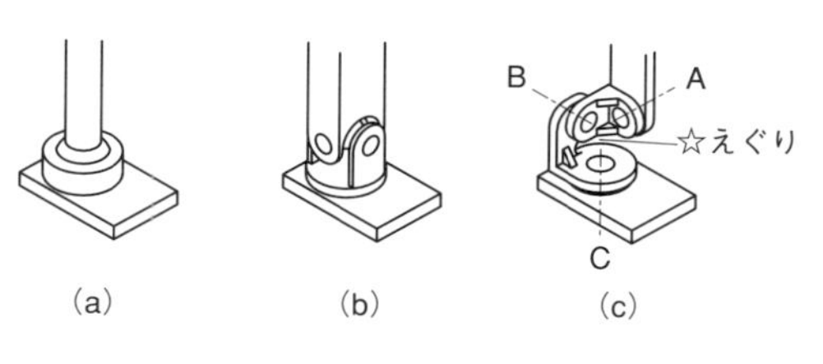

図3.12 足首の構造

ロボットの関節には，筋肉のような伸縮ではなく，回転型のアクチュエータをつけることが多いから，生物のように図3.12(a)のようなボールジョイント型の関節は採用しにくい．これが受動(フリー)の関節ならよいが，アクチュエータをつけようとすると困ってしまう．2軸だけならパソコンのマウスのように2本のローラを当てることもできなくはないが，3軸の駆動はむずかしい．

そこで，通常は図3.12(b)のように3つの回転軸を別々にもつ構造をとる．このときも3軸は1点で交差するようにつくるのが普通である．これは見た目の問題もあるが，むしろ足先座標から関節角度を求める逆運動学が解けるようにするためである．3つの回転軸が離れていると，解析的な関節角度の導出ができないことが多い(☞第2章マニピュレータの創造設計)．この構造では，先のひざ関節と同様に，部材を大きくえぐっておかないと可動角度が小さくなってしまう．ヒューマノイドの足首関節の場合には図3.12(b)のように，すね部材をえぐって可動角が大きくとれるほうをピッチ軸(つま先を上げ下げする回転軸)とする．もっと可動角度を大きくしたいときは，図3.12(c)のように片持ち支持の軸を3つ組み合わせることもできる．図3.12(c)のB軸の下のえぐり部分(☆)は不要に見えるかもしれないが，A軸を回した状態でB軸を曲げるときに，すねが入り込むためのすきまである．このような片持ち構造は，剛性を確保しにくいという欠点がある．そのため，図3.12(c)のようにリブ状の補強をつけるなど，注意深く設計する必要がある(実例：「研究室のロボットたち」のYANBO 3(p.134))．

このようなシリアル(直列)関節のものにくらべ，閉リンク機構を使った脚構造は，可動角度を大きくしにくい．図3.13はアメリカのOdetics社の「ODEX-I」というロボットで，閉リンクでありながら可動角度の大きい設計になっている．たとえば，脚を引き上げてたためるように，当たりを回避する段付き部分(☆)がある．また，2枚の板状のリンクの間に棒状のリンクが入り込むようになっている．

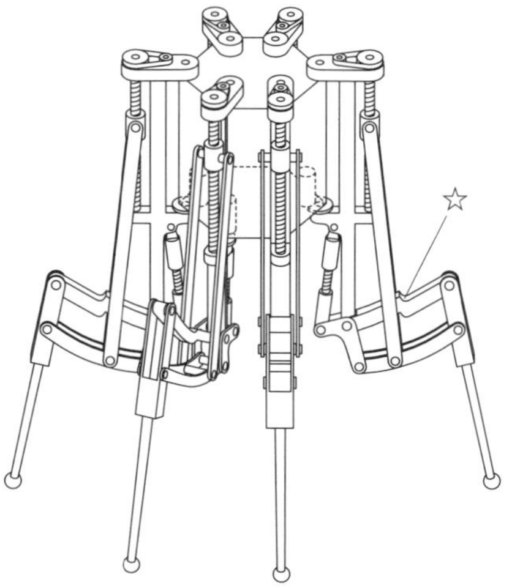

☆
☆印は可動範囲を大きくするための段差

図3.13 5節リンク機構を使った6足歩行ロボット

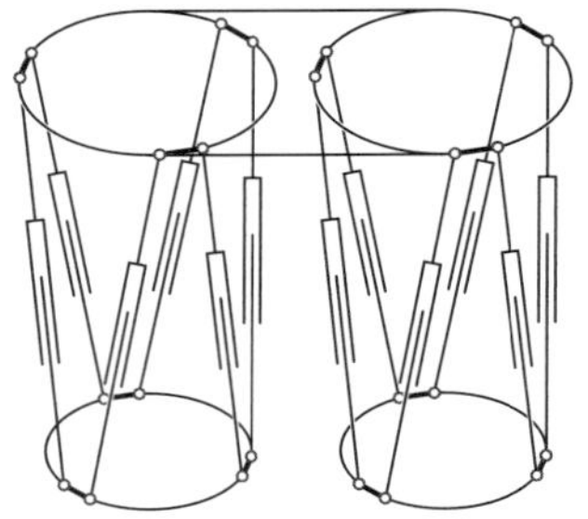

図3.14 スチュアートプラットフォーム型の2足歩行ロボット

3.2.4 剛性を保つ

歩行ロボットの脚には，可動範囲もさることながら，大きな剛性が求められる．つまり，大きな力がかかっても部材が曲がらず，ゆらゆらしない構造である．一般にシリアルリンクよりもパラレルリンクのほうが剛性を得やすい．図3.14は6つのシリンダのパラレルリンクで1本の脚を構成して，とくに重力をささえる鉛直方向に高い剛性をもたせている．これはスチュアートプラットフォームと同じ構造である．早稲田大学の「WL-15」はこの構造である．

3.2.5 足先を軽く

歩行ロボットの脚はできるだけ軽いほうがよい．とくに足先の質量を小さくして，軽快に脚が振り出せるようにしたい．人間も，靴が軽いほうがすばやい運動がしやすい．そこで，ロボットの脚のアクチュエータを足先や脚の途中ではなくて，できるだけ根元のほうに集中させる工夫がなされているものがある．たとえば，アメリカのレイバートの4足歩行ロボット[4)]は，図3.15のように脚全体を伸縮させるシリンダがあって，これを根元の2つのシリンダで曲げる構造である．また，先の図3.1のロボットの3つのシリンダも根元のほうについている．図3.13のロボットもモー

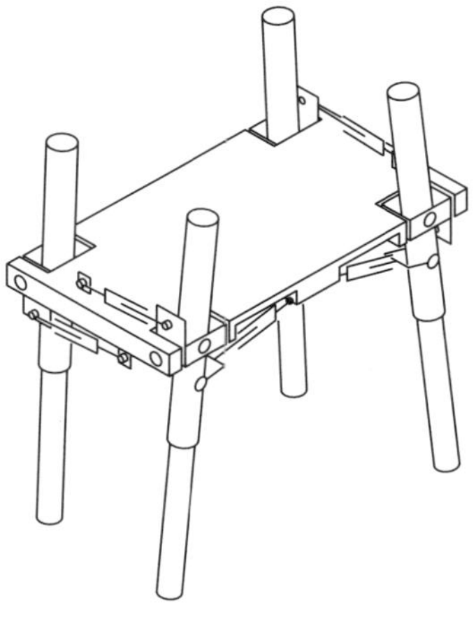

図3.15 直動12アクチュエータの4足歩行ロボット

タを根元のほうに置くことができる．

これらの多足歩行ロボットにくらべて，2足歩行ロボットは足首の駆動が必要なため，すべてのアクチュエータを脚の根元に集中させるのはむずかしい．いくつかの試みとして，ワイヤ，ベルト，フレキシブルシャフト(チューブの中で柔軟性のある軸が回る)などによって根元のアクチュエータの回転を足首に伝えるものもある．しかし，ワイヤやベルトの伸び，シャフトのねじれがあって剛性がいまひとつである．そのため，足首回転をダイレクトに駆動せずに，減速機構を足首につけておいて，その入力軸をワイヤなどで駆動することも有効である．ただし，減速機構の分だけ足首は重くなってしまい，軽量化の効果は半減してしまう．

3.2.6 特別な歩容のために

ハードウエアの性能を高めたいときは，その運用方法を含めて考えるとよい．使い方を限定すれば思い切った構成のハードウエアにすることもできる．たとえば，動歩行に限定した2足歩行ロボットで，静止して立っている必要がないと考えれば，図3.16のように，足先が点接地でもよい．通常の2足歩行ロボットでは必須の足首を駆動する構造がすべて不要になる．また，ひざ関節もなくてよい．このように，何でもできる万能型とせずに，使用条件に合わせた設計をすれば，その範囲では万能型よりもむしろ高性能なロボットをつくることができる．ここではさらに6足歩行ロボットの2通りの例を紹介しよう．

1つめはアメリカのカーネギーメロン大学の「AMBLER」という6足歩行ロボットで，図3.17のような構造である．これは脚の運び(歩容)が特殊で，一番後ろにある脚を胴体の中央を通して一番前にもってくる．これを左右交互に繰り返す．これによって歩幅を非常に大きくとることができる．

2つめは，先に示した図3.8のようなフレームが2つある構造のものである．一方のフレームの3つの足先を上げて同時に前に出すトライポッド歩容を行うことに限定した6足歩行ロボットである．図3.18(a)は名古屋大学の福田研究室のロボット，図3.18(b)は東京工業大学の広瀬・米田研究室の「Para-Walker II」(☞本書姉妹編p.137)の構造である．これらのロボットは，すべての脚が別々に動かせる18自由度の6足歩行ロボットにくらべれば，機能は限定される．しかし，アクチュエータ

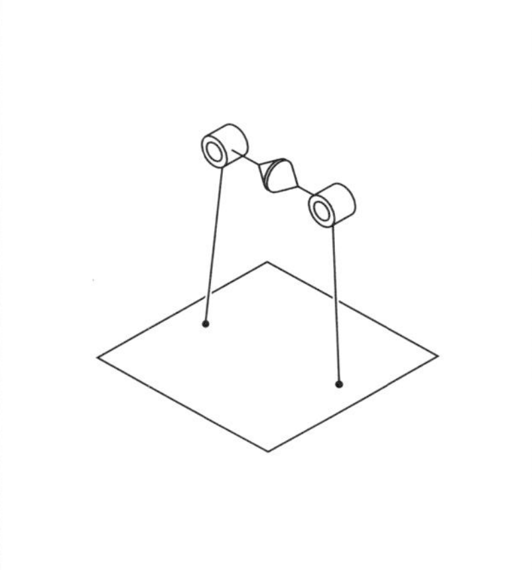

図3.16 動歩行限定の2足歩行ロボット

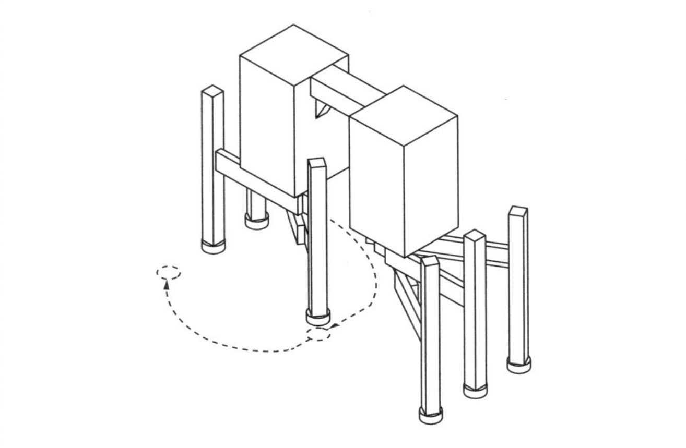

図3.17 一番後ろの足を胴体の中央を通して前に出す特殊歩容の6足歩行ロボット

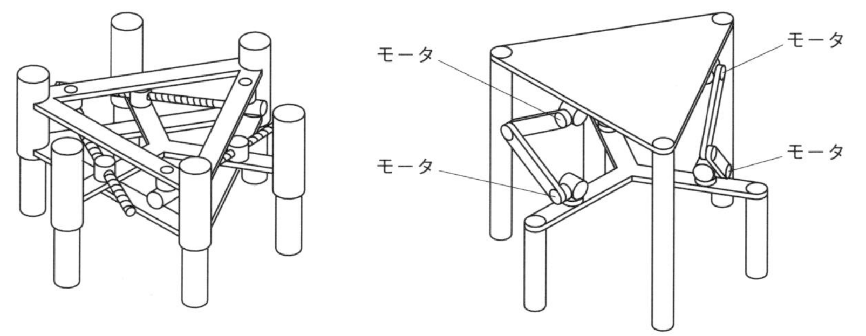

(a)6脚伸縮と3つのねじ駆動　(b)18関節6アクチュエータの構造

図3.18 フレーム型6足歩行ロボット

数は大幅に少なくでき，図3.18(a)は9個，図3.18(b)は6個である．

3.2.7 生物型を回転アクチュエータで

見かけ上は生物型の脚でも，実際の関節は生物とは違う．生物の股関節や足首はボールジョイント状だが，ロボットは軸を組み合わせている．その取り付け順番によって可動角度や軸回りの慣性モーメントが変わり，得意な運動，不得意な運動ができてくる．また，脚の形状によって重力をささえるトルクを出さなければいけない軸とそうでない軸とができてくる．たとえば，図3.19(a)のように一番根元の軸を鉛直軸とすれば，その軸のアクチュエータは重力をささえるトルクを出さなくてよい．この構造はだいたい重心が低めで脚を開いた，昆虫型，爬虫類型(ワニやトカゲ型)になる．同様に，図3.19(b)の構造も根元の鉛直軸は小さなトルクでよいが，この場合は足先の左右スタンスの狭い哺乳類型(犬や馬型)になる．一方，図3.19(c)のように脚の根元に前後に振るピッチ軸と左右に振るロール軸を集中させて配置したものもある．この形では，脚をあまり左右に開かずに歩けば，ロール軸(B軸)の関節のトルクは，ほぼゼロでよい．また，歩幅をそれほど大きくしなければ，ピッチ軸(AおよびC軸)のトルクも小さい．この構造は重心が高めで脚を下にして歩く哺乳類型になる．

なお，図3.19は，(a)が「OSU-hexapod」(オハイオ州立大学McGhee教授)や「AQUAROBOT」(港湾航空技術研究所)，(b)が「鉄犬」(電気通信大学・木村研究室)，(c)が「Collie」(同・木村研)や「AIBO」(ソニー)の脚構造である．

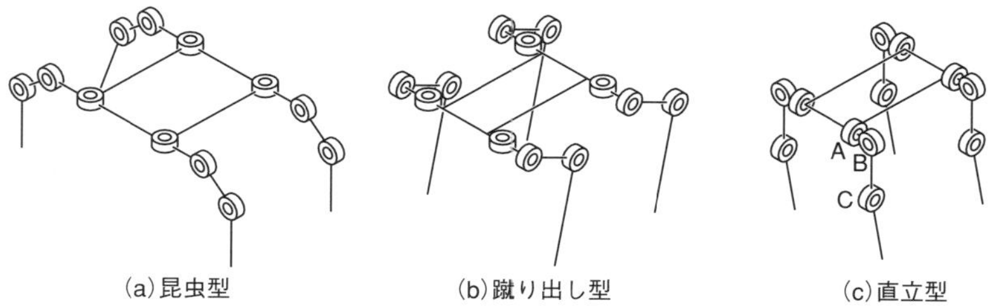

(a)昆虫型　(b)蹴り出し型　(c)直立型

図3.19 回転関節12個の生物型構造

3.2.8 バックラッシュをなくす

歩行ロボットの脚は，位置決め精度はマニピュレータほど高くなくてもよいが，体重をささえたときにグラグラしてはいけない．脚の剛性が必要なことは先に説明したが，それと同時に関節の遊びがないようにすることが非常に重要である．つまり関節の駆動機構のバックラッシュが小さいほうがよい．通常の平ギア減速器では1～3度程度のバックラッシュがある．小さな2足歩行ロボットで足裏が相対的に大きい場合，あるいは常に複数の脚で支持する多足歩行ロボットの場合には，この程度でもよい場合が多い．しかし人間サイズのロボットでは，たとえば足首にバックラッシュがあったら頭は相当グラグラする．

そこで用いられるのが，バックラッシュのほとんどないハーモニック減速機(☞本書姉妹編 p.191)やボールネジ(☞本書姉妹編 p.184)である．東京工業大学の「YANBO 3」(☞「研究室のロボットたち」p.134)は，すべての関節にハーモニック減速機を用いている．また，1つの最終段ギアに2つの［アクチュエータ＋ギアヘッド］をつけて，拮抗させて駆動する方法も有効である(☞本書姉妹編 p.192)．いずれの場合も，減速機構の最後の1段の部分のバックラッシュをなくすことが大事である．その前の段のバックラッシュは，多少あってもそれが減速されて，脚の動きに換算すれば小さいものになるので，影響が小さい．

3.3 線形倒立振子モデルによる動歩行の制御

3.3.1 歩行ロボットの動歩行制御のしかた

歩行ロボットを高速に，いや，一般に普通と思われる程度の速さで歩かせようとすると，どうしても動的効果が出てくる．動的効果は運動の「勢い」のようなもので，質量があるものが運動の速度や方向を変えるときに力がかかる効果である．この力が重力にくらべて無視できないほどの大きさになる．この効果をうまく使って歩いているのが，いわゆる動歩行である．倒れそうにならないで歩行できているとき，「動的に安定である」という．

動的に安定に歩かせるための制御法には，いろいろな方式が試みられている．力学的に正確に計算しようとするもの，歩行のルールをうまくつくろうとするものなど，そのポリシーも手法も多岐にわたっている．現状で，どれがよいとはいえない．それらのいろいろな方式は概略として，

①ゼロモーメントポイント(ZMP)を安定基準とする方式

②制御規則をつくって，それにより運動の安定性を生み出す方式

の2つに分けることができる．①はさらに，次のように大別できる．

①-1　ZMPが足裏におさまる運動パターンをあらかじめ生成しておいて，それを忠実に再現する方法．おもに多質点の計算モデルを用いる．途中で運動パターンをつくりなおすものもある．さらに，ZMPが予定どおりの位置にくるように足首トルクを調整する制御を付加したものもある．

①-2　ZMPが足裏中心にくるとしてこの先の運動を予測し，着地点変更などを行う方法．おもに線形倒立振子モデルを用いる．

ただし，概略計画を①-2のように作成し，詳細計画を①-1のように作成するものも

ある．

一方，②は，

②-1　フィードバックによる着地点変更を前後・左右・胴体姿勢について行う方法

②-2　歩行パターン生成と安定保持フィードバックをニューラルネットワークにより行う方法

②-3　支持脚回りの角運動量，胴体進行速度など，適正に保つべきパラメータを設定し，それを計測しながら適正値に近づくように脚の踏み出し方などを修正する方法

などがある．もちろん，これらを組み合わせたようなもの，細かく見ればどれにもピタリとはあてはまらないものもある．

本書では，これらのうち，2足歩行ロボットの制御の基本として多くのロボットに適用され，数学的にも非常に見通しのいい①-2の線形倒立振子モデル，近年注目されて盛んに研究がなされ，まだ課題も多いが発展の可能性が大きい②-2のニューラルネットワークによる制御について解説する．

なお，①-1については本書姉妹編(p.117～119)で解説している．

3.3.2　1質点モデル

歩行ロボットの制御を考えるとき，いきなり現実の目の前にあるロボットを，ありのままに考えてはいけない．ものごとは，まずできるだけシンプルな方法で解決しようと試み，その結果を見ながら徐々に現実に近づけていくとよい．そこで，はじめに歩行ロボット全体を図3.20のように1つの質点に2本の脚がついたものと考える．質点には質量があるが大きさをもたないものと考えるので，回転に関しては慣性モーメントはない．そして，脚は2本とも質量がなく，それぞれが何らかのアクチュエータによって伸縮運動を行うものとする．

3.3.3　線形倒立振子

このような1質点のメカニズムを仮定したうえで，さらに歩き方も理想的なものを考える．それは図3.20のように質点の高さが一定のまま移動するというものである．2本の伸縮脚の一方を地面につけて，もう一方は空中を前に進んでいるとする．接地している脚(支持脚)は質点の高さを変えないように傾きに応じて伸縮させる．もう一方の脚(遊脚)は，足先を上げるために縮めて，次の着地点に向かって前方に振り出し，伸ばして着地する．支持脚と遊脚の切り換えは，時間ゼロで瞬時に行う

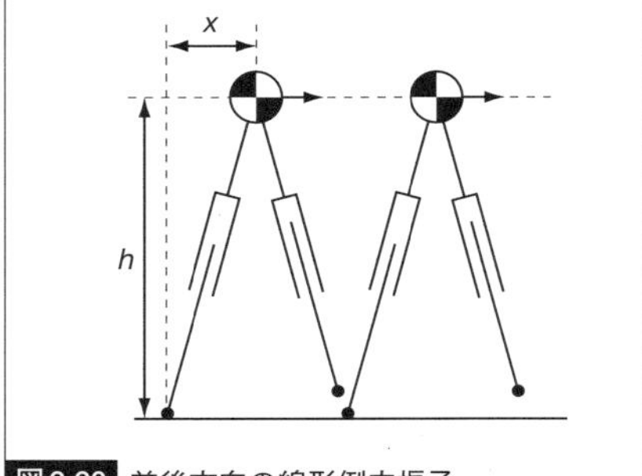

図3.20 前後方向の線形倒立振子

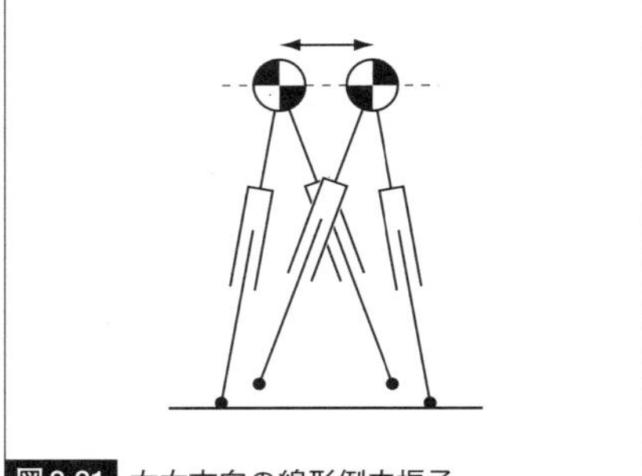
図3.21 左右方向の線形倒立振子

ものとする．これを線形倒立振子モデルという．普通の倒立振子は脚の部分が伸縮しないので，傾くと質点が円弧に沿って移動するが，線形倒立振子は伸縮機構によって質点の高さを一定に保っている．後で説明するように，このことが運動方程式を線形(1次式)にしているため，このような名前で呼んでいる．

3.3.4 前進と左右足踏み

さて，図3.20は前に歩くロボットを横から見たものだが，これを正面から見ると図3.21のように左右の脚を少し開いて歩いている．ここで扱う1質点の線形倒立振子モデルでは，前後の運動と左右の運動を別々に考えてよい．つまり，実際の歩行運動は図3.20の前進方向に脚を踏み出す運動と，図3.21の左右に足踏みをする運動を重ね合わせたものになる．

3.3.5 前後方向の運動方程式

動歩行制御の基本の運動方程式はF(力) = m(質量)a(加速度)というニュートンの運動方程式である．図3.20のように着地点の鉛直上方から前方に距離xのところにいる質点は，重力と床からの力を受けて前方に加速する．その加速度aは，

$$a = \frac{x}{h} g \tag{3.1}$$

h：重心の高さ

g：重力加速度

である．加速度aはxの2階微分であるから，この式は

$$\ddot{x} = \frac{g}{h} x \tag{3.2}$$

と表せる．もし，$\ddot{x} = 0$のときに前向きの速度がv_0であったなら，前にいくにしたがって速度を増していく．その様子を横軸に前後位置x，縦軸に前向きの速度$\dot{x}$をとった位相線図と呼ぶグラフにしてみると，図3.22の太線のようになる．

3.3.6 さまざまな初期条件の位相線図

図3.22の位相線図において，はじめの位置と速度がもう少し違っていたらどうなるか．運動方程式は変わらないから，はじめの速度が速ければ，より速く遠くへ進む．さまざまな初期条件のグラフを重ねるように描くと図3.22の細線のようになる．

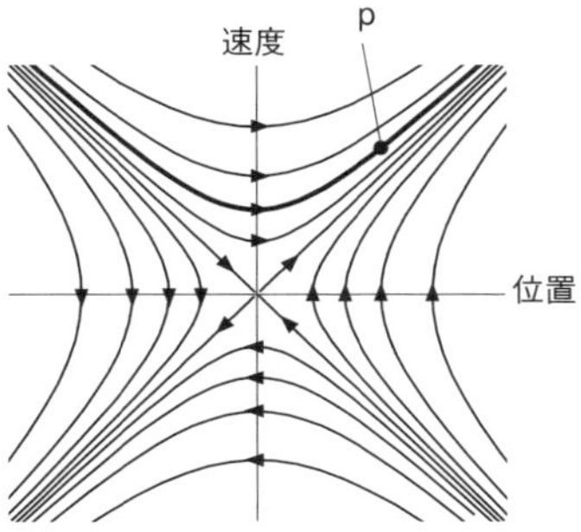

図3.22 線形倒立振子の位相線図

3.3.7　歩き続けたときの位相線図

図3.22の位相線図の太線に沿って運動していたとして，ある地点pで次の支持脚に切り換えたとしよう．次の支持脚の位置を$x=\lambda$とする．この位置を原点だと考えれば，次の1歩も運動方程式の形は変わらない．すると位相線図はこの接地点$x=\lambda$を原点にして図3.22と同じグラフになり，前の1歩と重ねてみれば図3.23のようになる．前の1歩から次の1歩に移るタイミング(●点)の選び方で，次の1歩の運動が変わってくる．さらに歩数を重ねていくと，その位相線図の様子は図3.24のようになる．しかし，もし着地点の位置が不適切だと，図3.24のaの線のように速度が増大しすぎて，倒れていってしまう．あるいは図3.24のcの線のように前進していたのに後退する方向へいってしまう．そこで，支持脚の着地位置を前後に調整したり，支持脚切り換えの時刻を早くしたり遅くしたりと調整して，bの線のように安定な歩行を続けるようにする．

3.3.8　左右方向の運動方程式

今度は左右方向の運動方程式をつくろう．図3.21のように向かって左の脚を地面につけているとする．この着地点の座標を$y=-r$とする．質点のy座標と横向きの加速度との関係は，重力と床からの力の合力が質点を加速させる力であるから，

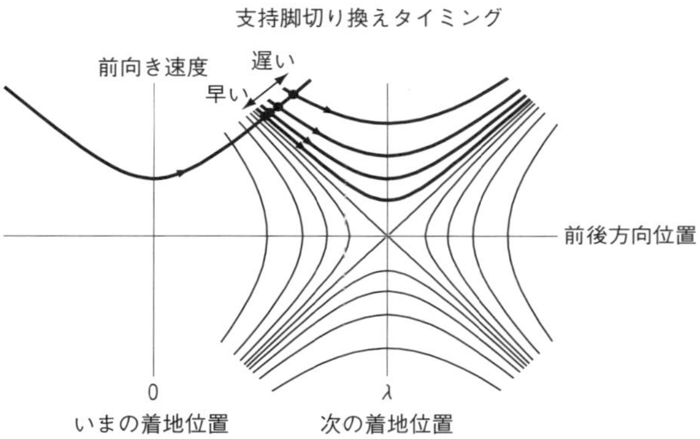

図3.23　前に1歩踏み出したときの位相線図

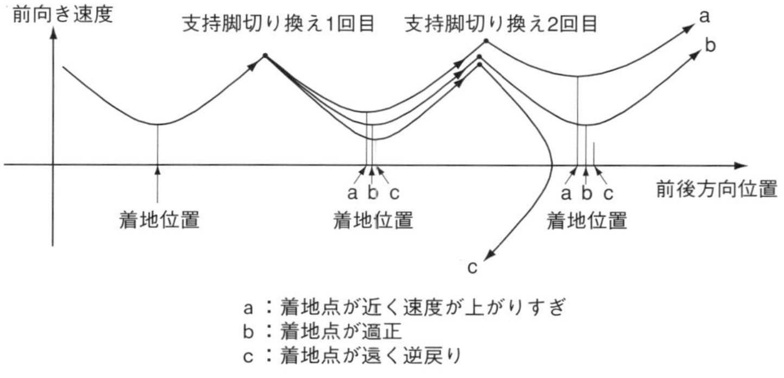

図3.24　前後方向の連続歩行の位相線図

$$\ddot{y} = \frac{g}{h} y \tag{3.3}$$

である．これを横軸に左右位置y，縦軸にy方向(向かって右，ロボットにとって左)の速度$\dot{y}$をとった位相線図にすると図3.25の太線になる．前半は支持脚に近づいて後半は遠ざかっていく．さまざまな初期条件の場合を重ねれば図3.25の細線のようになる．いま，図の太線に沿って進んでいるとして，q点のところまできて，次の支持脚である向かって右の脚を$y=r$の位置についたとする．その脚を支持脚とする次の1歩の位相線図を重ねると図3.26のようになり，前の1歩の終端点qを通る新しい線(図の太線a)に乗り移っていく．さらに次の支持脚が再び$y=-r$の位置だとすると，図3.26の太線bのように位相線図上を巡回するように進んでいく．このままでは左右の振幅が増大してしまうが，もし，脚をもう少し開いて接地点を遠くにするとか，もう少し早めの時刻に支持脚を切り換えてしまうとか，うまく調整すれば図3.27のように連続した安定運動が得られる．

3.3.9　左右の同期と安定化

さて，前後方向の運動と左右方向の運動を別々に見てきたが，支持脚の切り換えという動作は両者に共通である．つまり図3.24の各頂点と図3.27の頂点の時刻は同一である．だから，支持脚の切り換え時刻を調整するのは前後と左右で独立にはできない．そうすると，つまり歩行の安定化のために調整できるパラメータは，支持脚切り換えの時刻，着地点の前後の位置，着地点の左右の位置の3つである．一方，

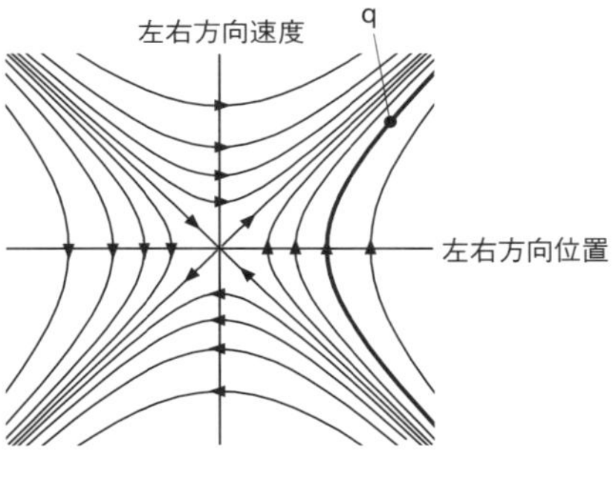

図3.25 左右方向の位相線図

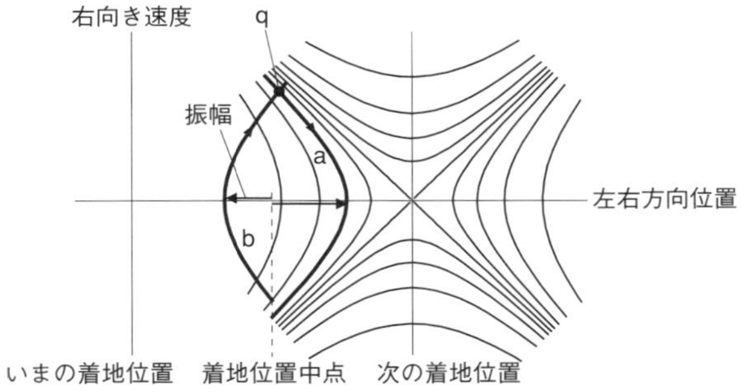

図3.26 左右方向の位相線図での脚切り換え

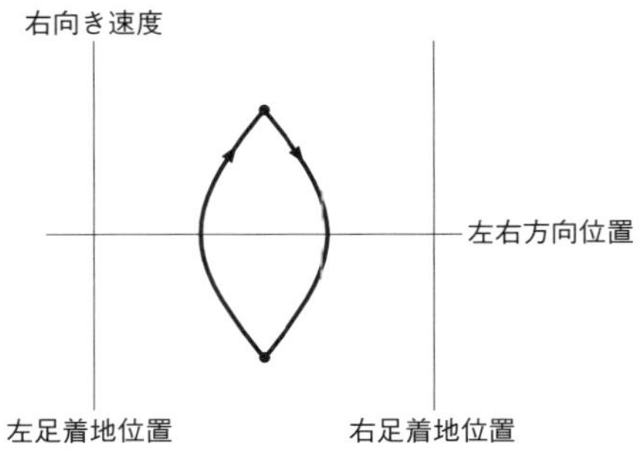

図3.27 左右方向の連続歩行の位相線図

安定化したいのは前後運動と左右運動の2つだから，よほど並はずれた位置や速度にならないかぎり，2つのパラメータを調整すれば事足りる．しかし，ふらふらとどこに歩いていってもよいというのでなければ，着地点を勝手に変えられては困る．だが，着地位置を前後左右ともガッチリ決められたのでは安定化できない．そこで，実際にはこれら3つのパラメータを巧みに，だましだまし，お互いの機嫌をとりながら調整することになる．

もっとも，これは1質点モデルに固執するからであって，もっと多数の質量が分布するモデルをもとに制御すれば，腕や胴体の運動で安定化することもできる．たとえば，脚の切り換えタイミングは固定，着地位置は前後左右ともに指定どおりにしておいて，そのパターンで倒れそうな分は腕を振り回して補正するということもできる．前後の方向の安定化のために腕を前後に振り，左右の方向の安定化のために腕を左右に振ればよい．ここでも2つのパラメータを調整すればいいのである．ただし，そうたやすいわけではない．脚が勝手な運動を続けていると，それを補正する手の運動はどんどん大きくなっていって，手の長さやモータの出力の限界を超える動作が要求されるようになる．そうなってはいけないので，第三のパラメータとして胴体の運動を利用したりして，腕の運動が発散しないようにする必要がある．こうなってくると，限界内の位置と速度で安定化するという課題が，脚の運動だったものが腕と胴体の運動に置き換えられただけで，問題のむずかしさはさほど変わっていない．

3.4 動物の神経系を手本にした歩行制御

安定な歩行を続けるために，動物の神経系のような構成で運動を発生，制御しようという試みがある．たとえば図3.28のように歩行のリズムを発生するニューロン群があって，その出力波形をセンサフィードバックのニューロン群に入れ，その出力をアクチュエータの駆動信号としている．ここでは，このようなニューラルネットワーク制御の概略を説明しよう．

3.4.1 ニューロンの基本特性

まず，ニューロンというのはどんなものか説明しよう．図3.29(a)のように，ニューロンには入力と出力がある．どちらもアナログ信号，つまりON/OFFではない途

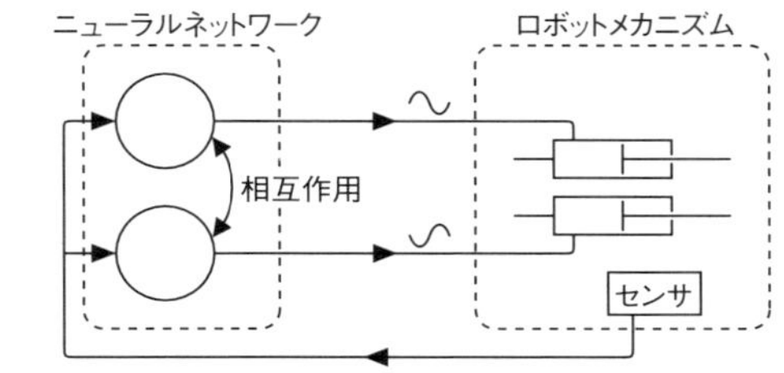

図3.28 ニューラルネットワークによるロボットコントロール

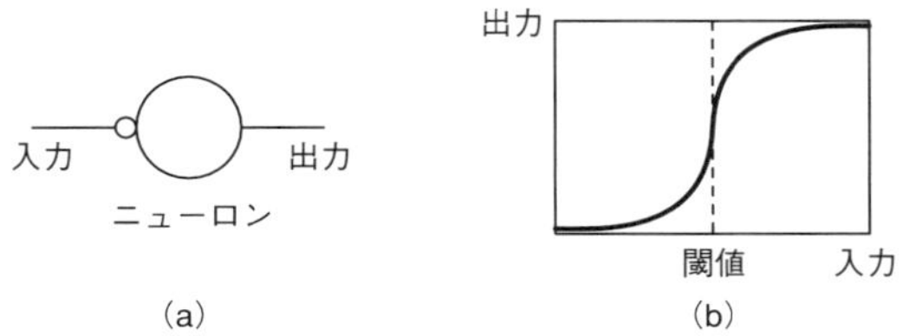

図3.29 ニューロンの入出力関係

中の値もある信号である．入力信号と出力信号との関係は，たとえば図3.29(b)のようにする．この入出力関係は，シグモイド関数と呼ばれ，生物の神経系と類似させたものである．入力が閾値に達すると急に感じるようなものである．入力が閾値以下のときは，ほとんど感じない．入力が閾値以上にグッと大きくなっても，出力はそれほど変わらない．この関係は，もっと単純に，閾値以下では出力ゼロ，閾値を超えると出力1というステップ関数にすることもある．出力が大きくなることをニューロンが「興奮する」という．上記の関数は興奮のしかたを表す関数である．

ニューロンの入力を図示するときは，○はポジティブ接合，すなわち信号が大きいほど興奮を促進する入力接合を表している．一方，●はネガティブ接合，すなわち信号が大きいほど興奮を抑制する入力接合を表している．

1つのニューロンは複数の入力をもつこともできる．その場合は複数の入力をそれぞれ重みをつけて重ね合わせ，その値を先のような興奮のしかたの関数の入力とする．通常は，あるニューロンの出力が次のニューロンの入力につながっているから，この重みの値は，ニューロン間の結合の強度を表している．たとえば，2つの入力があってx_1，x_2だとしよう．重みの係数をw_1，w_2とすると，出力yは

$$y = f(w_1 x_1 + w_2 x_2 - \theta) \tag{3.4}$$

関数fは興奮のしかたを表す関数(たとえばシグモイド関数)，値θは閾値である．

3.4.2 1つのニューロンによるのろまな反応

通常，この1つのニューロンは，入力が一定ならば出力は一定の値で変化しない．しかし，このニューロン自身の出力信号の微分値を入力信号としてもどしてやると，ニューロンの特性に時間的な変化をもたせることができる．たとえば図3.30のように出力yの微分値のτ倍の値を入力部にネガティブ接合で入れる．このニューロンに図のようにゼロから瞬時に一定値になる信号，つまりスイッチオンで電圧を加え

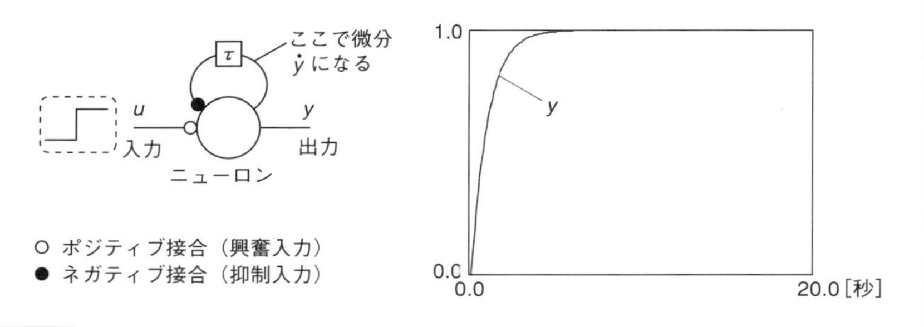

図3.30 単独ニューロンのステップ入力に対するのろま型の応答

るような(ステップ関数という)信号をポジティブ接合で入れてみよう．そうするとニューロンは興奮して出力信号が瞬時に大きくなろうとする．しかし，その出力の微分値が非常に大きいから，その分だけ興奮を抑制する入力信号となる．結果として出力は急激には上昇しないで図3.30右のようになだらかに大きくなっていく．つまり，入力の変化が急激でも出力は急激な変化をしないという，少しのろまなニューロンになる．ただし，入力が変わらないまましばらく時間が経過すれば，出力信号はちゃんと大きくなるから，のろまだけれども鈍感な(感度が低い)わけではない．

3.4.3　2つのニューロンによる慣れ

次に，2つのニューロンを図3.31のように接続すると，生物の感覚に似た「慣れ」の状態をつくることができる．左のニューロン1は前項の少しのろまなニューロンである．この出力を同じく少しのろまな右側のニューロン2にポジティブ接合で入れてやる．するとさらに遅れた出力が出てくる．これをニューロン1にネガティブ接合でもどしてやる．するとニューロン1は一度興奮するものの，ニューロン2の出力が大きくなるだけの時間がたつと，今度は興奮がおさまってくる．これが「慣れ」の状態である．ニューロン1にステップ関数を入力すると，出力は図3.31右のように少しのろまに大きくなり，しばらくすると慣れてきて小さくなっていく．

3.4.4　4つのニューロンによるリズム生成

さらにこの，のろまで慣れのあるニューロン群をA，B 2つ用意して図3.32のように，お互いの興奮を抑制し合うように接続する．つまりそれぞれの出力を他方の入力にネガティブ接合でつなげてやる．すると，たとえばA1が興奮するとB1の興奮を抑える．しかし慣れによってA1の興奮がおさまってくるとB1が興奮してくる．

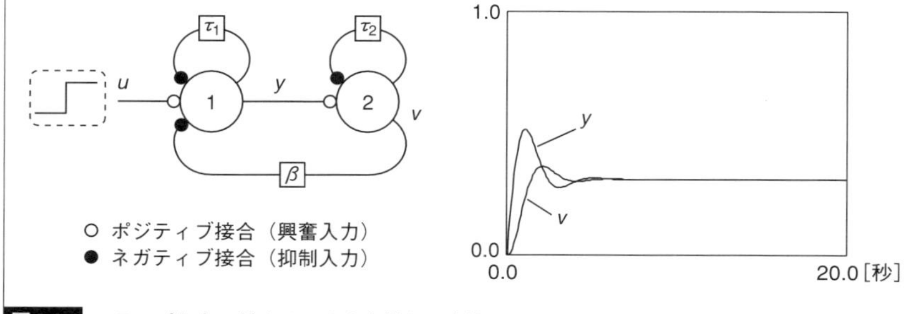

図3.31 ステップ入力に対するのろま＋慣れの応答

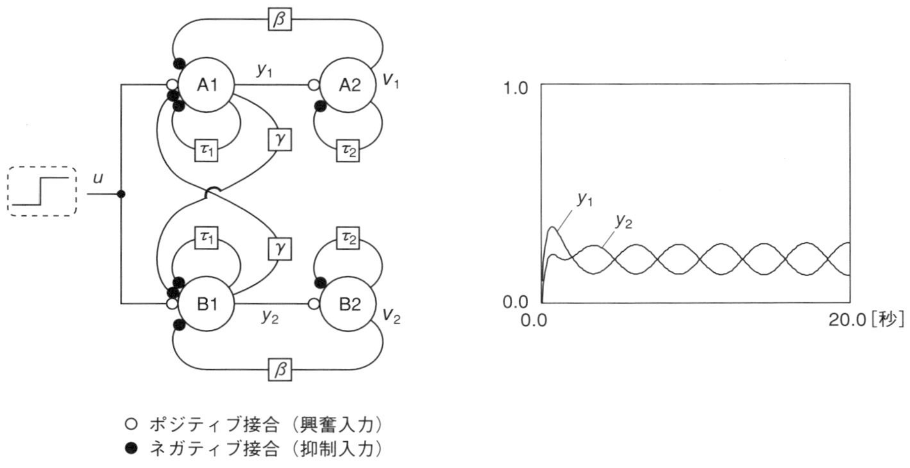

図3.32 ステップ入力に対する自励発振応答

B1の興奮はA1を抑制する．このようにしてA，B 2つのニューロンは交互に興奮・抑制を繰り返すようになる．つまり2つのニューロンの出力は図3.32右のように振動波形になる．これを歩行のリズムに使おうというのである．生物の神経系に似せたこのA，Bのニューロン群はcentral pattern generator（略してCPG）と呼ばれる．たとえば，図3.33のようにニューロンA1の出力をひざを伸ばす伸筋に，ニューロンB1の出力をひざを曲げる屈筋につなげれば，ひざが伸びたり曲がったりを繰り返す．

また，図3.32のニューラルネットワークは，入力uに図3.34のように正弦波を与えると，先の自励発振の周波数が少し変化して入力信号と同期するようになる．これを同期引き込みという．心臓の拍動を外部のペースメーカーで補助するようなものである．ロボットでは，ニューラルネットワークの自励発振の周波数に対して，メカニズムの固有振動の周波数が少しずれているとき，メカニズムに直結したセンサ（角度センサやタッチセンサ）の信号をニューラルネットワークの入力部に入れてやると，発生するリズムがメカニズムの周期に合うようになり，無理のない調子の

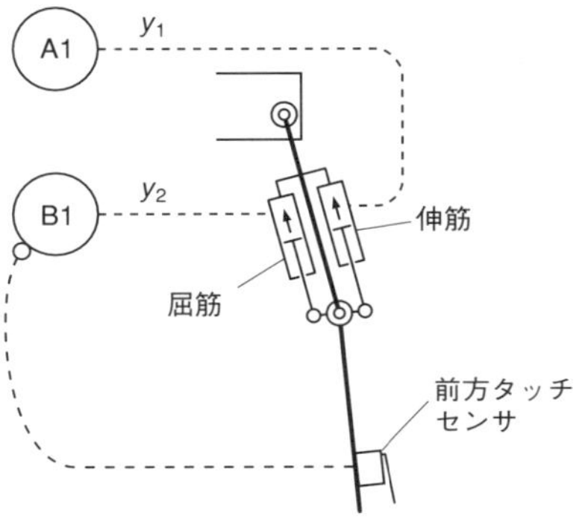

図3.33 足先が前方に当たるとひざを曲げる反射神経系

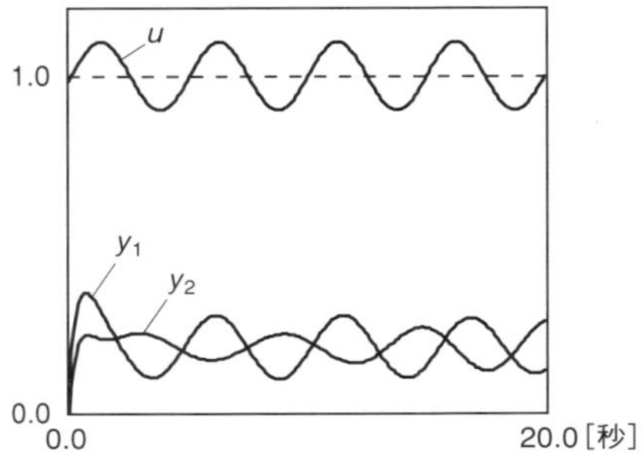

図3.34 振動波形入力に対する引き込み発振応答

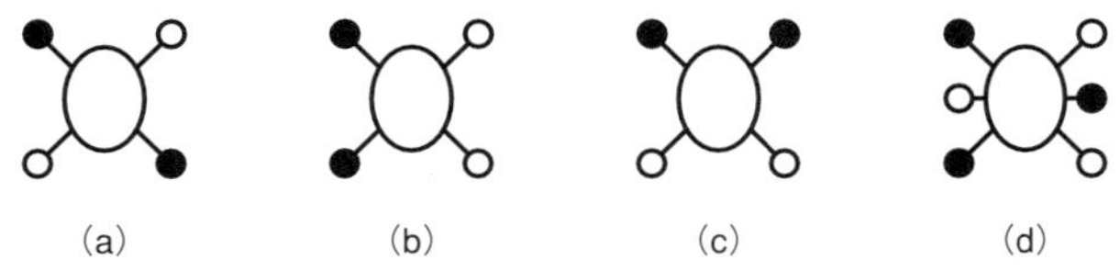

図3.35 ニューラルネットワークで発生する各種歩行パターン

よい感じの動きができる．このように神経系のリズムが，体の調子に合うところが，この制御法の醍醐味である．

3.4.5 各脚のニューロンの相互作用による歩容生成

歩行ロボットの各脚に，このA，B 2つのニューロン群をそれぞれつける．それだけでは各脚がバラバラに自分のタイミングで伸びたり縮んだりするだけだが，全体として歩行運動になるように，各脚のネットワークの間をネガティブあるいはポジティブ結合でつなげる．たとえば，2足歩行ならば右脚用と左脚用の2つのニューロンを互いにネガティブ接合でつなげておく．そうすると，右脚を伸ばしているときは左脚が曲がり，右脚を曲げるときは左脚が伸びるというように，左右の屈伸の位相が180度ずれた，歩行のようなパターンが得られる．4足歩行の場合にはABニューロン群を4つ用意する．それらの間の接合は，隣り合ったものどうしは抑制し合うネガティブ接合，対角線の位置にあるものどうしはポジティブ接合とする．4足歩行の脚の上下のしかたはいろいろあるが，代表的な図3.35(a)～(c)の3つパターンが得られるようになる．この3つのどれになるかは接合の強さによって変わる．このようなニューロン間の接合は，隣り合った2つの脚を同時に上げると転んでしまうというのを避ける意味で理にかなっている．

6足歩行の場合にも，隣り合った脚どうしはネガティブ接合，1つおいて遠くの脚はポジティブ接合にすると，図3.35(d)のようなトライポッド歩容になる．

3.4.6 ニューロンにセンサ信号を入力する

次に，脚や体の状態あるいはセンサによって得た外部情報などをもとに，反射神経的な動きを生み出すところをつくる．これには大きく分けて2つのやり方がある．1つは，歩行パターンをつくるCPGニューロンに直接，センサ信号を入力するものである．たとえば，ひざを伸ばしながら脚を前にスイングしている最中に，足先が障害物に引っかかってつまずきそうになったら，とっさに前方スイングをやめて脚を引き上げる．つまり図3.33のように足先の接触信号を，その脚のひざの屈筋につながるニューロンを興奮させるようにつないでやる．この反応はセンサ情報をロボット全体の知能で処理してから対応動作をするのではなく，局所的な脚だけの対応動作ですますところが特徴である．しかし，接触した脚のニューロンの出力は他の脚のニューロンにつながっているから，うまく接合しておけば引き上げた脚の周囲の脚が伸びて，すべての脚が協力して，つまずきや倒れ込みを回避するようになる．隣どうしの脚のネットワークを，ある脚が伸びるならば，隣は縮むというようにネガティブ接合しておけば，障害物に当たって引き上げた脚に隣接する脚が伸びて，代わりに胴体をささえてくれる．

もう1つの方法は，CPGを形成するニューロンとは別にフィードバック用のニュ

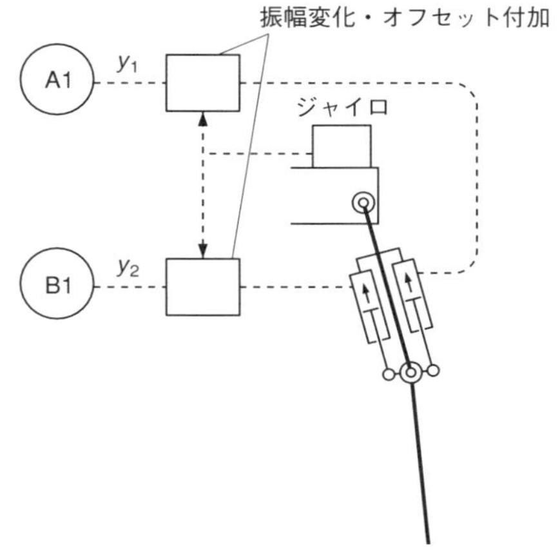

図3.36 胴体傾斜に応じてパターンを修正する外部神経系

ーロンを用意するものである．たとえば図3.36のように，胴体の傾斜をジャイロなどで計測して，前に傾いていたら振り出す脚のひざを伸ばしぎみにするなどである．ここでは，もともとの歩行パターンにオフセットを加えるとか振幅を大きくするなどのアレンジを行って，それを屈筋と伸筋に与える．

3.4.7 ニューラルネットワーク制御の今後

このような生物の神経系を模擬した歩行制御は，実際にはメカニズム自体のもつ安定性や外乱吸収能力との相乗効果でうまくいくかどうかが決まる．安定性の高い6足や4足ではなかなかうまくいっているが，2足では，さまざまな条件下で安定して歩行するのはむずかしい．2足の場合はリズム発生といっても通常は左右交互に脚を出すだけである．しかし，その運動パターンの出し方は，精密な波形を出力する必要があると思われる．また，外乱への対応は単純な脚運動だけではなく，体全体の運動で行わなければならないとも考えられる．そのためには，より高度な情報処理系が必要になる．高等な脳をもつ生物だけが2足歩行をしていることを考えると，2足歩行ロボットも同じように高度な制御系が必要なのではないだろうか．

3.5 脚と腕の総合的安定性

3.5.1 ロボット全体の安定性とは

歩行ロボットは歩くだけでなく，腕で力を出したり，胴体で体当たりしたり，あるいは他からの力(外力)を受けたりする．相撲やレスリングは，まさにこの状態である．このときの安定性は，すべての力を総合して考えなければならない．われわれ人間はこのようなときにも自然に安定性の高い姿勢をとっている．たとえば，腕で前に押し出す力を出すときは，脚は後ろにして体を前傾させる．このような動作をロボットにさせるためには，「自然に」ではなく，力学的に安定性を理解して動作を決めなくてはならない．そこで，安定性とはどんなことかを考えていこう．

まず，安定とは逆の「不安定」とはどんなことか．倒れてしまうことはもちろん不安定である．ここではさらに，片足がもち上がってしまうとか，足の一部，つまりつま先やかかとが浮いてしまうようなことも「不安定」としよう．倒れそうになったけれどももちなおしたとか，よろけたけれども立ちなおった，というのは不安定な時間があったと考えよう．

不安定か安定か，チェックしなければならない不安定動作は3つある．それはフォール（転倒），スリップ，スピンである．そこに出てくる力学的な安定条件は次の2つである．

①すべての接地点で正の床反力（圧力の方向）となること

②すべての接地点で力の接線方向成分（接地面に平行な方向）と法線方向成分の比が最大静止摩擦係数以下であること

フォールしないための条件は①であり，スリップとスピンを起こさないための条件が②である．以下に，3つの場合に分けて安定判別の方法を説明しよう．

なお，歩行ロボットの安定性の判定には，ゼロモーメントポイント（ZMP）を用いる方法がよく使われる．これは，歩行する水平面上における力の中心点を考えるものである．たとえば，もっとも簡単な場合としては，外力と動的効果がないときは，ロボットの重心を地面に投影した点がZMPとなる．それが接地点を結んだ多角形の中に入っていれば安定である．詳しいことは本書姉妹編（p.112～117）で解説している．この方法は，水平面上の歩行にしか適用できないという限定がある．また，上記の①の浮き上がり条件のみを判別するものであり，②の摩擦条件は考えていない．そこで，本節では，ZMPよりも少し計算が複雑になるが，より適用範囲の広い安定判別の方法を解説する．

3.5.2 フォール

フォールというのは転倒のことであるが，もう倒れそうな横になった状態ではなく，図3.37のように，脚の浮き上がりが起こり始めた状態で，転倒に向かうかどうかを考える．まず，わかりやすい平面上のことで説明しよう．図3.37では，腕に水平（向かって）右向きの力Fを受けている．ここでは「出している力」より，むしろ「受けている力」のほうを考える．作用反作用の関係なので，両者は単純に逆向きなだけであるが，物体（ここではロボット）が受ける力を全部総合して，安定判別をする．ほかに，ロボットが受ける力は，重力（図のMg）と床からの力（図のR）である．これですべてであることが大事である．実は，このほかに慣性力（加速運動のために取られてしまう力，遠心力もその1つ）を考えれば，動的な運動にも対応するが，ひとまずここでは考えないでおく．

ロボットがフォールしてしまうとき，その運命の分かれ目は図3.37のように浮き始めた状態で，もとにもどる力があるかどうかである．つまりフォールするかどうかの判定は，図3.37のように脚の端だけが接地した状態で行う．図3.37のO点の回りのモーメントを考える．腕からの力Fは，O点からFの作用線までの垂線の長さrを掛けて，右回り（時計回り）にFrのモーメントになる．重力Mgは，同じく作用線までの距離r_Gを掛けて，左回りにMgr_Gのモーメントになる．接地点Oで受ける力Rは，O点回りにはモーメントを生じない．つまりO点回りにロボットを回転させようとする力ではない．すると，この状態で右に倒れる（フォール）か，左にもどる（セーフ）かは，2つのモーメントの大きさを比較して，右回りの腕の力が大きければフォール，左回りの重力が大きければセーフである．セーフの条件は，$Fr-Mgr_G<0$，つまり，

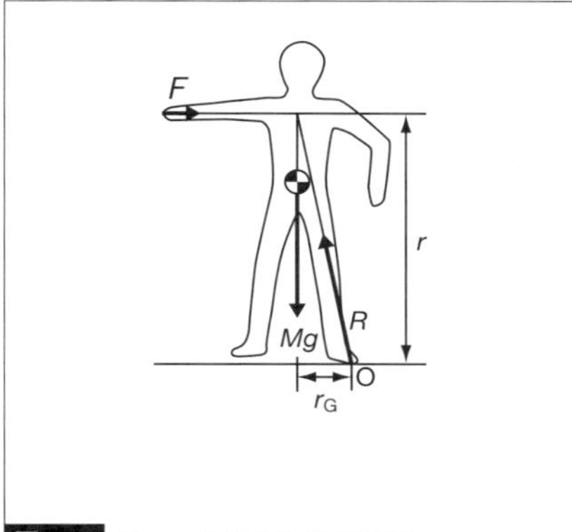

図3.37 フォールの力のかかり方

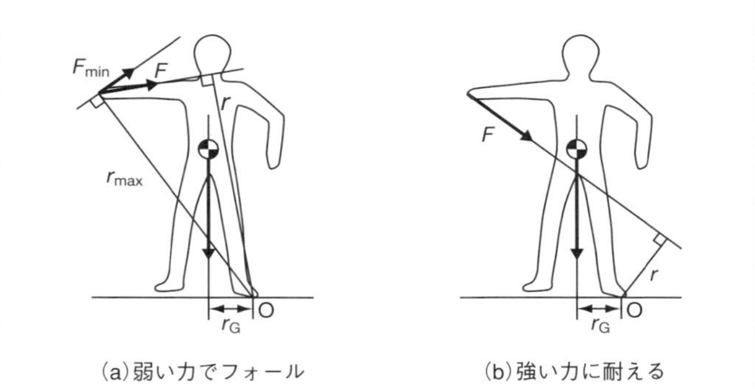

図3.38 力の方向とフォールしやすさ

$$F < \frac{r_G}{r} Mg \tag{3.5}$$

であれば，転倒しない．rが大きい，つまり高い位置に腕があるときは小さい力しか受けられない．r_Gが大きい，つまり重心よりぐっと右に脚を出しておけば大きな力が受けられる，という当然の結果である．

もっと別の状況を考えよう．図3.38(a)のように腕に斜めの力を受けるときは，作用線までの距離rの線は斜めになって，先ほどより長い．rが一番大きくなるのはどんなときかというと，O点と腕先を結ぶ線になるときである．この距離をr_{max}とすると，そのときのFの限界値

$$F_{min} = \frac{r_G}{r_{max}} Mg \tag{3.6}$$

が，フォールする最小の力である．ちょっと上向きの力を受けると倒れやすいわけである．逆にちょっと下向きの力ならば，図3.38(b)のようにrが小さく，大きな力まで耐えられる．

これを平面ではなく，3次元で計算しよう．力をすべてベクトルで考え，$\boldsymbol{F}$と$\boldsymbol{Mg}$とする．距離もベクトル$\boldsymbol{r}$，$\boldsymbol{r}_G$とする．太文字になっただけのようだが，モーメントを算出する掛け算が違う．ベクトルどうしの掛け算で，外積となる．表記は$\boldsymbol{r} \times \boldsymbol{F}$で，順序は［距離×力］でなければいけない(☞ 1.2 これがベクトルの外積だ)．この外積を用いたモーメントの合計を$\boldsymbol{N}$とすると

$$\boldsymbol{N} = \boldsymbol{r}_G \times \boldsymbol{Mg} + \boldsymbol{r} \times \boldsymbol{F} \tag{3.7}$$

のベクトルになるが，これが正か負かという単純な判定はできない．図3.39のように倒れるかもしれない足の端の線回りに，外に倒れる方向か，内側にもどる方向かを見きわめる必要がある．図に表せばすぐわかる関係であるが，コンピュータで処理できるように数式化しよう．足の端の点を2つ選んで，その位置ベクトルを$\boldsymbol{p}_1$，$\boldsymbol{p}_2$とする．$\boldsymbol{N}$の$\boldsymbol{p}_1 - \boldsymbol{p}_2$回りの成分$N_{12}$は$\boldsymbol{N}$と$\boldsymbol{p}_1 - \boldsymbol{p}_2$の内積である．別に選んだ，もう1つの接地点の位置ベクトルを$\boldsymbol{p}_3$，その地面の法線方向ベクトルを$\boldsymbol{n}_3$とする．その点での正の方向の床反力がつくるモーメントとN_{12}の向きが逆向きであれば，打ち消し合うことができる．つまり，$\boldsymbol{N}$だけでは内側に倒れるところをP_3の接地点がささえることになる．この条件を式で示せば，

$$\{(\boldsymbol{p}_3 - \boldsymbol{p}_1) \times \boldsymbol{n}_3\} \cdot (\boldsymbol{p}_1 - \boldsymbol{p}_2) \{\boldsymbol{N} \cdot (\boldsymbol{p}_1 - \boldsymbol{p}_2)\} < 0 \tag{3.8}$$

である．この式をすべての$\boldsymbol{p}_1$，$\boldsymbol{p}_2$について調べ，どの場合にもこれを満たす第三の

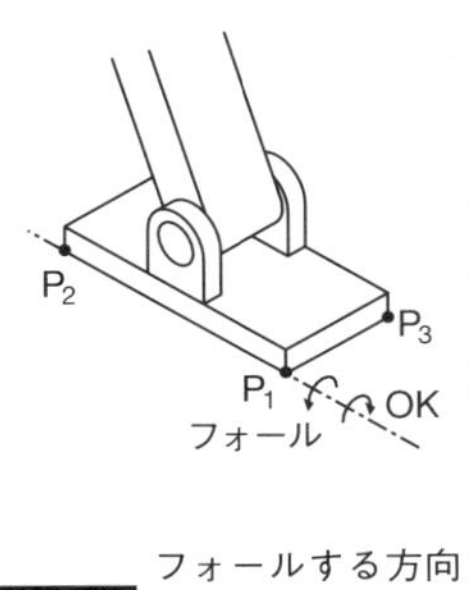

図3.39 フォールする方向としない方向

点P_3があれば倒れない．

この判定は，腕からの力$\boldsymbol{F}$が複数($\boldsymbol{F}_1$，$\boldsymbol{F}_2$，$\boldsymbol{F}_3$，…とする)あっても，そのモーメントを式(3.7)の右辺に追加すればよい．力を合計してからモーメントを計算するのではいけない．それぞれの力が作用する点が違うから，それぞれのモーメントを計算して，それを合計する．さらに，ドリルやねじ回し作業のように，外からモーメント($\boldsymbol{M}_1$，$\boldsymbol{M}_2$，…とする)を受ける場合には，それを直接，式(3.7)に加えればよい．つまり，

$$\boldsymbol{N} = \boldsymbol{r}_G \times M\boldsymbol{g} + \boldsymbol{r}_1 \times \boldsymbol{F}_1 + \boldsymbol{r}_2 \times \boldsymbol{F}_2 + \boldsymbol{r}_3 \times \boldsymbol{F}_3 + \cdots + \boldsymbol{M}_1 + \boldsymbol{M}_2 + \cdots \quad (3.9)$$

のように計算する．

3.5.3 スリップ

スリップとは，図3.40のように，外から押されてずるずるとすべってしまう状態である．倒れるわけではない．このスリップを起こすかどうかの条件は，水平面に立っていて，外から押される力が水平のときは簡単である．外からの力の合計が，重力と最大静止摩擦係数の積より大きくなると必ずスリップする．そうでないときは，うまくやればスリップしない．うまくやるというのは，横方向の力を1つの足でかたよって受けたりしないで，足にかかる重力に比例して配分するということである．つまり，図3.40のように脚の力の方向を等しくして，すべる限界をすべての足に同時に起こるように調整する．人間は自然にやっている．すべりそうな足にはそれ以上横の力をかけないで別の足で受ける力を増やしている．このように，水平に押すときのスリップ限界は体重Mgと最大静止摩擦係数μだけで決まってしまう．式で書けば，

$$\mu Mg > F \quad (3.10)$$

ならばすべらない．

では，外から斜めに押された場合はどうか．外力ベクトル$\boldsymbol{F}$を鉛直方向の成分と水平方向の成分に分けて考えよう．鉛直成分を上向きが正のスカラー(単純な値)でF_V，水平成分を平面内のベクトルで$\boldsymbol{F}_H$とする．

$$\mu (Mg - F_V) > |\boldsymbol{F}_H| \quad (3.11)$$

であれば，スリップせずにもちこたえることができる．つまり，外力の鉛直成分は重力の増減としてきいてくる．相手を持ち上げるようにして斜め上方に押せば，スリップさせやすいのである．このときに逆に自分が受ける力は押し下げる方向であるからスリップしにくい．軽いロボットが重いロボットを押し出すためのワザである．

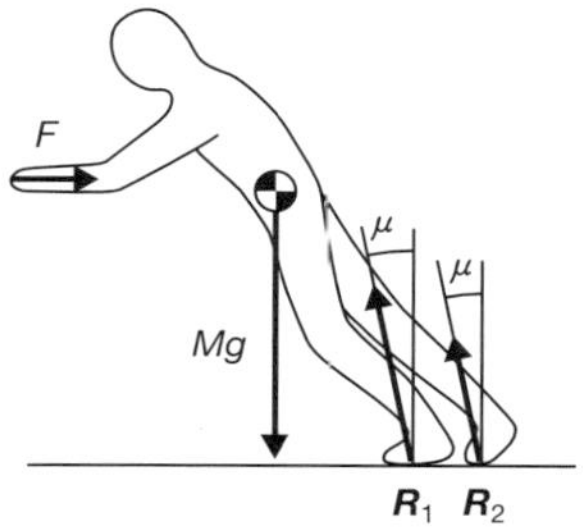

図3.40 スリップは2つの脚の摩擦を限界まで使って防ぐ

なお，水平面でないところに足をついているときは，計算しようとするとずっと複雑になってしまう．ここでは話だけにとどめよう．前から押されているとして，前が下がった斜面(下り坂)についた足で力を受ければ有利である．もちろん後ろに壁があればそこに足(あるいは手)をついて力を受ければよい．斜面や壁のような大きなものでなく，土俵の縁のような小さな突起で十分である．さらに，もし天井があったら，床と天井との間で突っ張るようにすれば，横方向の強い力に耐えることができる．これは，壁2つが左右両側にある場合でも同じである．

3.5.4 スピン

スピンはスリップとは少し違う．スリップは横すべりであるが，スピンはすべって鉛直軸回りに回ることである．2足や4足で立っていれば，通常は起こりにくいが，2足歩行ロボットが片足立ちのときは，スピンしやすい．ごく簡単な計算ですませるために，図3.41のように，足の裏を直径dの円周あるいはその一部とし，それより内部は土踏まずのように浮いているとしよう．長さdの人間のような足裏を近似的に扱っている．地面は水平とし，足の円の中心軸(鉛直)をSとする．外力$\boldsymbol{F}$がS軸回りに生み出すモーメント$\boldsymbol{N}$は

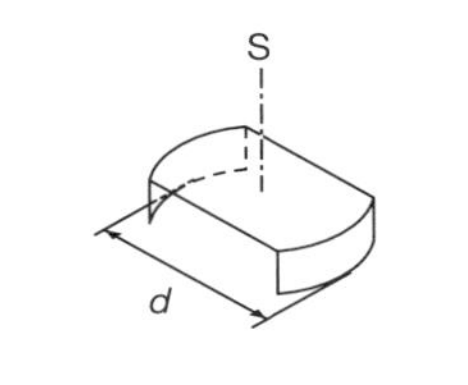

図3.41 スピンチェック用の足裏モデル

$$\boldsymbol{N}=\boldsymbol{r}_{\mathrm{H}}\times\boldsymbol{F}_{\mathrm{H}} \tag{3.12}$$

ここで，$\boldsymbol{r}_{\mathrm{H}}$は足の裏の中心から外力作用点までのベクトルの水平成分，$\boldsymbol{F}_{\mathrm{H}}$は外力の水平成分である．これが，足の裏にかかる押しつけ力に最大静止摩擦係数を掛けた力でつくられるモーメントで受けられればスピンしない．すなわち，

$$|\boldsymbol{r}_{\mathrm{H}}\times\boldsymbol{F}|<\mu(Mg-F_{\mathrm{V}})\frac{d}{2} \tag{3.13}$$

である．ただし，F_{V}は外力の鉛直成分とする．dが小さければスピンしやすい．足の裏の中央付近で体重をささえてしまうと，dが小さくなったようなもので，スピンしやすくなる．土踏まずのようなところをつくったほうがよい．外力が並進力でなく純粋なモーメント(偶力)である場合には，その鉛直成分を直接式(3.12)に加えればよい．たとえば，頭の上で長刀(なぎなた)を回すような動作である．なお，ここでも，水平面以外のところに立っているときは複雑になるが，それは省略しよう．

3.5.5 スリップとスピンの同時チェック

スリップとスピンはどちらも同じように，摩擦力が足りないために起こるので，横ずれと回転が組み合わさって，その相乗効果で，上記の条件よりも小さい力ですべることがある．たとえば，図3.42のように外力を受けて，足の裏で並進力とモーメントを両方受けなければならないとする．このとき，図3.42中のAの部分は大き

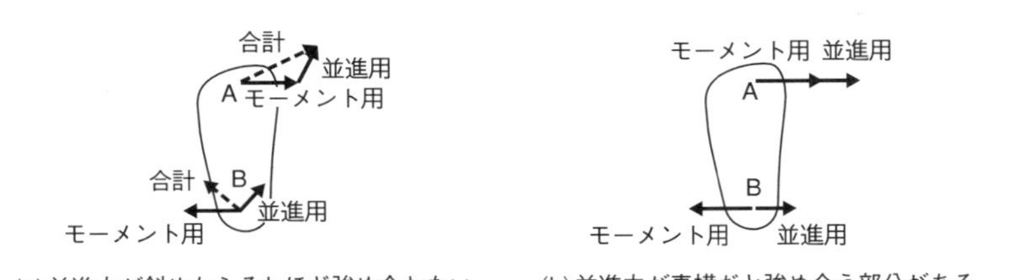

(a) 並進力が斜めならそれほど強め合わない　(b) 並進力が真横だと強め合う部分がある

図3.42 スリップとスピンの複合時の摩擦

な摩擦力が必要になる．逆にBの部分は小さい力になってまだ摩擦として余力がある．しかし，モーメントを発生するために，AとBとの差をつくらなければいけない．そのため，Bだけをこれ以上増やすわけにはいかない．このようにしてAの部分の摩擦力が不足してすべってしまう．このときはBの部分を中心にして回転する．スリップとスピンが合わさったような運動になる．

これはどうして3.5.3項と3.5.4項の単独チェックで判定できなかったかというと，それぞれのチェックでは最良の状態を仮定しているからである．つまり，スリップのチェックでは，足裏で受ける水平力の分配が，ささえている体重(＝鉛直力)に比例して行えるとしている．もしそうなら，図3.42(b)の外力でもスリップしないのだが，モーメントを出すために，鉛直力と水平力を比例させることができない．このようにして条件が悪くなり，スリップを起こすのである．スピンのチェックにおいても，図3.42(b)の2点で同じ大きさの逆向きの力でモーメントを発生させた場合に大丈夫と判断したにすぎない．実際には並進力を出すために差をつけなければならないので，条件が悪くなるのである．

このように，スリップとスピンは単独チェックだけでは不完全である．正確に判定するには，それぞれのチェックで，可か不可かではなく，数値を出さなければならない．足裏の各部(図3.42の例ではA点とB点)について，外力の並進成分とモーメント成分の両方を受けるために必要な摩擦力ベクトルを算出する．それが，垂直抗力に最大静止摩擦係数を乗じたものより大きいかどうかを判定することになる．

簡易な方法としては，次のようにしてもよい．式(3.11)と式(3.13)のそれぞれにおいて不等号が等号になる摩擦係数を求め，その合計が最大静止摩擦係数より小さければ，すべらないと判定することができる．これは最悪のケースを想定した判定である．つまり，並進力を受けるための摩擦力と，モーメントを受けるための摩擦力が，足裏のある部分でたまたま同じ方向である図3.42(b)のA点ような場合に相当する．最悪ケースでOKとなれば，実際には余裕をもってOKなはずである．

3.5.6 フォールとスピンの同時チェック

スピンの項で，2足歩行ロボットが両足で立っているときには，まずスピンは心配ないと説明した．しかし，それは両足にちゃんと体重がかかっているときの話である．外力がかかって倒れそうになっているとき，あるいは自分で重心をはずして倒れそうなときは，片方の足だけで体重のほとんどをささえているかもしれない．そのような場合には，スピンの可能性がある．

3.5.7 足はらいの力学

フォールとスピンの複合の例として，図3.43のような足はらいワザを考えよう．相手の胸のあたりを押して，手前の足を浮かしぎみにし，そこを横にはらうワザである．胸を強い力$\boldsymbol{F}$で押すと，相手は後ろ足のかかとのほうの小さな部分で体重をささえるようになる．つまり，かかと部のピボット支持になり，そこではモーメントはほとんどささえられない．そこへ手前の足への横方向の力$\boldsymbol{Q}$を加え，胸元にちょっと逆向きの力$\boldsymbol{J}$を加えると，くるっとすべる．後ろ足は，後ずさりしないように踏ん張ろうとすると，体重をささえる上向きの力と押された力$\boldsymbol{F}$に対抗するための前向きの力を合わせた斜め前向きの力$\boldsymbol{R}$を床から受ける．これで前後の並進力はつり合い，後ろにすべることはなくなる．さらに，横にも動かないように踏ん張る

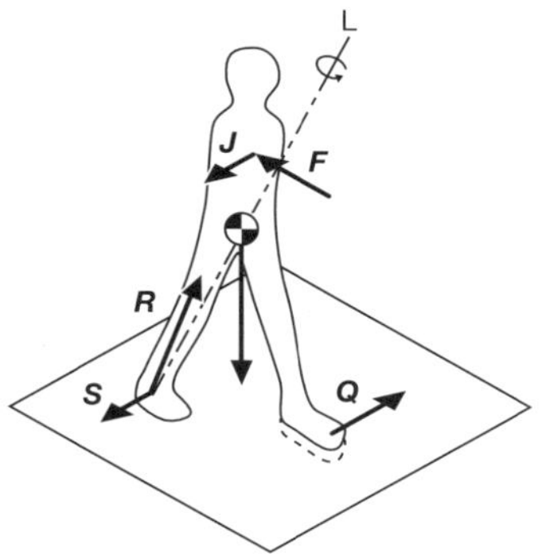

図3.43 足はらいの力のかかり方

と，$\boldsymbol{Q}$と$\boldsymbol{J}$の力に対抗する横向きの力$\boldsymbol{S}$も合わせて受ける．$\boldsymbol{Q}$と$\boldsymbol{J}$と$\boldsymbol{S}$を合わせて，並進力はほとんどゼロだが，モーメントがある．すると，斜めのL軸回りに回転する．そこですかさず$\boldsymbol{F}$と$\boldsymbol{J}$をやめると，手前にころぶ．人間では，前の足だけを横にずらしたりして，足はらいをかわすこともできる．つまり，前足の力を抜いたようにするが，体のかたい(指令しないと動かない)ロボットでは，全身が剛体のようなものであるから，ワザをかわすのはむずかしい．

このようにして，力のかかり具合と安定性のことを考えてみると，「なんとなく」やっていた動作が「力学的」に理解できる．さらに，なんとなくは思いつかなかったワザが力学的にあみだされることを期待して本節を終わることとしよう．

参考文献

1)米田 完，坪内孝司，大隅 久，はじめてのロボット創造設計，講談社 (2001)．
2)有川敬輔，広瀬茂男，「3D荒地用歩行ロボットの研究(GDAと干渉駆動に基づく最適化歩行)」，日本ロボット学会誌，**13**，No.5，pp.720-726(1995)．
3)広瀬茂男，梅谷陽二，歩行機械の脚形態と移動特性(バイオメカニズム5)，pp.242-250(1980)．
4)Marc H. Raibert，*Legged Robots That Balance*，MIT Press(1986)．

第２部　ロボット工学百科

研究室のロボットたち

2足歩行ロボット YANBO 3 （東京工業大学）

人間より関節が少ない8自由度の2足歩行ロボット．腰の左右に各1自由度，各足首に3自由度．高さ780 mm，質量13 kg，モータ：腰 DC 75 W，足首 DC 20 W．

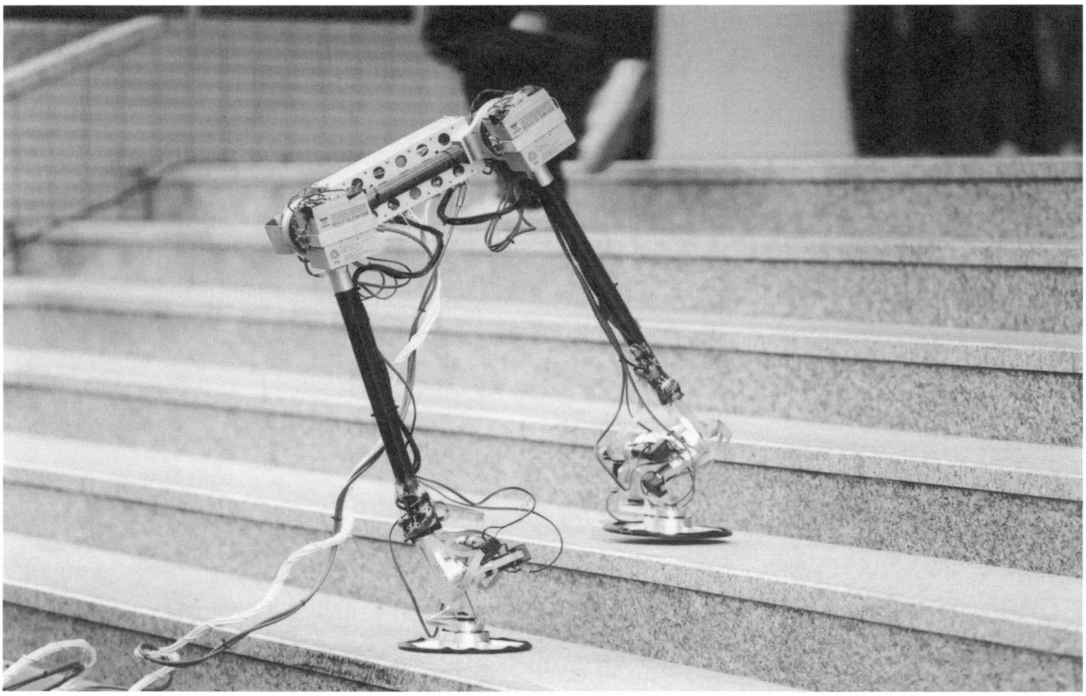

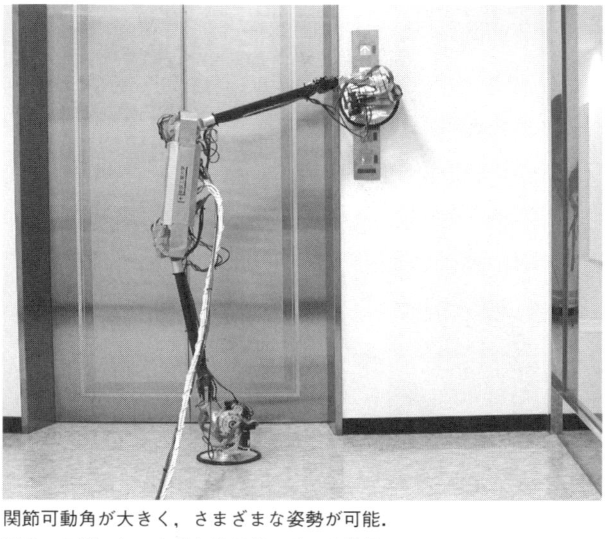

関節可動角が大きく，さまざまな姿勢が可能．脚をマニピュレータ代わりに使っている様子．

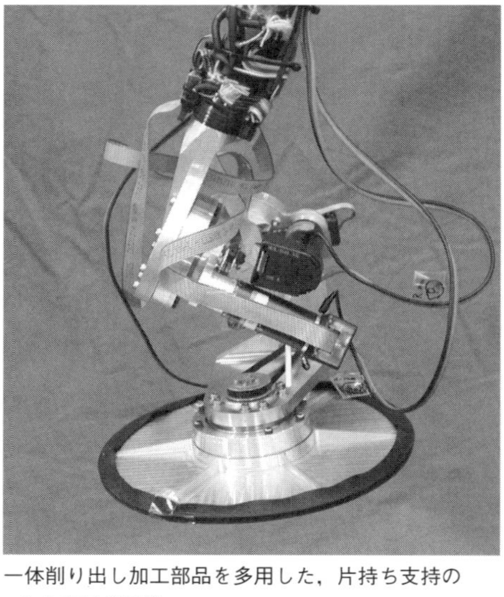

一体削り出し加工部品を多用した，片持ち支持の3自由度足首機構

4足壁面歩行ロボット HYPERION SP （東京工業大学）

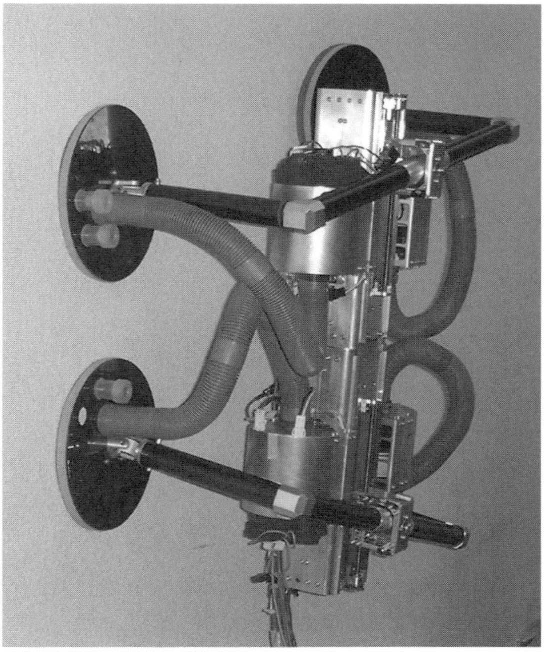

3自由度の4足歩行ロボットに掃除機のブロアを4個つけた壁面吸着ロボット．1つの吸盤で30 kgfの吸着力がある．全質量10 kg．ブロア（タービン）吸引はコンプレッサ吸引にくらべて真空度が高くないが，流量が大きく，多少の空気もれがあっても支障はない．タイル張り壁面や凸凹天井面も歩行できる．

4足歩行ロボット HYPERION 2 （東京工業大学）

アクチュエータ5個の4足歩行ロボット．通常の生物（犬やカメ）型より自由度が少ない分，軽量にできている．長さ640 mm，質量8.8 kg，バッテリやCPUを搭載した自立型．

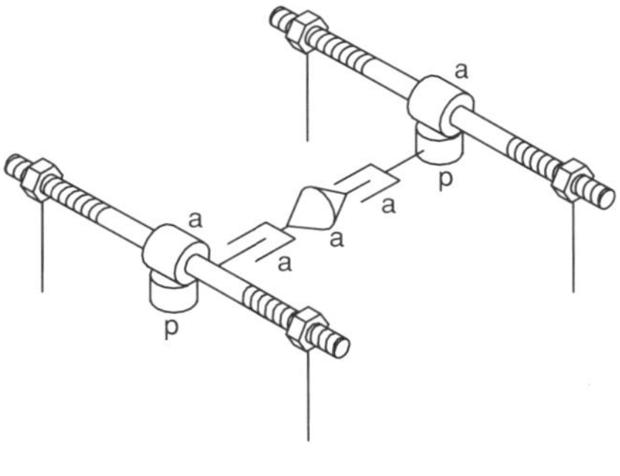

関節の構造
a：アクティブ
p：パッシブ（モータなし）

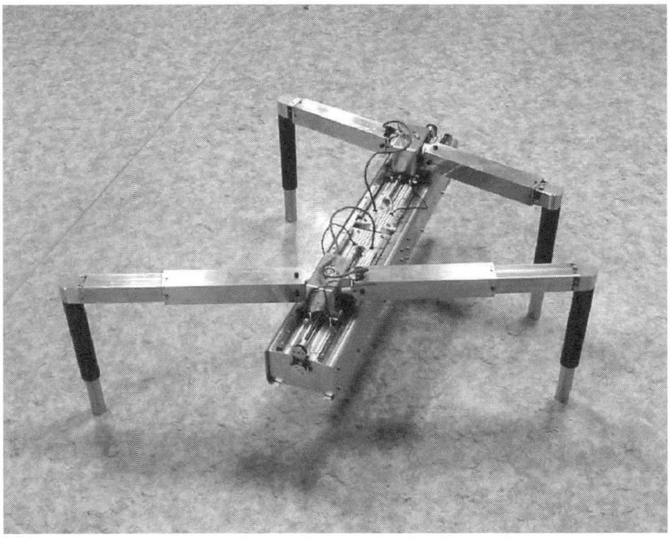

形状適応クローラ XEVIUS （東京工業大学）

表面全体を粉体入りパッドで覆った特殊クローラの車両．
自重60 kg，積載重量60 kg，モータ：200 W × 2．

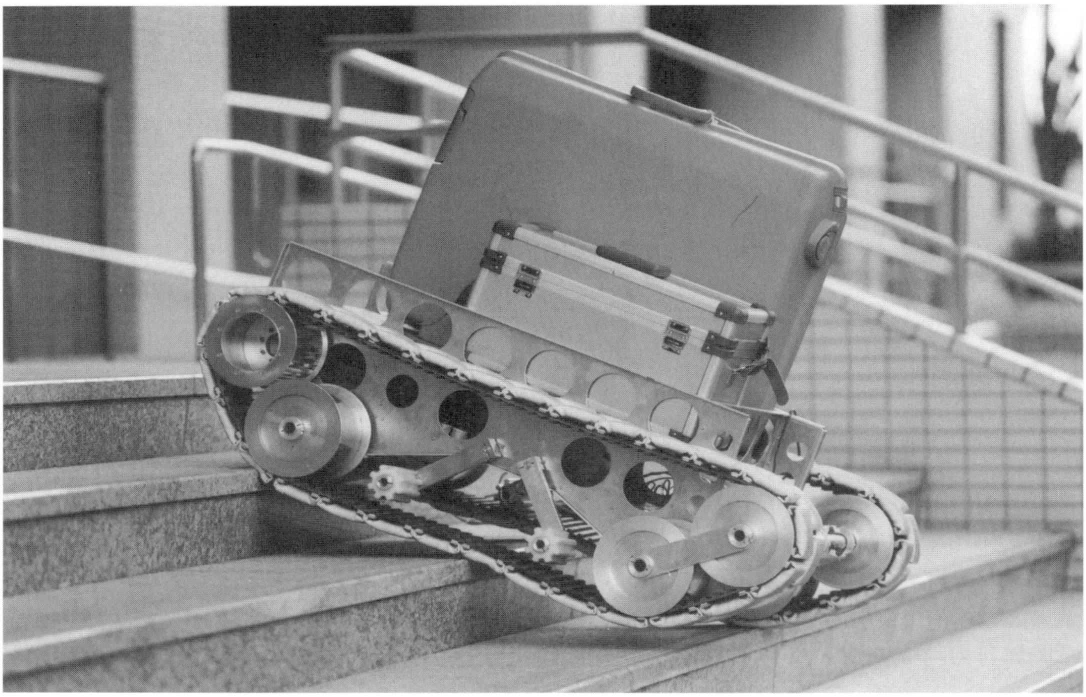

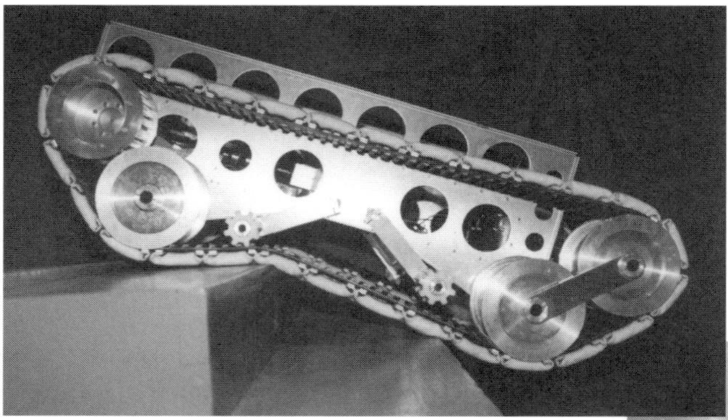

中央部の可動式転輪を開くと，階段最上部でもバタンとならずに走行できる．

粉体入りパッドは，そばがら枕のように地形に合わせて変形し，しかもその形でかたくなる．それによって段差の角などで強力なグリップを得る．

4脚車輪ハイブリッドロボットHYPERION W（東京工業大学）

4足歩行ロボットのHYPERIONに4つのアクティブ車輪をつけたもの．平地は車輪走行，荒れ地は脚歩行という単純な使い分けではなく，車輪走行中に脚の自由度を使って荒れ地適応をめざす．第1部「1.5 車輪型ロボットの静力学と不整地走行」で説明したように，段差に対しては前輪よりも後輪のほうが乗り越えにくい．下の写真では後輪を上らせるために2つのスライド関節を使って胴体を前によせるとともに，胴体中央関節をねじって段差にさしかかっている車輪の荷重を減らして上りやすくしている．

効果器の自動交換機能を有する多機能ロボットシステム

（筑波大学）

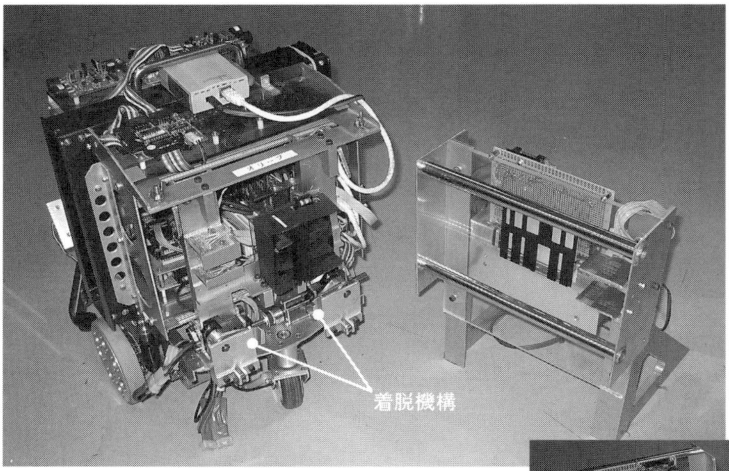

車輪型の移動ロボットに，床拭きや充電などさまざまな作業をする効果器を自動的に取り替えて，目的の作業ができるようにした．環境中の効果器の位置を記憶しており，その効果器が必要になればそこへ取りに行くことができる．ロボットと効果器の着脱は，「着」より，「脱」のほうが難しい．固く固定するために，「脱」に大きな力のいる機構になりがちだからである．このシステムでは，解放時に大きな力がいらないよう工夫をしている．

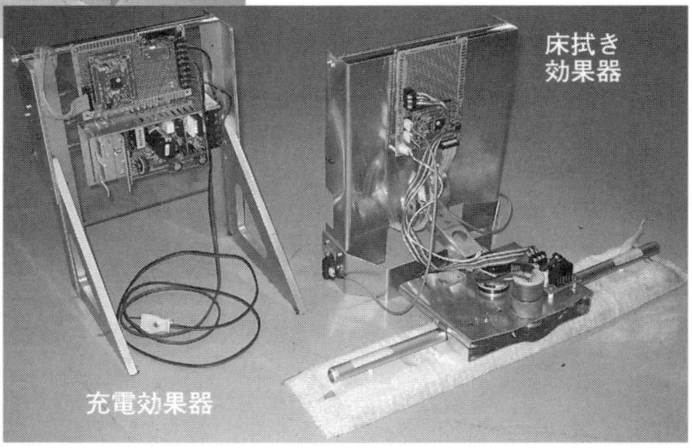

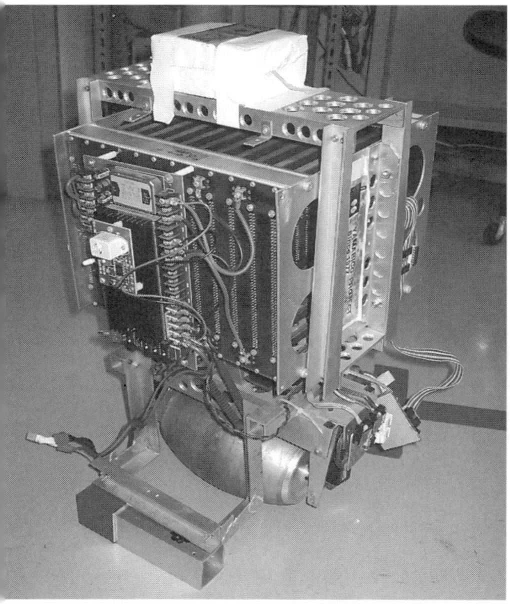

一輪型移動ロボット　山彦イチロー

（筑波大学）

このロボットは，ラグビーボールの形をした車輪を1輪だけもち，安定を保ちながら動く．機体の上体と下体の間にある関節がモータで駆動される．ロールとピッチの回転角速度を振動ジャイロセンサで検出し，ピッチ方向には車輪回転数の調節，ロール方向には上下体間の関節角の調節によりバランスをとる．このように制御によって安定化させて走行する移動体をCCV(control configured vehicle)という．

遠隔操作による探査移動ロボットACROS

（筑波大学）

NPO国際レスキューシステム研究機構と共同開発しているロボットである．大地震後，倒壊は免れたが内部の状況が危険かもしれない地下街や建物の内部に遠隔操作で進入し，走査型レーザ距離計による3次元的なマップやさまざまなセンサで，内部の状況を把握することを想定している．

高い視点からロボット自身の姿とともに行く道を映像として撮影すると遠隔操作をしやすい．広角カメラを先端に取り付けたアームを伸展できるようにして，必要時に視野を確保する．

このロボットは，2005年7月に開催されたRoboCup大阪世界大会のRescue Robot Leagueに出場し，本戦決勝に進出して5位，不整地を遠隔操作で走行する技術を競う特別決勝で優勝した．このLeagueでは，操縦者はロボットを直接目視せずに遠隔操作をし，災害現場を模擬したフィールドで走行能力や環境把握能力を競う．このフィールドで動くことができなければ，実際の現場で動くことは難しい．

広角カメラを取り付けたアームが伸展する様子

車輪型移動マニピュレータ （中央大学）

4つの車輪をもつ全方向移動ロボット上にマニピュレータの搭載されたロボット．4つの車輪は正方形の4辺上にそれぞれ取り付けられ，各々DCサーボモータで駆動される．4つの車輪の円周にはローラが取り付けられ，車輪進行方向と垂直な方向に外力が加わると自由に動く．台車部分には，平面内の位置・姿勢3自由度を制御するために4つのモータが用いられているので，駆動トルクに冗長性をもつ．これを利用したすべりの少ない移動方法を考案している．マニピュレータには，6自由度の産業用ロボットを使用．

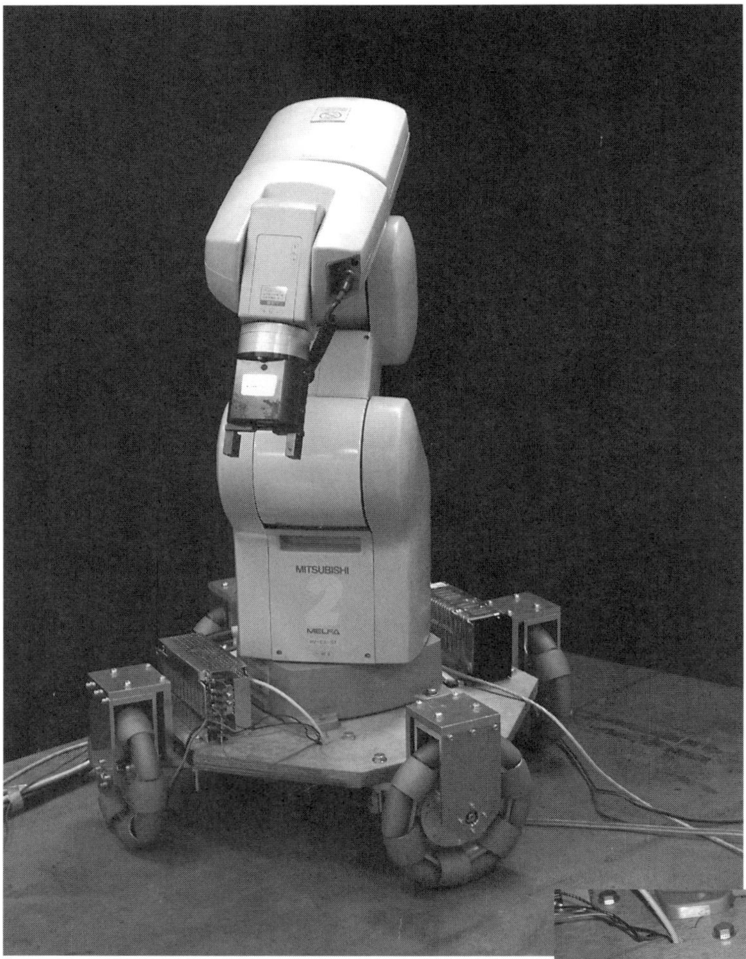

4輪駆動全方向移動台車に搭載された移動マニピュレータシステム

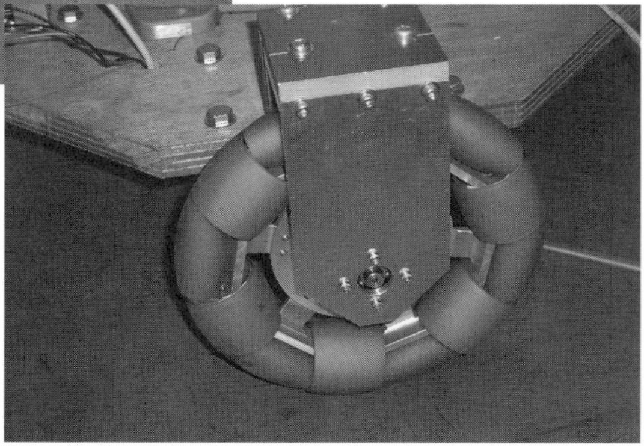

全方向移動ロボット用車輪（Ritech社製）

脚型移動マニピュレータ （中央大学）

マニピュレータのベース部分を4脚ロボットに搭載したロボット．4脚ロボット部にはTITAN Ⅷを使用．マニピュレータは4自由度をもつ．全体では16自由度のロボットである．マニピュレータ先端に6軸力センサが取り付けられている．力センサからの値が小さい場合には動きやすさを重視した姿勢を，大きい場合には転倒しないための踏ん張り姿勢を，冗長自由度を利用して自動的にとることができる．

4自由度マニピュレータ
（平面内3自由度マニピュレータが鉛直軸回りに回転できるようになっている）

1 数学物理学編

1.1 これがロボットのための線形代数だ

この解説では，線形代数と行列・ベクトルの計算が意味するところのエッセンスを記してみよう．数学的な厳密さは求めず，ひたすらお話を書いてみる．そして，本書やこの姉妹編である「はじめてのロボット創造設計」[1)]を読む際に必要な，線形代数に関する一通りの知識が得られるように，著者なりの理解でエッセンスを抽出し，まとめてみたのがこの読み物である．線形代数の講義をまだ受けたことのない読者にとっては，よい予習となり，線形代数の講義を受けたことのある読者には，なるほど，こういうこともあったのか，ということがわかる読み物を目指して書いてみた．

理工学系の大学に入ると，入学したてでまず勉強するのが「線形代数」だ．著者はロボット工学に関連する研究や開発をする一方で，大学1年生向けに線形代数の固有値問題を講義している．研究をしていると，線形代数の知識は随所に顔を出すので，これはしっかりと勉強しておくべき数学であることを痛感している．同時に，大学に入ったばかりの学生さんにとっては，線形代数の講義で勉強する内容が，あるときは抽象的，あるときは形式的に感じられ，これがいったい何の役に立つのか，という印象をもちがちなことも著者は日ごろ感じている．ましてや，行列式や逆行列，固有値や固有ベクトルを計算するとなると，かなり煩雑な計算が必要なこと請け合いとなり，鉛筆を投げたくなるわけである．

初学の学生さんにとってのこの難しさは，数学的な体系化に基づいて執筆された教科書の構成によるところが大きいともいえるが，最近は，そのような教科書の行間をまさに説明した，よい参考書(たとえば文献2)～5)など)も多数ある．大学での講義を聴きながら，これらの参考書をひもといてみると，目から鱗が落ちる解説に触れ，なるほど，と思うことも多数ある*．しかしこれらの参考書は，それぞれ教科書1冊分のボリュームがあるので，線形代数がどんなものかをざっと理解しようとするには，まだ分量がありすぎるのも事実である．

そこで，「線形写像」の考え方を中心に据えた読み物を書いてみた．線形代数は，実は**線形空間**あるいは，ベクトル空間の上で定義されるベクトルとベクトルの線形結合，および線形写像の性質が理解できるとかなり見通しがよくなる，と著者は考えている．線形代数は決して難解な数学ではないのである．

この解説の流れは次のようになっている．

①まず，ベクトルの概念とベクトルの線形結合について触れる．ベクトルの線形結合とは，いくつかのベクトルを使って新たなベクトルを合成することであることを確認する．

②線形写像とはどういうものかを例示する．そして，行列とベクトル(座標)の積が線形写像を表すことを確認する．

③基底の概念を復習し，同じ線形写像でも，基底を変えると線形写像を表現する行列の形が変化することを確認する．この際，基底変換と座標変換についても復習する．

④正方行列の固有値と固有ベクトルの意味を示す．また正方行列の対角化を復習し，これが実は基底変換と座標変換，基底変換に関する線形写像の表現行列の変化に密接に関連することを示す．

⑤実対称行列の性質を復習し，直交変換，あるいは直交射影行列の概念まで解説する．

本書はロボット工学に関する本なので，ロボット工学に関連して線形代数を勉強する動機があるとよい．そこで，この解説も，第1部「第2章マニピュレータの創造設計」で出てきた運動学計算に関する座標変換の計算を線形代数学の側から光を当てること，そして直交射影行列の意味を具体的に示すこと，ができるように心がけた．具体的には，この解説の「8. 基底変換・座標変換とマニピュレータの運動学」までを読むと，運動学計算の座標変換の考え方と線形代数との関連がわかるようになる．そして，この解説の最後まで読むと，直交射影行列や直交射影の考え方がわかるようになる．

この解説によって，ロボットの創造設計の問題にとどまらず線形代数そのものの肝がなんとなく理解でき，これによって大学で習う「線形代数」に対する展望が開けた気分になっていただければ，著者の望むところである．

1. 力とベクトル

線形代数ではまず，「ベクトル空間」あるいは「線形空

* 著者は線形代数を大学で講義する必要性から，ときどき書店で線形代数の教科書をいろいろ手に取るようにしている．そんな中で，最近見つけたのが文献2)である．線形代数を学ぶための副読本としてお薦めの感がある．

間」と呼ばれる空間の概念を取り扱う．初めて線形代数を勉強する人にとって，このベクトル空間の概念を身につけることが最初のハードルではないだろうか．そこでまず身近な例から始めよう．

中学校や高校で勉強する力のつり合いを思い出してみよう．図1(a)のように，質量$\boldsymbol{m}$の重りを質量のない糸でつり下げて静止している場合を考える．重りは重力加速度gにより$\boldsymbol{mg}$の大きさの力で鉛直下向きに引かれている．一方，糸は，それと等しい$\boldsymbol{mg}$の大きさで，かつ鉛直上向きの力Cで重りを引っ張り上げているので，力がつり合い，重りは空中に静止している．このとき，「力」は大きさと方向をもつと習った．「力」にかぎらず，その大きさと方向をもつものを「ベクトル」と呼ぶ．「方向」を矢印で表し，その「大きさ」をその矢印の長さで表す．

さて，今度は図1(b)のように，質量のない糸で2方向から重りをつり下げ，静止している場合を考えよう．図1(a)のときの糸と同じ力を，今度は2方向に分かれた糸でつくりだす必要がある．このとき，2つの糸が重りを引っ張る力は，図のように力$\boldsymbol{C}$が，2本の糸の方向を2辺とするひし形の対角線になるような力$\boldsymbol{A}_1$，$\boldsymbol{A}_2$に分解されることであった．逆にいえば，この糸の方向の力$\boldsymbol{A}_1$，$\boldsymbol{A}_2$の合成が，このようなひし形をつくることで力$\boldsymbol{C}$になる，と考えることもできる．

それでは，この2本の糸の方向を変えるとどうなるだろうか？　当然，力$\boldsymbol{C}$を合成するためのひし形の形が変わるのだから，糸が引っ張る力も変化して$\boldsymbol{B}_1$，$\boldsymbol{B}_2$になる(図1(c))．

ところで，いま，重りは「重力加速度gにより$\boldsymbol{mg}$の大きさの力で鉛直下向きに引かれている」と書いた．実は加速度も大きさと方向をもつのであるから，ベクトルとして考えることができる(図1(d))．そこで重力加速度をベクトルとして$\boldsymbol{g}$と表記しよう．すると，質量$\boldsymbol{m}$の重りに働く重力は，重力加速度を「単位」として質量$\boldsymbol{m}$に比例し，$\boldsymbol{mg}$と表記できる．これは，重力加速度というベクトル量$\boldsymbol{g}$を基本として，その比例係数として$\boldsymbol{m}$倍を考えていることになる．この，方向をもたない比例係数というべきものをスカラーと呼んだ．ならば，あるベクトルを単位として，これのスカラー倍でベクトルを表示してもよい．若干人工的なにおいを感じるかもしれないが，図1(b)の左右の糸の力のベクトルに対して単位となるベクトルをそれぞれ$\boldsymbol{a}_1$，$\boldsymbol{a}_2$として，$\boldsymbol{A}_1=\alpha_1\boldsymbol{a}_1$，$\boldsymbol{A}_2=\alpha_2\boldsymbol{a}_2$としてもよいわけである(図1(e))．

以上，ここで示したことは，次の節で述べる要素をすべて含んでいる．

2. ベクトルの和とスカラー倍，ベクトル空間

前節での矢印は，力を表すベクトルとして考えた．その矢印の意味合いから「力」を取り除き，矢印が「方向」と「大きさ」をもつ「ベクトル」として，抽象化して考え，あらためてベクトルを矢印で図示する(図2(a))．そ

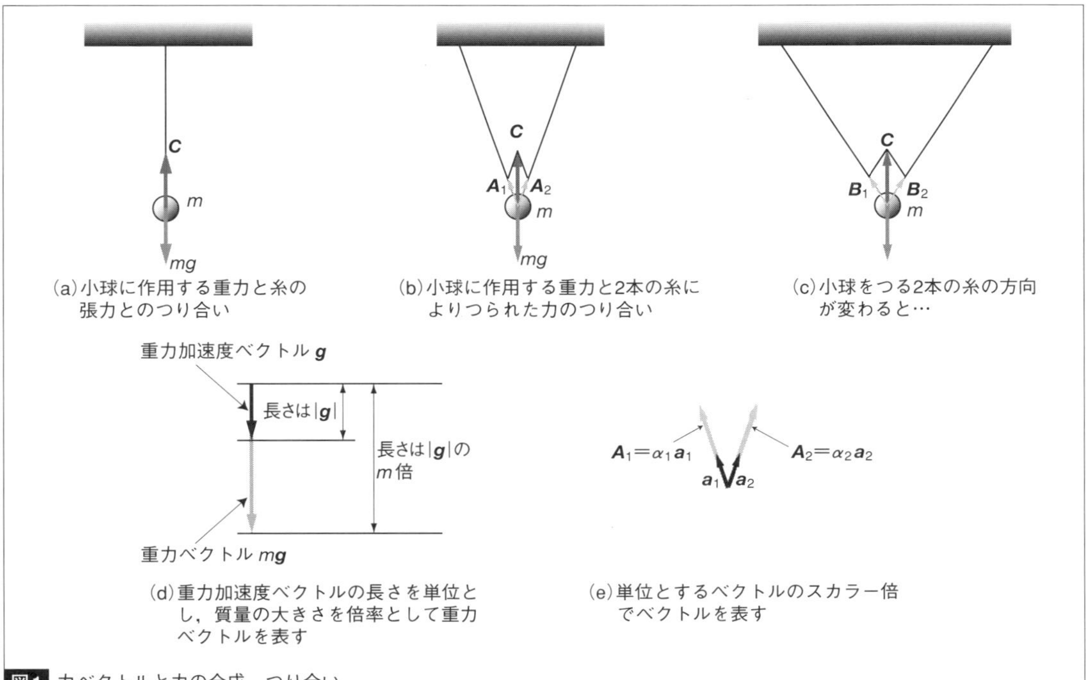

C
m
mg
(a)小球に作用する重力と糸の張力とのつり合い
C
A1 A2
m
mg
(b)小球に作用する重力と2本の糸によりつられた力のつり合い
C
B1 B2
m
(c)小球をつる2本の糸の方向が変わると…
重力加速度ベクトル g
長さは|g|
長さは|g|の m倍
重力ベクトル mg
(d)重力加速度ベクトルの長さを単位とし，質量の大きさを倍率として重力ベクトルを表す
A1=α1a1
A2=α2a2
a1 a2
(e)単位とするベクトルのスカラー倍でベクトルを表す

図1 力ベクトルと力の合成，つり合い

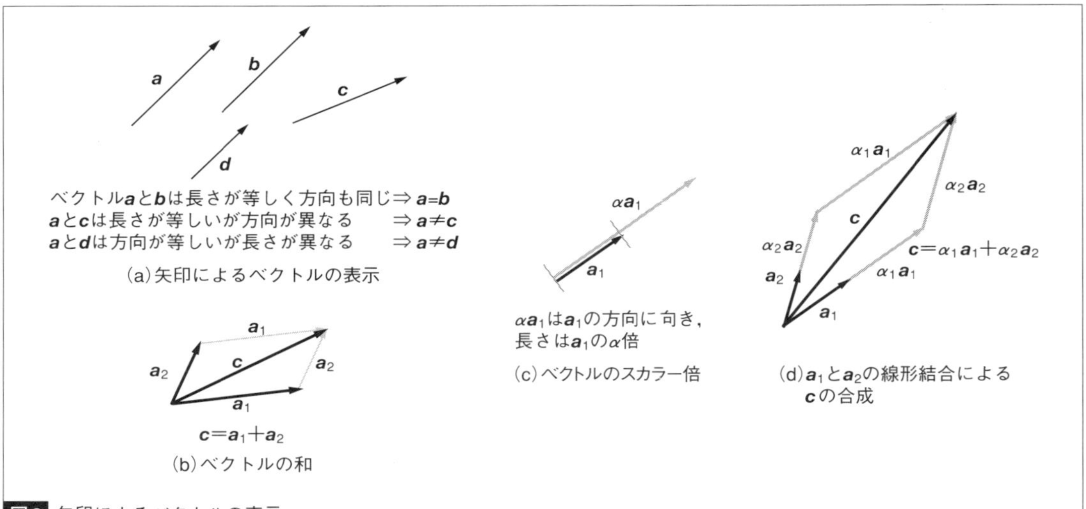

図2 矢印によるベクトルの表示

のうえで，前節で示した力の合成の考え方をなぞって，ベクトルの同等性や「和」を考えてみよう．

いま，ベクトル$\boldsymbol{a}$と$\boldsymbol{b}$の方向と長さが同じなら，その2つのベクトルは等しいと考え，$\boldsymbol{a}=\boldsymbol{b}$と書く．

今度は，方向が異なる2つのベクトルとして$\boldsymbol{a}_1$と$\boldsymbol{a}_2$をとる(このとき，この2つのベクトルは「線形独立」あるいは「1次独立」といわれる)．この2つのベクトルの和$\boldsymbol{c}=\boldsymbol{a}_1+\boldsymbol{a}_2$は，$\boldsymbol{a}_1$と$\boldsymbol{a}_2$で形成される平行四辺形の対角線の1つとして定義される(図2(b)，ベクトルの和)．

ある数(スカラー定数)αを用意しよう．ベクトル$\boldsymbol{a}_1$の長さをα倍するとき，$\alpha\boldsymbol{a}_1$と書く．このときの様子は図2(c)と図示できる(ベクトルのスカラー倍)．

スカラー定数α_1，α_2を用意し，ベクトル$\boldsymbol{a}_1$と$\boldsymbol{a}_2$の長さをそれぞれα_1，α_2倍したものの和をあらためて$\boldsymbol{c}$とすると，上で記したことを組み合わせて，図2(d)のように図示できる．この事実は簡単なように見えて実は深遠である．2つのベクトル$\boldsymbol{a}_1$と$\boldsymbol{a}_2$を両方含む平面は1つに決まるが，この定数α_1，α_2をいろいろに変えてみると，この平面に含まれるベクトルはすべて表現できる(ベクトルの線形結合)．

実は，ここに示したベクトルの和やスカラー倍に関する性質は，そのベクトルが属する集合Vのすべての要素が「ベクトル空間の公理」を満足していることに由来する．このとき，その集合Vを「ベクトル空間」というのである(☞コラム「ベクトル空間とベクトル空間の次元」)．線形代数の教科書においても，まず「ベクトル空間の公理」が示され，その公理を満足するものとして「ベクトル」が定義され，そしてその「ベクトル」の例として，「力」が例示される，という順序で勉強するようになっているものも多い．

3. 基底

ここでちょっと見方を変えてみよう．すなわち，ベクトル$\boldsymbol{c}$が，そこにまずありきとするのである．一方線形独立なベクトルの組を2組用意する．すなわち$(\boldsymbol{a}_1\ \boldsymbol{a}_2)$と$(\boldsymbol{b}_1\ \boldsymbol{b}_2)$を用意すると，$\boldsymbol{c}$は2通りに表現できる．すなわち，

$$\boldsymbol{c}=\alpha_1\boldsymbol{a}_1+\alpha_2\boldsymbol{a}_2=\beta_1\boldsymbol{b}_1+\beta_2\boldsymbol{b}_2$$

と書ける．これを図示すると図3のように描ける．このように，あるベクトルの組とスカラーの組み合わせで，別のベクトルを表現しようとするとき，このベクトルの組$(\boldsymbol{a}_1\ \boldsymbol{a}_2)$あるいは$(\boldsymbol{b}_1\ \boldsymbol{b}_2)$を基底と呼び，そのときのスカラー倍の組$(\alpha_1,\ \alpha_2)$，あるいは$(\beta_1,\ \beta_2)$を座標と呼ぶのである．

この座標の考え方は，その基底ベクトルを単位とし，そのベクトルの方向に座標軸をのばした斜交座標系を描けば直感的によくわかる(図4)．たまたまその基底ベクトルが直交していれば，われわれが見慣れた直交座標系

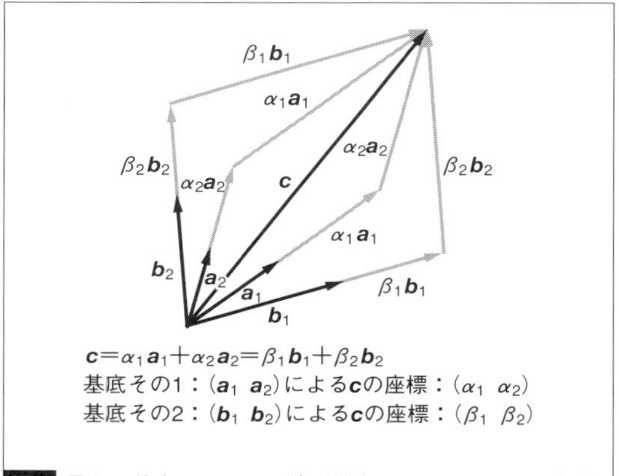

図3 異なる基底ベクトルの線形結合によるベクトルの合成

ベクトル空間とベクトル空間の次元

いま実数の集合をRとし，2つの実数を組にした要素$\boldsymbol{x}$からなる集合R^2を考えよう．すなわち，

$$R^2 \ni \boldsymbol{x} = \begin{bmatrix} x_1 \\ x_2 \end{bmatrix}, \quad R \ni x_i \ (i = 1, 2) \tag{1}$$

こうして定義した$\boldsymbol{x}$を列ベクトルと呼ぶ．姿としては2行1列の行列である．

x_1，x_2，y_1，y_2，z_1，$z_2 \in R$とし，$\boldsymbol{x}$，$\boldsymbol{y}$，$\boldsymbol{z} \in R^2$として，

$$\boldsymbol{x} = \begin{bmatrix} x_1 \\ x_2 \end{bmatrix}, \quad \boldsymbol{y} = \begin{bmatrix} y_1 \\ y_2 \end{bmatrix}, \quad \boldsymbol{z} = \begin{bmatrix} z_1 \\ z_2 \end{bmatrix} \tag{2}$$

とする．このとき，ベクトルの和$\boldsymbol{x}+\boldsymbol{y}$を，

$$\boldsymbol{x} + \boldsymbol{y} = \begin{bmatrix} x_1 \\ x_2 \end{bmatrix} + \begin{bmatrix} y_1 \\ y_2 \end{bmatrix} = \begin{bmatrix} x_1 + y_1 \\ x_2 + y_2 \end{bmatrix} \tag{3}$$

と定義すれば，$x_1+y_1 \in R$かつ$x_2+y_2 \in R$ゆえ，$\boldsymbol{x}+\boldsymbol{y} \in R^2$である．また，ベクトル$\boldsymbol{x} \in R^2$とスカラー$k \in R$を用いてベクトルとスカラーの積（ベクトルのスカラー倍）を

$$k\boldsymbol{x} = k\begin{bmatrix} x_1 \\ x_2 \end{bmatrix} = \begin{bmatrix} kx_1 \\ kx_2 \end{bmatrix} \tag{4}$$

と定義すれば，$kx_1 \in R$かつ$kx_2 \in R$ゆえ，$k\boldsymbol{x} \in R^2$である．すなわち，R^2に属するベクトルの和やベクトルとスカラーの積をとる演算はR^2に関して閉じている．この性質を線形性と呼び，R^2は「（数）ベクトル空間」あるいは「線形空間」の性質をもつといわれる[†1]．

さらに，上の定義を使うと，次の8つの性質を容易に導くことができる．

ベクトルの和に関して

① $\boldsymbol{x}+\boldsymbol{y}=\boldsymbol{y}+\boldsymbol{x}$（交換法則）

② $\boldsymbol{x}+(\boldsymbol{y}+\boldsymbol{z})=(\boldsymbol{x}+\boldsymbol{y})+\boldsymbol{z}$（結合法則）

③ $\boldsymbol{x}+\boldsymbol{0}=\boldsymbol{x}$を満足する$\boldsymbol{0}$は，$\boldsymbol{0}=\begin{bmatrix} 0 \\ 0 \end{bmatrix} \in R^2$（ゼロベクトル）のみである（ゼロベクトルの唯一存在）

④ すべての$\boldsymbol{x} \in R^2$に対して，$\boldsymbol{x}+\boldsymbol{y}=\boldsymbol{0}$を満足する，ある$\boldsymbol{y} \in R^2$が必ず1つ存在し，$\boldsymbol{y}=-1 \cdot \boldsymbol{x}=-\boldsymbol{x}$である（逆ベクトルの唯一存在）

ベクトルのスカラー倍に関して

① $k(\boldsymbol{x}+\boldsymbol{y})=k\boldsymbol{x}+k\boldsymbol{y}$（ベクトルに関する分配法則）

② $(k+l)\boldsymbol{x}=k\boldsymbol{x}+l\boldsymbol{x}$　ただし，$l \in R$（スカラーに関する分配法則）

③ $(kl)\boldsymbol{x}=k(l\boldsymbol{x})$（結合法則）

④ $1 \cdot \boldsymbol{x}=\boldsymbol{x}$

以上の性質は，R^2に関して自然に出てくる．そこで，これら8つの性質を公理とし，一般の集合Vの要素（ベクトル）に和とスカラー倍が定義され，さらにこれら8つの公理が満足されるとき，Vを「ベクトル空間」と呼ぶのである．

ベクトル空間の次元

まず，上で用いたR^2による線形空間に関して例を示そう．

$$\boldsymbol{a}_1 = \begin{bmatrix} a_{11} \\ a_{12} \end{bmatrix}, \quad \boldsymbol{a}_2 = \begin{bmatrix} a_{21} \\ a_{22} \end{bmatrix}, \quad \boldsymbol{a}_3 = \begin{bmatrix} a_{31} \\ a_{32} \end{bmatrix}, \quad \in R^2, \ k_1, \ k_2, \ k_3 \in R$$

とする．このとき，もし，$\boldsymbol{a}_1$，$\boldsymbol{a}_2$がゼロベクトルでなく，また，$\boldsymbol{a}_2=\lambda\boldsymbol{a}_1 (\lambda \in R)$と表されるのでもないとき，次式のような$\boldsymbol{a}_1$，$\boldsymbol{a}_2$の「線形結合」がゼロベクトルとなる条件

$$k_1\boldsymbol{a}_1 + k_2\boldsymbol{a}_2 = \sum_{i=1}^{2} k_i\boldsymbol{a}_i = 0 \tag{5}$$

を満足するならば，それは$k_1=0$，$k_2=0$のときしかない．このような場合に，$\boldsymbol{a}_1$，$\boldsymbol{a}_2$は「線形独立」（あるいは「1次独立」）であるという．実際，上の式は，

$$k_1\boldsymbol{a}_1 + k_2\boldsymbol{a}_2 = k_1\begin{bmatrix} a_{11} \\ a_{12} \end{bmatrix} + k_2\begin{bmatrix} a_{21} \\ a_{22} \end{bmatrix} = \begin{bmatrix} k_1a_{11} + k_2a_{21} \\ k_1a_{12} + k_2a_{22} \end{bmatrix} = \begin{bmatrix} 0 \\ 0 \end{bmatrix} \tag{6}$$

を解くと，上で$\boldsymbol{a}_1$，$\boldsymbol{a}_2$に課した前提のもとでは，$k_1=0$，$k_2=0$しかないことがわかる．ところが，$\boldsymbol{a}_1$，$\boldsymbol{a}_2$，$\boldsymbol{a}_3$のどれもがゼロベクトルでないとき，

$$k_1\boldsymbol{a}_1 + k_2\boldsymbol{a}_2 + k_3\boldsymbol{a}_3 = \sum_{i=1}^{3} k_i\boldsymbol{a}_i = 0 \tag{7}$$

とすると，今度は，k_1，k_2，k_3がすべてゼロでなくても成り立ってしまう．このときこれら3つのベクトルは「線形従属」（あるいは「1次従属」）であるという．これを変形して，

$$\boldsymbol{a}_3 = -\left(\frac{k_1}{k_3}\boldsymbol{a}_1 + \frac{k_2}{k_3}\boldsymbol{a}_2\right) \tag{8}$$

としてみれば，式(8)は，$\boldsymbol{a}_3$が$\boldsymbol{a}_1$，$\boldsymbol{a}_2$の線形結合で表されることも示している．ということは，R^2には2個の線形独立なベクトルは存在するが，3個以上の線形独立なベクトルは存在しない，と観察できる．このとき，このベクトル空間R^2の次元は2であるという[†2]．実際，（数）ベクトル空間をR^2からR^nに拡張すれば（nは自然数），その次元はnとなる[†3]．ちなみに，われわれが住む空間はR^3の3次元の（数）ベクトル空間になぞらえて考えると都合がよい．実際，空間中の物体位置は，R^3に属するベクトルを使うと表現できる．これに対してもし，ベクトルが存在する空間を平面にかぎるときは，R^2の（数）ベクトル空間で十分である．

一般には，あるベクトル空間Vに属するn個の線形独立なベクトルが存在し，$n+1$個以上の線形独立なベクトルは存在しないとき，このベクトル空間の次元はnであるという．

なお，本コラムの執筆にあたっては，とくに文献2)の第4章を参考にさせていただいたことをお断りしておく．

†1　ここではベクトル$\boldsymbol{x}$を構成する要素に実数を使ったが，「可換体」という性質をもつ数の集合（数体）Kに属する要素をベクトルとしても同様の線形性を示すことができる．線形代数の教科書では，したがって線形空間の説明はこのような数の集合Kに基づいてなされるのが一般的である．

†2　まだ若干の論理的飛躍がこの説明にはあるが，詳しくは線形代数の教科書をお読みいただきたい．

†3　$n=3$としたとき，上の式(6)や(7)に相当するものがどのようになるかを実際に計算してみるとよい．

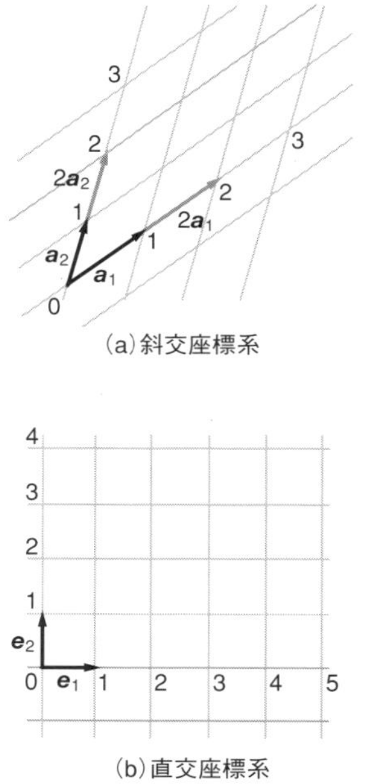

図4 斜交座標系，直交座標系と基底ベクトル

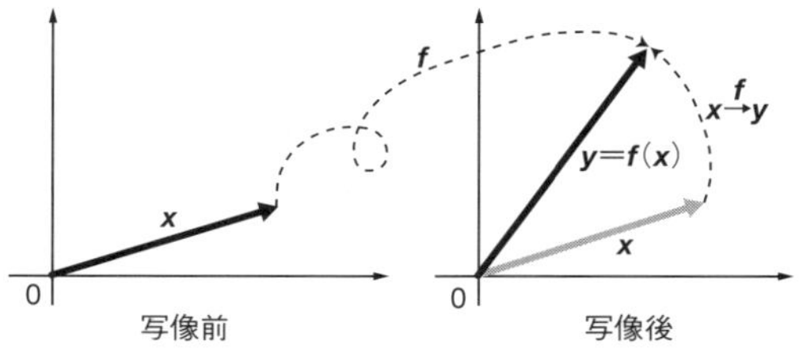

図5 写像のベクトルによる表現

に対応するわけである．

とくに，長さが1で互いに直交するベクトル$\boldsymbol{e}_1$，$\boldsymbol{e}_2$を基底にとるとき，これを「正規直交基底」と呼ぶ．また，「自然基底」と呼ぶこともある*1．

ある空間の中に固定された1つのベクトル$\boldsymbol{c}$を，ある基底に関する座標で表現するとき，基底のとり方を変えると，それに伴ってそのベクトルを表す座標も変わることを覚えておこう．1つの基底を決めておけば，その基底に関してそのベクトルを表す座標は唯一である．

一般に，1つの平面内にあるベクトルは，線形独立なベクトルを2つ決めて基底とすれば，それらのベクトルの線形結合で表すことができる．座標を表すスカラーの数も2つとなる．われわれが住んでいる空間は，立体的な空間である．この中に存在するベクトルは，線形独立なベクトルを3つ決めて基底とすれば，それらのベクトルの線形結合で表すことができる．座標を表すスカラーの数は3つとなる．

*1　今後の座標変換や基底変換に関する説明を読むと，基底のとり方は相対的なものであり，正規直交基底も基底の1つのとり方にすぎないことがわかる．しかし，われわれが住んでいる重力が支配する世界では，重力の方向を「鉛直」軸とし，その軸に直交する平面を「水平面」とするとなにかと都合がよい．その水平面を生成する基底も直交基底にとると，直角平行の基準が形成できる．われわれが住む建物も直角平行であることが多いことから，われわれの意識自体が直角平行を何かしら好むのであろう．正規直交基底を，自然基底と呼ぶのも，それが「自然」であるという意識に根づくからなのだろう．

いま，線形独立なベクトルを基底として2つあるいは3つとって，それらの線形結合で平面や立体的空間の中のベクトルを表すと書いた．しかし，そのような線形独立な(基底)ベクトルはいくつでもとれるのか，という疑問がわくのではないだろうか？　実は，「そのベクトルが属するベクトル空間Vの次元」により，線形独立にとれるベクトルの数が決まるのである．そのベクトル空間の次元が2次元なら線形独立にとれるベクトルの数は2，それが3次元ならそのベクトルの数は3ということになる．ではそのベクトル空間の次元は具体的にどのように決められるのか，ということについてはコラムを参照してほしい．

4. 線形写像

今後しばらくは，R^2の，すなわち平面内にあるベクトル空間で図示する．

いま，ベクトルとして$\boldsymbol{x}$と$\boldsymbol{y}$があり，これらの間の対応をつける関係(写像)$\boldsymbol{f}$があるとする．これを$\boldsymbol{y}=\boldsymbol{f}(\boldsymbol{x})$と書く．これを図に示すと図5のように描くことができる．この関係を，「ベクトル$\boldsymbol{x}$を$\boldsymbol{f}$によって，別のベクトル$\boldsymbol{y}$に写す」と読もう．

とくに次の性質をこの写像$\boldsymbol{f}$がすべての$\boldsymbol{x}$，$\boldsymbol{y}$で満足するとき，写像$\boldsymbol{f}$は「線形」であるといい，$\boldsymbol{f}$を線形写像と呼ぶのである*2．

写像の線形性(線形写像)

$$\boldsymbol{f}(\boldsymbol{x})+\boldsymbol{f}(\boldsymbol{y})=\boldsymbol{f}(\boldsymbol{x}+\boldsymbol{y}) \tag{9}$$

$$\alpha\boldsymbol{f}(\boldsymbol{x})=\boldsymbol{f}(\alpha\boldsymbol{x}) \tag{10}$$

これより，ただちに次の系が導出できる．

$$\alpha\boldsymbol{f}(\boldsymbol{x})+\beta\boldsymbol{f}(\boldsymbol{y})=\boldsymbol{f}(\alpha\boldsymbol{x}+\beta\boldsymbol{y})$$

これらの式を見ただけでは，抽象的すぎて何をいっているのかがよくわからない．しかし，図を描いてみると，これはかなり奥深いことを物語っていることがよくわかる(図6)．たとえば，$\boldsymbol{f}(\boldsymbol{x})+\boldsymbol{f}(\boldsymbol{y})=\boldsymbol{f}(\boldsymbol{x}+\boldsymbol{y})$の説明は次のようになる．すなわちベクトル$\boldsymbol{x}$と$\boldsymbol{y}$の和を求めてから，それを$\boldsymbol{f}$で写像したもの($\boldsymbol{f}(\boldsymbol{x}+\boldsymbol{y})$)と，$\boldsymbol{x}$と$\boldsymbol{y}$をそれぞれ

*2　すなわち，線形写像は，写像$\boldsymbol{f}$の中でもごく特殊な写像である，とみることもできる．

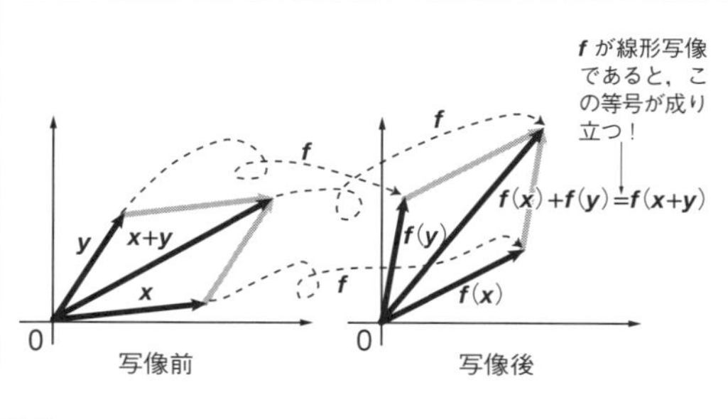

図6 写像の線形性の意味するところ

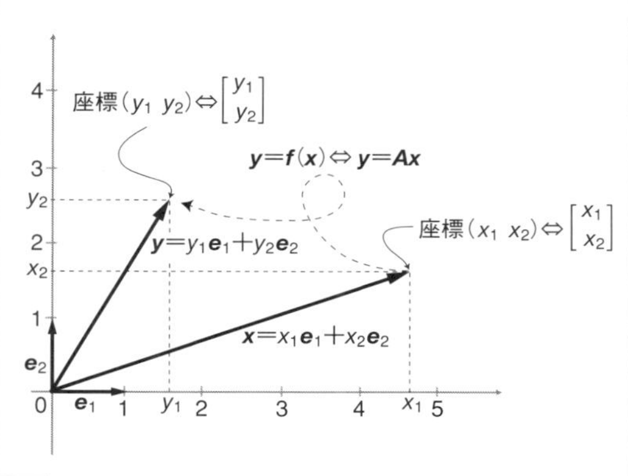

図7 直交座標系と正規直交基底

$\boldsymbol{f}$で写像($\boldsymbol{f}(\boldsymbol{x})$，$\boldsymbol{f}(\boldsymbol{y})$)した後で，それらの和を求めたもの($\boldsymbol{f}(\boldsymbol{x})+\boldsymbol{f}(\boldsymbol{y})$)が等しい！　また，$\alpha\boldsymbol{f}(\boldsymbol{x})=\boldsymbol{f}(\alpha\boldsymbol{x})$の説明は次のようになる．すなわちベクトル$\boldsymbol{x}$の$\alpha$倍を求めてから，それを$\boldsymbol{f}$で写像したもの($\boldsymbol{f}(\alpha\boldsymbol{x})$)と，$\boldsymbol{x}$を$\boldsymbol{f}$で写像($\boldsymbol{f}(\boldsymbol{x})$)した後で，それを$\alpha$倍したもの($\alpha\boldsymbol{f}(\boldsymbol{x})$)が等しい！　逆にいえば，線形写像ではない一般的な写像ではこれらが等しいとはかぎらないのである．

5. 線形写像の行列表現

まずは2次元空間で話を展開しよう．上で出てきた「座標」を列ベクトルで表す．座標の要素の数は2つであり，2つのベクトル$\boldsymbol{x}$，$\boldsymbol{y}$を座標で次のように書く．

$$\boldsymbol{x}=\begin{bmatrix}x_1\\x_2\end{bmatrix},\quad \boldsymbol{y}=\begin{bmatrix}y_1\\y_2\end{bmatrix} \tag{11}$$

いま，座標を先に記したが，あれ？　座標とともに基底を定義しないといけなかったのでは？　と気づいた方は，ここまでの議論がよくわかっている読者である．一般に，基底をとくに断らないときは，長さが1の直交するベクトルを基底(正規直交基底)にとることを暗々裏に仮定する(図7)．すると，その基底ベクトルの方向のそれぞれに軸をとればこれらが直交座標軸になり，われわれが慣れ親しんでいる「座標」(すなわち，直交する座標軸の目盛りで点の位置を表すこと)と，基底ベクトルの線形結合である1つのベクトルを表現するときのスカラー倍の係数としての「座標」が一致するのである．

さて，2×2の正方行列$\boldsymbol{A}=\begin{bmatrix}a_{11}&a_{12}\\a_{21}&a_{22}\end{bmatrix}$とベクトル$\boldsymbol{x}$の積を$\boldsymbol{y}$とおく．すなわち，

$$\begin{bmatrix}y_1\\y_2\end{bmatrix}=\boldsymbol{y}=\boldsymbol{Ax}=\begin{bmatrix}a_{11}&a_{12}\\a_{21}&a_{22}\end{bmatrix}\begin{bmatrix}x_1\\x_2\end{bmatrix}=\begin{bmatrix}a_{11}x_1+a_{12}x_2\\a_{21}x_1+a_{22}x_2\end{bmatrix} \tag{12}$$

この計算は線形写像の条件を満足する．すなわち$\boldsymbol{y}=\boldsymbol{f}(\boldsymbol{x})$と$\boldsymbol{y}=\boldsymbol{Ax}$とは等価になり，行列$\boldsymbol{A}$が線形写像$\boldsymbol{f}$の役割を果たすのである．実際，行列の和や積の計算規則を使うと，$\boldsymbol{Ax}_1+\boldsymbol{Ax}_2=\boldsymbol{A}(\boldsymbol{x}_1+\boldsymbol{x}_2)$や$\alpha\boldsymbol{Ax}=\boldsymbol{A}(\alpha\boldsymbol{x})$の等式が成立し，線形写像の条件を満足することがわかる．

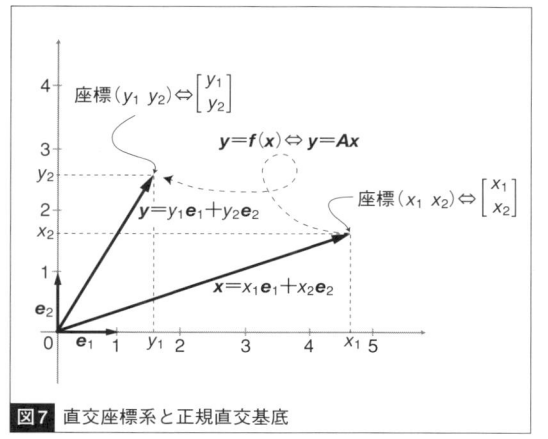

今後，$\boldsymbol{y}=\boldsymbol{Ax}$なる式を見たら，「その座標$\boldsymbol{x}$で表されるベクトルを$\boldsymbol{A}$によって，座標$\boldsymbol{y}$に写す(図7)」と読むように習慣づけておくとよい．

6. 基底の変換

ところで，基底もベクトルである．だから線形写像→行列によって基底も写すことができる．いま2つの基底ベクトルの組，($\boldsymbol{a}_1$ $\boldsymbol{a}_2$)，($\boldsymbol{b}_1$ $\boldsymbol{b}_2$)があったとする．ただし，これらの基底ベクトルの成分は自然基底に関する座標として，それぞれ，

$$\boldsymbol{a}_1=\begin{bmatrix}a_{11}\\a_{21}\end{bmatrix},\quad \boldsymbol{a}_2=\begin{bmatrix}a_{12}\\a_{22}\end{bmatrix},\quad \boldsymbol{b}_1=\begin{bmatrix}b_{11}\\b_{21}\end{bmatrix},\quad \boldsymbol{b}_2=\begin{bmatrix}b_{12}\\b_{22}\end{bmatrix} \tag{13}$$

と与えられているものとしよう．そのうえで，$\boldsymbol{b}_1$，$\boldsymbol{b}_2$をそれぞれ$\boldsymbol{a}_1$，$\boldsymbol{a}_2$の線形結合を使って表す．すなわち，

$$\boldsymbol{b}_1=\alpha_1\boldsymbol{a}_1+\alpha_2\boldsymbol{a}_2,\quad \boldsymbol{b}_2=\beta_1\boldsymbol{a}_1+\beta_2\boldsymbol{a}_2 \tag{14}$$

とおくのである．これは，基底ベクトルの組($\boldsymbol{a}_1$ $\boldsymbol{a}_2$)とスカラーの組(α_1，α_2，β_1，β_2)から別の基底ベクトルの組($\boldsymbol{b}_1$ $\boldsymbol{b}_2$)をつくりだしている関係になっている(図8)．これを基底の変換という．この式(14)と等価な式を，次のように表記できる．

$$\begin{bmatrix}\boldsymbol{b}_1&\boldsymbol{b}_2\end{bmatrix}=\begin{bmatrix}b_{11}&b_{12}\\b_{21}&b_{22}\end{bmatrix} \tag{15}$$

$$=\begin{bmatrix}\alpha_1\boldsymbol{a}_1+\alpha_2\boldsymbol{a}_2&\beta_1\boldsymbol{a}_1+\beta_1\boldsymbol{a}_2\end{bmatrix}$$

$$=\begin{bmatrix}\alpha_1a_{11}+\alpha_2a_{12}&\beta_1a_{11}+\beta_2a_{12}\\\alpha_1a_{21}+\alpha_2a_{22}&\beta_1a_{21}+\beta_2a_{22}\end{bmatrix}$$

$$=\begin{bmatrix}a_{11}&a_{12}\\a_{21}&a_{22}\end{bmatrix}\begin{bmatrix}\alpha_1&\beta_1\\\alpha_2&\beta_2\end{bmatrix} \tag{16}$$

$$=\begin{bmatrix}\boldsymbol{a}_1&\boldsymbol{a}_2\end{bmatrix}\boldsymbol{T} \tag{17}$$

すなわち基底の変換は，$[\boldsymbol{b}_1\ \ \boldsymbol{b}_2]=[\boldsymbol{a}_1\ \ \boldsymbol{a}_2]\boldsymbol{T}$とまとめる

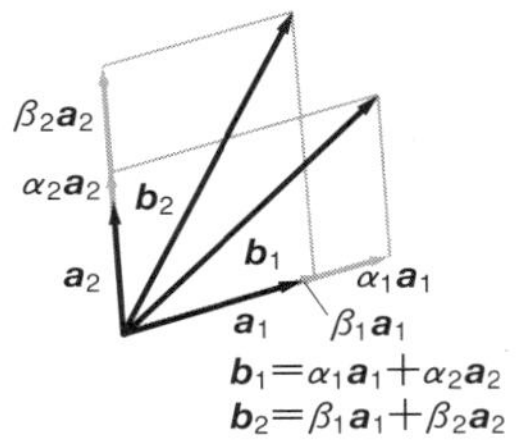

(a) 基底1($\boldsymbol{a}_1\ \ \boldsymbol{a}_2$)の線形結合で別の基底2($\boldsymbol{b}_1\ \ \boldsymbol{b}_2$)をつくる(基底変換)

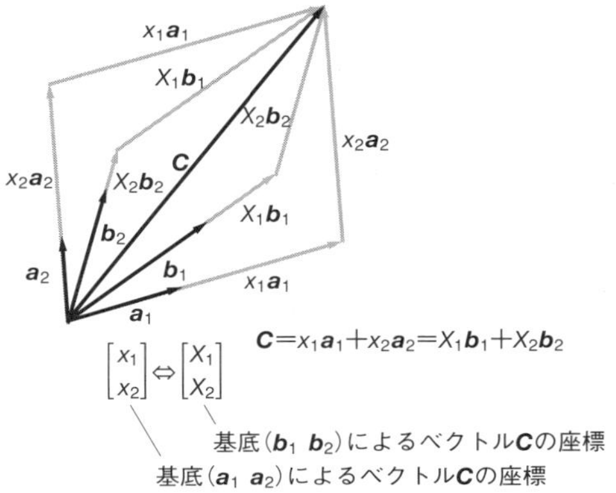

(b) 1つのベクトル$\boldsymbol{C}$の異なる基底による表示(座標変換)

図8 基底変換

ことができる．ただし$\boldsymbol{T} = \begin{bmatrix} \alpha_1 & \beta_1 \\ \alpha_2 & \beta_2 \end{bmatrix}$とおいた．この$\boldsymbol{T}$を基底変換行列という．模式的には，

［変換後の基底ベクトルの並び］＝

［変換前の基底ベクトルの並び］［基底変換行列$\boldsymbol{T}$］

あるいは，

［新基底］＝［旧基底］$\boldsymbol{T}$

と書くことができる．

7. 座標の変換

さて，空間中のベクトル$\boldsymbol{C}$の座標は，その基底のとり方によって変わることは最初に述べたとおりである．したがって，同じベクトル$\boldsymbol{x}$を2つの基底を使って表現すると次のようになる．

$$\boldsymbol{C} = x_1 \boldsymbol{a}_1 + x_2 \boldsymbol{a}_2 \tag{18}$$

$$= X_1 \boldsymbol{b}_1 + X_2 \boldsymbol{b}_2 \tag{19}$$

ただし，基底($\boldsymbol{a}_1\ \ \boldsymbol{a}_2$)に関する$\boldsymbol{C}$の座標$\boldsymbol{x}$を$\begin{bmatrix} x_1 \\ x_2 \end{bmatrix}$，基底($\boldsymbol{b}_1\ \ \boldsymbol{b}_2$)に関する$\boldsymbol{C}$の座標$\boldsymbol{X}$を$\boldsymbol{X} = \begin{bmatrix} X_1 \\ X_2 \end{bmatrix}$とおいた．この式と，基底変換の関係式$[\boldsymbol{b}_1\ \ \boldsymbol{b}_2] = [\boldsymbol{a}_1\ \ \boldsymbol{a}_2]\boldsymbol{T}$を使うと，容易に，

$$[\boldsymbol{a}_1\ \ \boldsymbol{a}_2]\begin{bmatrix} x_1 \\ x_2 \end{bmatrix} = [\boldsymbol{a}_1\ \ \boldsymbol{a}_2]\boldsymbol{T}\begin{bmatrix} X_1 \\ X_2 \end{bmatrix} \tag{20}$$

という関係式を導くことができる．さらにこの式はどんなx_1，x_2をもってきても，それに応じてX_1，X_2が決まる式であるので，結果として，

$$\begin{bmatrix} x_1 \\ x_2 \end{bmatrix} = \boldsymbol{T}\begin{bmatrix} X_1 \\ X_2 \end{bmatrix} \tag{21}$$

という関係式が導ける．これが，基底変換$\boldsymbol{T}$に伴う座標変換の式である．模式的に書けば，今度は，

［変換前の基底に関する座標］＝

$\boldsymbol{T}$［変換後の基底に関する座標］

または

［変換後の基底に関する座標］＝

$\boldsymbol{T}^{-1}$［変換前の基底に関する座標］ (22)

あるいは，

［旧座標］＝$\boldsymbol{T}$［新座標］

または

［新座標］＝$\boldsymbol{T}^{-1}$［旧座標］

と表すことができる．

8. 基底変換・座標変換とマニピュレータの運動学

さて，第1部「第2章マニピュレータの創造設計」では，マニピュレータの運動学を行列を用いて解説した．この章の同次変換行列に関する記述を例にとり，これまでの議論をなぞってみよう．ただし，ここで現れる行列とベクトルは4次元になる．すなわち，R^4の(数)ベクトル空間で考えることになる．R^4で考えるといっても，これまでのR^2で行ってきた議論から容易に類推できるだろう．R^4で空間を表現する基底ベクトルは4つ必要になる．

第2章の式(2.13)では，基準座標系Σ_{w}での座標${}^{\mathrm{w}}\boldsymbol{d}'$と座標系$\Sigma_{\mathrm{o}}$での座標${}^{\mathrm{o}}\boldsymbol{d}'$との間に，

$${}^{\mathrm{w}}\boldsymbol{d} = \boldsymbol{T}_{\mathrm{o}}{}^{\mathrm{o}}\boldsymbol{d}' \tag{23}$$

という座標の変換が定義されていた．このとき，$\boldsymbol{T}_{\mathrm{o}}$の中身は，

$$\boldsymbol{T}_{\mathrm{o}} = \begin{bmatrix} \boldsymbol{R}_{\mathrm{o}} & \boldsymbol{a} \\ \boldsymbol{0} & 1 \end{bmatrix} = \begin{bmatrix} r_{11} & r_{12} & r_{13} & a_1 \\ r_{21} & r_{22} & r_{23} & a_2 \\ r_{31} & r_{32} & r_{33} & a_3 \\ 0 & 0 & 0 & 1 \end{bmatrix} \tag{24}$$

と書けた．

さて，これらの座標${}^{\mathrm{w}}\boldsymbol{d}'$や${}^{\mathrm{o}}\boldsymbol{d}'$もある基底によって表現されている．上の議論にしたがって，式(23)から，

［座標系Σ_{o}の基底］＝［基準座標系Σ_{w}の基底］$\boldsymbol{T}_{\mathrm{o}}$ (25)

と表されるはずである．ところで，基準座標系の基底は互いに直交する長さが1のベクトル(自然基底)にとる．すなわち，

$$e_1=\begin{bmatrix}1\\0\\0\\0\end{bmatrix},\ e_2=\begin{bmatrix}0\\1\\0\\0\end{bmatrix},\ e_3=\begin{bmatrix}0\\0\\1\\0\end{bmatrix},\ e_4=\begin{bmatrix}0\\0\\0\\1\end{bmatrix}$$

として，

$$[\text{基準座標系}\Sigma_w\text{の基底}]=[\boldsymbol{e}_1\ \boldsymbol{e}_2\ \boldsymbol{e}_3\ \boldsymbol{e}_4] \tag{26}$$

$$=\begin{bmatrix}1&0&0&0\\0&1&0&0\\0&0&1&0\\0&0&0&1\end{bmatrix}$$

$$=[\text{単位行列}] \tag{27}$$

一方，［座標系Σ_oの基底］を［$\boldsymbol{b}_1\ \ \boldsymbol{b}_2\ \ \boldsymbol{b}_3\ \ \boldsymbol{b}_4$］とおけば，結局，式(25)の関係から，

$$[\boldsymbol{b}_1\ \boldsymbol{b}_2\ \boldsymbol{b}_3\ \boldsymbol{b}_4]=[\boldsymbol{e}_1\ \boldsymbol{e}_2\ \boldsymbol{e}_3\ \boldsymbol{e}_4]\boldsymbol{T}_o=\boldsymbol{T}_o \tag{28}$$

となる．すなわち，座標系Σ_oの基底は，

$$\boldsymbol{b}_1=\begin{bmatrix}r_{11}\\r_{21}\\r_{31}\\0\end{bmatrix},\ \boldsymbol{b}_2=\begin{bmatrix}r_{12}\\r_{22}\\r_{32}\\0\end{bmatrix},\ \boldsymbol{b}_3=\begin{bmatrix}r_{13}\\r_{23}\\r_{33}\\0\end{bmatrix},\ \boldsymbol{b}_4=\begin{bmatrix}a_1\\a_2\\a_3\\1\end{bmatrix}$$

となる．これらをよく見ると，座標系Σ_oの基底ベクトルには物理的な意味が含まれており，$\boldsymbol{b}_1$から$\boldsymbol{b}_3$までは座標系の回転に関する成分(自然基底の回転により生成される基底)，$\boldsymbol{b}_4$は座標系の平行移動に関する成分を表している(図9(a))，と読むことができる．回転に関する成分については$\boldsymbol{b}_1$から$\boldsymbol{b}_3$の基底ベクトルの成分のうちの上から3つまでをとり，これらの関係を図にすると図9(b)のように描くことができる．なお，$\boldsymbol{R}_o=\begin{bmatrix}r_{11}&r_{12}&r_{13}\\r_{21}&r_{22}&r_{23}\\r_{31}&r_{32}&r_{33}\end{bmatrix}$について，これが直交行列であること，すなわち，$\boldsymbol{R}_o^{\mathrm{T}}\boldsymbol{R}_o=\boldsymbol{I}$であることから，

$$\hat{\boldsymbol{b}}_1=\begin{bmatrix}r_{11}\\r_{21}\\r_{31}\end{bmatrix},\ \hat{\boldsymbol{b}}_2=\begin{bmatrix}r_{12}\\r_{22}\\r_{32}\end{bmatrix},\ \hat{\boldsymbol{b}}_3=\begin{bmatrix}r_{13}\\r_{23}\\r_{33}\end{bmatrix}$$

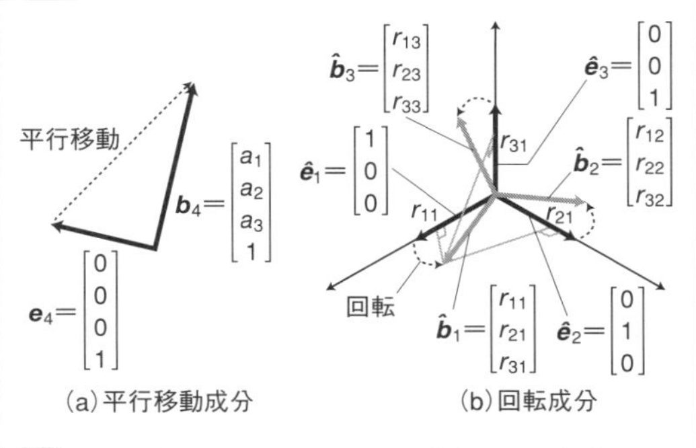

図9 同次変換行列で関連づけられる基底とその意味

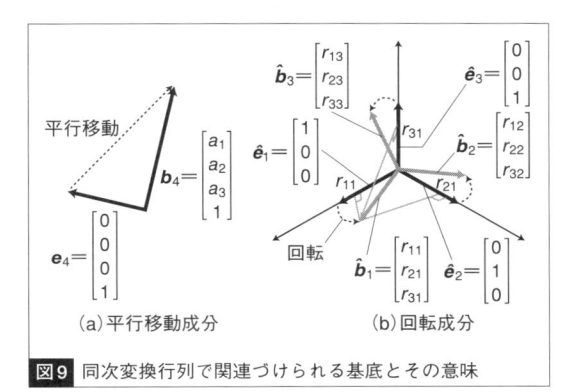

は互いに直交し，それぞれの長さは1である(☞コラム「正規直交基底と直交行列，回転行列」)．したがって，これらのベクトルは3次元の直交する自然基底を単に回転したものなのである．これが図9(b)を描ける背景となっている．

9. 基底の変換と線形写像を表現する行列の変換

線形代数の話に戻ろう．再びR^2で説明する．図10に描いたように，空間中にあるベクトル$\boldsymbol{C}$が線形写像$\boldsymbol{f}$によって，ベクトル$\boldsymbol{D}$に写されるとする．このときそれぞれのベクトルの座標が，2つの基底に基づいて表されているとする．すなわち，基底$(\boldsymbol{a}_1\ \ \boldsymbol{a}_2)$に関するベクトル$\boldsymbol{C}$と$\boldsymbol{D}$の座標をそれぞれ

$$\boldsymbol{x}=\begin{bmatrix}x_1\\x_2\end{bmatrix},\ \boldsymbol{y}=\begin{bmatrix}y_1\\y_2\end{bmatrix}$$

とする．また，基底$(\boldsymbol{b}_1\ \ \boldsymbol{b}_2)$に関するベクトル$\boldsymbol{C}$と$\boldsymbol{D}$の座標をそれぞれ

$$\boldsymbol{X}=\begin{bmatrix}X_1\\X_2\end{bmatrix},\ \boldsymbol{Y}=\begin{bmatrix}Y_1\\Y_2\end{bmatrix}$$

とする．また，2つの基底の間の関係が基底変換$\boldsymbol{T}$によって，$[\boldsymbol{b}_1\ \ \boldsymbol{b}_2]=[\boldsymbol{a}_1\ \ \boldsymbol{a}_2]\boldsymbol{T}$と結ばれているものとしよう．さらに線形写像$\boldsymbol{f}$を表す行列$\boldsymbol{A}$により，$\boldsymbol{y}=\boldsymbol{Ax}$と表されているとする．このとき，座標を$\boldsymbol{X}$，$\boldsymbol{Y}$に変えると，$\boldsymbol{A}$はどのように変わるだろうか，というのが問題である．

これは，上で述べた座標変換の関係を使うとさほど難しい問題ではない．実際，$\boldsymbol{x}=\boldsymbol{TX}$，$\boldsymbol{y}=\boldsymbol{TY}$なのであるから，これを$\boldsymbol{y}=\boldsymbol{Ax}$に代入すると，$\boldsymbol{TY}=\boldsymbol{ATX}$となる．$\boldsymbol{T}$が正則ならば，$\boldsymbol{T}$の逆行列$\boldsymbol{T}^{-1}$を左から掛けてやることにより，$\boldsymbol{Y}=\boldsymbol{T}^{-1}\boldsymbol{ATX}$となる．すなわち，基底の変換行列$\boldsymbol{T}$により，線形写像を与える行列が$\boldsymbol{A}$から$\boldsymbol{T}^{-1}\boldsymbol{AT}$に変化する

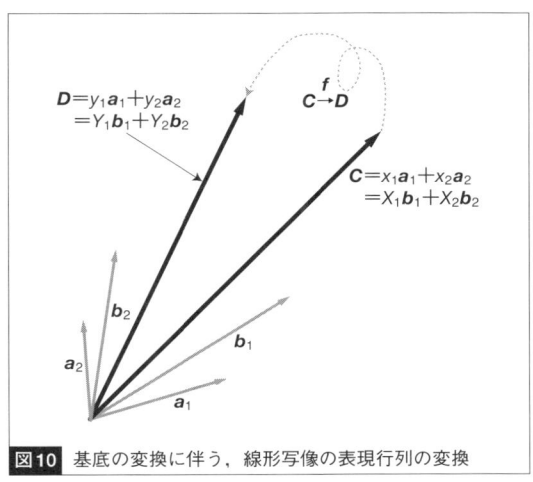

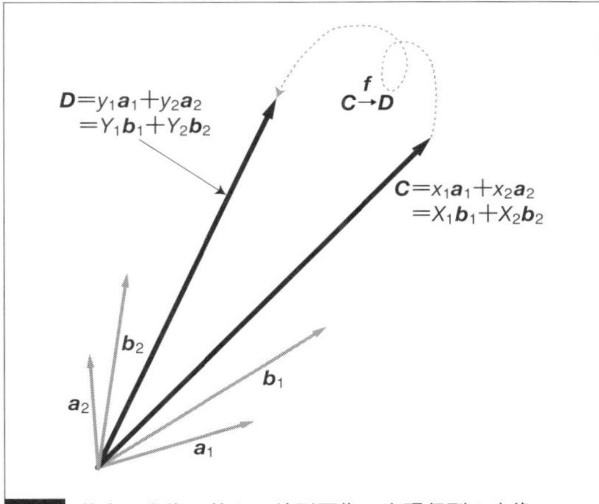

図10 基底の変換に伴う，線形写像の表現行列の変換

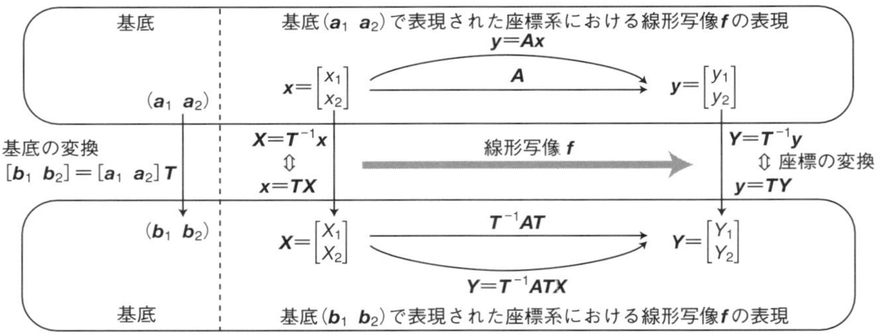

図11 基底変換と座標変換，表現行列の変換のダイアグラム

のである．この構造を図11に示しておこう．すなわち，同じ線形写像が，その基底のとり方によって座標が変化し，それに伴って表現行列が変化するだけなのである．

10. 行列の固有値と固有ベクトル

まず例として，行列$\boldsymbol{A}$を$\boldsymbol{A}=\begin{bmatrix}1 & 1\\-2 & 4\end{bmatrix}$ととろう．また，ベクトル$\boldsymbol{a}_1$，$\boldsymbol{a}_2$，$\boldsymbol{a}_3$，$\boldsymbol{a}_4$を次のようにとる．

$$\boldsymbol{a}_1=\begin{bmatrix}2\\1\end{bmatrix},\ \boldsymbol{a}_2=\begin{bmatrix}3\\-1\end{bmatrix},\ \boldsymbol{a}_3=\begin{bmatrix}1\\1\end{bmatrix},\ \boldsymbol{a}_4=\begin{bmatrix}1\\2\end{bmatrix}$$

これらを用いると，

$$\boldsymbol{Aa}_1=\begin{bmatrix}3\\0\end{bmatrix},\ \boldsymbol{Aa}_2=\begin{bmatrix}2\\-10\end{bmatrix},\ \boldsymbol{Aa}_3=\begin{bmatrix}2\\2\end{bmatrix},\ \boldsymbol{Aa}_4=\begin{bmatrix}3\\6\end{bmatrix}$$

とそれぞれ計算できる．これらの結果をよく見ると，1つ気がつくことがある．それは，$\boldsymbol{a}_3$，$\boldsymbol{a}_4$に$\boldsymbol{A}$を左から掛けたときの計算結果が，$\boldsymbol{Aa}_3=2\boldsymbol{a}_3$，$\boldsymbol{Aa}_4=3\boldsymbol{a}_4$となっていることである．$\boldsymbol{a}_1$や$\boldsymbol{a}_2$に$\boldsymbol{A}$を左から掛けてもこのような関係にはなっていない．

このように，たまたまあるベクトル$\boldsymbol{x}$に，その行列$\boldsymbol{A}$を掛けると，$\boldsymbol{Ax}=\lambda\boldsymbol{x}$のような関係になるベクトル$\boldsymbol{x}$を見つけることができる．このようなベクトル$\boldsymbol{x}$を$\boldsymbol{A}$の固有ベクトルと呼び，$\lambda$を$\boldsymbol{A}$の固有値という．この固有ベクトルと固有値の関係は，図12のように書くことができる．この図を見るとわかるように，$\boldsymbol{Ax}=\lambda\boldsymbol{x}$という関係式を見たら，「ある$\boldsymbol{x}$をもってきて，これを$\boldsymbol{A}$で写像すると，たまたま，$\boldsymbol{x}$のスカラー倍の位置に写像され，そのスカラー倍率(固有値)がλになっている．このような性質をもつ$\boldsymbol{x}$が固有ベクトルである」と読む．

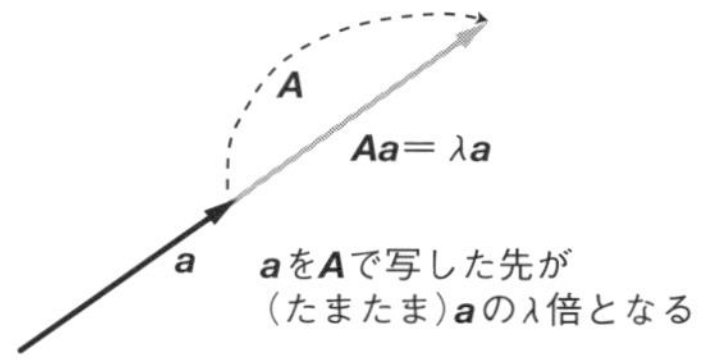

図12 固有値と固有ベクトル

では，この固有値と固有ベクトルはどのようにして見つけることができるのだろうか？　まず固有値λを求めるには，$|\boldsymbol{A}-\lambda\boldsymbol{I}|=0$を満足する$\lambda$を求めればよい．すなわち，$\boldsymbol{A}-\lambda\boldsymbol{I}$の行列式をゼロにする$\lambda$を求めればよい(ここに$\boldsymbol{I}$は単位行列である)．実際，$\boldsymbol{Ax}=\lambda\boldsymbol{x}$を変形すると$\boldsymbol{Ax}-\lambda\boldsymbol{x}=(\boldsymbol{A}-\lambda\boldsymbol{I})\boldsymbol{x}=0$となるが，$\boldsymbol{x}\neq 0$となるための必要十分条件が，$\lambda$が$|\boldsymbol{A}-\lambda\boldsymbol{I}|=0$を満足することなのである．実際，上の例，$\boldsymbol{A}=\begin{bmatrix}1 & 1\\-2 & 4\end{bmatrix}$に対して，$|\boldsymbol{A}-\lambda\boldsymbol{I}|=0$を具体的に計算すると，$(\lambda-2)(\lambda-3)=0$という式が出てくるので，$\lambda=2$，3がこの方程式の解であることがわかる．固有値は，その解を複素数の範囲まで考えれば必ず存在する．$|\boldsymbol{A}-\lambda\boldsymbol{I}|=0$を固有方程式，$|\boldsymbol{A}-\lambda\boldsymbol{I}|$を固有多項式と呼ぶ．実際，もし$\boldsymbol{A}$が$n\times n$の正方行列なら$|\boldsymbol{A}-\lambda\boldsymbol{I}|$を具体的に計算すると，$\lambda$の$n$次の多項式になる．なお，固有値や固有ベクトルは$\boldsymbol{A}$が正方行列のときのみ求められる．

固有値が求まれば，その固有値を具体的に$(\boldsymbol{A}-\lambda\boldsymbol{I})\boldsymbol{x}=0$に代入して，$\boldsymbol{x}$を求めればよい．ただし$\boldsymbol{x}$は，一意に決まらず，スカラー倍の任意性が出てくる．たとえば，上の例で$\lambda=2$の場合について，$\boldsymbol{x}=\begin{bmatrix}x_1\\x_2\end{bmatrix}$を求めてみると次のようになる．すなわち，

$$\left\{\begin{bmatrix}1 & 1\\-2 & 4\end{bmatrix}-2\begin{bmatrix}1 & 0\\0 & 1\end{bmatrix}\right\}\begin{bmatrix}x_1\\x_2\end{bmatrix}=\begin{bmatrix}-1 & 1\\-2 & 2\end{bmatrix}\begin{bmatrix}x_1\\x_2\end{bmatrix}=\begin{bmatrix}0\\0\end{bmatrix}$$

となるゆえ，$-x_1+x_2=0$より$x_1=x_2$という関係式が出てくるのみなのである．したがって，

$$\boldsymbol{x}=\begin{bmatrix}x_1\\x_2\end{bmatrix}=\begin{bmatrix}x_1\\x_1\end{bmatrix}=x_1\begin{bmatrix}1\\1\end{bmatrix}$$

という結果となり$x_1 \neq 0$であるかぎり，任意のx_1の値を許して固有ベクトル$\boldsymbol{x}$が求まるのである．上の例で出てきた$\boldsymbol{a}_3$は$x_1=1$の場合であることはすぐわかる．

11. 行列の対角化

前節の冒頭の例で，$\boldsymbol{Aa}_3=2\boldsymbol{a}_3$，$\boldsymbol{Aa}_4=3\boldsymbol{a}_4$となっていたことから，$\boldsymbol{a}_3$が$\boldsymbol{A}$の固有値$\lambda=2$に対する固有ベクトル，$\boldsymbol{a}_4$が$\boldsymbol{A}$の固有値$\lambda=3$に対する固有ベクトルとなっていることがわかる．ところで，この固有ベクトルを2つ並べた行列$\boldsymbol{T}=\begin{bmatrix}\boldsymbol{a}_3 & \boldsymbol{a}_4\end{bmatrix}=\begin{bmatrix}1 & 1\\ 1 & 2\end{bmatrix}$をつくり，$\boldsymbol{T}^{-1}\boldsymbol{AT}$を計算してみよう．すると容易に，

$$\boldsymbol{T}^{-1}\boldsymbol{AT}=\begin{bmatrix}2 & 0\\ 0 & 3\end{bmatrix} \tag{29}$$

となり，対角要素に行列$\boldsymbol{A}$の固有値が並び，非対角要素はゼロとなることがわかる．これが行列の対角化である．

式(29)の左辺はどこかで見た記憶があるだろう．そう，「基底の変換行列$\boldsymbol{T}$により，線形写像を与える行列が$\boldsymbol{A}$から$\boldsymbol{T}^{-1}\boldsymbol{AT}$に変化する」という性質である．「基底の変換」の節で触れたように，

[新基底]＝[旧基底]$\boldsymbol{T}$

であった．もし［旧基底］に自然基底

$$\boldsymbol{e}_1=\begin{bmatrix}1\\ 0\end{bmatrix},\ \boldsymbol{e}_2=\begin{bmatrix}0\\ 1\end{bmatrix}$$

を選ぶと，［旧基底］＝$[\boldsymbol{e}_1\ \ \boldsymbol{e}_2]$は単位行列になるので，$\boldsymbol{T}$は［新基底］そのもの，すなわち

$\boldsymbol{T}$＝[新基底]＝$[\boldsymbol{a}_3\ \boldsymbol{a}_4]$＝[行列$\boldsymbol{A}$の固有ベクトルの並び]

となる．つまり，「行列$\boldsymbol{A}$の対角化」とは，「自然基底において表現された座標に関する線形写像$\boldsymbol{f}$の表現行列$\boldsymbol{A}$が，$\boldsymbol{A}$の固有ベクトルを基底として表現された座標では$\boldsymbol{T}^{-1}\boldsymbol{AT}$という対角行列になる」ことを示しているのである(図13)．なお，固有方程式の解としての固有値が重解として求まった場合には，このように対角化できるとはかぎらないことを注意しておく*.

大学初年級の線形代数の講義では，行列$\boldsymbol{A}$の固有ベクトルを並べた行列$\boldsymbol{T}$をつくり，$\boldsymbol{T}^{-1}\boldsymbol{AT}$を計算すると対角行列になる，という事実のみがクローズアップされ，それがどのようなことを意味するかはあまり説明されないようである．「推して知る」のも大切だが，後に説明する射影行列の関係もあるので，この行列の対角化ということが何を意味しているのかをもう少し説明しておこう．

線形写像は$\boldsymbol{y}=\boldsymbol{Ax}$で表される．$\boldsymbol{y}$と$\boldsymbol{x}$を$\boldsymbol{A}$の固有ベクトルを基底にとり，$\boldsymbol{y}=\beta_1\boldsymbol{a}_3+\beta_2\boldsymbol{a}_4$，$\boldsymbol{x}=\alpha_1\boldsymbol{a}_3+\alpha_2\boldsymbol{a}_4$と表す．ここに，$\boldsymbol{a}_3$，$\boldsymbol{a}_4$が$\boldsymbol{A}$の固有ベクトルであり，$\boldsymbol{Aa}_3=\lambda_1\boldsymbol{a}_3$，$\boldsymbol{Aa}_4=\lambda_2\boldsymbol{a}_4$という関係があったことを使うと，

$$\boldsymbol{y}=\beta_1\boldsymbol{a}_3+\beta_2\boldsymbol{a}_4=\boldsymbol{Ax} \tag{30}$$
$$=\boldsymbol{A}(\alpha_1\boldsymbol{a}_3+\alpha_2\boldsymbol{a}_4) \tag{31}$$
$$=\alpha_1\lambda_1\boldsymbol{a}_3+\alpha_2\lambda_2\boldsymbol{a}_4 \tag{32}$$

となる．最右辺を移項して整理すると，

$$(\beta_1-\alpha_1\lambda_1)\boldsymbol{a}_3+(\beta_2-\alpha_2\lambda_2)\boldsymbol{a}_4=0 \tag{33}$$

となるが，$\lambda_1\neq\lambda_2$ならば$\boldsymbol{a}_3$，$\boldsymbol{a}_4$は線形独立になるので，式(33)の方程式が成り立つためには，

$$(\beta_1-\alpha_1\lambda_1)=0 \tag{34}$$
$$(\beta_2-\alpha_2\lambda_2)=0 \tag{35}$$

とならなくてはならない．ゆえに

$$\beta_1=\alpha_1\lambda_1,\quad \beta_2=\alpha_2\lambda_2 \tag{36}$$

が導ける．すなわち，$\boldsymbol{x}$の基底$\boldsymbol{a}_3$，$\boldsymbol{a}_4$に関する座標(α_1, α_2)をおのおの固有値倍すると，$\boldsymbol{y}$の$\boldsymbol{a}_3$，$\boldsymbol{a}_4$に関する座標が求まることを意味している．これを図形的に示すと図14のようになることを示している．これが行列$\boldsymbol{A}$の対角

* 対角化可能である条件は「その正方行列の各固有値に属する固有空間の次元の，すべての固有値についての合計が，その行列の次数に等しい」ことである．詳しくは線形代数の教科書を参考にしてほしい．

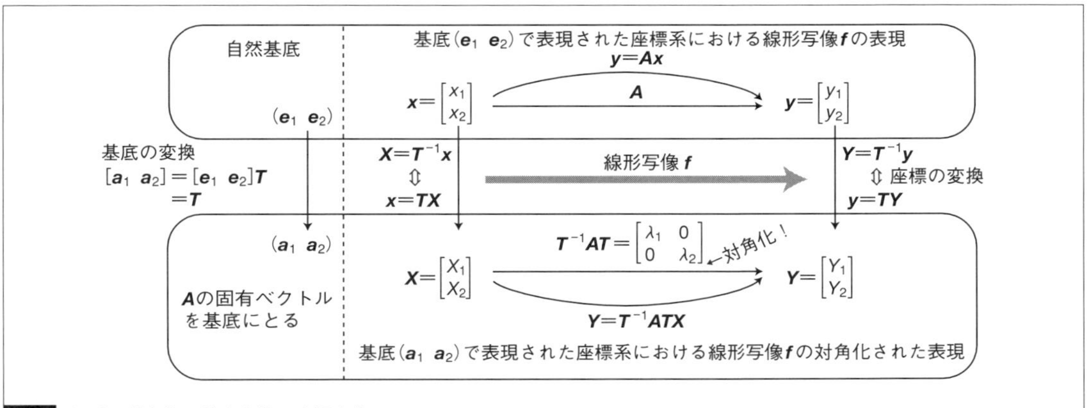

図13 行列の対角化と基底変換，座標変換

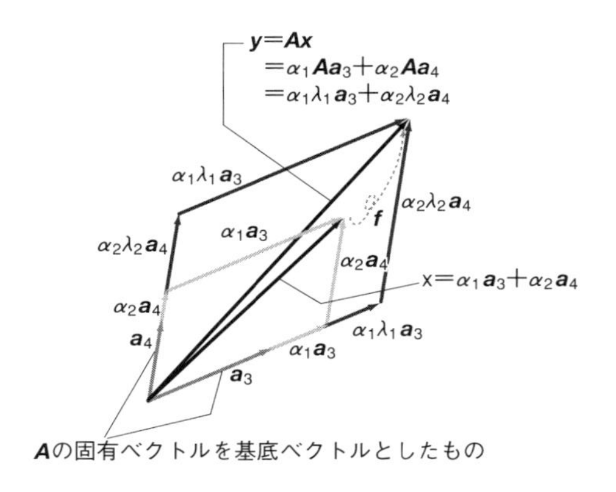

図14 行列の対角化の線形写像としての意味

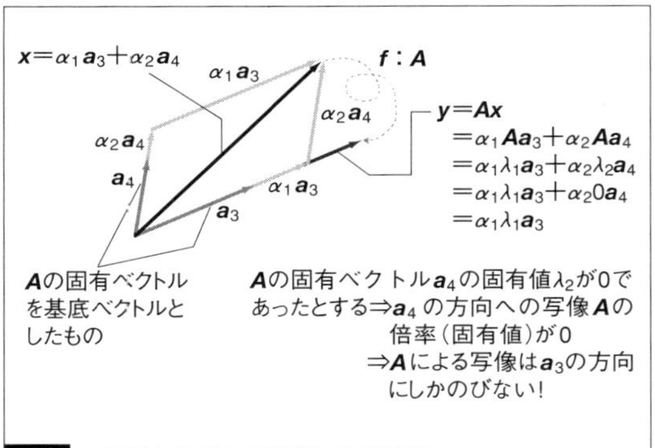

図15 0の固有値がある行列による写像

$$\begin{bmatrix} a_{11} & a_{12} & a_{13} \\ a_{21} & a_{22} & a_{23} \\ a_{31} & a_{32} & a_{33} \end{bmatrix} = \begin{bmatrix} a_{11} & a_{21} & a_{31} \\ a_{12} & a_{22} & a_{32} \\ a_{13} & a_{23} & a_{33} \end{bmatrix}$$

$$a_{ij} = a_{ji} \quad (j \neq i)$$

図16 実対称行列

化の1つの見方なのである．

ここでちょっと特別な場合を見ておこう．その行列の固有値に0がある場合である．この場合は，固有値0をもつ固有ベクトルの方向の座標は，この行列の表す線形写像によって常に0倍，すなわち原点に写されることがわかる．この様子を図15に示した．たとえば，2行2列の正方行列の2つの固有値のうち，1つが0であれば，その行列を表す線形写像により2次元平面全体の点は0でない固有値に属する固有ベクトルの方向に写像される．3行3列の正方行列の3つの固有値のうち，1つが0であると，3次元空間全体の点は，0でない固有値に属する固有ベクトル(2つ)によってつくられる平面に射影されるのである．このことは，後で記す「直交射影行列」に関連する「直交補空間」の説明で必要な知識となるのでよく理解しておこう．

このように，正方行列を線形写像の表現としてみた場合，実はその正方行列の各要素の値がどうなっているかより，その行列の固有値と固有ベクトルでその行列をみるほうが線形写像の様子がよくわかる気がする．実際，次元が同じ正方行列の中で，固有値が等しいものの集合は，線形写像としては同じ性質をもつものとみなすことができるのである．

12. 対称行列と直交基底

さて，「(1.11)これが慣性テンソルだ」の項で「慣性テンソル」という正方行列が出てくる．また，「慣性主軸」という概念も出てくる(☞(1.10)これが慣性主軸だ)．この慣性主軸は，行列の固有値や固有ベクトルと密接に関係する．ところで，慣性テンソルを表す行列は次に述べるように，正方行列としては特別な性質をもっている．

一般に，ある正方行列$\boldsymbol{A}$の要素がすべて実数であり，行列$\boldsymbol{A}$の転置$\boldsymbol{A}^{\mathrm{T}}$が$\boldsymbol{A}$と等しい，すなわち$\boldsymbol{A}^{\mathrm{T}}=\boldsymbol{A}$であるとき，この行列$\boldsymbol{A}$を実対称行列と呼ぶ．このとき，$\boldsymbol{A}$の$i$行$j$列の要素$a_{ij}$と$j$行$i$列の要素$a_{ji}$は等しい(図16)．証明は略するが，実対称行列には次の性質がある．

①この実対称行列$\boldsymbol{A}$の固有値は実数である．
②$\boldsymbol{A}$の異なる固有値に属する固有ベクトルは互いに直交する．
③$\boldsymbol{A}$は必ず対角化できる．

このうちの性質②に着目すると，これまでの議論から，次の重要な内容を導くことができる．すなわち，この実対称行列$\boldsymbol{A}$の固有ベクトルは正規直交基底(それぞれの基底ベクトルの長さが1で互いに直交する基底)にとることができ，これを並べた行列$\boldsymbol{T}$により$\boldsymbol{A}$は対角化される．この場合$\boldsymbol{T}$は直交行列，すなわち，$\boldsymbol{T}^{\mathrm{T}}\boldsymbol{T}=\boldsymbol{I}$(ただし$\boldsymbol{I}$は単位行列)になる．このとき，$\boldsymbol{T}^{\mathrm{T}}=\boldsymbol{T}^{-1}$なので，$\boldsymbol{A}$の対角化は，$\boldsymbol{T}^{-1}\boldsymbol{A}\boldsymbol{T}=\boldsymbol{T}^{\mathrm{T}}\boldsymbol{A}\boldsymbol{T}$で行える．

13. 直交射影行列と直交補空間

本書の「第2章マニピュレータの創造設計」では，直交射影行列について触れている．このことについて，少し詳しく見ておくことにしよう．

まず，$\boldsymbol{P}^2=\boldsymbol{P}$という性質をもつ行列を考えよう．この性質をもつ行列$\boldsymbol{P}$は，本書では射影行列としている*．このような行列$\boldsymbol{P}$の線形写像における性質を考えると，この$\boldsymbol{P}^2=\boldsymbol{P}$という関係がよくわかるのである．いま，「[要

* この性質をもつ行列$\boldsymbol{P}$は冪等行列とも呼ばれる．すなわち，$\boldsymbol{P}$の$\boldsymbol{n}$乗($\boldsymbol{P}$の冪)が自分自身，すなわち$\boldsymbol{P}$と等しい，ということを表している．$\boldsymbol{P}^2=\boldsymbol{P}$という関係があると，$\boldsymbol{P}^n=\boldsymbol{P}$となるのは明らかである．

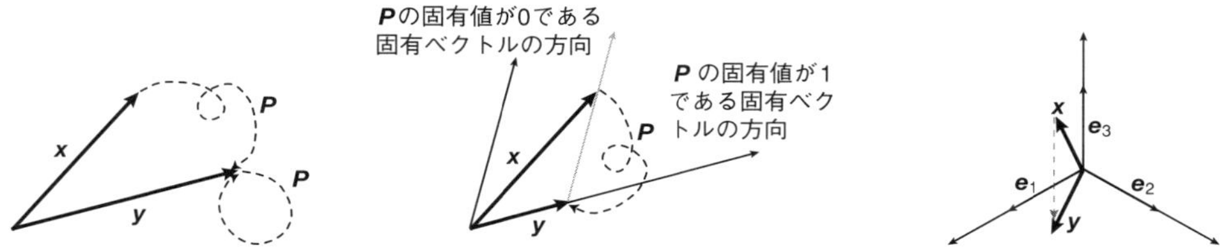

(a) 任意の$\boldsymbol{x}$を$\boldsymbol{P}$で射影した結果の$\boldsymbol{y}$を$\boldsymbol{P}$で射影しても$\boldsymbol{y}$自身になる

(b) ベクトル$\boldsymbol{x}$の方向成分のうち，$\boldsymbol{P}$の固有値が0である$\boldsymbol{P}$の固有ベクトルの方向の成分は$\boldsymbol{P}$で射影すると消えてしまい，$\boldsymbol{P}$の固有値が1である$\boldsymbol{P}$の固有ベクトルの方向の成分のみ倍率1で射影される

(c) 対称行列$\boldsymbol{P}$の固有ベクトル$\boldsymbol{e}_1$，$\boldsymbol{e}_2$，$\boldsymbol{e}_3$の方向の固有ベクトルのうち$\boldsymbol{e}_3$方向の固有値が0であると，$\boldsymbol{x}$は($\boldsymbol{e}_1$，$\boldsymbol{e}_2$)の張る平面内に射影される

図17 射影行列

請1］ベクトル$\boldsymbol{x}$が$\boldsymbol{P}$によって$\boldsymbol{y}$に写されたとき，その$\boldsymbol{y}$を再度$\boldsymbol{P}$で写像しても$\boldsymbol{y}$のままである」場合を考える(図17(a))．これを式に書くと，「$\boldsymbol{y}=\boldsymbol{Px}$ならば，$\boldsymbol{y}=\boldsymbol{Py}$である」となる．この関係式から，容易に$\boldsymbol{Px}=\boldsymbol{P}^2\boldsymbol{x}$が導かれ，結局，$(\boldsymbol{P}^2-\boldsymbol{P})\boldsymbol{x}=0$となる．これがすべての$\boldsymbol{x}$について成り立つことを考えると，$(\boldsymbol{P}^2-\boldsymbol{P})=0$，すなわち，$\boldsymbol{P}^2=\boldsymbol{P}$となるのである．

ところで，図17(a)に示された写像の様子を実現できる$\boldsymbol{P}$にはどのような性質が必要であろうか？　そのヒントは図14および図15にある．「線形写像は，それを表現する行列$\boldsymbol{A}$の固有ベクトルを基底にとると，その基底の方向の固有値倍で表現される」という話がヒントになる．とくにその固有値に0がある場合はどうだっただろうか？図17(a)に，あるベクトルを書き加え，図17(b)とすると

正規直交基底と直交行列，回転行列

いま，R^2の2つの基底

$$\boldsymbol{e}_1=\begin{bmatrix}\frac{1}{\sqrt{2}}\\\frac{1}{\sqrt{2}}\end{bmatrix},\ \boldsymbol{e}_2=\begin{bmatrix}\frac{1}{\sqrt{2}}\\-\frac{1}{\sqrt{2}}\end{bmatrix}$$

を例にとろう．この2つのベクトルの内積†は，$\boldsymbol{e}_1^{\mathrm{T}}\boldsymbol{e}_2=\boldsymbol{e}_2^{\mathrm{T}}\boldsymbol{e}_1=0$となるのでこれら2つのベクトルは直交している(上付き添字Tは転置を表す)．また，$|\boldsymbol{e}_1|=\sqrt{\boldsymbol{e}_1^{\mathrm{T}}\boldsymbol{e}_1}=1$，$|\boldsymbol{e}_2|=\sqrt{\boldsymbol{e}_2^{\mathrm{T}}\boldsymbol{e}_2}=1$となるので，それぞれのベクトルの長さは1である．したがって，この2つのベクトルは正規直交基底となる．

このベクトルを並べてつくった行列を$\boldsymbol{T}=[\boldsymbol{e}_1\ \boldsymbol{e}_2]$とすると，

$$\boldsymbol{T}^{\mathrm{T}}\boldsymbol{T}=[\boldsymbol{e}_1\ \ \boldsymbol{e}_2]^{\mathrm{T}}[\boldsymbol{e}_1\ \ \boldsymbol{e}_2]=\begin{bmatrix}\boldsymbol{e}_1^{\mathrm{T}}\\\boldsymbol{e}_2^{\mathrm{T}}\end{bmatrix}[\boldsymbol{e}_1\ \ \boldsymbol{e}_2]$$

$$=\begin{bmatrix}\boldsymbol{e}_1^{\mathrm{T}}\boldsymbol{e}_1 & \boldsymbol{e}_1^{\mathrm{T}}\boldsymbol{e}_2\\\boldsymbol{e}_2^{\mathrm{T}}\boldsymbol{e}_1 & \boldsymbol{e}_2^{\mathrm{T}}\boldsymbol{e}_2\end{bmatrix}=\begin{bmatrix}1 & 0\\0 & 1\end{bmatrix}=\boldsymbol{I} \quad (37)$$

† 「内積」は，線形代数では「計量の導入」として取り扱われ，定義される．内積の導入により，「ベクトルの長さ(ノルム)」や「2つのベクトルのなす角」などが定義できるのである．紙幅の関係で内積に関連することをここで詳しく書くことはできない．ごく簡単に記しておくと，R^nに属するベクトル$\boldsymbol{a}$，$\boldsymbol{b}$の内積は，$\boldsymbol{a}^{\mathrm{T}}\boldsymbol{b}$で計算できる(Tは転置を表す)．もしこの内積の値が0なら，この2つのベクトル$\boldsymbol{a}$，$\boldsymbol{b}$は直交する．また，$\sqrt{\boldsymbol{a}^{\mathrm{T}}\boldsymbol{a}}$はベクトル$\boldsymbol{a}$の長さを表す，と覚えておこう．

となるので，$\boldsymbol{T}$は直交行列になる．注意してみると，上の式の中ほどにある

$$\begin{bmatrix}\boldsymbol{e}_1^{\mathrm{T}}\boldsymbol{e}_1 & \boldsymbol{e}_1^{\mathrm{T}}\boldsymbol{e}_2\\\boldsymbol{e}_2^{\mathrm{T}}\boldsymbol{e}_1 & \boldsymbol{e}_2^{\mathrm{T}}\boldsymbol{e}_2\end{bmatrix}$$

の各要素に，2つの基底ベクトルの内積が現れており，基底ベクトルが正規直交系をなしているがゆえに$\boldsymbol{T}^{\mathrm{T}}\boldsymbol{T}$が単位行列になることがよくわかる．$n$次元の場合も，$n$個のベクトルからなる正規直交基底を用意すれば，上とまったく同様の議論が展開できる．

直交行列の性質について，1つ理解しておいてよいことがある．回転行列との関連である．ベクトル$\boldsymbol{x}$を直交行列$\boldsymbol{T}$で写像した後のベクトルを$\boldsymbol{y}$とする．すなわち，$\boldsymbol{y}=\boldsymbol{Tx}$とする．このとき$\boldsymbol{y}$自身で内積をとると，

$$\boldsymbol{y}^{\mathrm{T}}\boldsymbol{y}=(\boldsymbol{Tx})^{\mathrm{T}}(\boldsymbol{Tx})=\boldsymbol{x}^{\mathrm{T}}\boldsymbol{T}^{\mathrm{T}}\boldsymbol{Tx}=\boldsymbol{x}^{\mathrm{T}}\boldsymbol{Ix}=\boldsymbol{x}^{\mathrm{T}}\boldsymbol{x} \quad (38)$$

となり，$\boldsymbol{x}$と$\boldsymbol{y}$の大きさは等しくなることがわかる．つまり，直交行列はベクトルの長さを変えない線形写像なのである．あるベクトルを長さを変えずに写像する，ということは，この写像はベクトルの方向を変えるだけ，ということになる．ベクトルの方向を変える，ということは，ベクトルを空間中で回転させることに相当する．実際，第1部「2.4 同次変換行列」で出てきた「回転行列」$\boldsymbol{R}$は，$\boldsymbol{R}^{\mathrm{T}}\boldsymbol{R}=\boldsymbol{I}$が成り立つことが記されている．したがって，回転行列も直交行列の条件を満たしていたことがわかる．

わかるだろう．すなわち，$\boldsymbol{P}$の固有値が0か1かのどちらかであると，**[要請1]** を満足することがわかる．つまり，任意の$\boldsymbol{x}$は，$\boldsymbol{P}$により$\boldsymbol{P}$の0でない固有値をもつ固有ベクトルの空間Vに写像される．一度Vに写像されると，そこでは恒等写像になる，すなわち，何度$\boldsymbol{P}$で射影してもそのベクトルは変化しない．ということは，この空間Vを張る$\boldsymbol{P}$の固有ベクトルの固有値は1でなくてはならない．一方，0の固有値に関する固有ベクトルで張られる空間Wは「補空間」と呼ばれる．以上のことから，もし，$\boldsymbol{P}^2=\boldsymbol{P}$である$\boldsymbol{P}$が$n$次の正方行列であり，対角化ができる行列であったとすれば，固有値1に属する固有ベクトルをまず並べ，次に固有値0に属する固有ベクトルを並べた行列$\boldsymbol{T}$をつくると，

$$\boldsymbol{T}^{-1}\boldsymbol{P}\boldsymbol{T}=\begin{bmatrix}1&&&&&&\\&1&&&&&\\&&\ddots&&&&\\&&&1&&&\\&&&&0&&\\&&&&&\ddots&\\&&&&&&0\end{bmatrix} \tag{39}$$

と対角化されるべきであることがわかる(この行列の対角成分以外の成分はすべて0である)．なお，$\boldsymbol{P}$の固有方程式は$(\lambda-1)^r\lambda^{(n-r)}=0$という形になり，上の式の1の数と$r$の値が一致する．

とくに，射影行列$\boldsymbol{P}$が対称行列であると$\boldsymbol{P}$の固有ベクトルは互いに直交するので，図17(c)のように，空間中の任意のベクトルは，固有値0をもつ固有ベクトルの方向に沿って，固有値1をもつ固有ベクトルの空間へ写像されることになる．写像方向が，写像される空間に直交するので，この写像は正射影になる．そこで，とくに射影行列$\boldsymbol{P}$が対称行列であるとき，この$\boldsymbol{P}$を「直交射影行列」という．また，直交射影行列の固有値0に属する固有ベクトルで張られる空間を「直交補空間」という．

工学系の大学学部の初年級で勉強する線形代数のエッセンスをここに記してみた．詳しい説明や証明を略しているので，論理に飛躍があるところも多数あるが，できるだけ結果のみを記して，その幹をなぞってみたつもりである．

なお，ここでは線形写像の考え方を中心として話を展開したので，$\boldsymbol{y}=\boldsymbol{A}\boldsymbol{x}$を「連立方程式」の表現であるととらえ，この式において$\boldsymbol{y}$が与えられたときに$\boldsymbol{x}$が求解可能であるか，という観点でのとらえ方をしなかった*．それゆえ，この連立方程式でとくに$\boldsymbol{A}$が正方行列になる場合において議論される，「行列$\boldsymbol{A}$の行列式$|\boldsymbol{A}|$」にまつわる説明をほとんどしなかった．関連して，$\boldsymbol{A}$の階数(ランク)についても言及していないことをお断りしておく．ちなみに，この連立方程式$\boldsymbol{y}=\boldsymbol{A}\boldsymbol{x}$が求解可能な条件は，$|\boldsymbol{A}|\neq 0$である．このとき$\boldsymbol{A}$はフルランクであるといわれる．

これを読んで多少なりとも線形代数に興味がもてたとしたなら，著者としてうれしいかぎりである．

参考文献

1)米田 完，坪内孝司，大隅 久，はじめてのロボット創造設計，講談社(2001)．
2)一石 賢，道具としての線形代数，日本実業出版社(2004)．
3)志賀浩二，線形代数30講，朝倉書店(1988)．
4)志賀浩二，固有値問題30講，朝倉書店(1991)．
5)川久保勝夫，なっとくする行列・ベクトル，講談社(1999)．
6)柳井晴夫，竹内 啓，射影行列 一般逆行列 特異値分解(UP応用数学選書10)，東京大学出版会(1983)．

＊ この観点での見方が，線形代数の教科書におけるもう1つの幹とも考えられる．

1.2 これがベクトルの外積だ

ベクトルの外積は，2つのベクトルから1つのベクトルをつくる積の演算規則である．

いま，R^3に属する2つのベクトル$\boldsymbol{a}$，$\boldsymbol{b}$を次のように定義する．

$$\boldsymbol{a}=\begin{bmatrix}a_1\\a_2\\a_3\end{bmatrix},\quad \boldsymbol{b}=\begin{bmatrix}b_1\\b_2\\b_3\end{bmatrix}$$

このとき，$\boldsymbol{a}$と$\boldsymbol{b}$の外積$\boldsymbol{a}\times\boldsymbol{b}$を次のように定義する．

$$\boldsymbol{a}\times\boldsymbol{b}=\begin{bmatrix}a_2b_3-a_3b_2\\-a_1b_3+a_3b_1\\a_1b_2-a_2b_1\end{bmatrix} \tag{1}$$

$\boldsymbol{a}\times\boldsymbol{b}$の成分のおのおのは，実は次のような2次の正方行列の行列式の値に等しい．すなわち，

$$a_2b_3-a_3b_2=\begin{vmatrix}a_2&a_3\\b_2&b_3\end{vmatrix},\quad -a_1b_3+a_3b_1=-\begin{vmatrix}a_1&a_3\\b_1&b_3\end{vmatrix},$$

$$a_1b_2 - a_2b_1 = \begin{vmatrix} a_1 & a_2 \\ b_1 & b_2 \end{vmatrix}$$

である．さらにこれらは，次の行列式dの1行1列，1行2列，1行3列に関する余因子行列式に等しいことがわかる．

$$d = \begin{vmatrix} 1 & 1 & 1 \\ a_1 & a_2 & a_3 \\ b_1 & b_2 & b_3 \end{vmatrix}$$

各自，これらを参考に都合のよい覚え方をするとよいだろう．

このように定義される外積は，次の性質をもつ．

①$\lambda\boldsymbol{a}\times\boldsymbol{b}=\boldsymbol{a}\times\lambda\boldsymbol{b}=\lambda(\boldsymbol{a}\times\boldsymbol{b})$

②$\boldsymbol{a}\times(\boldsymbol{b}+\boldsymbol{c})=\boldsymbol{a}\times\boldsymbol{b}+\boldsymbol{a}\times\boldsymbol{c}$

③$\boldsymbol{a}\times\boldsymbol{b}=-\boldsymbol{b}\times\boldsymbol{a}$

④$\boldsymbol{a}\times\boldsymbol{a}=\boldsymbol{0}$

とくに注目するべきは，③と④である．③では，外積の演算順序の交換が成り立たず，演算の順序を変えると符号が変わること，④では自分自身の外積をとるとゼロベクトルになることを示している．

また，「$\boldsymbol{a}$と$\boldsymbol{b}$が線形独立であること」と「$\boldsymbol{a}\times\boldsymbol{b}\neq\boldsymbol{0}$であること」は同値である．

外積の幾何学的な性質は次のとおりである（図1）．

①$\boldsymbol{a}\times\boldsymbol{b}$は，$\boldsymbol{a}$，$\boldsymbol{b}$に直交する．

②$\boldsymbol{a}\times\boldsymbol{b}$の大きさは，$\boldsymbol{a}$と$\boldsymbol{b}$を2辺とする平行四辺形の面積に等しい．

③次の3つのベクトルの組，$\{\boldsymbol{a}, \boldsymbol{b}, \boldsymbol{a}\times\boldsymbol{b}\}$は右手系をなす線形独立なベクトルである．

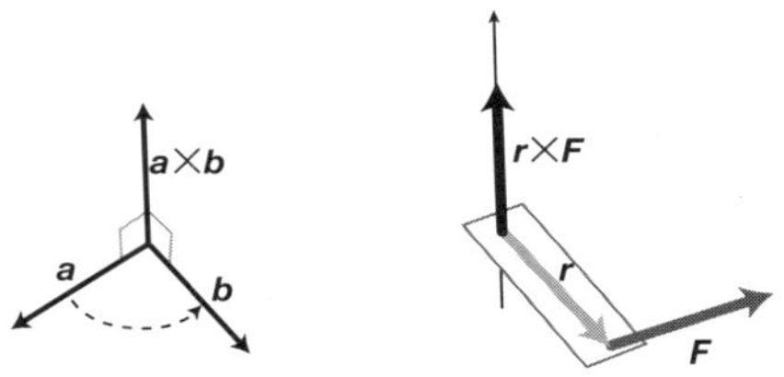

$\boldsymbol{a}\times\boldsymbol{b}$の向きは，$\boldsymbol{a}$を$\boldsymbol{b}$の方向に回転させたときに右ねじの進む方向になる

腕$\boldsymbol{r}$を力$\boldsymbol{F}$で引っ張るとき発生する回転力のモーメントは$\boldsymbol{r}$と$\boldsymbol{F}$が張る平面に垂直な方向になる

(a)ベクトルの外積　(b)回転力のモーメント

図1 ベクトルの外積の幾何学的な性質

ロボット工学でこの外積によくお目にかかるのは，回転力のモーメントであろう．ベクトル$\boldsymbol{r}$の腕に，力$\boldsymbol{F}$が作用するとき，回転力のモーメント$\boldsymbol{M}$は$\boldsymbol{M}=\boldsymbol{r}\times\boldsymbol{F}$で表される（図1）．

なお，ここで示した「ベクトルの外積」は，R^3の数ベクトルに特有に定義される演算規則である．一方，数学におけるベクトル解析，あるいは微分形式の理論の中では，「外積代数」というものが扱われるが，この項で触れたR^3上のベクトル積として定義した「外積」とは異なるものである[1]．

参考文献

1) 志賀浩二，ベクトル解析30講，朝倉書店（1989）．

1.3 これがベクトルの時間微分だ

たとえばR^3に属するベクトル$\boldsymbol{a}=\begin{bmatrix} a_1 \\ a_2 \\ a_3 \end{bmatrix}$が与えられたとき，このベクトルの時間微分$\mathrm{d}\boldsymbol{a}/\mathrm{d}t$は，次のように各成分ごとの微分として考える．

$$\frac{\mathrm{d}}{\mathrm{d}t}\boldsymbol{a} = \begin{bmatrix} \frac{\mathrm{d}}{\mathrm{d}t}a_1 \\ \frac{\mathrm{d}}{\mathrm{d}t}a_2 \\ \frac{\mathrm{d}}{\mathrm{d}t}a_3 \end{bmatrix}$$

2つのベクトル$\boldsymbol{a}$，$\boldsymbol{b}$の間の関係演算である，和，内積，外積をそれぞれとったものの時間微分は次のようになる．

・和　$\dfrac{\mathrm{d}}{\mathrm{d}t}(\boldsymbol{a}+\boldsymbol{b}) = \dfrac{\mathrm{d}}{\mathrm{d}t}\boldsymbol{a} + \dfrac{\mathrm{d}}{\mathrm{d}t}\boldsymbol{b}$

・内積　$\dfrac{\mathrm{d}}{\mathrm{d}t}(\boldsymbol{a}^{\mathrm{T}}\boldsymbol{b}) = \left(\dfrac{\mathrm{d}}{\mathrm{d}t}\boldsymbol{a}\right)^{\mathrm{T}}\boldsymbol{b} + \boldsymbol{a}^{\mathrm{T}}\left(\dfrac{\mathrm{d}}{\mathrm{d}t}\boldsymbol{b}\right)$

・外積　$\dfrac{\mathrm{d}}{\mathrm{d}t}(\boldsymbol{a}\times\boldsymbol{b}) = \left(\dfrac{\mathrm{d}}{\mathrm{d}t}\boldsymbol{a}\right)\times\boldsymbol{b} + \boldsymbol{a}\times\left(\dfrac{\mathrm{d}}{\mathrm{d}t}\boldsymbol{b}\right)$

角運動量とその時間微分

質点mの位置ベクトル$\boldsymbol{r}$と運動量ベクトル$\boldsymbol{p}$の外積$\boldsymbol{l}=\boldsymbol{r}\times\boldsymbol{p}$を，この質点の位置ベクトルの原点に関する角運動量という．いま，$\boldsymbol{p}=m\boldsymbol{v}=m(\mathrm{d}\boldsymbol{r}/\mathrm{d}t)$に注意すると，

$$\begin{aligned}\frac{\mathrm{d}}{\mathrm{d}t}(\boldsymbol{r}\times\boldsymbol{p}) &= \left(\frac{\mathrm{d}}{\mathrm{d}t}\boldsymbol{r}\right)\times\boldsymbol{p} + \boldsymbol{r}\times\left(\frac{\mathrm{d}}{\mathrm{d}t}\boldsymbol{p}\right) \\ &= \left(\frac{\mathrm{d}}{\mathrm{d}t}\boldsymbol{r}\right)\times m\frac{\mathrm{d}}{\mathrm{d}t}\boldsymbol{r} + \boldsymbol{r}\times\left(\frac{\mathrm{d}}{\mathrm{d}t}\boldsymbol{p}\right) = \boldsymbol{r}\times\left(\frac{\mathrm{d}}{\mathrm{d}t}\boldsymbol{p}\right)\end{aligned}$$

である．上の式で，外積の性質の1つに$\boldsymbol{a}\times\boldsymbol{a}=\boldsymbol{0}$がある

ので，$(\mathrm{d}\boldsymbol{r}/\mathrm{d}t)\times m(\mathrm{d}\boldsymbol{r}/\mathrm{d}t)=\boldsymbol{0}$となることを用いている．一方，$\mathrm{d}\boldsymbol{p}/\mathrm{d}t$は質点の運動量の時間変化であるが，これは質点に作用した力$\boldsymbol{F}$そのものである．すなわち，$\boldsymbol{F}=\mathrm{d}\boldsymbol{p}/\mathrm{d}t$である．したがって，上の式の最右辺は，$\boldsymbol{r}\times(\mathrm{d}\boldsymbol{p}/\mathrm{d}t)=\boldsymbol{r}\times\boldsymbol{F}$となり，角運動量の時間変化は，結局回転力のモーメントに等しいことが結論される．

1.4 これが擬似逆行列だ

0以外の数値には逆数があるように，行列の逆数にあたるのが逆行列である．この逆行列はもとの行列が正方行列の場合に定義され，しかも正則行列のときにのみ存在する．これに対して，行列が正方行列ではない場合や，正則ではない場合の逆行列にあたるものを，一般化逆行列という．このような行列に対しては，それぞれの行列に対して一般化逆行列が無数に存在する．その中で，ある特別の性質をもつものを擬似逆行列という．擬似逆行列は一意に定まる．

擬似逆行列は$\boldsymbol{A}\in R^{m\times n}$が横長，縦長のときでそれぞれつくり方が異なり，それぞれ，行フルランク（行列$\boldsymbol{A}$の横ベクトルがすべて1次独立），列フルランク（行列$\boldsymbol{A}$の縦ベクトルがすべて1次独立）のときには，以下のようになる．

$$\begin{aligned}\boldsymbol{A}^{+}&=\boldsymbol{A}^{\mathrm{T}}(\boldsymbol{A}\boldsymbol{A}^{\mathrm{T}})^{-1} \qquad m<n\\ \boldsymbol{A}^{+}&=(\boldsymbol{A}^{\mathrm{T}}\boldsymbol{A})^{-1}\boldsymbol{A}^{\mathrm{T}} \qquad m>n\end{aligned} \tag{1}$$

また，$\boldsymbol{A}$が正則な正方行列の場合には，通常の逆行列と同じとなる（正則でない場合については式(4)を利用する）．

連立1次方程式

$$\boldsymbol{y}=\boldsymbol{A}\boldsymbol{x} \tag{2}$$

が与えられたとき，擬似逆行列を用いて

$$\boldsymbol{x}=\boldsymbol{A}^{+}\boldsymbol{y} \tag{3}$$

として解を求めると，これにより得られる解は，式(2)を満たす解が存在するときには最小ノルム解，解が存在しない場合には，最小2乗誤差解となる．

最小ノルム解とは，式(2)を満たす解の中で，$\boldsymbol{x}$のすべての成分の2乗和が最小となる解である．また，最小2乗誤差解とは，式(3)で得られた$\boldsymbol{x}$を式(2)に代入して得られる

$$\boldsymbol{y}'=\boldsymbol{A}\boldsymbol{A}^{+}\boldsymbol{y}$$

と$\boldsymbol{y}$との差，$\mathrm{d}\boldsymbol{y}$を

$$\mathrm{d}\boldsymbol{y}=\boldsymbol{y}-\boldsymbol{y}'$$

としたときの$\mathrm{d}\boldsymbol{y}$のすべての成分の2乗和が最小となる解である．

冗長自由度マニピュレータの場合には，手先の微小移動量$\Delta\boldsymbol{x}$と関節の微小回転量$\Delta\boldsymbol{q}$の関係を

$$\Delta\boldsymbol{x}=\boldsymbol{J}\Delta\boldsymbol{q}$$

と表すと，ヤコビ行列$\boldsymbol{J}$が横長となる．よって，式(1)の$m<n$の場合の式を利用し，

$$\boldsymbol{J}^{+}=\boldsymbol{J}^{\mathrm{T}}(\boldsymbol{J}\boldsymbol{J}^{\mathrm{T}})^{-1}$$

によって$\boldsymbol{J}^{+}$をつくり，手先目標移動量$\Delta\boldsymbol{x}_{\mathrm{d}}$を実現するための関節動作$\Delta\boldsymbol{q}$を

$$\Delta\boldsymbol{q}=\boldsymbol{J}^{+}\Delta\boldsymbol{x}_{\mathrm{d}}$$

として関節動作を求める．これにより，手先の目標を達成する関節動作の中で関節角度変位の2乗和を最小とする動作が計算される．

一方，計測などでは，誤差の影響をできるだけ小さくするために，同じ測定を何度も行ったり，理論上必要な測定以上に測定を繰り返すのが普通である．このような場合に，計測したいパラメータベクトル$\boldsymbol{x}$と，計測結果$\boldsymbol{y}$の関係を式で表すと，式(2)と同じ形となる．測定したいパラメータの数よりも計測回数が多いことから，行列$\boldsymbol{A}$は縦長ベクトル，すなわち$m>n$となる．しかも，計測には必ず誤差が混入されるため，パラメータよりも多い式をすべて満たす答えは存在しない．よって，$m>n$の式を用いて$\boldsymbol{A}^{+}$を計算し，式(3)として最小2乗誤差解を求める．

行列が行フルランクでも列フルランクでもない場合には，式(1)の$\boldsymbol{A}\boldsymbol{A}^{\mathrm{T}}$も$\boldsymbol{A}^{\mathrm{T}}\boldsymbol{A}$も逆行列をもたなくなるため，式(1)が使えない．より一般的には，行列$\boldsymbol{A}$が階数分解され，

$$\boldsymbol{A}=\boldsymbol{B}\boldsymbol{C} \qquad \boldsymbol{A}\in R^{m\times n},\ \boldsymbol{B}\in R^{m\times r},\ \boldsymbol{C}\in R^{r\times n}$$

ただし，

$$\mathrm{rank}(\boldsymbol{A})=r,\ \mathrm{rank}(\boldsymbol{B})=r,\ \mathrm{rank}(\boldsymbol{C})=r$$

で表されるとすると，式(1)の両式はともに

$$\boldsymbol{A}^{+}=\boldsymbol{C}^{\mathrm{T}}(\boldsymbol{C}\boldsymbol{C}^{\mathrm{T}})^{-1}(\boldsymbol{B}^{\mathrm{T}}\boldsymbol{B})^{-1}\boldsymbol{B}^{\mathrm{T}} \tag{4}$$

として求めることができる．

1.5 これが特異値だ

実数を要素にもつ任意の行列$\boldsymbol{A}\in R^{m\times n}$は，2つの直交行列$\boldsymbol{U}\in R^{m\times m}$と$\boldsymbol{V}\in R^{n\times n}$によって，

$$\boldsymbol{A}=\boldsymbol{U}\boldsymbol{\Sigma}\boldsymbol{V}^{\mathrm{T}} \tag{1}$$

と表すことができる．ただし，

$$\boldsymbol{\Sigma}=\begin{bmatrix}\Sigma_r & \boldsymbol{0}\\ \boldsymbol{0} & \boldsymbol{0}\end{bmatrix}\in R^{m\times n},\quad \boldsymbol{\Sigma}_r=\begin{bmatrix}\sigma_1 & 0 & \cdots & 0\\ 0 & \sigma_2 & \ddots & \vdots\\ \vdots & \ddots & \ddots & 0\\ 0 & \cdots & 0 & \sigma_r\end{bmatrix}$$

で，$r=\mathrm{rank}(\boldsymbol{A})$である．また，$\sigma_1 \geq \sigma_2 \geq \cdots \geq \sigma_r > 0$である．式(1)を行列$\boldsymbol{A}$の特異値分解といい，$\sigma_i$を特異値という．$m \geq n$で$r=n$の場合には，

$$\boldsymbol{\Sigma}=\left[\begin{array}{cccc}\sigma_1 & 0 & \cdots & 0\\ 0 & \sigma_2 & \ddots & \vdots\\ \vdots & \ddots & \ddots & 0\\ 0 & \cdots & 0 & \sigma_n\\ 0 & \cdots & \cdots & 0\\ \vdots & & & \vdots\\ 0 & \cdots & \cdots & 0\end{array}\right]\begin{array}{l}\left.\vphantom{\begin{array}{c}1\\1\\1\\1\end{array}}\right\} n\\ \left.\vphantom{\begin{array}{c}1\\1\\1\end{array}}\right\} m-n\end{array}$$

に，また，$m<n$で$r=m$の場合には，次のようになる．

$$\boldsymbol{\Sigma}=\left[\begin{array}{cccc|ccc}\sigma_1 & 0 & \cdots & 0 & 0 & \cdots & 0\\ 0 & \sigma_2 & \ddots & \vdots & \vdots & & \vdots\\ \vdots & \ddots & \ddots & 0 & \vdots & & \vdots\\ 0 & \cdots & 0 & \sigma_m & 0 & \cdots & 0\end{array}\right]$$
$$\qquad\qquad\underbrace{\hphantom{\sigma_1\ 0\ \cdots\ 0}}_{m}\ \underbrace{\hphantom{0\ \cdots\ 0}}_{n-m}$$

特異値と行列$\boldsymbol{U}$，$\boldsymbol{V}$の求め方を示す．行列$\boldsymbol{A}^{\mathrm{T}}\boldsymbol{A}$の0でない固有値$\lambda_1 \sim \lambda_r$を求める．ただし，$\lambda_1 \geq \lambda_2 \geq \cdots \geq \lambda_r > 0$としておく．$\boldsymbol{A}^{\mathrm{T}}\boldsymbol{A}$は，はじめに$\boldsymbol{A}^{\mathrm{T}}\boldsymbol{A}$の$\lambda_1 \sim \lambda_r$に対応した長さ1の固有ベクトルを並べ，その後に残りの直交補空間を張る任意の正規直交基底ベクトルを並べた直交行列$\boldsymbol{V}$によって，

$$\boldsymbol{A}^{\mathrm{T}}\boldsymbol{A}=\boldsymbol{V}\left[\begin{array}{cccc|ccc}\lambda_1 & 0 & \cdots & 0 & & & \\ 0 & \lambda_2 & \ddots & \vdots & & \boldsymbol{0} & \\ \vdots & \ddots & \ddots & 0 & & & \\ 0 & \cdots & 0 & \lambda_r & & & \\ \hline & & & & 0 & \cdots & 0\\ & \boldsymbol{0} & & & \vdots & \ddots & \vdots\\ & & & & 0 & \cdots & 0\end{array}\right]\boldsymbol{V}^{\mathrm{T}} \qquad (2)$$

とできる．

一方，

$$\boldsymbol{A}^{\mathrm{T}}\boldsymbol{A}=\boldsymbol{V}\boldsymbol{\Sigma}^{\mathrm{T}}\boldsymbol{U}^{\mathrm{T}}\boldsymbol{U}\boldsymbol{\Sigma}\boldsymbol{V}^{\mathrm{T}}=\boldsymbol{V}\boldsymbol{\Sigma}^{\mathrm{T}}\boldsymbol{\Sigma}\boldsymbol{V}^{\mathrm{T}}$$

$$=\boldsymbol{V}\left[\begin{array}{cccc|ccc}\sigma_1^2 & 0 & \cdots & 0 & & & \\ 0 & \sigma_2^2 & \ddots & \vdots & & \boldsymbol{0} & \\ \vdots & \ddots & \ddots & 0 & & & \\ 0 & \cdots & 0 & \sigma_r^2 & & & \\ \hline & & & & 0 & \cdots & 0\\ & \boldsymbol{0} & & & \vdots & \ddots & \vdots\\ & & & & 0 & \cdots & 0\end{array}\right]\boldsymbol{V}^{\mathrm{T}}$$

となるので，$\boldsymbol{A}$の特異値σ_iは

$$\sigma_i=\sqrt{\lambda_i} \qquad (3)$$

として求めることができる．また，式(2)の対角化で利用した$\boldsymbol{V}$は式(1)の$\boldsymbol{V}$と同じであるから，$\boldsymbol{A}^{\mathrm{T}}\boldsymbol{A}$の$\lambda_i$に対応した固有ベクトルをそれぞれ$\boldsymbol{v}_i$とし，

$$\boldsymbol{V}=[\boldsymbol{v}_1 \cdots \boldsymbol{v}_r \quad \boldsymbol{v}_{r+1} \cdots \boldsymbol{v}_n] \qquad (4)$$

とすればよい．ただし，$\boldsymbol{v}_{r+1} \cdots \boldsymbol{v}_n$は，$\boldsymbol{V}=[\boldsymbol{v}_1 \cdots \boldsymbol{v}_n]$が$n$次元空間の正規直交基底となるように選べば，どのように決定してもよい．一方，$\boldsymbol{U}$は

$$\boldsymbol{A}=\boldsymbol{U}_r\boldsymbol{\Sigma}_r\boldsymbol{V}_r^{\mathrm{T}},\quad \boldsymbol{U}_r=[\boldsymbol{u}_1 \cdots \boldsymbol{u}_r],\quad \boldsymbol{V}_r=[\boldsymbol{v}_1 \cdots \boldsymbol{v}_r]$$

とすると，

$$\boldsymbol{U}_r=\boldsymbol{A}\boldsymbol{V}_r\boldsymbol{\Sigma}_r^{-1} \qquad (5)$$

となるので，この$\boldsymbol{U}_r=[\boldsymbol{u}_1 \cdots \boldsymbol{u}_r]$に，$\boldsymbol{u}_1 \cdots \boldsymbol{u}_m$が$m$次元空間の正規直交基底となるように$\boldsymbol{u}_{r+1} \cdots \boldsymbol{u}_m$を加えて，

$$\boldsymbol{U}=[\boldsymbol{u}_1 \cdots \boldsymbol{u}_r \quad \boldsymbol{u}_{r+1} \cdots \boldsymbol{u}_m] \qquad (6)$$

とすればよい．この$\boldsymbol{u}_{r+1} \cdots \boldsymbol{u}_m$の選び方にも任意性がある．

1.6 これが力のバランスだ(三力会一点の法則)

ロボットの力学的な計算をするとき，基本になるのが力のつり合いである．マニピュレータが荷物を持ち上げているとき，歩行ロボットが立っているとき，モータの出すべき力，足先が床から受ける力などを計算する．つり合いというと，何も起こっていない静かな状態を想像するかもしれないが，力を受けながら静止している(あるいは等速運動している)とき，モータには電流が流れ，トルクを発生している．

力のつり合いを考えるには，コツがある．加速のない状態の1つの物体に複数の力が働くとき，これらの力をすべて合計すれば，並進成分，モーメント成分ともにゼロである．ここではまず平面上の問題を考えよう．平面内では並進力の縦方向と横方向の2つの成分，および平面に垂直な軸回りの回転モーメントの合計3成分がある．つまり，平面内に働く複数の力の合計は，この3成分がともにゼロである．図1(a)のように2つの力が働くとき，

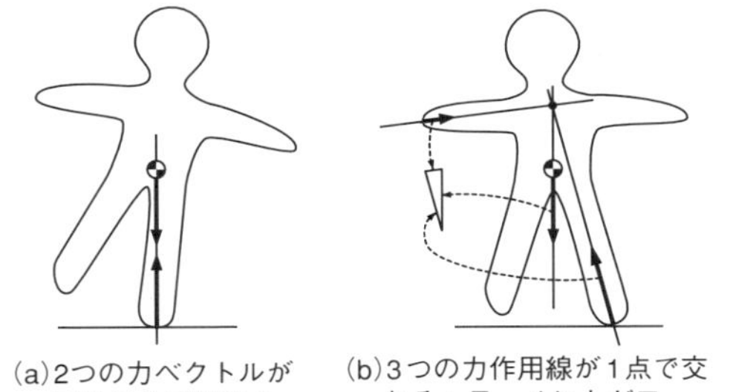

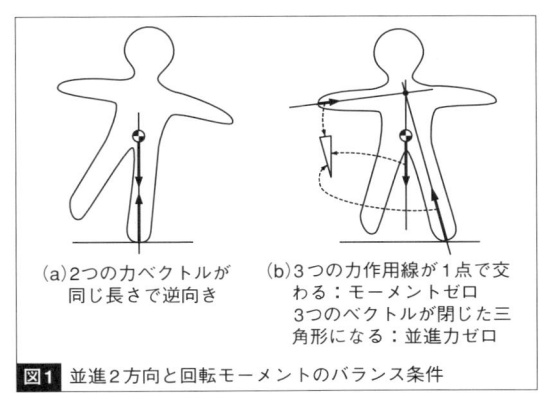

(a)2つの力ベクトルが同じ長さで逆向き

(b)3つの力作用線が1点で交わる：モーメントゼロ
3つのベクトルが閉じた三角形になる：並進力ゼロ

図1 並進2方向と回転モーメントのバランス条件

合計の3成分がゼロであるためには，2つの力の作用線が一致し，その向きが反対で，大きさ(絶対値)が等しくなければならない．これは，わかりやすいだろう．次に図1(b)のように3つの力が働くときはどうだろうか．このうちのある2つの作用線の交点Xに注目しよう．この2つの力はX点回りにモーメントを発生しない．モーメントというのは［考える点から作用線までの距離×力の大きさ］だから距離がゼロならモーメントはゼロである．すると，3力合計のモーメントがゼロになるためには，3つめの力もX点回りのモーメントがゼロであることがつり合いの条件となる．つまり3つめの力の作用線もX点を通らなくてはいけない．

4つ以上の並進力が働く場合や，トルク(＝偶力＝純粋な回転力)も働く場合には，作図的に考えるのはむずかしいので，数式によって計算するしかない．それでも，モーメントを計算する原点をどれか2つの力の作用線の交点にすると計算量が少なくなる．

1.7 これが遠心力だ

重りをひもで結び，図1のようにくるくると一定の速度で回転させたとしよう．このとき，ある瞬間の重りの運動を見ると，円周の接線方向の速度の大きさは一定であるとともに，その進行方向を絶えず回転中心側に変えている．この回転中心に向かう速度変化，すなわち加速度を向心加速度という．この向心加速度を発生させているのがひもの張力である．もしひもが切れると，重りは向きを変えることができなくなるので，ひもの切れたときの接線方向に真っ直ぐ飛んでいってしまう．

回転中心を原点として，重りといっしょに回転している座標系から見ると，重りはあたかも半径方向外側に向かって力を受けているようである．これを遠心力という．

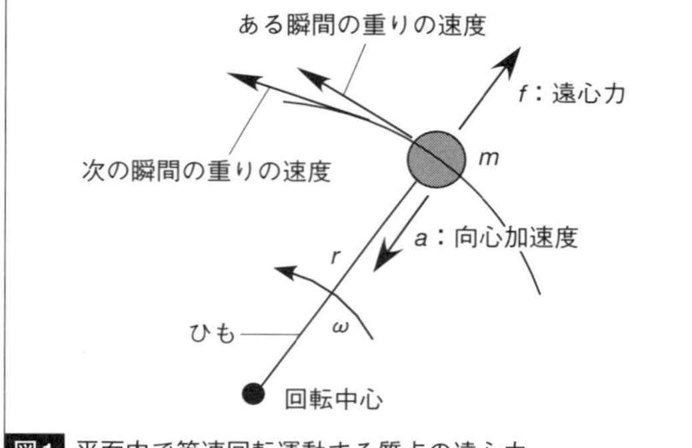

図1 平面内で等速回転運動する質点の遠心力

回転する重りは絶えずひもとは垂直な方向に等速運動をしているので，ひもにかかっている張力と遠心力はつり合っている．よって，遠心力の大きさは張力の大きさと等しい．この遠心力は，自動車がカーブを曲がるときや，遊園地のジェットコースターなどでも体感することができる．

図1の場合の向心加速度aは

$$a=r\omega^2$$

である．よって，遠心力fの大きさは

$$f=ma=mr\omega^2$$

となる．

また，図2のように，任意の軸回りに角速度ベクトル$\boldsymbol{\omega}$で回転している質点の遠心力ベクトルは

$$\boldsymbol{f}=-m\boldsymbol{\omega}\times(\boldsymbol{\omega}\times\boldsymbol{r})$$

と計算される．

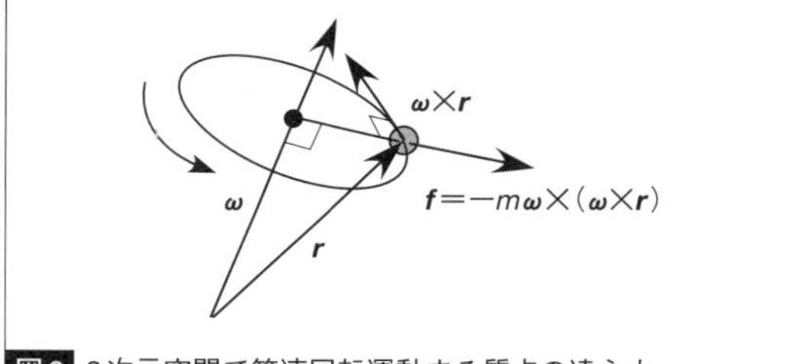

図2 3次元空間で等速回転運動する質点の遠心力

1.8 これがコリオリ力だ

コリオリ力とは，回転運動している物体上で，さらに回転軸の半径方向に運動する物体に働く見かけの力である．まずはこの力の正体を説明するため，次のような例を考えよう．等角速度で回転する大きな円板の円周上の1点に人が立ち，円板の中心に向かってボールを投げたとする．ボールは手を離れてからは等速度で運動するものとする．さて，その後ボールはどのような運動を行うであろうか．

図1はこの円板を上空から眺めたところである．さて，ボールは手を離れる前，円板の円周といっしょに運動している．したがって，図2に示すように，手を離れる瞬間，円板の中心に向かう方向と，円周の接線方向の両方

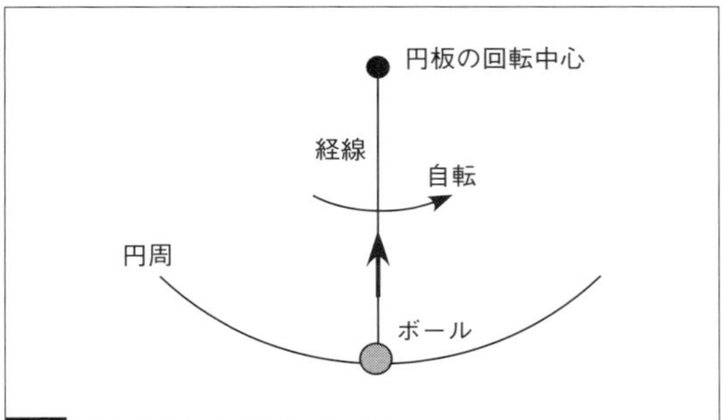

図1 真上から見た円板とボール

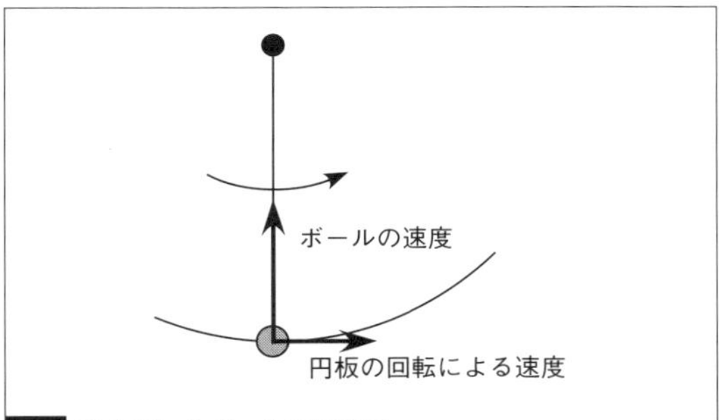

図2 手を離れるボールの初速度

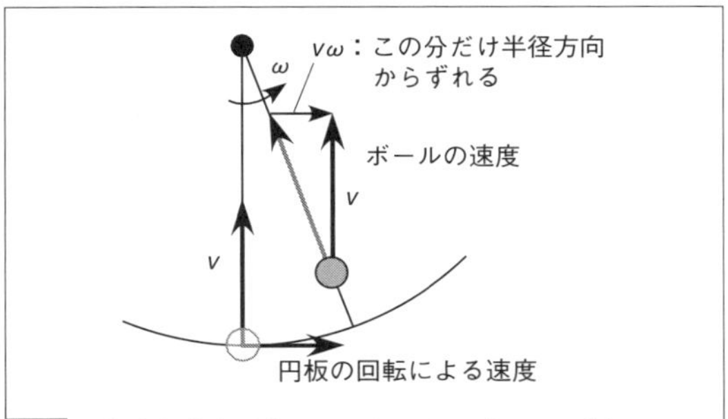

図3 円板中心方向が変わることによるボールのずれ

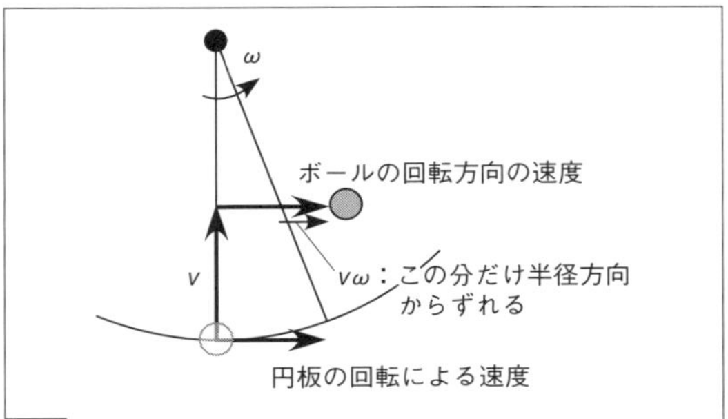

図4 回転半径が変わることによるボールのずれ

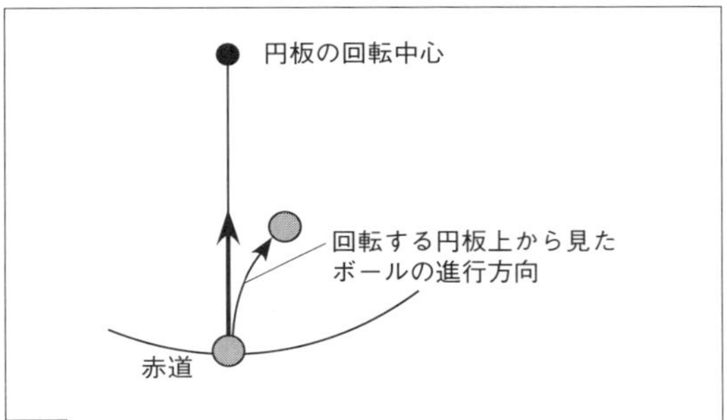

図5 回転する円板上から見たボールの進行方向

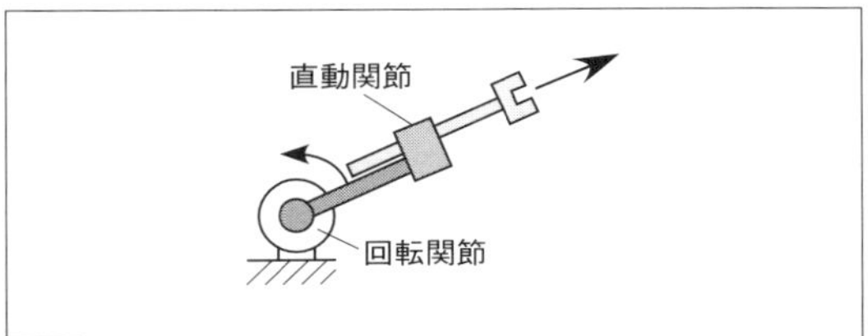

図6 回転関節の先に直動関節が接続された場合

に初速度をもっている．

さて，人の手を離れたボールはその後，等速で中心に飛んでいくだろうか．ボールの進む向きは，手を離れた瞬間から変わらない．しかし，円板が回転した分だけ，図3のように，円の中心に向かう線から傾いてしまう．このため，円板上にいる人から見ると，ボールは中心方向から向きを右に変えてしまうことになる．さらに，ボールと円板中心の距離は時々刻々と短くなるので，図4のように，ボールが手を離れた瞬間に接線方向にもらった初速度とボールの真下にある円板の接線方向速度も異なってくる．この影響も，ボールを右にずらす方向に働く．ボールの速度をv，円板の角速度をωとすると，前者の速度変化は円周方向に$v\omega$，後者の速度変化も円周方向に$v\omega$となるので，円周方向の速度変化は$2v\omega$となる．

よって，ボールを円板中心に向けて真っ直ぐに飛ばそうと思ったら，向きが変わることによるずれと，半径方向の移動に起因した接線方向速度の変化によるずれの両方を補うように，ボールに左向きの加速度$2v\omega$を発生させなくてはならない．しかし，飛んでいるボールに力を与えることはできないため，図5のように，円板上から見た人にとっては，ボールにあたかも右向きに力が加わったかのように曲がっていってしまう．回転する座標系から見た，この右向きにかかる見かけの力をコリオリ力と呼ぶ．

この現象でもっとも知られているものが台風である．低気圧に向かって流れ込む空気にコリオリ力が働くため，台風は渦を巻くのである．

ロボットアームに対しても，たとえば図6のように回転関節の先に直動関節がついていると，直動関節から先にはボールの場合と同じように，コリオリ力が発生する．直動関節はガイドによって支持されているのでボールのようには曲がらない．その代わり，コリオリ力に相当する力がガイドにかかり，さらに根元の回転関節にトルクとしてかかる．よって，根元の回転関節トルクを決める際には，コリオリ力も考慮しなくてはならない．

1.9 これが慣性モーメントだ

図1はハンマーをテーブルの上に置いた様子を表す．図1(a)ではハンマーの柄の先端が回転軸に取り付けられており，図1(b)ではハンマーの側が回転軸に取り付けてある．さて，このハンマーを回転軸回りに手で回転させようと思ったら，どちらが重く感じるだろうか．どちらも同じハンマーなので，秤に載せれば同じ重さである．しかし，回転させようと思ったら，図1(b)のほうが軽く感じることは直感的にも明らかだろう．

このように，物体をある回転軸回りに回転させるときの，回転方向に感じる質量に相当するものを慣性モーメント，あるいは慣性能率という．図1のように軸の位置が変わった場合だけでなく，向きが変わった場合にも，慣性モーメントは軸に応じて異なった値をとる．たとえばハンマーをテーブルに立てて柄の部分を回転軸とした場合には，慣性モーメントは図1の2つの場合よりも軽くなるであろう．

次に，慣性モーメントを任意形状の物体について求めてみよう．まず，慣性モーメントを求めるときの基本を説明する．図2は質量の無視できる長さrのかたい棒の先端に，質量mの小球が取り付けられたところを表している．この棒の端を回転軸に固定し，τのトルクをかける．すると，小球には棒を通して

$$f=\tau/r$$

の力がかかる．よって，小球は

$$a=f/m=\tau/rm \tag{1}$$

の加速度で運動を開始する．小球の加速度aと回転角加速度αには

$$a=r\alpha \tag{2}$$

の関係があるので，式(1)と式(2)より，トルクτと角加速度αには

$$\tau=(mr^2)\alpha \tag{3}$$

の関係が成り立つ．さて，これに対して，質量mの質点に力fが加わったときの運動方程式は

$$f=ma \tag{4}$$

である．式(3)と式(4)を見比べると，回転の場合の質量に相当する部分は

$$I=mr^2 \tag{5}$$

となっている．このIを図2の小球の，回転軸回りに関する慣性モーメントと呼ぶ．式(5)で表される質点の慣性モーメントが，剛体の慣性モーメントを求める場合の基本ともなる．

次に剛体の慣性モーメントを求めてみよう．図3のように回転軸をz軸とした座標系を考え，z軸回りの剛体の慣性モーメントを求めることとする．剛体は質点の集まりなので，剛体内部の座標$(x_i,\ y_i,\ z_i)$に存在する質量dmの質点のz軸回りの慣性モーメントdI_zは，

$$\mathrm{d}I_z=r^2\mathrm{d}m=(x_i^2+y_i^2)\mathrm{d}m \tag{6}$$

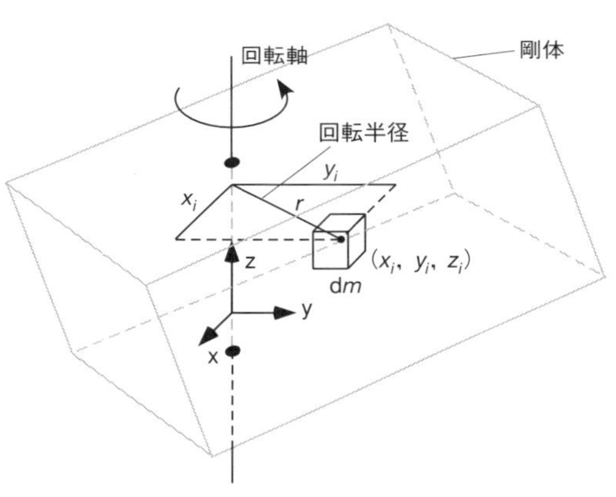

図3 剛体中の微小質量の慣性モーメント

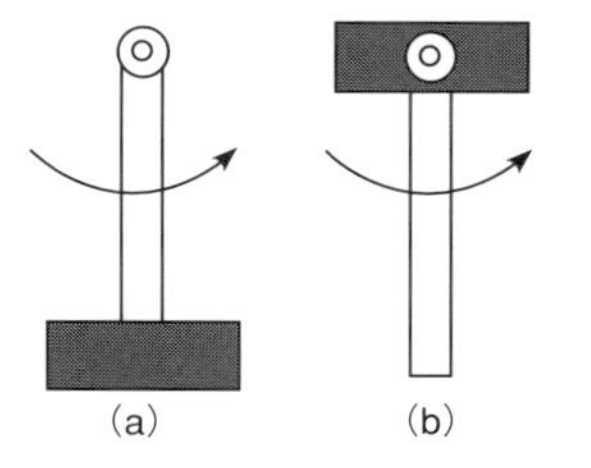

図1 回転軸につながれテーブルに置かれたハンマーを回転させようとすると…

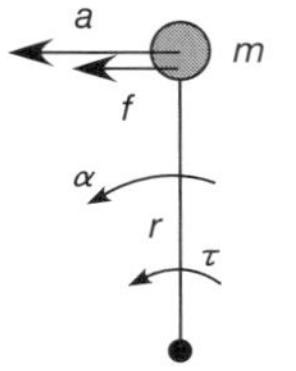

図2 回転運動する質点(小球)の運動モデル

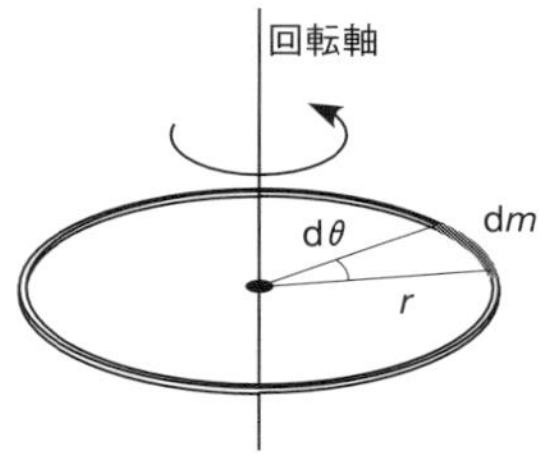

図4 円形リングの慣性モーメント

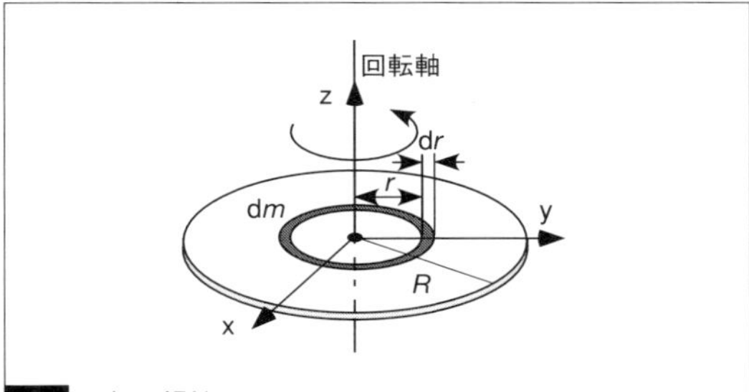

図5 円板の慣性モーメント

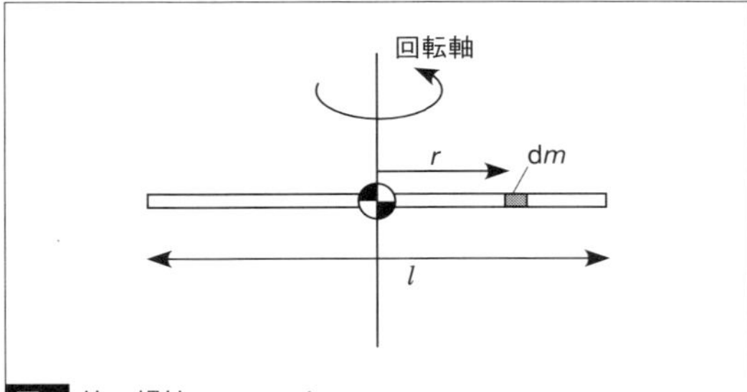

図6 棒の慣性モーメント

となる．これを剛体中すべての質点について合計すると，剛体の慣性モーメントが得られる．式で書くと

$$I_z = \int_V (x^2+y^2)\,dm \tag{7}$$

となる．ただしVは剛体の占める空間全体を表す．同様に，x，y軸回りの慣性モーメントはそれぞれ

$$I_x = \int_V (y^2+z^2)\,dm \tag{8}$$

$$I_y = \int_V (z^2+x^2)\,dm \tag{9}$$

となる．

たとえば，図4の円形のリングの，円の中心軸回りの慣性モーメントは

$$I = \int_0^{2\pi} r^2 dm = \int_0^{2\pi} r^2 \rho r\,d\theta = \rho r^3 \int_0^{2\pi} d\theta = 2\pi\rho r^3$$

となる．ただしρはリングの線密度である．リング全体の質量をmとすると

$$m = 2\pi r\rho$$

なので，

$$I = mr^2 \tag{10}$$

となる．

次に図5の円板の慣性モーメントを求める．円板の面密度をρとすると，半径r，幅drの円周部分は図4のリングと同じなので，この部分の慣性モーメントdIは，式(10)より

$$dI = r^2 dm = r^2(2\pi r\,dr\rho) = 2\pi r^3\rho\,dr$$

となる．よって，円板全体の慣性モーメントは

$$I = \int_V r^2 dm = \int_0^R 2\pi r^3 \rho\,dr = \frac{\pi\rho}{2}R^4$$

となる．ここで，円板の質量をmとすると

$$m = \pi R^2 \rho$$

なので，

$$I = \frac{m}{2}R^2 \tag{11}$$

となる．

図6に示す一様な棒で，棒の重心を通る回転軸回りの慣性モーメントは，これまでと同様に

$$I = \int_V r^2 dm = \int_{-\frac{l}{2}}^{\frac{l}{2}} r^2 \rho\,dr = \frac{\rho}{12}l^3 = \frac{m}{12}l^2 \tag{12}$$

として得ることができる．ただしρは棒の線密度，mは棒全体の質量とする．

次に，回転軸がrだけ平行移動した場合を考えよう．図7のように，重心を原点とし，z軸を回転軸とした座標系をとり，z軸回りの慣性モーメントをI_zとする．また，同じ座標系で(x'，y'，0)を通りz軸に平行な回転軸回りのモーメントをI_z'とする．これらはそれぞれ

$$I_z = \int_V (x^2+y^2)\,dm \tag{13}$$

$$I_z' = \int_V \left\{(x-x')^2+(y-y')^2\right\} dm \tag{14}$$

となる．さらに式(14)は

$$\begin{aligned} I_z' &= \int_V \left\{(x-x')^2+(y-y')^2\right\} dm \\ &= \int_V (x^2+y^2)\,dm + \int_V (x'^2+y'^2)\,dm \\ &\quad -2\int_V (xx'+yy')\,dm \\ &= I_z + mr^2 - 2x'\int_V x\,dm - 2y'\int_V y\,dm \end{aligned}$$

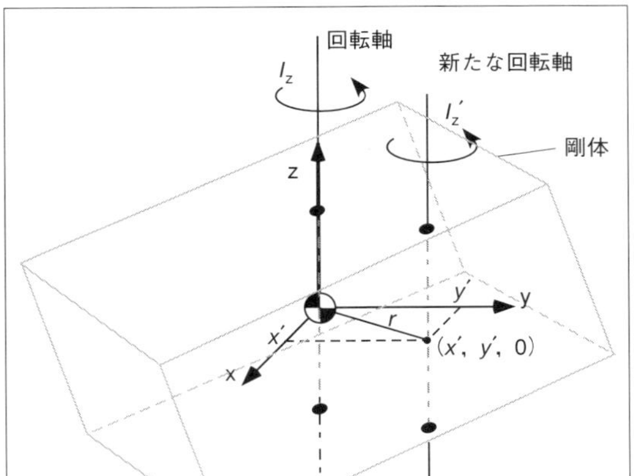

図7 回転軸が平行移動した場合の慣性モーメント

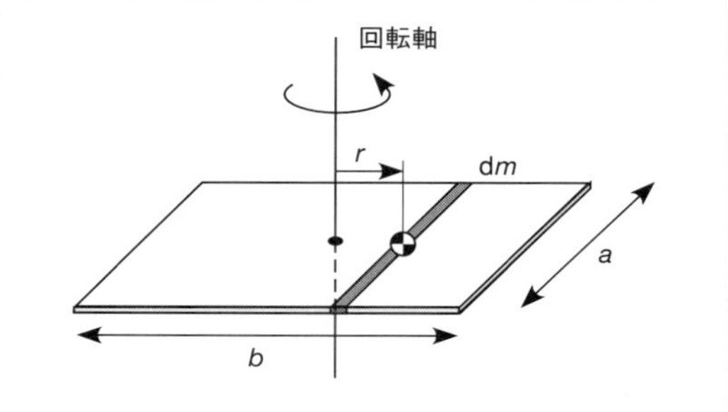

図8 長方形板の慣性モーメント

ここで，座標系の原点が重心なので，重心の定義より

$$\int_{\mathrm{V}} x\,\mathrm{d}m=0,\quad \int_{\mathrm{V}} y\,\mathrm{d}m=0$$

よって

$$I_z{}'=I_z+mr^2 \tag{15}$$

が得られる．つまり，重心を通る回転軸回りの慣性モーメントがわかっていると，この軸に平行な回転軸回りの慣性モーメントは，剛体の質量と重心回りの慣性モーメントから，式(15)として簡単に求めることができる．この式(15)を「平行軸の定理」という．なお，重心を通らない回転軸どうしの場合には，式(15)は成り立たないので注意のこと．

この定理を利用して，図8の長方形の板の慣性モーメントを求めてみよう．回転軸から距離rにある線上の部分の慣性モーメント$\mathrm{d}I$は，式(12)，および平行軸の定理より

$$\mathrm{d}I=\frac{\mathrm{d}m}{12}a^2+\mathrm{d}m r^2$$

となる．ただし，$\mathrm{d}m$を線の質量とする．よって，

$$I=\int_{\mathrm{V}}\left(\frac{1}{12}a^2+r^2\right)\mathrm{d}m=\int_{-\frac{b}{2}}^{\frac{b}{2}}\left(\frac{1}{12}a^2+r^2\right)\frac{m}{b}\mathrm{d}r$$

$$=\frac{m}{12}(a^2+b^2) \tag{16}$$

と簡単に求めることができる．

次に，図9の直方体のような，回転軸方向に厚みをもつ一様な柱状の剛体の慣性モーメントを求めてみよう．図のように微小な厚さ$\mathrm{d}r$をもつ板の質量を$\mathrm{d}m$とすると，この部分の慣性モーメント$\mathrm{d}I$は

$$\mathrm{d}I=\frac{\mathrm{d}m}{12}(a^2+b^2)$$

となる．さらに，剛体は一様で

$$\mathrm{d}m=\frac{\mathrm{d}r}{c}m$$

であるから，これを軸方向に積分すると

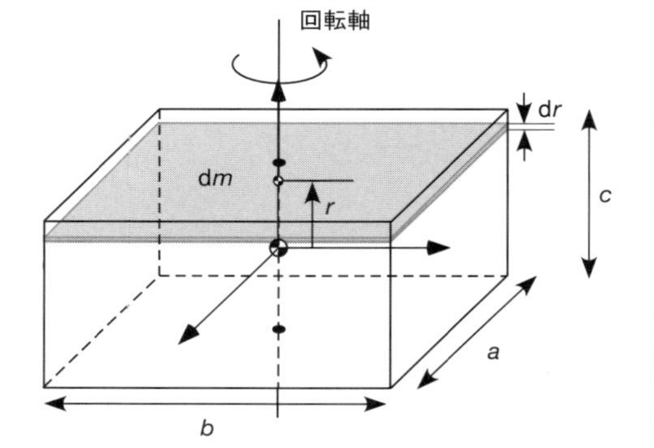

図9 直方体の慣性モーメント

$$I=\int_{\mathrm{V}}\frac{1}{12}(a^2+b^2)\,\mathrm{d}m=\int_{-\frac{c}{2}}^{\frac{c}{2}}\frac{m}{12c}(a^2+b^2)\,\mathrm{d}r$$

$$=\frac{m}{12}(a^2+b^2)$$

が得られる．このように，剛体が柱状の場合には，その中心軸回りの慣性モーメントは柱の高さ(板の厚さ)には依存しないで求まる．円柱も，その中心軸回りの慣性モーメントは式(11)と同じである．

さて，図5～7に示した厚さの無視できる薄板では，式(8)，(9)より，$z=0$とすると，

$$I_x=\int_{\mathrm{V}} y^2\mathrm{d}m \tag{17}$$

$$I_y=\int_{\mathrm{V}} x^2\mathrm{d}m \tag{18}$$

となるので，これを式(7)に代入すると

$$I_z=I_x+I_y \tag{19}$$

の関係が成り立つ．これを利用すれば，図5の円板の直径回りの慣性モーメントがすぐに求まる．円板は回転対称なので，$I_x=I_y$である．よって，直径回りの慣性モーメントは

$$I_x=I_y=\frac{1}{2}I_z=\frac{mR^2}{4} \tag{20}$$

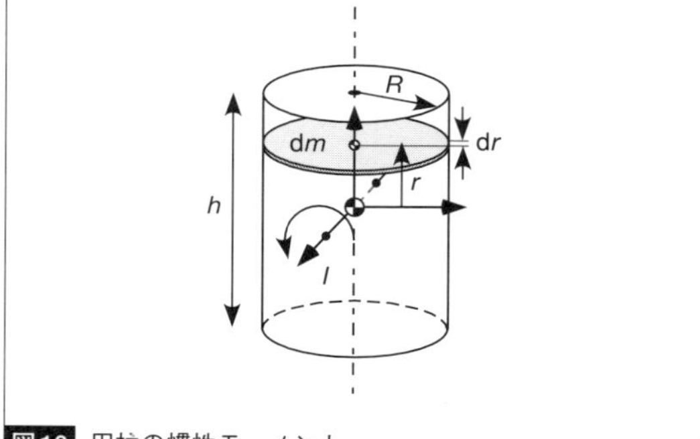

図10 円柱の慣性モーメント

となる．なお，式(19)は厚さの無視できる薄板でしか成り立たないので注意のこと．

このように式(15)，(19)を駆使すると，さまざまな剛体の慣性モーメントを比較的簡単に計算で求めることができる．たとえば図10の円柱の水平軸回りの慣性モーメントは，円柱の中心軸に垂直な薄板の慣性モーメントを$\mathrm{d}I$とすると，式(20)と式(15)の平行軸より

$$\mathrm{d}I=\frac{\mathrm{d}mR^2}{4}+r^2\mathrm{d}m$$

となるので，これを積分して

$$I=\int_{\mathrm{V}}\left(\frac{R^2}{4}+r^2\right)\mathrm{d}m=\int_{-\frac{h}{2}}^{\frac{h}{2}}\left(\frac{R^2}{4}+r^2\right)\frac{m}{h}\mathrm{d}r$$

$$=\frac{mR^2}{r}+\frac{mh^2}{12}$$

と簡単に計算できる．

1.10 これが慣性主軸だ

任意形状の剛体の慣性モーメントを求めてみよう．図1のように座標系を適当にとり，その座標系に原点を通る任意の回転軸を設定する．その回転軸の単位方向ベクトルを

$$\boldsymbol{n}=[\,\alpha\quad\beta\quad\gamma\,]^{\mathrm{T}}$$

とする．

さて，この軸に対して，原点からの距離r，なす角をθとする場所の質点$\mathrm{d}m$の慣性モーメントは，

$$\mathrm{d}I_{\mathrm{n}}=(r\sin\theta)^2\mathrm{d}m=r^2\sin^2\theta\,\mathrm{d}m$$
$$=r^2(1-\cos^2\theta)\,\mathrm{d}m=\{r^2-(r\cos\theta)^2\}\mathrm{d}m \qquad (1)$$

となる．ここで，質点の座標を$(x_i,\ y_i,\ z_i)$とすると，式(1)は

$$\mathrm{d}I_{\mathrm{n}}=\{(x_i^2+y_i^2+z_i^2)-(x_i\alpha+y_i\beta+z_i\gamma)^2\}\mathrm{d}m$$
$$=\{(x_i^2+y_i^2+z_i^2)(\alpha^2+\beta^2+\gamma^2)-(x_i\alpha+y_i\beta+z_i\gamma)^2\}\mathrm{d}m$$
$$=(y_i^2+z_i^2)\alpha^2\mathrm{d}m+(z_i^2+x_i^2)\beta^2\mathrm{d}m+(x_i^2+y_i^2)\gamma^2\mathrm{d}m$$
$$-2y_iz_i\beta\gamma\,\mathrm{d}m-2z_ix_i\gamma\alpha\,\mathrm{d}m-2x_iy_i\alpha\beta\,\mathrm{d}m$$

となるので，これを剛体全体で積分すると

$$I_{\mathrm{n}}=\int_{\mathrm{V}}(y_i^2+z_i^2)\alpha^2\mathrm{d}m+\int_{\mathrm{V}}(z_i^2+x_i^2)\beta^2\mathrm{d}m$$
$$+\int_{\mathrm{V}}(x_i^2+y_i^2)\gamma^2\mathrm{d}m-2\beta\gamma\int_{\mathrm{V}}y_iz_i\mathrm{d}m$$
$$-2\gamma\alpha\int_{\mathrm{V}}z_ix_i\mathrm{d}m-2\alpha\beta\int_{\mathrm{V}}x_iy_i\mathrm{d}m$$
$$=I_{\mathrm{xx}}\alpha^2+I_{\mathrm{yy}}\beta^2+I_{\mathrm{zz}}\gamma^2-2\beta\gamma\int_{\mathrm{V}}y_iz_i\mathrm{d}m$$
$$-2\gamma\alpha\int_{\mathrm{V}}z_ix_i\mathrm{d}m-2\alpha\beta\int_{\mathrm{V}}x_iy_i\mathrm{d}m \qquad (2)$$

が得られる．ただし，I_{xx}，I_{yy}，I_{zz}はそれぞれx，y，z軸回りの慣性モーメントである．また，後半の3つの項

$$\int_{\mathrm{V}}y_iz_i\mathrm{d}m,\quad \int_{\mathrm{V}}z_ix_i\mathrm{d}m,\quad \int_{\mathrm{V}}x_iy_i\mathrm{d}m$$

をそれぞれ慣性乗積と呼ぶ．さて，これらを

$$I_{\mathrm{yz}}=\int_{\mathrm{V}}y_iz_i\mathrm{d}m,\ I_{\mathrm{zx}}=\int_{\mathrm{V}}z_ix_i\mathrm{d}m,\ I_{\mathrm{xy}}=\int_{\mathrm{V}}x_iy_i\mathrm{d}m \qquad (3)$$

とし，さらに，軸の向きを座標系上でいろいろな方向に変えてみよう．すると，軸の向きごとに，それに応じた慣性モーメントの値が求まる．そこで，それぞれの軸を決めたとき，その方向に，原点からの距離が

$$\frac{1}{\sqrt{I_{\mathrm{n}}}}$$

となる点をとり，これらの点がどのような軌跡を描くのかを調べることにする．このため，

$$x=\frac{\alpha}{\sqrt{I_{\mathrm{n}}}},\quad y=\frac{\beta}{\sqrt{I_{\mathrm{n}}}},\quad z=\frac{\gamma}{\sqrt{I_{\mathrm{n}}}}$$

として式(2)に代入すると，

$$I_{\mathrm{xx}}x^2+I_{\mathrm{yy}}y^2+I_{\mathrm{zz}}z^2-2I_{\mathrm{yz}}yz-2I_{\mathrm{zx}}zx-2I_{\mathrm{xy}}xy=1 \qquad (4)$$

が得られる．式(4)は楕円体を表しており，慣性楕円体と呼ばれる．原点からある方向に線を引いたとき，この楕円体とぶつかった点までの距離の2乗の逆数が，その方向の軸回りの慣性モーメントの大きさとなる．よって，楕円体の形や傾きを見ると，楕円が長くのびた方向の軸回りには慣性モーメントが小さく，短い方向の軸回りには慣性モーメントが大きいことがわかる．

さて，式(4)は3次元空間の楕円体なので，3つの主軸

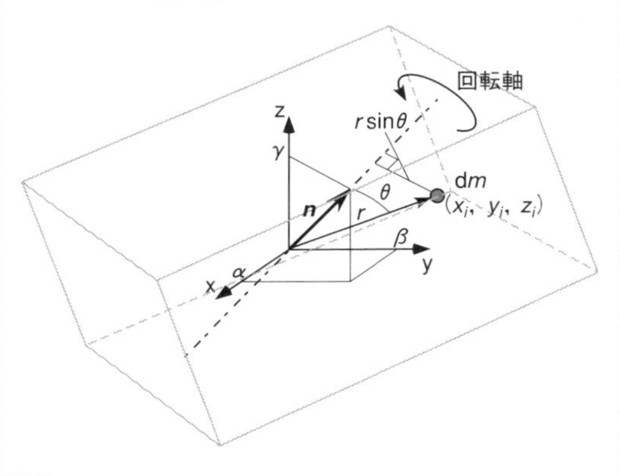

図1 任意方向の回転軸回りの慣性モーメント

をもつ．よって，その主軸方向をあらためてx，y，z軸にとれば，式(4)は

$$I_{xx}'x^2+I_{yy}'y^2+I_{zz}'z^2=1 \qquad (5)$$

と表すことができる．ただし，I_{xx}'，I_{yy}'，I_{zz}'は，新たな主軸回りの慣性モーメントで，これらを主慣性モーメントと呼ぶ．また，この楕円体の主軸を慣性主軸という．

基準の座標系の座標軸を慣性主軸にとっておけば，慣性乗積はすべて0となるので，式(2)は

$$I_n=I_{xx}'\alpha^2+I_{yy}'\beta^2+I_{zz}'\gamma^2$$

となる．よって任意の回転軸ベクトル$\boldsymbol{n}$に対し，I_nを簡単に求めることができる．

さて，剛体の質量をmとし，重心を原点とした重心座

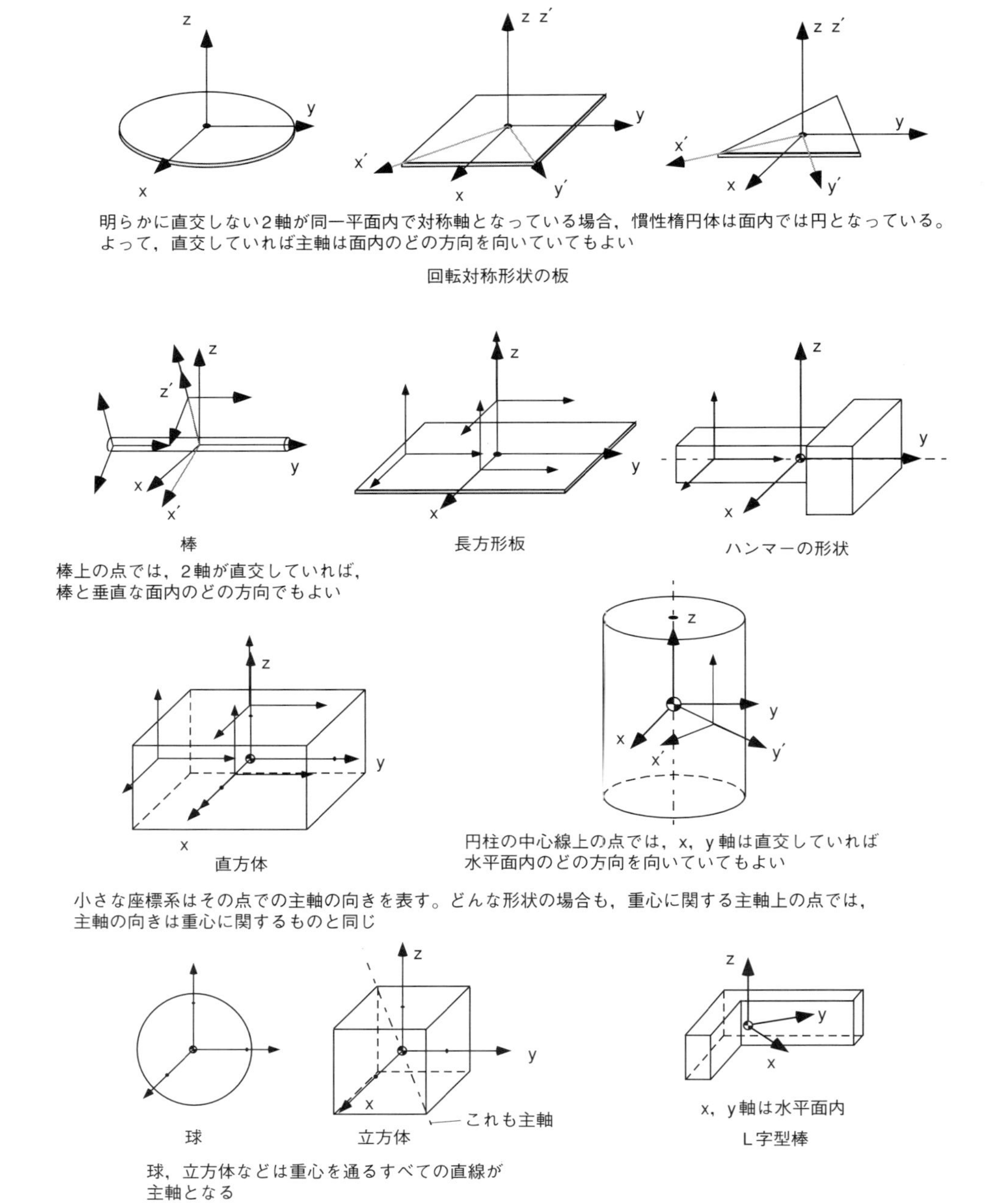

z
y
x
z z′
y
x′
x
y′
z z′
y
x′
x
y′
明らかに直交しない2軸が同一平面内で対称軸となっている場合，慣性楕円体は面内では円となっている。
よって，直交していれば主軸は面内のどの方向を向いていてもよい
回転対称形状の板
z
z′
y
x
x′
棒
棒上の点では，2軸が直交していれば，
棒と垂直な面内のどの方向でもよい
z
y
x
長方形板
z
y
x
ハンマーの形状
z
y
x
直方体
z
y
x
y′
x′
円柱の中心線上の点では，x，y軸は直交していれば
水平面内のどの方向を向いていてもよい
小さな座標系はその点での主軸の向きを表す。どんな形状の場合も，重心に関する主軸上の点では，
主軸の向きは重心に関するものと同じ
球
z
y
x
これも主軸
立方体
球，立方体などは重心を通るすべての直線が
主軸となる
z
y
x
x，y軸は水平面内
L字型棒

図2 慣性主軸のとり方

標系を設定し，これに関する慣性モーメント，および慣性乗積を$I_{Gxx} I_{Gyy} I_{Gzz} I_{Gxy} I_{Gyz} I_{Gzx}$とする．すると，重心座標系において$(x_0, y_0, z_0)$と表される点における慣性モーメントは次のようになる．

$$I_{xx} = \int_V \{(y - y_0)^2 + (z - z_0)^2\} dm$$

$$= \int_V \{y^2 + z^2 + y_0^2 + z_0^2 - 2(y_0 y + z_0 z)\} dm$$

$$= I_{Gxx} + m(y_0^2 + z_0^2) - 2\left(y_0 \int_V y dm + z_0 \int_V z dm\right)$$

ここで，x，yは重心を原点とした座標系での表記であるから，

$$\int_V y dm = 0, \quad \int_V z dm = 0$$

となる．よって，

$$I_{xx} = I_{Gxx} + m(y_0^2 + z_0^2) \quad (6)$$

が得られる．同様に

$$I_{yy} = I_{Gyy} + m(z_0^2 + x_0^2) \quad (7)$$

$$I_{zz} = I_{Gzz} + m(x_0^2 + y_0^2) \quad (8)$$

が得られる．これは，「1.9 これが慣性モーメントだ」で示した平行軸の定理と同じである．

一方，慣性乗積のほうは

$$I_{xy} = \int_V (x - x_0)(y - y_0) dm$$

$$= \int_V \{xy + x_0 y_0 - (x_0 y + y_0 x)\} dm$$

$$= I_{Gxy} + m x_0 y_0 - \left(x_0 \int_V y dm + y_0 \int_V x dm\right)$$

となる．よって，

$$I_{xy} = I_{Gxy} + m x_0 y_0 \quad (9)$$

が得られる．同様に

$$I_{yz} = I_{Gyz} + m y_0 z_0 \quad (10)$$

$$I_{zx} = I_{Gzx} + m z_0 x_0 \quad (11)$$

となる．

式(9)～(11)を見ると，もし(x_0, y_0, z_0)の3つの座標のうち2つが0であれば，慣性乗積は重心回りのものと同じ値となることがわかる．よって，もし重心に設定した座標系の軸をあらかじめ慣性主軸としておけば，

$$I_{Gyz} = I_{Gzx} = I_{Gxy} = 0$$

となるので，新たな点においても，慣性乗積は0のままである．したがって，重心における慣性主軸の軸上の点では，慣性主軸の向きは同じであることがわかる．

剛体の慣性主軸は，物体が板状の場合，板の法線方向にとることができる．対称形状の場合には，その対称軸と，それに直交した軸をとることができる．さらに，式(9)～(11)で得られたことをもとに，いくつかの例を図2に示しておく．剛体を回転軸回りに回転させるとき，この慣性主軸を回転軸とすることにより，ブレの発生を抑制することができる．

1.11 これが慣性テンソルだ

任意形状の剛体の角運動量を求めてみよう．まず，図1の任意の固定点に設定された座標系で，点$\boldsymbol{r} = [x_i \ y_i \ z_i]^T$を通り，$\boldsymbol{V}$の速度ベクトルをもつ質量$m$の質点の，座標系原点回りの角運動量ベクトル$\boldsymbol{p}$は，

$$\boldsymbol{p} = m(\boldsymbol{r} \times \boldsymbol{V}) = \begin{bmatrix} m(y_i V_z - z_i V_y) \\ m(z_i V_x - x_i V_z) \\ m(x_i V_y - y_i V_x) \end{bmatrix}$$

と表される．

剛体は質点の集まりであるから，角運動量を求めるには，剛体の微小領域の質点の角運動量ベクトルを積分すればよい．図2より，剛体の回転軸上に座標系をとると，

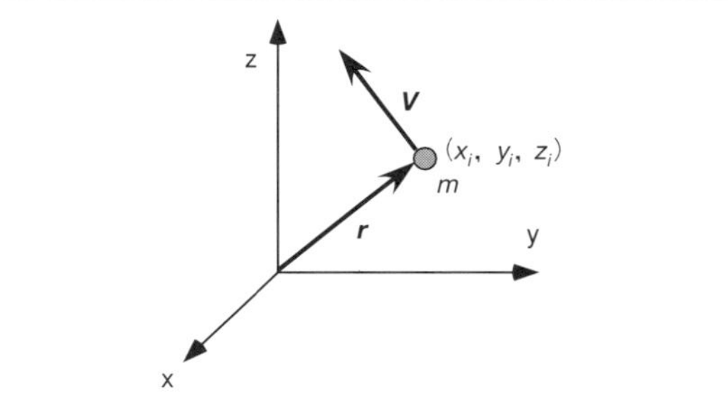

図1 運動する質点の座標系原点回りの角運動量ベクトル

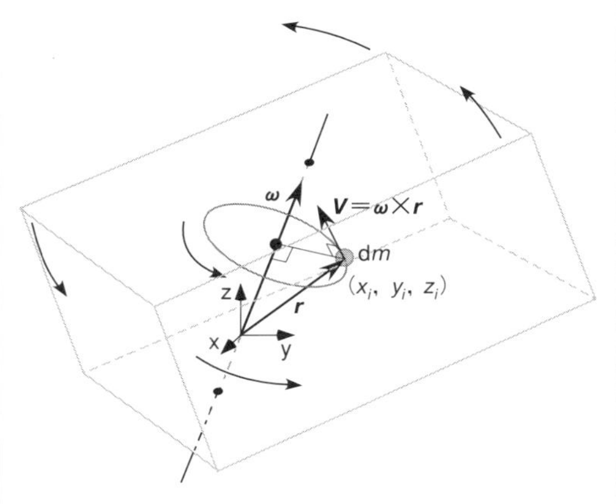

図2 回転運動する剛体の座標系原点回りの角運動量ベクトル

角運動量ベクトル$\boldsymbol{L}$は，

$$\boldsymbol{L}=\int_V(\boldsymbol{r}\times\boldsymbol{V})\mathrm{d}m=\begin{bmatrix}\int_V(y_iV_z-z_iV_y)\mathrm{d}m\\ \int_V(z_iV_x-x_iV_z)\mathrm{d}m\\ \int_V(x_iV_y-y_iV_x)\mathrm{d}m\end{bmatrix} \qquad (1)$$

となる．ここで，剛体は回転運動しているので，その角速度ベクトルを

$$\boldsymbol{\omega}=[\omega_x\ \ \omega_y\ \ \omega_z]^T$$

とすると，

$$\boldsymbol{V}=\begin{bmatrix}V_x & V_y & V_z\end{bmatrix}^T=\boldsymbol{r}\times\omega$$
$$=\begin{bmatrix}\omega_y z_i-\omega_z y_i & \omega_z x_i-\omega_x z_i & \omega_x y_i-\omega_y x_i\end{bmatrix}^T \qquad (2)$$

となる．式(2)を式(1)に代入すると，

$$L_x=\int_V\{y_i(\omega_x y_i-\omega_y x_i)-z_i(\omega_z x_i-\omega_x z_i)\}\mathrm{d}m$$
$$=\omega_x\int_V(y_i^2+z_i^2)\mathrm{d}m-\omega_y\int_V x_iy_i\mathrm{d}m-\omega_z\int_V z_ix_i\mathrm{d}m \qquad (3)$$

となる．同様に，

$$L_y=\int_V\{z_i(\omega_y z_i-\omega_z y_i)-x_i(\omega_x y_i-\omega_y x_i)\}\mathrm{d}m$$
$$=-\omega_x\int_V x_iy_i\mathrm{d}m+\omega_y\int_V(x_i^2+z_i^2)\mathrm{d}m-\omega_z\int_V y_iz_i\mathrm{d}m \qquad (4)$$

$$L_z=\int_V\{x_i(\omega_z x_i-\omega_x z_i)-y_i(\omega_y z_i-\omega_z y_i)\}\mathrm{d}m$$
$$=-\omega_x\int_V z_ix_i\mathrm{d}m-\omega_y\int_V y_iz_i\mathrm{d}m+\omega_z\int_V(x_i^2+y_i^2)\mathrm{d}m \qquad (5)$$

が得られる．式(3)～(5)をまとめると

$$\boldsymbol{L}=\begin{bmatrix}\int_V(y_i^2+z_i^2)\mathrm{d}m & -\int_V x_iy_i\mathrm{d}m & -\int_V z_ix_i\mathrm{d}m\\ -\int_V x_iy_i\mathrm{d}m & \int_V(z_i^2+x_i^2)\mathrm{d}m & -\int_V y_iz_i\mathrm{d}m\\ -\int_V z_ix_i\mathrm{d}m & -\int_V y_iz_i\mathrm{d}m & \int_V(x_i^2+y_i^2)\mathrm{d}m\end{bmatrix}$$
$$\times\begin{bmatrix}\omega_x\\ \omega_y\\ \omega_z\end{bmatrix}=\begin{bmatrix}I_{xx} & -I_{xy} & -I_{zx}\\ -I_{xy} & I_{yy} & -I_{yz}\\ -I_{zx} & -I_{yz} & I_{zz}\end{bmatrix}\omega=\boldsymbol{I}\omega$$

が得られる．この行列

$$\boldsymbol{I}=\begin{bmatrix}I_{xx} & -I_{xy} & -I_{zx}\\ -I_{xy} & I_{yy} & -I_{yz}\\ -I_{zx} & -I_{yz} & I_{zz}\end{bmatrix} \qquad (6)$$

を慣性テンソルという．ただし，I_{xx}，I_{yy}，I_{zz}はそれぞれx，y，z軸回りの慣性モーメントである．また，

$$I_{yz}=\int_V y_iz_i\mathrm{d}m,\ I_{zx}=\int_V z_ix_i\mathrm{d}m,\ I_{xy}=\int_V x_iy_i\mathrm{d}m$$

で，これらは慣性乗積である．座標軸として慣性主軸を選んだ場合には，慣性乗積がすべて0となるので対角成分のみが残り

$$\boldsymbol{I}=\begin{bmatrix}I_{xx}' & 0 & 0\\ 0 & I_{yy}' & 0\\ 0 & 0 & I_{zz}'\end{bmatrix}$$

となる．

さて，剛体の質量をmとし，重心を原点とした重心座標系を設定し，これに関する慣性テンソルを$\boldsymbol{I}_G$とする．すると，重心座標系において$(x_0,\ y_0,\ z_0)$と表される点における慣性テンソル$\boldsymbol{I}$は

$$\boldsymbol{I}=\boldsymbol{I}_G+\begin{bmatrix}m(y_0^2+z_0^2) & -mx_0y_0 & -mz_0x_0\\ -mx_0y_0 & m(z_0^2+x_0^2) & -my_0z_0\\ -mz_0x_0 & -my_0z_0 & m(x_0^2+y_0^2)\end{bmatrix}$$

となる（☞ 1.10 これが慣性主軸だ）．

剛体に加えられたトルクベクトル$\boldsymbol{\tau}$，そのときの角速度ベクトル$\boldsymbol{\omega}$，角加速度ベクトル$\dot{\boldsymbol{\omega}}$の関係は，この慣性テンソルを用いて

$$\boldsymbol{\tau}=\boldsymbol{I}\dot{\boldsymbol{\omega}}+\boldsymbol{\omega}\times(\boldsymbol{I}\boldsymbol{\omega}) \qquad (7)$$

と表される．物体をある軸回りに回転させたいとき，この慣性主軸を回転軸に選んでおけば式(7)の第2項が0となる．よって，回転によるブレを抑えることができる．

1.12 これが非ホロノミック拘束だ

非ホロノミック拘束を説明する前に，ホロノミック拘束を簡単に説明しておこう．ホロノミック拘束とは，物体の運動に対する拘束条件が，

$$\boldsymbol{f}(\boldsymbol{x},\ t)=\boldsymbol{0}\in R^m \qquad (1)$$

と，物体の一般化座標と時間のみの関数で表すことのできる拘束のことをいう．

たとえば，図1のように，平面内で片方の先にハンドのついたアームの他端を，水平に動くことのできる回転軸に固定したとしよう．固定前，アームは平面内で並進の2自由度と回転の1自由度，合計3つの自由度をもっていた．これを，ハンドの座標$(x_h,\ y_h)$と，基準座標系とハンドのなす角ϕ_hで表すことにしよう．ただし，簡単のた

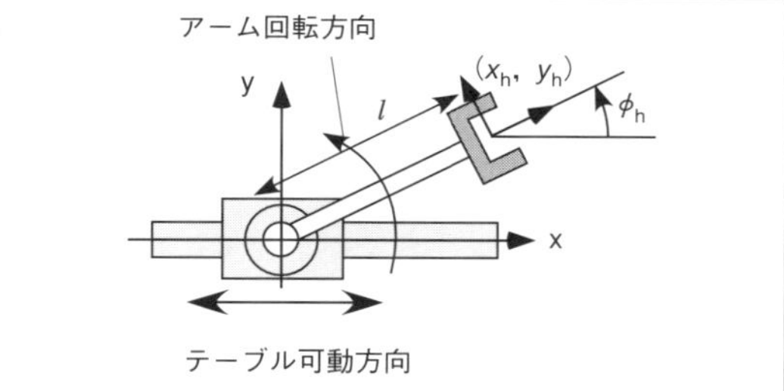

図1 片端を2自由度機構に固定されたハンド

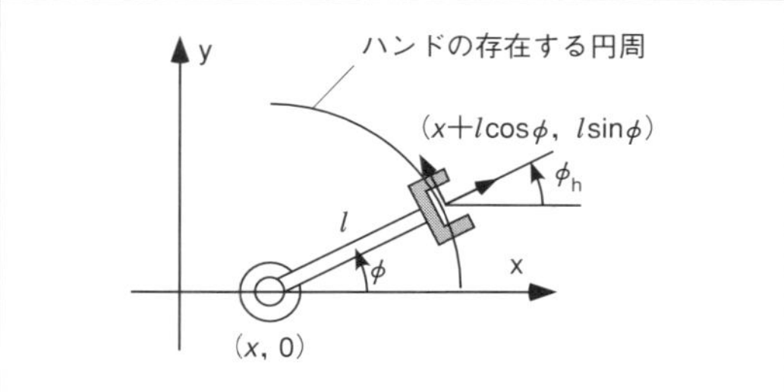

図2 片端を回転軸に固定されたハンドの存在領域

め基準座標系のx軸を並進方向にとる．

さて，アームが並進可能な回転軸に固定されたことにより，アームの根元はx軸上しか動くことができなくなる．すなわち

$$y_h - l\sin\phi_h = 0 \tag{2}$$

という拘束がハンドの座標に課された．これが式(1)のホロノミック拘束に対応する．1つの拘束が加わったことにより，3つあった自由度は，1つに減ったことになる．このため，ハンドはx方向には自由に動けても，y方向の動きは図2のような回転軸を中心とした円周上に限定され，しかもyの値に応じてハンドの角度も一意に定まってしまう．このハンドの自由度を表すのには，回転軸の乗ったテーブルの位置xと軸の回転角ϕを用いるのがわかりやすい．この2つのパラメータを使うと

$$\begin{aligned} x_h &= x + l\cos\phi \\ y_h &= l\sin\phi \\ \phi_h &= \phi \end{aligned} \tag{3}$$

と，xとϕによってハンドの位置・姿勢が定まる．これがマニピュレータの運動学計算に相当する．式(3)から明らかなように，テーブルの位置xと回転角ϕを決めると，それに応じてハンドの位置・姿勢は一意に定まる．当たり前のようであるが，これがホロノミック拘束の特徴である．次に，式(3)の両辺を時間で微分すると，

$$\begin{bmatrix} \dot{x}_h \\ \dot{y}_h \\ \dot{\phi}_h \end{bmatrix} = \begin{bmatrix} 1 & -l\sin\phi \\ 0 & -l\cos\phi \\ 0 & 1 \end{bmatrix} \begin{bmatrix} \dot{x} \\ \dot{\phi} \end{bmatrix} = \boldsymbol{J} \begin{bmatrix} \dot{x} \\ \dot{\phi} \end{bmatrix} \tag{4}$$

が得られる．ただし$\boldsymbol{J}$はこのマニピュレータのヤコビ行列である．これも，マニピュレータの手先運動を拘束する式であり，しかも式(1)とは異なり，微分された変数が使われている．しかし，式(4)は式(3)を微分して得られたわけであるから，式(4)を積分すると式(3)にもどる．つまり，式(4)は式(3)と同じものであるといえる．さらに式(3)からϕを消去すれば式(2)が得られるので，式(4)はホロノミック拘束である．

これに対して，式(1)で表すことのできない拘束はすべて非ホロノミック拘束となる．非ホロノミック拘束を有する代表的な例としては，移動ロボットや鉄棒などがある．

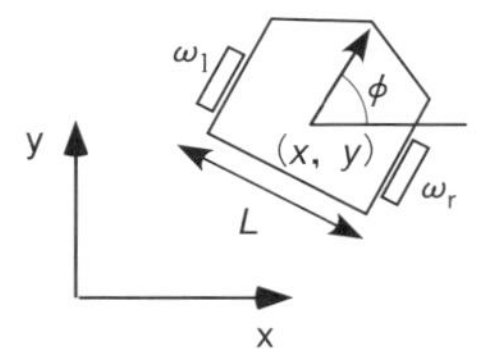

図3 2輪独立駆動移動ロボットのモデル

図3の2輪独立駆動の移動ロボットの運動拘束は

$$\dot{x}\sin\phi - \dot{y}\cos\phi = 0 \tag{5}$$

と表される．この式は，積分して式(1)の形に帰着させることができない．もし積分できるとすれば，x, y, ϕの3つの変数の間に1つの拘束ができるので，x, yを決めるとϕは一意に定まってしまうはずである．しかし，実際の移動ロボットは任意の場所(x, y)で任意の方向ϕを向くことができる．つまり，3つの変数の間に1つの拘束が与えられても，それが積分できない場合には，やはり3つの変数をすべて目標値にすることができる．これが非ホロノミック拘束の特徴である．

このことは，移動ロボットの位置・姿勢(x, y, ϕ)を，左右の車輪の回転角度で表すことができないことも意味している．図3の移動ロボットの車輪回転角速度をω_r, ω_lとし，車輪半径をrとすると，

$$\begin{bmatrix} \dot{x} \\ \dot{y} \\ \dot{\phi} \end{bmatrix} = \begin{bmatrix} \frac{r}{2}\cos\phi & \frac{r}{2}\cos\phi \\ \frac{r}{2}\sin\phi & \frac{r}{2}\sin\phi \\ \frac{1}{L} & -\frac{1}{L} \end{bmatrix} \begin{bmatrix} \omega_r \\ \omega_l \end{bmatrix} \tag{6}$$

となる．式(6)を用いて$\dot{x}$, $\dot{y}$をω_r, ω_lで表し，式(5)に代入すると，ω_r, ω_lの値にかかわらず式(5)が成り立つ．つまり，ω_r, ω_lは，式(5)の拘束を満たす2次元の速度空間の基底パラメータと考えることができる．ところが，式(5)が非ホロノミック拘束であることから，車輪回転速度を積分した回転角が，移動ロボットの位置・姿勢と1対1

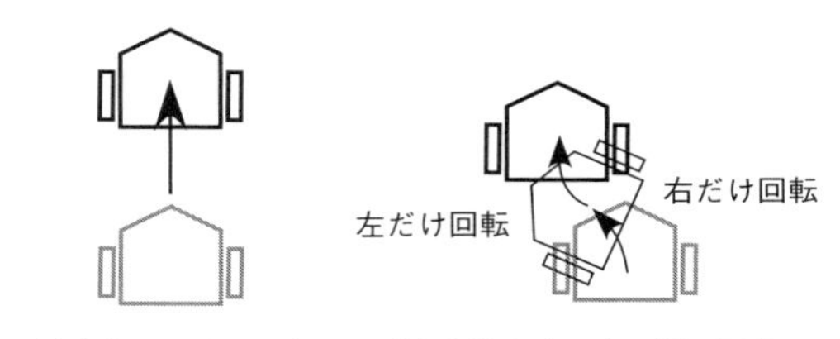
右だけ回転
左だけ回転
(a)車輪を同時に回転
(b)車輪を右，左の順に回転

図4 車輪の回転角度が同じでもロボットの到達位置が異なる例

に対応しなくなる．これを示した例が図4である．図4(a)は左右の車輪を同時に1回転させた場合で，(b)はまず右車輪を1回転させ，次に左車輪を1回転させた場合である．どちらも両輪は1回転ずつ回転した．しかし，到達した移動ロボットの位置はまったく異なる．ホロノミック拘束を受ける図1のシステムでは，このようなことはなかった．

図5は鉄棒の例である．鉄棒にぶら下がり，肩，腰，ひざの関節をタイミングよく屈曲，伸縮させると，大車輪をはじめ，前後自由に回転することができる．体の棒回りの回転角度は，肩，腰，ひざの関節の角度だけで決まるわけではなく，それぞれの関節の動的な運動があって

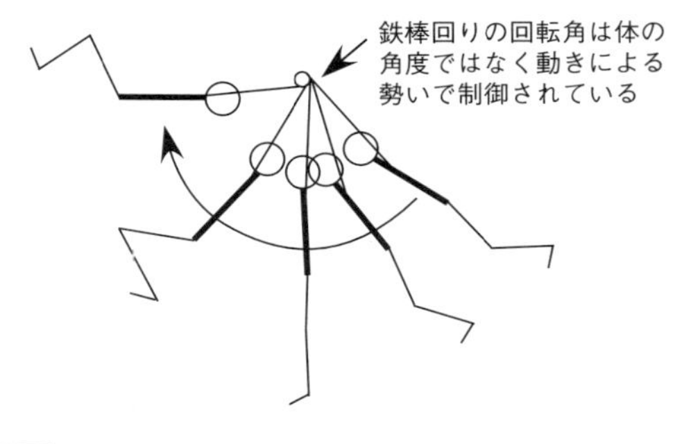
鉄棒回りの回転角は体の
角度ではなく動きによる
勢いで制御されている

図5 鉄棒の大車輪

初めて決定される．つまり，体が棒の回りを回転する角度は，式(1)の形の拘束では表すことができない．よって，鉄棒をする人の運動は非ホロノミック拘束を受けていることになる．こうした特徴を有するシステムの1つとして，モータのない非駆動関節を有するマニピュレータなどが研究されている．

このほかにも，平面と球体の接触や，手指での物体の操りをはじめ，ロボットシステムにおいてはさまざまな非ホロノミック拘束に直面することがある．

1.13 これがニュートン-オイラーの運動方程式だ

ニュートン-オイラーの方法による運動方程式の導出法は，剛体に働く力や回転力のモーメントを具体的に考察し，その力やモーメントが，その剛体の慣性を動かす加速度を与えるものとして解析する方法である．ラグランジュの方法による運動方程式の導出(☞ 1.14 これがラグランジュの運動方程式だ)は，数学的な解析(変分法)が，運動方程式導出の理論的な根拠になっていたのに比べると，ニュートン-オイラーの方法は，はるかに直接的な導出法である．とくに多関節型のロボットマニピュレータの運動方程式を解析するときは，この運動方程式がマニピュレータの根元から手先までの各リンク剛体ごとの運動方程式の漸化式として与えられるので，計算機による運動模擬を行う場合に都合がよい．ただし，このニュートン-オイラーの方法でも，後述するラグランジュの方法でも導出できた運動方程式は等価なものである．

ニュートン-オイラーによる運動方程式の導出法の概略を説明しよう．図1は，多関節型マニピュレータのi番目のリンク(剛体)とそれより1つ根元側($i-1$番目のリンク)，および1つ手先側のリンク($i+1$番目のリンク)の一部を模式的に描いたものと見てほしい．ニュートン-オイラーの方法は，それぞれの関節の関節角$\boldsymbol{q}=[q_1\ q_2\ \cdots\ q_n]^{\mathrm{T}}$の運動が与えられたときに，それぞれの関節が出すべき必要な駆動力$\boldsymbol{\tau}=[\tau_1\ \ \tau_2\ \cdots\ \ \tau_n]^{\mathrm{T}}$を式に表すものと考えるのである．

現在の各関節角q_iと各関節の回転角速度$\dot{q}_i$がわかり，これに対して，各関節の目標回転角加速度$\ddot{q}$が与えられたものとしたとき，ニュートン-オイラーの方法によって運動方程式を求める手順は次のようになる[1)]．

①まず1番目のリンクからn番目のリンクに向かって(根元から手先に向かって)順に，基準座標系(一般的にはマニピュレータの根元で地上に固定された座標系)から見た，各リンクの回転角速度$\boldsymbol{\omega}_i$，角加速度$\dot{\boldsymbol{\omega}}_i$，並進速度$\dot{\boldsymbol{p}}$，並進加速度$\ddot{\boldsymbol{p}}_i$を計算する(図1(b))．

②上の運動が実現するのに必要な，そのリンクの質量中心に加えられなければならない並進力$\hat{\boldsymbol{f}}_i$をニュートンの運動方程式*1から，モーメント$\hat{\boldsymbol{n}}_i$をオイラーの運動方程式*2に基づいて求める(図1(c))．

③終端のn番目のリンクの手先から受けた力$\boldsymbol{f}_n$とモー

＊1　質点の並進加速度$\ddot{\boldsymbol{s}}$と力$\boldsymbol{F}$の関係式：$F=m\ddot{\boldsymbol{s}}$
＊2　剛体の回転角加速度$\dot{\boldsymbol{\omega}}$とモーメントの$\boldsymbol{n}$の関係式：
$\boldsymbol{n}=I\dot{\boldsymbol{\omega}}+\boldsymbol{\omega}\times(I\boldsymbol{\omega})$

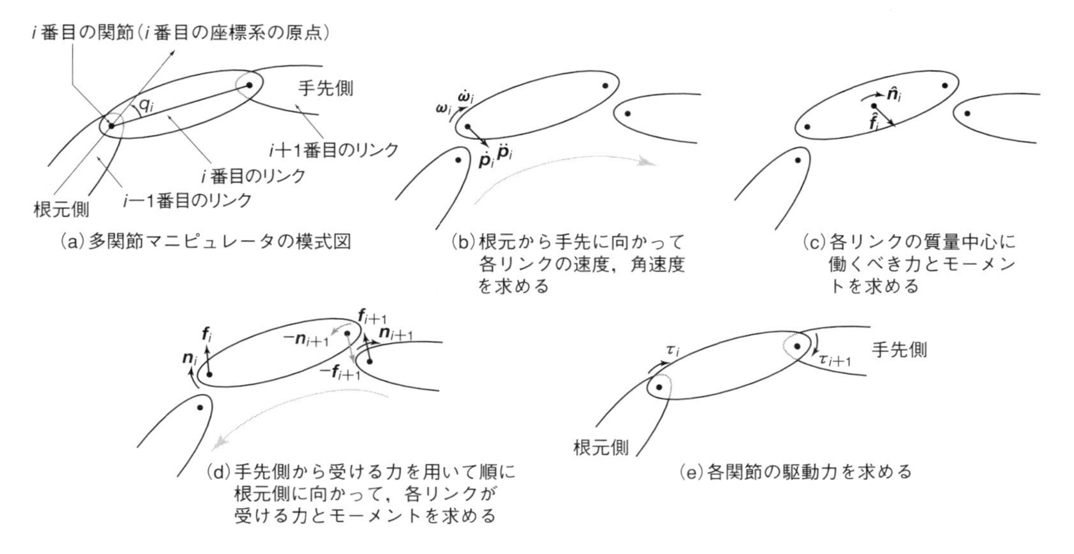

図1 ニュートン-オイラー法による解析［吉川恒夫，ロボット制御基礎論，p.87，図3.9，コロナ社(1988)より］

メント$\boldsymbol{n}_n$を用いて，n番目から1番目のリンクに向かって（手先から根元に向かって）順に，i番目の関節におよぼされる力$\boldsymbol{f}_i$とモーメント$\boldsymbol{n}_i$をそれぞれ求める（図1(d)）．

④上で求められた量をもとに，各関節の駆動力の大きさτ_iを求める（図1(e)）．

この手順の各過程で必要になる関係式の一群（漸化式）が，ニュートン-オイラー法による運動方程式と呼ばれるのである．

マニピュレータの関節がすべて回転関節であるとしたとき，このニュートン-オイラーの方法による運動方程式を漸化式として書き下すと次のようになる[1]．下に掲げる式において，j番目の関節の座標系の座標を，${}^i\boldsymbol{R}_j$はi番目の座標系から見た座標に変換する変換行列，${}^i\dot{\boldsymbol{p}}_j$，${}^i\boldsymbol{\omega}_j$はそれぞれ，$i$番目の座標系で見た$j$番目の関節の並進速度と回転角速度である．力やモーメント，${}^i\hat{\boldsymbol{f}}_j$，${}^i\hat{\boldsymbol{n}}_j$，${}^i\boldsymbol{f}_j$，${}^i\boldsymbol{n}_j$なども同様である．${}^i\boldsymbol{I}_j$は$i$番目のリンクの座標系から見た$j$番目のリンクの慣性テンソル，${}^i\hat{\boldsymbol{p}}_j$は，$i$番目の関節から見た$j$番目の関節の位置ベクトル，${}^i\hat{\boldsymbol{s}}_j$は$i$番目の関節から見た$j$番目のリンクの質量中心への位置ベクトル，${}^i\ddot{\boldsymbol{s}}_i$は$i$番目の座標系で見た$i$番目のリンクの質量中心の加速度である．$\boldsymbol{e}_z=[0\ \ 0\ \ 1]^{\mathrm{T}}$である．また，$m_i$は$i$番目のリンクの質量である．

$$ {}^i\boldsymbol{\omega}_i = {}^{i-1}\boldsymbol{R}_i^{\mathrm{T}}\,{}^{i-1}\boldsymbol{\omega}_{i-1} + \boldsymbol{e}_z\dot{q}_i \tag{1} $$

$$ {}^i\dot{\boldsymbol{\omega}}_i = {}^{i-1}\boldsymbol{R}_i^{\mathrm{T}}\,{}^{i-1}\dot{\boldsymbol{\omega}}_{i-1} + \boldsymbol{e}_z\ddot{q}_i + ({}^{i-1}\boldsymbol{R}_i^{\mathrm{T}}\,{}^{i-1}\boldsymbol{\omega}_{i-1}) \times \boldsymbol{e}_z\dot{q}_i \tag{2} $$

$$ {}^i\ddot{\boldsymbol{p}}_i = {}^{i-1}\boldsymbol{R}_i^{\mathrm{T}}[{}^{i-1}\ddot{\boldsymbol{p}}_{i-1} + {}^{i-1}\dot{\boldsymbol{\omega}}_{i-1} \times {}^{i-1}\hat{\boldsymbol{p}}_i + {}^{i-1}\boldsymbol{\omega}_{i-1} \times ({}^{i-1}\boldsymbol{\omega}_{i-1} \times {}^{i-1}\hat{\boldsymbol{p}}_i)] \tag{3} $$

$$ {}^i\ddot{\boldsymbol{s}}_i = {}^i\ddot{\boldsymbol{p}}_i + {}^i\dot{\boldsymbol{\omega}}_i \times {}^i\hat{\boldsymbol{s}}_i + {}^i\boldsymbol{\omega}_i \times ({}^i\boldsymbol{\omega}_i \times {}^i\hat{\boldsymbol{s}}_i) \tag{4} $$

$$ {}^i\hat{\boldsymbol{f}}_i = m_i\,{}^i\ddot{\boldsymbol{s}}_i \tag{5} $$

$$ {}^i\hat{\boldsymbol{n}}_i = {}^i\boldsymbol{I}_i\,{}^i\dot{\boldsymbol{\omega}}_i + {}^i\boldsymbol{\omega}_i \times ({}^i\boldsymbol{I}_i\,{}^i\boldsymbol{\omega}_i) \tag{6} $$

$$ {}^i\boldsymbol{f}_i = {}^i\boldsymbol{R}_{i+1}\,{}^{i+1}\boldsymbol{f}_{i+1} + {}^i\hat{\boldsymbol{f}}_i \tag{7} $$

$$ {}^i\boldsymbol{n}_i = {}^i\boldsymbol{R}_{i+1}\,{}^{i+1}\boldsymbol{n}_{i+1} + {}^i\hat{\boldsymbol{n}}_i + {}^i\hat{\boldsymbol{s}}_i \times {}^i\hat{\boldsymbol{f}}_i + {}^i\hat{\boldsymbol{p}}_{i+1} \times ({}^i\boldsymbol{R}_{i+1}\,{}^{i+1}\boldsymbol{f}_{i+1}) \tag{8} $$

$$ \tau_i = \boldsymbol{e}_z^{\mathrm{T}}\,{}^i\boldsymbol{n}_i \tag{9} $$

ただし，この式では各リンクの質量中心に働く重力や，各関節に働く摩擦などは入っていないので，必要に応じてこれを入れた式にする必要がある．

ニュートン-オイラーの方法は，たとえば文献1)，2)などに詳細がわかりやすく記されている．本項は，とくに文献1)を参考にその概略を説明した．文献3)は，マニピュレータの運動学や動力学を扱うシミュレーションを行う際，その記述の数式を計算機で記号的に扱う方法を解説した書籍である．この書籍の中で動力学を扱う際にもニュートン-オイラーの方法が使われている．

参考文献

1)吉川恒夫，ロボット制御基礎論，コロナ社(1988).
2)広瀬茂男，ロボット工学(改訂版)－機械システムのベクトル解析－(機械工学選書)，裳華房(1996).
3)川崎晴久，清水年美，ロボット数式処理，昭晃堂(2000).

1.14 これがラグランジュの運動方程式だ

ある力学系の運動エネルギーと位置エネルギーを，その力学系の状態を表す変数に関して求めることができる場合，運動方程式を求めるための便利な方法がある．これが，「オイラー-ラグランジュ」の方法による求め方である．

その力学系の状態を表す変数を一般化座標q_1，q_2，…，q_nととる．もしその力学系に外力が働くときは，その外力がq_i(i=1，…，n)のどれかに直接作用をおよぼすように一般化座標をとる．たとえばマニピュレータの運動を考えるときは，関節角を一般化座標にとる．関節にはアクチュエータがついているので，そのアクチュエータが発生した力は，その関節に対応する座標に直接力あるいはトルクをおよぼす．

この一般化座標$\boldsymbol{q}=(q_1, q_2, \cdots, q_n)$およびその時間微分$\dot{\boldsymbol{q}}=(\dot{q}_1, \dot{q}_2, \cdots, \dot{q}_n)$の関数として，全運動エネルギー$\mathscr{T}(\boldsymbol{q}, \dot{\boldsymbol{q}})$および全位置エネルギー(ポテンシャルエネルギー)$\mathscr{U}(\boldsymbol{q}, \dot{\boldsymbol{q}})$が与えられたとする．このとき「ラグランジアン$\mathscr{L}$」を次のように定義する．

$$\mathscr{L}=\mathscr{T}(\boldsymbol{q}, \dot{\boldsymbol{q}})-\mathscr{U}(\boldsymbol{q}, \dot{\boldsymbol{q}})$$

この$\mathscr{L}$を用いて次のn本の微分方程式を導くことができる．

$$\frac{\mathrm{d}}{\mathrm{d}t}\left(\frac{\partial \mathscr{L}}{\partial \dot{q}_i}\right)-\frac{\partial \mathscr{L}}{\partial q_i}=\tau_i \quad (i=1, \ldots, n) \tag{1}$$

このn本の式を「ラグランジュの運動方程式」という．ただし，τ_iはq_i方向に力をおよぼす外力である．このラグランジュの運動方程式を具体的に計算すると，これが一般の運動方程式そのものとして求まるのである．ここで注意するべきことは，$(q_1, q_2, \cdots, q_n)$と$(\dot{q}_1, \dot{q}_2, \cdots, \dot{q}_n)$をまったく独立な変数として取り扱うことである．

図1に示す例で具体的にラグランジュの運動方程式を計算してみよう．質量m_1，m_2の質点が摩擦のない平面上に置かれており，自然長lのばねでつながれているとする．このばねのばね定数をk_1，k_2，k_3とする．ばねの自然長による質点の位置，すなわち，左右の壁と左右の質点とのおのおのの距離，および質点間の距離をそれぞれlとし，その質点位置を原点として，そこからの変位を一般化座標としてq_1，q_2とする．このとき，ラグランジアン$\mathscr{L}$は次の式で表される．

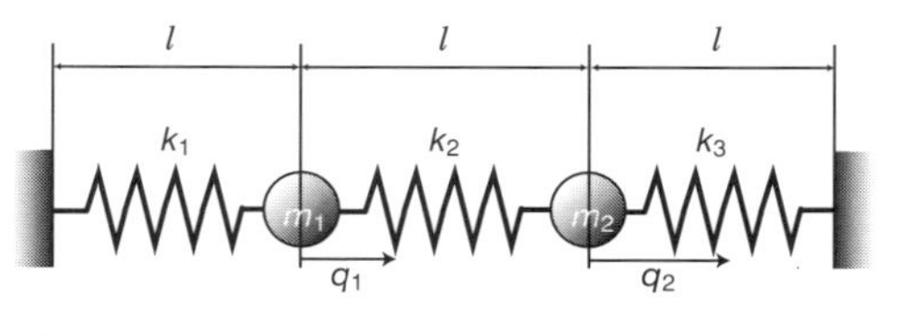

図1 2つの質点と3つのばねからなる連成振動系

$$\mathscr{L}=\left(\frac{1}{2}m_1\dot{q}_1^2+\frac{1}{2}m_2\dot{q}_2^2\right)-\left\{\frac{1}{2}k_1q_1^2+\frac{1}{2}k_2(q_2-q_1)^2+\frac{1}{2}k_3q_2^2\right\} \tag{2}$$

これより，質点m_1に関するラグランジュの運動方程式を計算すると，

$$\frac{\mathrm{d}}{\mathrm{d}t}\left(\frac{\partial \mathscr{L}}{\partial \dot{q}_1}\right)-\frac{\partial \mathscr{L}}{\partial q_1}=m_1\ddot{q}_1+k_1q_1-k_2(q_2-q_1)=0 \tag{3}$$

質点m_2に関しては，

$$\frac{\mathrm{d}}{\mathrm{d}t}\left(\frac{\partial \mathscr{L}}{\partial \dot{q}_2}\right)-\frac{\partial \mathscr{L}}{\partial q_2}=m_2\ddot{q}_2+k_2(q_2-q_1)+k_3q_2=0 \tag{4}$$

となる．最右辺が2つの式とも0になっているのは，質点に外力が働いていないからである．このように，運動方程式が求まることがわかった．この運動方程式は，「2元2階」の線形微分方程式になる．この微分方程式を解く1つの解法は，やはり，「1.15 これがn元1階線形微分方程式の解き方だ」に示す方法を使うことである．

状態変数ベクトルとして，

$$\boldsymbol{x}=\begin{bmatrix} q_1 \\ q_2 \\ \dot{q}_1 \\ \dot{q}_2 \end{bmatrix}$$

を用意する．すると，

$$\frac{\mathrm{d}}{\mathrm{d}t}\boldsymbol{x}=\dot{\boldsymbol{x}}=\begin{bmatrix} \dot{q}_1 \\ \dot{q}_2 \\ \ddot{q}_1 \\ \ddot{q}_2 \end{bmatrix}$$

となるゆえ，式(4)と等価な式が，

$$\dot{\boldsymbol{x}}=\begin{bmatrix} \dot{q}_1 \\ \dot{q}_2 \\ \ddot{q}_1 \\ \ddot{q}_2 \end{bmatrix}=\begin{bmatrix} 0 & 0 & 1 & 0 \\ 0 & 0 & 0 & 1 \\ -\dfrac{k_1+k_2}{m} & \dfrac{k_2}{m} & 0 & 0 \\ -\dfrac{k_2}{m} & \dfrac{k_1+k_2}{m} & 0 & 0 \end{bmatrix}\begin{bmatrix} q_1 \\ q_2 \\ \dot{q}_1 \\ \dot{q}_2 \end{bmatrix} \tag{5}$$

という形になるので，やはり「1.15 これがn元1階線形微分方程式の解き方だ」で記す方法によって解くことができる．ただし，この4×4の行列の固有値は複素数になり，この方法で解こうとしたときの計算はかなり煩雑になる．なお，この例題で示した力学系は，いわゆる「連成振動系」と呼ばれる力学における典型的な問題であるので，一般的な力学の演習書でもよくこの問題が取り上げられている．演習書にある解法も参考になるであろう．この問題の最終的な解は，初期条件により定まる定数A_+，A_-，α_+，α_-により決まる単振動の式，

$$q_+=A_+\cos(\omega_+t+\alpha_+)$$

$$q_-=A_-\cos(\omega_-t+\alpha_-)$$

の線形結合でq_1，q_2が表されることがわかっている．ただし，

$$\omega_+^2=\frac{1}{2}\left\{\frac{k_1+k_2}{m_1}+\frac{k_2+k_3}{m_2}-\sqrt{\left(\frac{k_2+k_3}{m_2}-\frac{k_1+k_2}{m_1}\right)^2+\frac{4k_2^2}{m_1m_2}}\right\}$$

$$\omega_-^2=\frac{1}{2}\left\{\frac{k_1+k_2}{m_1}+\frac{k_2+k_3}{m_2}+\sqrt{\left(\frac{k_2+k_3}{m_2}-\frac{k_1+k_2}{m_1}\right)^2+\frac{4k_2^2}{m_1m_2}}\right\}$$

である[1)]．

運動エネルギーと位置エネルギーの差をとるラグランジアンから，ラグランジュの運動方程式を計算すると，普通の運動方程式が出てきてしまうことが不思議に思われるかもしれない．このからくりについてもっと知りたければ，まず文献2)が参考になる．ラグランジュの運動方程式の導出は，「最小作用の原理」に基づいている．すなわち，ラグランジアンの時間による(運動の開始時刻と終了時刻を両端とする)定積分を考えたとき，その定積分が最小となるような運動が実現する運動である，として導くのである．この考え方は，数学的には「変分法」の問題として一般化されている．文献3)にも変分法とラグランジュの運動方程式に関する解説がある．

参考文献

1) 後藤憲一ほか，詳解物理学演習上，共立出版，pp.294-295(1967)．
2) 高橋 康，量子力学を学ぶための解析力学入門，講談社サイエンティフィク(1978)．
3) 加藤寛一郎，工学的最適制御 非線形へのアプローチ，東京大学出版会(1988)．

1.15 これがn元1階線形微分方程式の解き方だ

ロボットの世界において微分方程式というと，時刻tの微分に関する常微分方程式を取り扱うことがもっとも多いと考えられる．それらは，線形なもの，非線形なもの，方程式の中の項の係数が時間変化するものなどさまざまである．しかしいずれの場合も，与えられた微分方程式を解くことにより，その方程式に支配される変数の時間的に変化する様子を陽に解こうとすることには変わりない．

微分方程式の解法だけでも本が2冊も3冊も書ける内容があるが，ここでは，線形で係数が不変な微分方程式の1つの解き方を見ておこう．

ここで対象とする微分方程式は，変数ベクトル $\boldsymbol{x}=\begin{bmatrix}x_1\\x_2\end{bmatrix}$ を用いて，

$$\frac{\mathrm{d}}{\mathrm{d}t}\boldsymbol{x}=\begin{bmatrix}\dfrac{\mathrm{d}x_1}{\mathrm{d}t}\\\dfrac{\mathrm{d}x_2}{\mathrm{d}t}\end{bmatrix}=\boldsymbol{Ax}=\begin{bmatrix}a_{11}&a_{12}\\a_{21}&a_{22}\end{bmatrix}\begin{bmatrix}x_1\\x_2\end{bmatrix}\tag{1}$$

と書けるものとする．これを展開すると，

$$\frac{\mathrm{d}x_1}{\mathrm{d}t}=a_{11}x_1+a_{12}x_2\tag{2}$$

$$\frac{\mathrm{d}x_2}{\mathrm{d}t}=a_{21}x_1+a_{22}x_2\tag{3}$$

となる．解くべき変数の元がx_1，x_2の2つなので「2元」，また微分の次数が1なので「1階」といい，この微分方程式は「2元1階」である，という．この例で$\boldsymbol{x}$は2次元としたが，もちろんn次元に容易に拡張できる．このときは「n元1階」の微分方程式ということになる．なお，ここで行列$\boldsymbol{A}$は対角化できるものとしておこう．そうして，この行列$\boldsymbol{A}$を対角化する方法で，上記の微分方程式を解く方法を見てみよう．

ところで，「1.16 これが自由振動の運動方程式だ」の項で扱う，ばね・マス・タンパ系を記述する微分方程式は「1元2階」の線形微分方程式である．同項では，これを「2階1元」の微分方程式に変形して，本項で扱う方法により解いている．また「1.14 これがラグランジュの運動方程式だ」の項で示した例題では，運動方程式が「2元2階」となる．一般に「n元m階」の線形微分方程式は同値な「$n\times m$元1階」の微分方程式に変形できることが知られている．したがって，本項で扱う線形微分方程式の解法は，かなり応用範囲の広い方法なのである．とくに，線形システムの解析(いわゆる現代制御理論の古典的な部分)では，基本的な考え方になる．

さて，$\boldsymbol{A}$の固有値をλ_1，λ_2とすると，$\boldsymbol{A}$の固有ベクトルを並べた行列$\boldsymbol{T}$により，

$$\boldsymbol{T}^{-1}\boldsymbol{AT}=\begin{bmatrix}\lambda_1&0\\0&\lambda_2\end{bmatrix}$$

と対角化できる．このとき，別の状態変数ベクトル

$$\boldsymbol{X}=\begin{bmatrix}X_1\\X_2\end{bmatrix}$$

を用いて，$\boldsymbol{x}=\boldsymbol{TX}$という座標変換を施す．すると，$\boldsymbol{T}$は時間的に変化しない行列であるから，

$$\frac{\mathrm{d}}{\mathrm{d}t}\boldsymbol{x}=\boldsymbol{T}\frac{\mathrm{d}}{\mathrm{d}t}\boldsymbol{X} \tag{4}$$

である．これを式(1)に代入して整理すると，

$$\frac{\mathrm{d}}{\mathrm{d}t}\boldsymbol{X}=\boldsymbol{T}^{-1}\boldsymbol{ATX}=\begin{bmatrix}\lambda_1 & 0\\ 0 & \lambda_2\end{bmatrix}\begin{bmatrix}X_1\\ X_2\end{bmatrix} \tag{5}$$

という関係式を得る．この式から，

$$\frac{\mathrm{d}}{\mathrm{d}t}X_1=\lambda_1X_1,\quad \frac{\mathrm{d}}{\mathrm{d}t}X_2=\lambda_1X_2$$

という関係が出てくる．これらは変数分離型と呼ばれる微分方程式であり，初期条件により決まる定数をC_1，C_2とすれば，

$$\boldsymbol{X}=\begin{bmatrix}X_1\\ X_2\end{bmatrix}=\begin{bmatrix}C_1\mathrm{e}^{\lambda_1t}\\ C_2\mathrm{e}^{\lambda_2t}\end{bmatrix}$$

であることはすぐわかる．したがって，$\boldsymbol{x}=\boldsymbol{TX}$により解$\boldsymbol{x}$が求まることになる．この解法では，解$\boldsymbol{x}$あるいは$\boldsymbol{X}$の時間に関するふるまいが，$\boldsymbol{A}$の固有値によって特徴づけられることがよくわかる．もし$\boldsymbol{A}$のいずれかの固有値の実部に正のものがあると，時間経過につれて解が発散する．したがって，解が発散しないためには，$\boldsymbol{A}$のすべての固有値の実部が正でないことが必要である．また解が$\boldsymbol{0}$に収束するためには$\boldsymbol{A}$のすべての固有値の実部が負であることが必要である．

次に，対象とする微分方程式に外力が加わる場合を考えよう．すなわち，

$$\frac{\mathrm{d}}{\mathrm{d}t}\boldsymbol{x}=\boldsymbol{Ax}+\boldsymbol{f}(t) \tag{6}$$

と書ける場合である．この場合も，$\boldsymbol{A}$を対角化する行列$\boldsymbol{T}$を用いて，

$$\frac{\mathrm{d}}{\mathrm{d}t}\boldsymbol{X}=\boldsymbol{T}^{-1}\boldsymbol{ATX}+\boldsymbol{T}^{-1}\boldsymbol{f}(t)$$

$$=\begin{bmatrix}\lambda_1 & 0\\ 0 & \lambda_2\end{bmatrix}\begin{bmatrix}X_1\\ X_2\end{bmatrix}+\begin{bmatrix}F_1(t)\\ F_2(t)\end{bmatrix} \tag{7}$$

と書ける．ただし，

$$\boldsymbol{T}^{-1}\boldsymbol{f}(t)=\begin{bmatrix}F_1(t)\\ F_2(t)\end{bmatrix}$$

とおいた．すると，

$$\frac{\mathrm{d}}{\mathrm{d}t}X_1=\lambda_1X_1+F_1(t),\quad \frac{\mathrm{d}}{\mathrm{d}t}X_2=\lambda_1X_2+F_2(t)$$

という関係式が出てくる．この解は，たとえばX_1に関しては，

$$X_1=\mathrm{e}^{\lambda_1t}\left(\int F_1(t)\mathrm{e}^{-\lambda_1t}\mathrm{d}t+C_1\right)$$

となることが知られている．C_1も初期値により定まる定数である．

1.16 これが自由振動の運動方程式だ

外力の入らないばね・マス・ダンパ系の運動方程式は，次式で与えられる．

$$m\frac{\mathrm{d}^2}{\mathrm{d}t^2}x+\mu\frac{\mathrm{d}}{\mathrm{d}t}x+kx=0 \tag{1}$$

この式が，「1.15 これがn元1階線形微分方程式の解き方だ」で示した形式に書けることを示そう．

いま，$\mathrm{d}^2x/\mathrm{d}t^2=\ddot{x}$，$\mathrm{d}x/\mathrm{d}t=\dot{x}$と記すと，与式は

$$m\ddot{x}+\mu\dot{x}+kx=0 \tag{2}$$

と書ける．ここで，状態変数ベクトル

$$\boldsymbol{x}=\begin{bmatrix}x\\ \dot{x}\end{bmatrix}$$

と定義する．すると，

$$\frac{\mathrm{d}}{\mathrm{d}t}\boldsymbol{x}=\dot{\boldsymbol{x}}=\begin{bmatrix}\dot{x}\\ \ddot{x}\end{bmatrix}$$

となるゆえ，式(2)と等価な式が，

$$\dot{\boldsymbol{x}}=\begin{bmatrix}\dot{x}\\ \ddot{x}\end{bmatrix}=\begin{bmatrix}0 & 1\\ -\dfrac{k}{m} & -\dfrac{\mu}{m}\end{bmatrix}\begin{bmatrix}x\\ \dot{x}\end{bmatrix} \tag{3}$$

と書けることがわかる．かくして，式(2)が

$$\frac{\mathrm{d}}{\mathrm{d}t}\boldsymbol{x}=\begin{bmatrix}\dfrac{\mathrm{d}x_1}{\mathrm{d}t}\\ \dfrac{\mathrm{d}x_2}{\mathrm{d}t}\end{bmatrix}=\boldsymbol{Ax}=\begin{bmatrix}a_{11} & a_{12}\\ a_{21} & a_{22}\end{bmatrix}\begin{bmatrix}x_1\\ x_2\end{bmatrix}$$

の形式にできることがわかった．ここであらためて

$$\boldsymbol{A}=\begin{bmatrix}0 & 1\\ -\dfrac{k}{m} & -\dfrac{\mu}{m}\end{bmatrix}$$

とおくと，$\boldsymbol{A}$の固有値の分類によって，解のふるまいが特徴づけられる．ちなみに$\boldsymbol{A}$の固有値は

$$\frac{1}{2}\left\{-\frac{\mu}{m}\pm\sqrt{\left(\frac{\mu}{m}\right)^2-\frac{4k}{m}}\right\}$$

と計算される．この固有値の平方根の中の正，負，零に

よって次の分類ができる．

①Aの固有値が異なる2つの実数解λ_1，λ_2となるとき

Aは対角化可能であり，Aを対角化する行列Tにより，

$$x = TX = T\begin{bmatrix} X_1 \\ X_2 \end{bmatrix}$$

なる座標変換を施すと，

$$X = \begin{bmatrix} X_1 \\ X_2 \end{bmatrix} = \begin{bmatrix} C_1 e^{\lambda_1 t} \\ C_2 e^{\lambda_2 t} \end{bmatrix}$$

となる．m，μ，kは物理的にすべて正なので，計算により，λ_1，λ_2は負となることはすぐわかる．したがって，Xは減衰して，時間無限大では0となる．したがって，xも同様である．物理的には，この場合を「過減衰」という．

②Aの固有値が共役な複素解$\lambda_r \pm \lambda_i i$となるとき

Aは対角化可能であり，Aを対角化する行列Tにより，

$$x = TX = T\begin{bmatrix} X_1 \\ X_2 \end{bmatrix}$$

となる座標変換を施すと，

$$X = \begin{bmatrix} X_1 \\ X_2 \end{bmatrix} = \begin{bmatrix} C_1 e^{(\lambda_r + \lambda_i i)t} \\ C_2 e^{(\lambda_r - \lambda_i i)t} \end{bmatrix}$$

となる．m，μ，kは物理的にすべて正なので，計算により，λ_rは負となることはすぐわかる．したがって，Xは振動しながら減衰する解となり，時間無限大では0となる．したがって，xも同様である．物理的にはこの場合を「減衰振動」という．

③Aの固有値が実数の重解λとなるとき

この場合，Aは対角化できない．しかし，ある正則な行列Tを用いて，ジョルダンの標準形にすることができる．すなわち，

$$T^{-1}AT = \begin{bmatrix} \lambda & 1 \\ 0 & \lambda \end{bmatrix}$$

とできる．このとき，

$$x = TX = T\begin{bmatrix} X_1 \\ X_2 \end{bmatrix}$$

となる座標変換を施し，計算・整理すると，

$$\frac{d}{dt}X_1 = \lambda X_1 + X_2,\quad \frac{d}{dt}X_2 = X_2$$

となる関係式を得る．これより，$X_1 = Cte^{\lambda t}$，$X_2 = Ce^{\lambda t}$となる．計算によりλは負となることがわかり，時間無限大ではやはりXは0となる．物理的にはこの場合を「臨界減衰」と呼ぶ．

1.17 これが強制振動と共振だ

図1のようにばねとダンパで支持された物体を考えよう．この物体の自由振動，すなわち物体に初期変位を与えたときの様子は，「1.16 これが自由振動の運動方程式だ」で説明している．ここでは，物体には手を触れず，地面が上下に振動したときの現象を考える．これは強制振動と呼ばれる．もし，地面を非常にゆっくりと動かせば，物体は地面と同じ動きをする．地面を非常に速く振動させると，その動きはばねとダンパの変位で吸収されてしまって物体はほとんど動かない．地面にある適度な周波数の振動を与えるとそれにつられて物体が大きく振動することがある．これらの応答はサスペンション付きの車輪をもつ車両の振動と同じである．ただし車輪は質量がゼロで変形しないものと考える．車輪が回転して地面に沿って上下するところを，あたかも地震のように地面そのものが振動すると考えているわけである．

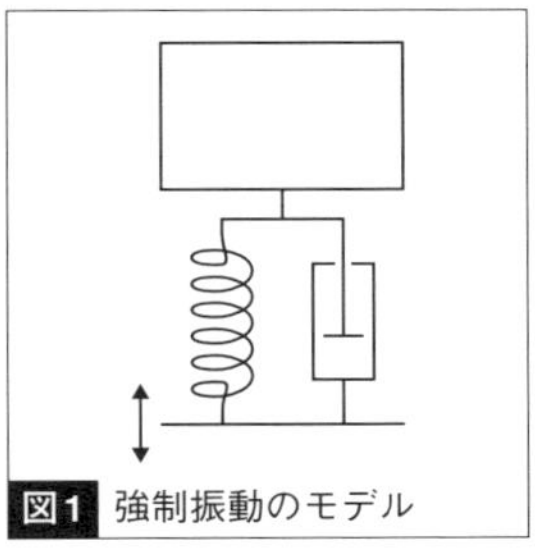

図1 強制振動のモデル

地面が単振動をしているとき，物体も同じ周波数で単振動をする．地面の振動の振幅と物体の振動の振幅との比は周波数によって変わり，図2のようになる．ピークの部分は共振と呼ばれる状態であり，その周波数は自由

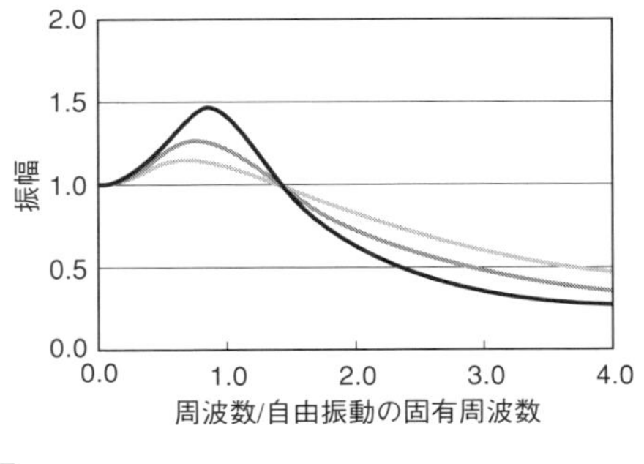

図2 強制振動の周波数応答

振動の固有周波数

$$\frac{1}{2\pi}\sqrt{\frac{質量}{ばね定数}}$$

より少し低い．ピークの鋭さはダンパによって変わり，ダンパが強いほど山が低い．

数学的な計算は以下のようになる．物体の質量をM，ばね定数をK，ダンパの定数をD，地面の振動を$A\sin\omega t$とすると，運動方程式は，

$$M\ddot{x} = -K(x - A\sin\omega t) - D(\dot{x} - A\omega\cos\omega t)$$

となる．この方程式の解を$x = B_1\sin\omega t + B_2\cos\omega t$と仮定してもとの方程式に代入すると次のようになる．

$$\{(K - M\omega^2)B_1 - D\omega B_2 - KA\}\sin\omega t$$
$$+\{D\omega B_1 + (K - M\omega^2)B_2 - D\omega A\}\cos\omega t = 0$$

これが任意の時間tで成り立つためには，sinの前の係数とcosの前の係数がともにゼロでなければならない．これよりB_1，B_2を求めると，

$$B_1 = \frac{(D^2 - KM)\omega^2 + K^2}{(K - M\omega^2)^2 + D^2\omega^2}A$$

$$B_2 = -\frac{DM\omega^3}{(K - M\omega^2)^2 + D^2\omega^2}A$$

となる．物体の振動の振幅は$\sqrt{B_1^2 + B_2^2}$であるから，地面の振幅に対する物体の振幅の比Gは

$$G = \sqrt{\frac{D^2\omega^2 + K^2}{(K - M\omega^2)^2 + D^2\omega^2}}$$

となる．これをグラフにしたものが図2である．

1.18 これが三角関数の級数展開と近似だ

ロボットの計算によく出てくる三角関数，sin，cos，tanなどは，近似的に角度θの多項式，つまりθの1次，2次，3次，…，n次の式で表すことができる．これはテーラー展開と呼ばれ，具体的には，

$$\sin\theta = \theta + \theta^3/3 + \theta^5/5 + \theta^7/7 + \cdots$$
$$\cos\theta = 1 - \theta^2/2 + \theta^4/4 - \theta^6/6 + \cdots$$

となる．これは$\theta = 0$を中心に展開している．どういうことかというと，θがゼロに近い小さな角度であると考えて，θの次数が大きなもの(θの10乗とか20乗とか)は小さな値になるだろうと仮定している．実際，θの値が小さいほど，この式を途中の次数までで切り捨てても精度が高い．さて，実際に使うのは，はじめのほうの項だけでよい．θが小さいときには，

$$\sin\theta \fallingdotseq \theta$$

と近似できる．また，$\cos\theta$は，ごく粗く見れば$\cos\theta = 1$である．しかし，これでは粗すぎることも多く，もう1項追加して，

$$\cos\theta \fallingdotseq 1 - \frac{\theta^2}{2}$$

と近似できる．$1 - \cos\theta$などというのが出てきたら，θの2乗に比例すると考えるとよい．さらに，これらは微分した場合にも有効である．

$$\frac{\mathrm{d}}{\mathrm{d}t}\sin\theta \fallingdotseq \dot{\theta}$$

$$\frac{\mathrm{d}}{\mathrm{d}t}\cos\theta \fallingdotseq -\theta\dot{\theta}$$

である．

これらの近似は，コンピュータや電卓を使えば正確に計算してくれるので気にすることはないが，理論的な計算の見通しを立てるのに有効なことが多い．

【参考】一般の関数$f(x)$の$x = x_0$の近くでのテーラー展開は次式で求められる．

$$f(x_0 + x) = f(x_0) + \sum_{n=1}^{\infty}\frac{1}{n!}f^{(n)}(x_0)(x - x_0)^n$$

$f^{(n)}$は関数fのn階微分を表している．$n!$はnの階乗すなわち$1\cdot2\cdot3\cdots\cdot n$である．$\Sigma$の部分が$n=1$から無限大までの積算，すなわち無限に続く級数である．

2 機械基礎編

2.1 これが衝撃力のかかり方だ

物体が衝突するときの衝撃力は，大きいという感覚的なものはあっても実際にどのくらいかかるか考えたことがあるだろうか．これはごく簡単に加速度の計算で見積もることができる．たとえば，秒速2 mの運動が0.01秒で止まれば$-200\ \mathrm{m/s^2}$であるから，重力加速度($9.8\ \mathrm{m/s^2}$)の約20倍の加速度(減速度)であり，重力の20倍の力を受けたことになる．これを20 Gという．よく，ジェットコースターの運動の激しさを表すのに使う．実際の衝突ではこのようなごく短い減速時間は計れないから，減速距離を考えるとよい．一定加速度で減速して速度ゼロになった場合には$v^2=2ax$(v：初速，a：減速度，x：減速距離)である．時速40 kmで走っている自動車が壁にぶつかって前の部分が50 cm縮んで止まれば，

加速度$=(40000/3600)^2/(2\cdot 0.5)=123.4\ \mathrm{m/s^2}=12.6\ G$

と計算できる．

初速が自由落下によって得られた場合には，もっと簡単に考えることができる．たとえば1 mの高さから落下して1 mmの変形で止まれば1000 Gである．重力加速度をgとして高さhのところから自由落下すれば，$2gh=v^2=2ax$となるから落下距離と減速距離の比がそのままGである．この減速距離は物体が変形した距離と考えればよい．段ボール箱を1 mの高さから落とせば1 cmくらいへこむので約100 G，かたい金属なら0.5 mmくらいしかへこまないから2000 Gとなる．もちろん床のへこみも合計して考える．

ところで，歩行ロボットの足の裏にはどのくらいの衝撃力がかかるだろうか．もちろん歩き方によって違うが，大まかにいって体重の2倍くらいかかると思ってよい．

2.2 これがヤング率と強度だ

図1のように材料を引っ張っていくとどうなるだろうか．図1右のように伸びると同時に細くなっていく．アルミニウムなどの金属は図2のように，はじめは力に比例して伸びていき，あるところからさらに伸びが激しくなって引きちぎれる．なお，この図は伸びていくと材料の断面積が小さくなることを無視し，引張力/初期断面積を応力としている．このため，右端では実際には断面積が小さくなって，見かけの応力が減っている．

このように金属を引きちぎるのは，手の力では，よほど細いものでないと無理だから想像しにくいけれども，針金を折り曲げるのでも同じである．曲げると図3のように外側が伸びて内側が縮むから，それぞれの部分に同じ現象が起きている．

さて，力が小さいときの，伸びが力に比例している部分に注目しよう．この比例の係数をヤング率という．力としては単位面積あたりの力で，これを応力という．伸びとしては長さそのものではなくて，はじめの長さの何倍(0.003倍とか)伸びたかという変形率(ひずみ)を使う．すると，

応力＝ヤング率×変形率　(1)

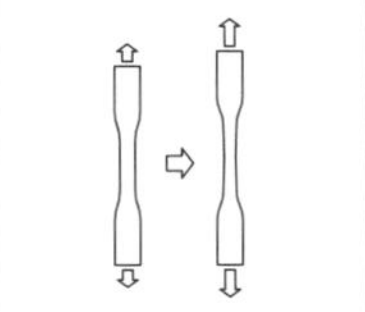

図1 引っ張り試験

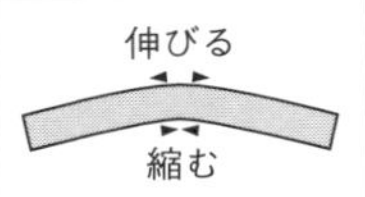

図3 曲げと伸び縮み

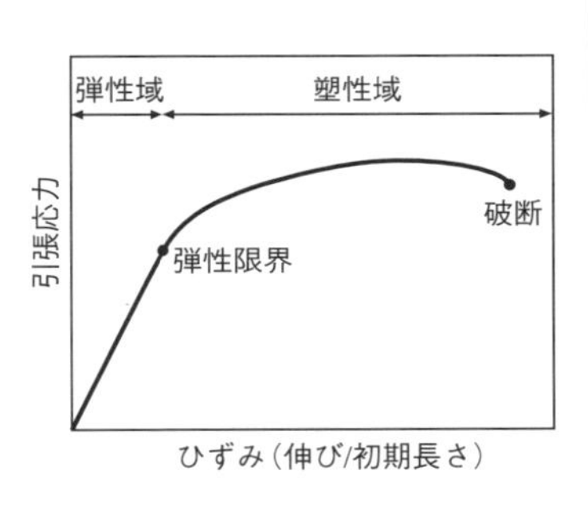

図2 応力-ひずみ曲線

表1 各種材料のヤング率と強度の概略値 (×10^7 Pa ≒ kgf/mm^2)

材料	ヤング率	強度
アルミニウム	7000	20
ジュラルミン	7000	50
真ちゅう	10000	40
軟鉄	20000	40
鋼鉄	20000	150
ナイロン	200	7
ポリエチレン	70	3

と表せる．ヤング率はもちろん材料によって異なり，表1のようになっている．

一方，図2の右端の引きちぎれるときの応力，すなわち，どのくらいの力まで壊れないか，というのが強度である．この破断強度が大きいものは，いわゆる丈夫な金属である．破断強度は材料の形状によって異なり，かたまり形状よりも細線形状のほうが値が大きくなる．

この表からわかるように，アルミニウムとジュラルミン(純アルミニウムに銅，マグネシウム，マンガンなどを添加したもの．☞本書姉妹編「はじめてのロボット創造設計」p.203)はヤング率は変わらず，強度が違う．だから，力がかかる部分の材料を，やわらかいと思われる純アルミニウムから，かたいと思われるジュラルミンに変更しても，変形の量は変わらない．軟鉄と鋼鉄(炭素の多い鉄)の関係も同様である．

アルミニウムをジュラルミンに変更するとよくなるのは，強度が増すことである．つまり，変形はするけれど壊れなくなるのである．このことはロボット設計においても頭に入れておくべきことで，やわらかい純アルミニウムの代わりにかたいジュラルミンを使っても，アームがたわむような変形量はほとんど変わらない．軸がねじ切れるような破壊に対して強くなるのである．

なお，破断強度以下で使用しても変形がもとにもどらなかったり，繰り返し変形させると疲労して破断しやすくなったり，ある部分にできた亀裂が伸展して全体が破断したりするので，通常使用の応力を破断強度以下にすればよいと考えるのは危険である．機械を設計するときには安全率と呼ぶ［破断応力/使用応力］を考える．見積もりの精度を高くすれば安全率1.5でも可能であるが，何が起こるかわからないような使用法では安全率を5くらいにしたりする．ロボットの場合はいろいろ想定外の使用条件もありうるので安全率は大きくしたほうがいいだろう．

さて，図2をもう一度詳しく見てみよう．応力とひずみが比例しなくなってくるあたりに，弾性限界と呼ぶ点がある．この点より右にいくと，力を抜いても原点には復帰しない．ここまでの範囲を弾性域という．ばねのような使い方をするときには，弾性域で使用する必要がある．

弾性限界より右側の，もとにもどらない変形を塑性変形と呼ぶ．粘土のような変形である．材料を切削加工した部分は，切り離したわけだから，この図でいえば右端までいっている．また，折り曲げ加工した部分は，永久変形が起こっているわけだから，この図でいえば塑性変形の領域までいっている．このような加工後の材料は，力をゼロにしてもひずみが残っている．これを残留ひずみという．このとき，材料は以前より少しかたくなっている．これを加工硬化という．材料を圧延して板にしたり，押し出し加工でL型，コ型棒材(アングル，チャンネル)にしたり，引き抜き加工で細線にしたものは，加工硬化によって，かたくなっている．鍛造で刀をつくるのも，かたさを増すためである．

2.3 これが摩擦係数だ

物体どうしをこすりあわせるときの，面に垂直な押しつけ力Fと，面に平行な，すべらせるための力fとの関係は，

$$f=\mu F$$

で近似的に表される．静止状態とすべっている状態の2つに分けて説明しよう．

1. 静止摩擦係数

静止している状態から動かし始めるには，大きめのfが必要である．このときのμの値は静止摩擦係数と呼ばれる．車輪が回転して地面上を進むときは，車輪の接地面(踏面)と地面との間は，ほぼすべりのない接触であると考えて，この静止摩擦係数を用いる．たとえば，どれくらいの加速度まで車輪がスリップをしないで発進できるか，あるいはブレーキがかけられるかがわかる．スリップを始めてしまった車輪は，静止摩擦係数より小さな値のμ(次項に示す動摩擦係数)になってしまうので，ほんの少し加減速を弱めた程度では，グリップは回復しない．だから，自動車のアンチロックブレーキでは，すべり始めたらブレーキを一瞬だけ大幅に弱めて，グリップが回復したらブレーキを強くしている．また，電車が雨の日に発進する際に車輪を空転させていることがある．そういうときはモータへの電流を弱めてグリップを回復させている．

ところで，静止しているときの摩擦力fの限界値はほんとうに押しつけ力Fだけに比例しているのだろうか．実際には面積が大きいと摩擦力が増えるようである．たとえば，同じ車重でも太いタイヤのほうがすべりにくい傾向がある．また，床の上に広げたシーツなどの大きな布を引っ張ることを考えると，布の重さのわりには大きめの引張力が必要だと思われる．

2. すべり摩擦係数(動摩擦係数)

すべっている状態を続けるための力fは，すべらせ始

めに必要な力よりも小さい．この，すべり続ける状態のときのμをすべり摩擦係数という．あるいは動摩擦係数ともいう．実際の値としては，鉄と鉄では0.5程度である．軸受けやスライド機構，ドアのラッチのような斜面をすべらせて出し入れするような機構をボールなしでつくったときには，この値を使って抵抗値を計算するとよい．これは表面の付着物によって大きく変わり，注油すると小さくなる．空気が介在するだけでも値は変わる．0.5は空気中の値で，真空中ではずっと大きくなる．宇宙の真空中で動く機械は液体の潤滑剤が使えない．日常の圧力と温度ではほとんど蒸発しない油でも，少しでも蒸気圧のあるものは真空中ではすべて蒸発してしまう．そこで，テフロンなどのすべりのよい素材を使ったり，二硫化モリブデンなどの固体粉末を使った潤滑をする．両者とも地上の機械でも有効である．

一方，ゴムと凹凸のあるローレット鉄板との間のすべり摩擦係数は0.8～1.2であり，圧力が高いと若干小さくなる．タイヤとザラザラの路面との摩擦係数はこの程度であると考えていいだろう．

2.4 これがころがり抵抗だ

ころがり抵抗とは，たとえば図1のように円筒形のタイヤを平らな地面に押しあてながら回転させていくときに必要な推進力である．軸受けの摩擦などは除外した，地面と車輪の接触部だけのための力である．一見すると接触が移動していくだけで，すべりのない相対運動であるが，力はゼロではない．通常，必要な推進力fは荷重Wに比例し，

$$f=\mu W$$

と考える．このμはころがり抵抗係数と呼ばれるものである．その値は，鋼鉄の地面と鋼鉄の車輪では，0.0001以下で，同じ荷重であれば半径の−0.5乗程度に比例して，大車輪ほど小さくなる．また，アルミニウムの車輪と鋼鉄の地面で0.001，ゴム車輪と鉄板で0.01～0.02，ゴム車輪と砂利道では目安として0.04～0.06である．いずれも前項のすべり摩擦係数にくらべて非常に小さい．ただし，これは地面の凹凸の影響がほとんどない場合のことで，たとえば砂利道の砂利の粒径にくらべて大半径の自転車の車輪のような場合である．地面の凹凸が大きいときは第1部「1.5 車輪型ロボットの静力学と不整地走行」を見てほしい．

ころがり抵抗はどうして生じるのであろうか．おもな現象は2つある．1つは図1のように車輪や地面が変形するので，その変形部分を移動させる力である．つまり，通りすぎたところはもとにもどし，新たなところを押しつぶしていくための力である．もとにもどる復元力と新たに押しつぶすための力とが同じならば変形部分を移動するのに力はいらないが，ゴムのような粘性のある材料を速く変形させるときには復元力のほうが小さい．これは，ぎゅっと押し縮めたタイヤがじわっともどるのでもわかる．このような変形による抵抗だから，やわらかい材質で粘性のある場合ほど，ころがり抵抗が大きくなる．たとえば，自転車のタイヤは，空気圧が低いと変形が大きいので，ころがり抵抗が大きくなる．

第二の現象は，接触部分の速度差である．図1のように接触しているのが点ではなくて，いくらかの範囲があるので，車輪が回転するときに，真下のへこんだ部分は半径が小さくなって速度が遅く，前後の部分は半径がもとのままに近いから速度は速い．その両方が同じ地面に接しているのだから，少しずつすべっている．中央部のほうが接触圧力が高いから，この部分は少しだけ前に引きずられるようにすべり，前後の部分は圧力が低いから，多めに後ろに引きずられていると考えられる．このようなすべりによる抵抗だから，すべり摩擦係数が大きな材質の場合は，ころがり抵抗も大きくなる．

これらの現象を考えれば，ころがり抵抗を小さくするには，かたくてすべりやすい材質がよい．ボールベアリングの内部がその見本である．とてもかたい鋼鉄のボールが鋼鉄のリングに接してころがっている．机の引き出しのスライド部分のような仕掛けをつくるなら，できるだけかたい材質のローラとレールがよい．また，ナイロンのローラのようにすべり摩擦係数の小さい材料も，ころがり抵抗が小さくなる．空気圧の低い自転車のタイヤでも，氷の上ならばころがりやすいであろう．ただし，駆動力を伝えたり，ステアリングを切ったときの横方向の踏ん張り力を出すためには，すべり摩擦力が必要だから，ツルツルの状態ではいけない．つまり，駆動輪やアクティブステアリングの車輪にはナイロンは適さず，ゴムやスポンジのようなものでないといけない．

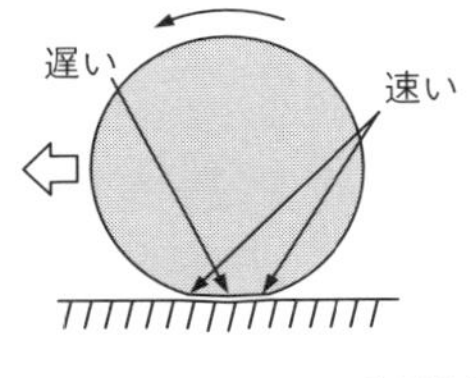

図1 円筒が平面上をころがるときの変形と速度差

3 機械工作編

ロボット製作は，使用できる機械とそれを使いこなす腕前によって出来ばえが大きく違う．ここでは，機械工作の基本中の基本を示しておくので，これをベースに各自で腕を磨いてほしい．また，機械の構造や特徴をよく知っておくことは，よい工作をするためだけでなく，よい設計をするためにも必要なことである．つまり，設計したものが製作しやすいものであるか，精度はどれほど望めるのかを常に念頭において設計するとよい．

さらに本書では，ここに機械があるから使おうという，ある意味受け身的なことだけでなく，どんな機械がいいのか，機械に望むべき性能を紹介しているので，自分で機械を選択・購入する場合の参考にしてほしい．

3.1 これがボール盤だ

図1のようなボール盤は単純な穴あけマシンであり，比較的安価なのでロボット製作現場にはぜひ備えたい．垂直な穴が安定してあけられる．主軸(ドリルチャックのついている動力軸)の回転数はベルトの掛け替えで選択する．もちろん太いドリルのときほど，遅くする．正確に計算したりするほどのことはない．それぞれのボール盤は3段とか5段とかの変速域があるから，その速度範囲をそのボール盤の使用可能ドリル径の範囲(最大6.5 mmとか13 mm)に対応させて考えればよい．具体的には，2 mm以下の細い穴あけなら最高速が最適であろう．3000 rpm (revolutions per minuteの略，毎分3000回転)くらいである．13 mmチャックのボール盤で6 mmの穴あけならちょうど中間くらいの速度，10 mmの穴あけなら最低速か2段目がよいだろう．500 rpm程度である．

ボール盤のテーブルは，ホビー用のようなごく小型のものを除いて，後部のコラム(太いスチールの丸い柱)に沿って上下できる構造である．締め付けボルトのレバーをゆるめ，ハンドルを回してテーブル高さを調整し，再び締め付けボルトを締めておく．

主軸を押し下げる動作は，はじめのうちは力制御，最後は位置制御と心がけるとよい．つまり，はじめのうちは切削の進み具合に合わせて力を一定にするような気持ちで，最後に突き抜けるところでは力が急に抜けて行き過ぎないように位置を保つ気持ちで進めればよい．力制御の部分は，切り粉の出具合を見ながら，連続した，らせん型切り粉になるのがよいであろう．よいドリルなら切り粉が2本同じように出るはずである．深い穴あけでは，途中で力をゆるめて切り粉の連続を断ち切るようにしないと主軸回りに長い切り粉が振り回されて危険である．

主軸送り部分の左側には押し下げ深さを制限するストッパがついている．適宜位置合わせをして利用するとよい．テーブル高さを変えたときは主軸を押し下げても穴が貫通しないくらいに制限されていることがある．主軸センタがテーブル中央の穴位置に合っているかどうかのチェックとともに，主軸を押し下げて確かめる必要がある．

なお，スチールなどのかたい材料，ステンレスのような難削材では，切削中に注油したほうがよい．

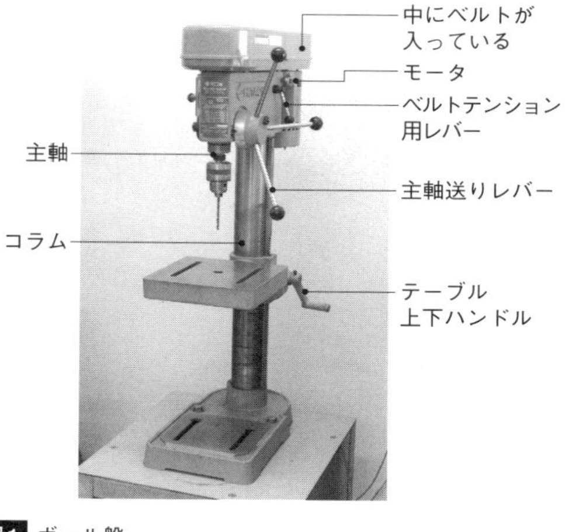

図1 ボール盤

図2 ボール盤作業で被削材をつかむベタバイス

図3 ボール盤に被削材を固定するクランプ

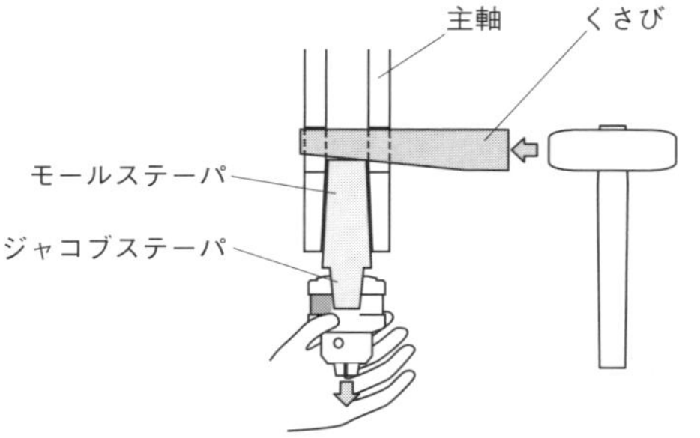

図5 大型ボール盤のドリルチャック脱着

ところで，ボール盤作業で，被削材（加工している材料のこと）が振り回されそうなスリル満点の加工をしている学生をよく見かけるが，非常に危険である．被削材をしっかり固定しなければいけない．小さな被削材なら図2のようなベタバイスに保持する．少し大きな被削材なら，ボール盤のテーブルにある溝穴を利用する．図3のような治具（工具でも被削材でもなく位置決めを補助するもの）を用いて被削材を固定するとよい．被削材が薄くて大きな板状の場合でも，大径の穴あけではシャコ万力などでテーブルに固定しよう．そうしないと貫通の瞬間に被削材がもち上がってしまう．あってはならないことだが，非常の場合には「まず身を守れ」「次は機械を大事にしろ」「刃物と被削材（製作物）は犠牲にしてもしかたがない」と日ごろから念じておこう．被削材が回転しだしたら止めようとせずに手を離せということである．すぐにスイッチを切ればよい．

ドリルで穴あけをするところには必ず図4のようなポンチでへこみをつけておく．被削材をしっかり固定したのだからへこみなしでもずれるわけがない，と思うのはまちがいである．ドリルの刃の先端が被削材に当たったところで，回転によって横ずれしてドリルが曲がり，ずれた場所に穴があいてしまうこともある．その一方で，

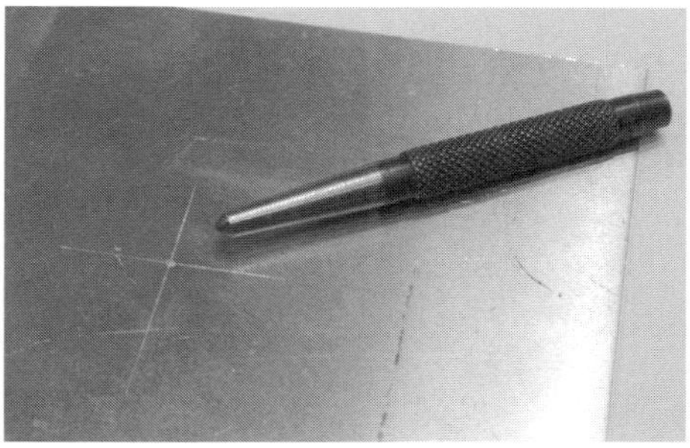

図4 けがき線とポンチ

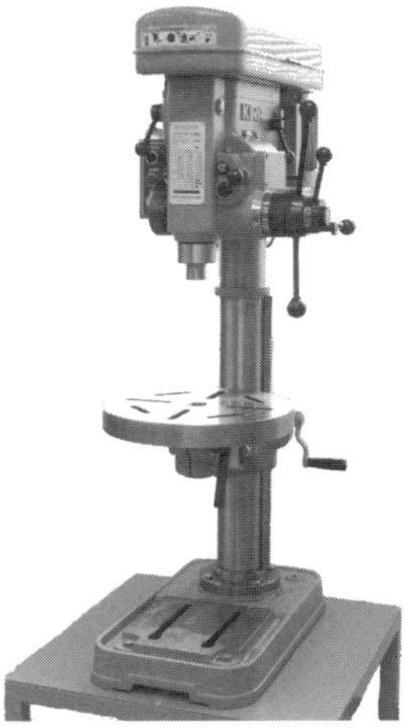

図6 丸テーブルのボール盤（チャック取り付け前）

被削材をしっかり固定していて，そのへこみがドリルの真下とずれているのもいけない．ドリルの先端はへこみのほうに誘導されるから，必然的に曲がって斜めになり，そのまま，その角度で穴があいていって，結局，被削材に鉛直に穴があかない．厚い金属に穴をあけると裏に突き出るころにはかなりずれている．ボール盤の腕前を試すのに，厚い材料の裏と表から半分ずつ穴をあけて，中央でピッタリ軸が合うかどうかを見るというほどである．もともと，材料にケガいた十字線の中央にポンチを打ち，その場所にピッタリ穴をあけるのもけっこうむずかしい．だから，ボール盤は簡単な機械だけれども，精度よく加工するには，たいへんな技量を必要とするものなのである．

ボール盤のチャックと中の軸とはジャコブステーパと呼ぶ比較的短いテーパで接合されている．新品の機械を購入したら，表面をきれいにしてきつく押し込む（軽くたたく）．通常，二度ととれることはない．大型のボール盤では，主軸の内部がモールステーパ穴になっている．そこに，すでにジャコブステーパでチャックをつけてある

アーバー(つなぎ軸)を差し込む．この場合は，チャックをアーバーごと主軸から外して，チャックにかめないほど(13 mmを超える)大径のドリルを直接つけることもできる．大径ドリルのシャンク(根元)はモールステーパになっていて，主軸にそのまま差し込むことができる．主軸内部もドリルシャンクもきれいにしておいて一気に差し込む．抜くときは引っ張るのではない．図5のようなくさびを主軸横の穴に打ち込んでチャックを外す．下に落ちないように受ける準備をしておく．慣れれば打ち込みとチャック受けを両手でできる．

ボール盤のテーブルは四角のものが多いが，図6のような丸型のものもある．これはテーブルが回転できるようになっている．この回転とテーブルがコラム(ボール盤のうしろの太い柱)についているところの回転の2つをうまく使うと，被削材の位置決めが楽にできる．被削材をバイスにつかむときに丸テーブルの中央をわざと避けておいて，おもにコラム軸回りの回転で左右の調整，テーブル軸回りの回転で前後の調整をする．もちろん穴あけ前には2か所の回転を止めるレバーをしっかりと締める．

ボール盤を見ると，後ろのコラムが非常に太い感じがするだろう．穴あけの力に抗して被削材とドリルの位置関係を保つために剛性が必要なのである．

3.2 これがバンドソーだ

ノコギリを使って材料を切断する作業は手作業でもできるが，図1のようなバンドソーがあるとずっと効率よくできる．リングになった刃が一方向に回転するしくみで，糸ノコ(ジグソー)のように被削材が躍る(もち上がる)ようなことがなく，安定している．また，刃の幅が糸ノコより太めなので，まっすぐに進みやすい．それでも切断する線に合わせて一直線に切り進むには手で微調整する必要がある．横方向に力をかけてしまうと刃がよじれて，曲がっていってしまうことが多い．すなおな気持ちで被削材をそっと押し出すように，と心がけるとよい．ノコ刃の粧さは，1インチあたりの歯数で表す．1インチ14山くらいが粗めで，木工と金工で共用できる．24山くらいが金属の薄板加工用という目安である．

大型のバンドソーには図2のような溶接装置がついていて，刃をつなぐことができる．第1段階は大電流で溶解させて圧縮して接続，第2段階は小電流で表面が黒化する程度に温度を上げて焼き鈍し，仕上げはグラインダで溶接部の突起を削り取る．

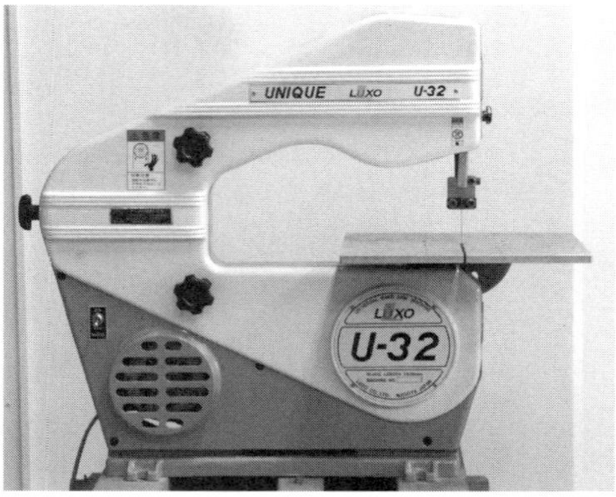

図1 輪になったノコ刃を一方向に回して材料を切るバンドソー

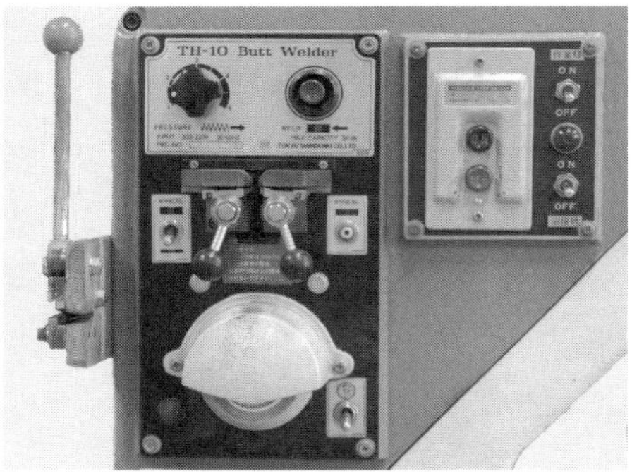

図2 バンドソーの刃を溶接する装置

3.3 これが旋盤だ

旋盤は図1のように被削材をチャックで保持して回転させながら刃物(バイト)を当てて切削するもので，機械全体は図2のような構成になっている．左側のチャックのついた動力軸が主軸である．レール上を左右にスライドする部分を往復台という．旋盤の各種ハンドル類は，どの機種でもだいたい同じようについている．ちょうど自動車のハンドル・アクセル・ブレーキの配置のように，初めての機種でもそれほど迷うことはない．

一方，主軸のモータを起動するスイッチは機種によって違う場所についている．図2のものは主軸の手前にある押しボタンスイッチである．大型の機種で往復台の右下側のレバーを手前に引くと起動するものもある．赤色のボタンやレバーになっているはずである．このほかに図2の機種では手前下に回転の方向を正逆切り換えるスイッチがある．また，主軸回転の変速のしかたも機種によってまちまちである．ただし，構造上，だいたい主軸の周囲や下部に変速レバーがあるのが普通である．また，主軸をすばやく停止させるために，モータの電流を切るとともに機械的にブレーキをかけるようになっている．このブレーキ操作は，どの機種も足元の中央にある横長のペダルで行う．

なお，小型の卓上旋盤は多少配置が違うが，基本的にできることはほぼ同じである．

1. 旋盤でできること

円筒側面削り（左仕上げ）（縦自動送り）　図1のように被削材の外周を左に向かって削っていく．「左仕上げバイト」と呼ぶ左前方にとがった部分のある刃物を使う．左端の段の部分はバイトの形で仕上げるのではなく，バイトを手前に引くように送って直角に仕上げる．だからバイトの刃先左側は図1のように主軸に垂直より若干左傾斜になっていなければならない．

送りは往復台全体を送るハンドルによって行い，上部の小さい刃物台左右送りハンドルは使用しない．なぜなら，主軸との平行度がしっかり出ているのはメインベッド（スライドレール）であり，精度よく削るためには，メインベッド上を移動させて削るのがよいからである．

往復台は，主軸の回転に連動した動力で動かすことができる．縦自動送りという．往復台のレバー操作でON/OFFする．自動送りのストップ位置を決めるスライド金具がついているものもある．ごく小型の機械では後述するねじ切りと同じ機構を流用するが，通常は往復台下方の回転シャフトから動力を取り，往復台ハンドルを回したのと同じく，ラック・ピニオン機構により往復台をスライドさせる．送り速度の変更は，主軸からシャフトまでの減速比を変えて行う．

円筒側面削り（右仕上げ）　図3のように右側に段差のある加工をするときは「右仕上げバイト」を使う．旋盤作業では1つの加工物をいくつもの刃物で順に切削していくことが多いので，刃物台は最大4本のバイトを保持できるようになっている．この刃物台を回転させて使用するバイトを換えることができる．刃物の高さ調整は，最初に取り付けるときだけでよい．ただし，使用してい

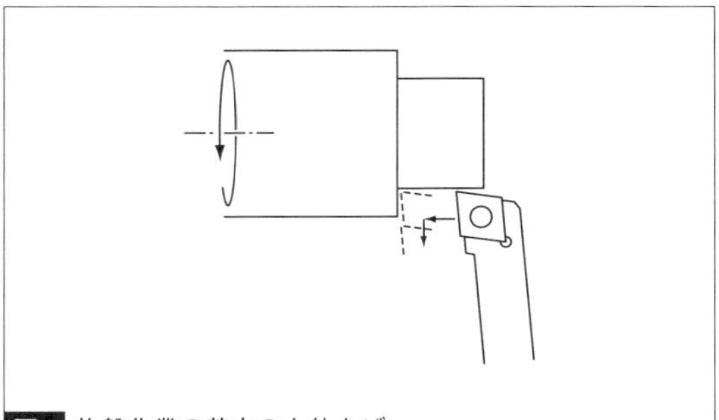

図1 旋盤作業の基本の左仕上げ

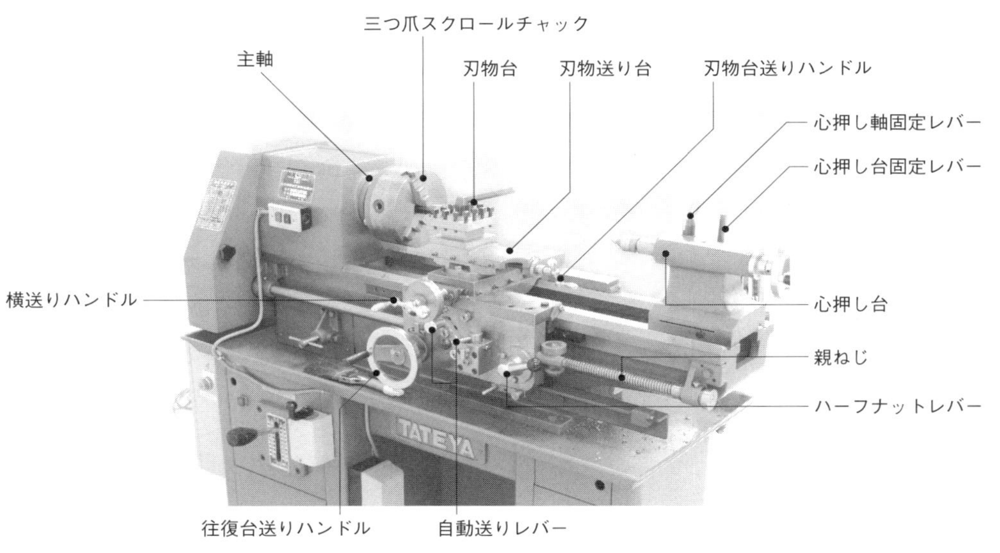

図2 旋盤の各部名称

図3 右仕上げ円筒側面切削

図4 端面切削

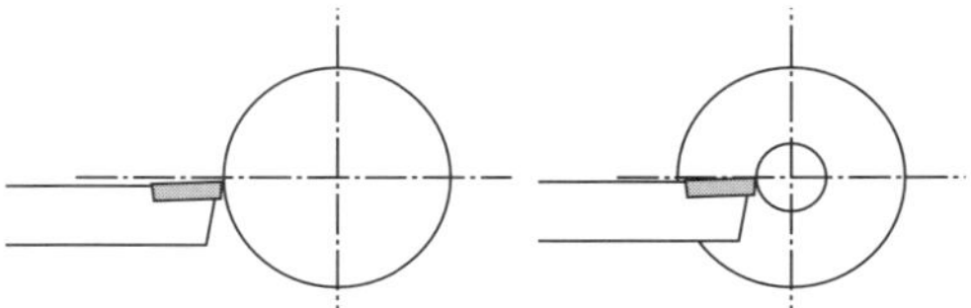

図5 バイトの高さ調整

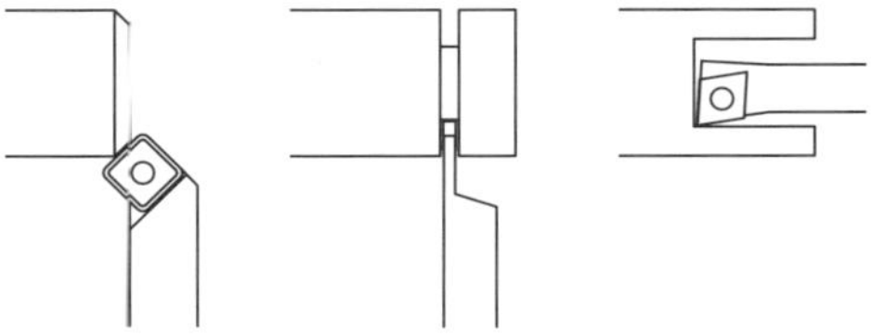

図6 各種切削作業

ない手前に向いたとがったバイトは，けがをしやすいので注意しなければならない．わざわざ触れる人はいないが，モータを停止させた後に被削材に手を伸ばすときが危ない．

端面削り(横自動送り)　図4のように端面を外から中心に向かって削る．あるいは中心部から外向きに送ってもよい．図5(b)のように，バイト先端の高さが主軸(被削材の回転軸)のセンタにピッタリ合っていないと中央部に削り残しができる．

バイトの高さは通常の円筒側面削りでも重要で，図5(a)のようにセンタにピッタリか若干低くする．側面削りではセンタより少しでも高いと，バイトのとがった部分が被削材に当たらないので削れなくなってしまう．高さの調整はバイトの下にスペーサ(金属の薄板)を入れて行う．

機種によっては端面削りも自動送りで行うことができる．横自動送りという．通常，往復台の自動送りレバーは縦送りと横送りが1つのレバーの上下の操作で縦横の送り方向を切り換えるのでまちがえないように注意を要する．横自動送りは手動のハンドルを回したのと同じく，ねじで刃物台を推進させる．

面取り仕上げ(斜めバイトで)　被削材の角の部分は，糸面取りと呼ぶ小さな45度仕上げをするとよい．これは図6(a)のように45度になったバイトを使うのが簡単である．

突っ切り　図6(b)のように被削材をチャックにつか

図7 センタドリルで端面の中心にセンタ穴をつくる

んだ部分から切り離すには，突っ切りバイトを用いる．チップ交換式のものが便利である．突っ切った面は荒れていることが多いので必要に応じて切り離した加工物を逆向きにチャックにつかみなおして端面を仕上げる．

溝入れ　突っ切りバイトをさらに細くしたような溝入れバイトを用いて，溝をつくることができる．Cリングと呼ぶ止め輪をはめる部分や，Oリングというシール用のゴム製リングをはめる溝ができる．

センタ穴あけ　図7のように心押し台のドリルチャックにセンタドリルをつけて円錐形+小さな先端部のへこみをつくる．これは図8のように，長い被削材がぶれないようにセンタ支持をする場合の下準備であるほか，図9のようなドリル穴あけの前準備としても利用する．ドリル穴あけでは，はじめにセンタドリルでへこみをつけ

図8 長ものは回転センタで右端を支持する

図9 心押し台を使ったドリル穴あけ

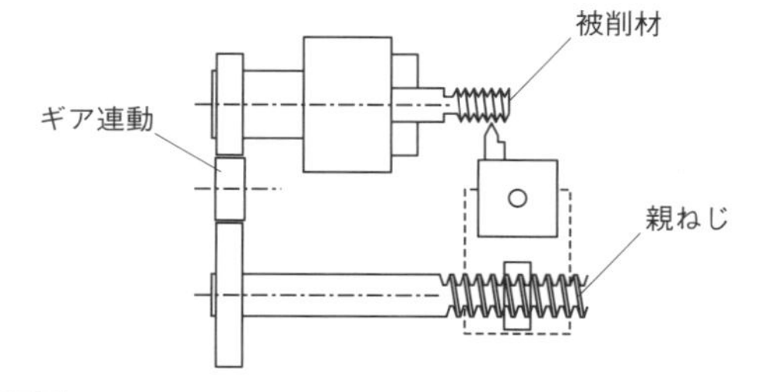

図10 旋盤によるねじ切りの原理

図11 刃物台送りハンドルを使ってテーパ削りをする（刃物台送りを使うときは往復台送りを固定する）

ておかないと，ドリルの先端がぶれて中心にうまく穴があかない．ボール盤作業の前のポンチ打ちと同じ効能である．

中ぐり　図6(c)のような中ぐりバイトを使うと内面の切削ができる．ベアリングがピッタリはまる穴をあけたいときなどは，ドリル加工と違って穴径の微調整ができる利点がある．中ぐり切削の前には，前項のセンタ穴あけを行い，できるだけ仕上げ穴寸法に近い径まで，心押し台のドリルで穴あけしておく．

ねじ切り　図10のように，主軸の回転と同期した自動送り機構を用いるとねじをつくることができる．機械の手前部分にある親ねじと呼ぶ大きな送りねじに往復台のナットをかませて自動送りを行う．

1回でねじができるわけではなく，何回も少しずつ切り込んでいって仕上げる．1回ずつ送り機構を外すので，次の削り始めのときにバイト位置がずれないようにする目盛りがついている機種もある．なお，主軸の逆転機能がある場合には，バイトをもどす際に送り機構を外さずにバイトを若干後退させて逆転送りするとまちがえにくくてよい．なお，製作するねじのピッチは，主軸回転を親ねじに伝える減速歯車のつけかえによって選択する．

テーパ削り　図11のように刃物台スライド部分を傾けて，上部だけを送ることによってテーパをつくることができる．このときは往復台全体が左右に動かないように固定するボルトを締めておく．

2. 各部の機能

三つ爪(連動)チャック　三つ爪スクロールチャックともいう．中に蚊取り線香のような渦巻きがあって，3つの爪の裏がこれにかみ合い，連動して常にセンタが合うようになっている．

三つ爪チャックには3つのハンドル穴があるが，1か所だけマークが刻んであるはずである．この穴を使って締めた場合がもっともセンタがよく合っているという印である．

三つ爪チャックで大きな被削材をつかみたいときは図12のような外向き専用の爪につけかえる．あるいは，小型のものでは，内向きの爪を内外反対向きに差し込みなおして外向きの爪とするものもある．なお，三つ爪チャックの爪は3つとも同じではない．渦巻きにかみ合う歯が1/3回転分ずつずれているので，順序どおりに入れていかなくてはいけない．

四つ爪(単動，インデペンデント)チャック　図13のような4つの爪が独立した送りねじで締め付けられるチャックである．四角形の被削材を保持することができる．被削材の中心合わせ(センタ出し)は各ねじの締め付け量を微調整して行わなくてはいけない．被削材に若干の傷がついてもよいときは対向する2つの爪で軽くつかんで

図12 大径のものは逆向きの爪に交換してつかむ

図13 四角や異形のものをつかむ四つ爪単動チャック

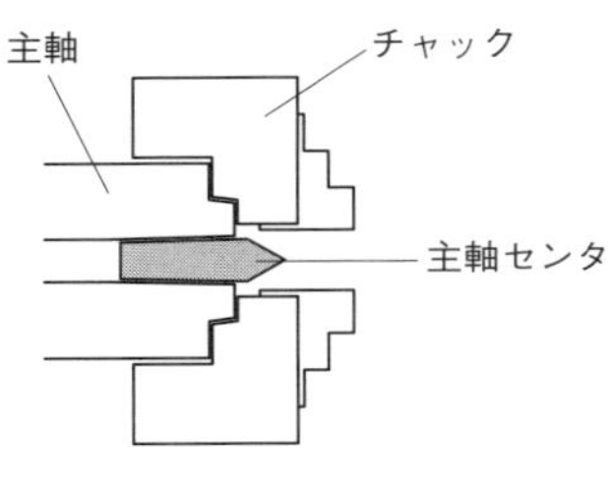

図14 両センタ支持のときに主軸に取り付けるセンタ

おいて，直交する残り2つを送って位置出しをするのもよい．

単動チャックは被削材のセンタ出しを自分で行わなければならない反面，センタ位置の微調整ができる利点もある．すでに円形に削ってある被削材の一部を再切削したいときには，被削材にダイヤルゲージを当てながら振れのないように締め付けていく．

また，単動チャックはスクロールチャックよりも被削材を強力に保持することができるので，比較的小さなチャックで大物の重切削に耐える．

主軸　主軸(チャックのついている動力軸)の回転速度は停止中にギアチェンジやベルト掛け替えによって選択する．機種によっては回転中に無段変速できるものもある．切削速度(刃物と被削材の周方向の相対速度)が適切になるように，切削部の径に応じて変速しなければならない．

主軸の内部には貫通穴があいている．細い被削材ならばこの穴を通して長いまま加工できるが，反対側からはみでる状態では絶対に回してはいけない．遠心力で振れて折れ曲がり，たいへん危険である．

心押し台　右側の心押し台は大きく2つの機能で使用する．1つは図9のようにドリルチャックを取り付けて穴あけ加工をするときである．もう1つは図8のようにセンタ支持をするときである．ドリルチャックやセンタは，モールステーパと呼ぶ規格のテーパ(円錐面)によって保持している．心押し台の送りハンドルを反時計回りに回転させていくと抜くことができる．はめるときには芯の部分が十分左に出ていることを確認のうえ，一気に押し込んで固定する．もちろん，ゴミなどをかみ込まないように，事前にテーパ部をきれいにしておく．

心押し台全体の移動は，固定レバーをゆるめて手で押して行う．なお，固定レバーの止まり位置が真上近くになってきたようなときは，心押し台下部の締め付けナットがゆるんでいる場合が多いので，締めなおすとよい．

両センタ加工と主軸テーパ　主軸内部貫通穴のチャック側は，テーパになっていて，図14のようなセンタをつけることもできる．ただしこれは両センタ加工といって，右側を心押し台のセンタ，左側を主軸のセンタではさんで保持して，中間に被削材を回すための保持具をつけて加工するときに使う．大型モータの電機子やボールねじなど，高精度で両端にセンタ穴があるものを切削加工するときに使う．

回転センタと固定センタ　心押し台につけるセンタは図8右側のように先端がベアリング支持で回転できる「回転センタ」がよい．しかたなく無垢の円錐形の「固定センタ」を使うときには，先端の摩擦を軽減するために注油をする．なお，旋盤には心押し台に取り付けるための固定センタと，主軸に取り付けるための固定センタが付属していることが多く，主軸用のほうが大きい．モールステーパの呼び番号でいうと，心押し台が2番(MT-2)で，主軸は3番(MT-3)などである．

旋盤の大きさと精度と剛性　小さい旋盤は精密加工用，大きい旋盤は重切削用と考えるのはまちがっている．精密加工に必要なのは，機械の剛性である．重切削に必要なのも剛性である．大きな力がかかってもふらつかない主軸，大きな切削力でもバイトが押しもどされたり，刃物台が下に沈んだりしない送り機構が旋盤の基本的性能である．そのうえで，精密加工のためには微小な送りがしやすい機械がよい．

つまり，性能のよい大きな旋盤は重切削，精密加工ともにでき，小型の旋盤は小さなものの加工に向いている．大きな旋盤で3mmなどといった小径物の加工をしようとすると，チャックの爪先の平らな部分が大きすぎてつかめなかったりする．

なお，旋盤にかぎったことではないが，精度よく加工する性能を維持するのは，日ごろのメンテナンスであることも忘れてはならない．

3. バイトのバリエーション

ハイスバイト　ハイスピードスチール(高速度鋼，ハ

図15 自分でグラインダで削って形をつくる無垢のバイト

図16 超硬チップ付き突っ切りバイト

図17 チップ交換式のバイト(左から重切削用，中切削用，中ぐり，左仕上げ，右仕上げ)

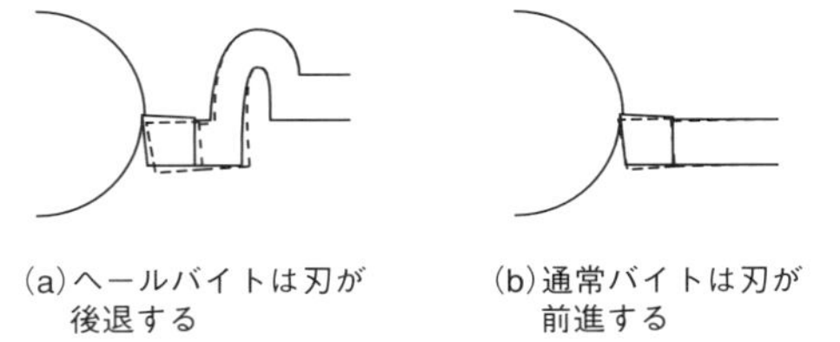

図18 切削力によるバイトの変形

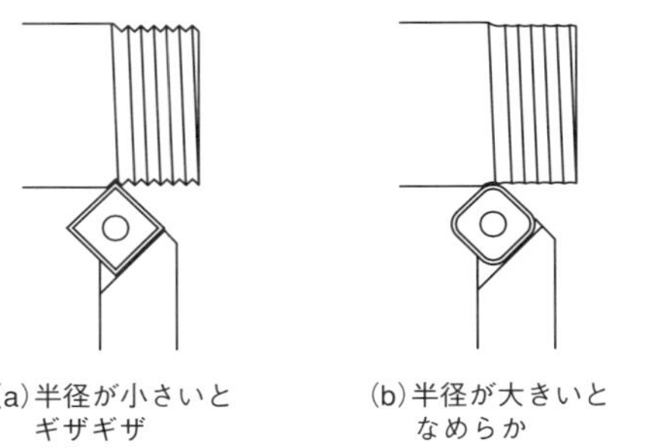

図19 バイトのノーズ半径と仕上げ面粗さ

イスと略す)と呼ばれる炭素鋼でできており，バイトの形になっている完成品のほか，図15のような角棒のままのものがあり，グラインダで削って都合のよい形に成形して使う．

超硬チップロウ付けバイト　図16のようにバイトの先端に別のかたい金属をつけたものである．先端はタングステンカーバイドなどの超硬合金を用いる．これを使うとかたい材料が削れる．また，やわらかめの材料でも切削速度が速くできる利点がある．

チップ交換式バイト　図17のようにバイト先端のチップが交換できるものである．チップは焼結合金が多い．これはとてもかたい金属で，チップを製造するときにも，かたすぎて削れないから，金属粉を焼きかためて成形しているのである．材料はタングステンカーバイドやコバルトを含んだ炭素鋼である．このバイトのメリットは，研がなくてよいことである．切れ味が悪くなったら，チップをつけかえる．1つのチップは角の数の回数だけつけかえて使える．表裏対称形で，裏返して使えるものもある．図17左端の四角形のチップは合計8回使える．

ヘールバイト　仕上げ用や，突っ切り用には，図18(a)のような曲がった部分のあるヘールバイトを用いることもある(昔はよく使っていた)．このバイトの特徴は，図18(b)のように通常のバイトでは，切削力によってバイトが下方に曲がると刃先が前方に出るような曲がり方をするのに対し，ヘールバイトは曲がりの中心が上にあるために，下方に曲がると先端は引っ込むような曲がり方をする．だから，切削面に常に軽く当てたい仕上げ用や，なにかと無理な切削力がかかることが多い突っ切り用に用いられる．

バイト選択のコツ　バイトの先端はとがっているほどよいと考える人がいるが，そうでもない．理由の第一は，先端だけで切削することが多くなるので刃先の摩耗が速い．第二に，とがった刃先は仕上げ面が粗くなる．被削材には，送り速度に応じた，細かく見れば「らせん」の溝ができるわけだが，その溝が図19(a)のようにシャープになるためである．刃先のアール（ノーズ半径）が大きなバイトなら図19(b)のように波(なみ)形の切削面になり，見かけ上なめらかである．

4. 切削速度・送り速度・切り込み深さ

バイトが被削材を切り裂く速度は，［主軸の回転速度×切削点の半径］である．超硬（チップ付きなど）バイトでは，S45Cと呼ばれる一般的なスチール（鋼鉄）で100～200 m/min，アルミニウム合金で200～500 m/minが目安となる．簡単な計算で出せることだが，工作中は頭の回転が算数向きでない気がする人のために，表にしよう．代表的数値として，スチールは125 mm/min，アルミニウムは250 mm/minとしている．

被削材直径[mm]	目安回転数[rpm]	
	スチール	アルミニウム
5	4000	8000
10	2000	4000
20	1000	2000
30	700	1350
40	500	1000
50	400	800

一見して，かなり高速という印象があるだろう．これは超硬バイトだからであって，高速度鋼（ハイス）バイトの場合は，およそ4分の1になる．直径100 mmのスチールをハイスで削ろうとすると，50 rpmになる．通常の旋盤では主軸回転数の選択範囲は100～4000 rpm程度であるから，上記の適正回転数がそれを上回る場合には，しかたがないのでゆっくり削る．逆に，適正回転数まで遅くできないような機種の場合には，そのような大径の加工をしてはいけないということである．

バイトを送る速度は，目安として被削材1周あたり0.1～0.2 mm程度である．つまり600 rpm（つまり毎秒10回転）なら，毎秒1～2 mm進めればよい．遅いほうが削り込み厚さが小さい，つまり切り粉の厚さが薄く，切削力が小さくてすむ．

一方，切り粉の幅方向に相当するバイトの切り込み深さはどうだろうか．切り込みが浅いほどバイトに負担がかからないと考えるかもしれないが，そうでもない．浅いとバイトの先端近くだけを使っていることになり，何回も切削を繰り返すことになるので，刃先の摩耗が進みやすい．刃物全体で切削し，少ない回数で作業が終わるような進め方がよい．目安として，粗削りでは1～3 mm，仕上げのときは0.2～0.5 mmくらいである．極端に小さくすると，バイトが被削材に押し当たるだけで切り込まない．つまり，1工程終わったつもりでも何も削れていない．しっかりした機械とよく切れる刃物であれば起こりにくいことではあるが．

その他，細かい事項をあげておこう．

端面削りの場合には回転数一定では中心に近くなるほど切削速度が遅くなってしまう．運転中の変速が可能な機械ならば変速してもよいが，バイトを送る速度の加減でごまかしてしまうことが多い．つまり中心付近では送り速度を遅くして，ゆっくり削る．

突っ切り作業では，回転数は遅いほうがよい．また，粘り気のある材料（合金でない純アルミニウムなど）を削るときは低回転で，かつ慎重に行う．

また，鋳鉄の表面を削り取る場合には，黒皮といって表面だけが硬化しているので，その部分を刃先でガリガリやらずに，切り込みを深くして一気に削ったほうがよい．

5. 構成刃先

アルミニウムや軟鋼などの延性のある（塑性変形量の大きい）材料の切削では，図20のようにバイトの先端のすくい面（上面）に被削材のカスが固まったようなものができることがある．これを構成刃先という．あたかも刃物の先端にチップがついたようになる．そして，切削中に成長と脱落を繰り返すので，切削の仕上がり面が荒れてしまう．どうもきれいに仕上がらない，というときには構成刃先を疑ってみるとよい．バイトの先をチェックすればすぐにわかる．構成刃先が発生しないようにするには，刃先温度を高くすればよいといわれているが，それほど重切削にはできないことが多い．それでも，切り込み深さ，あるいは送りを大きくして，連続した切り粉が出るようにすればよい．切削油によって被削材粉がバイトにくっつかないようにするのもよい．あるいは焼結合金のようなサラサラ面のバイトを使うのもよい．いずれにしても，調子よく切り粉が出ていれば大丈夫なはずである．

6. 注意事項

旋盤使用時の注意としては，まず，スイッチオンの前にチャックハンドルをつけたままでないかを確認するこ

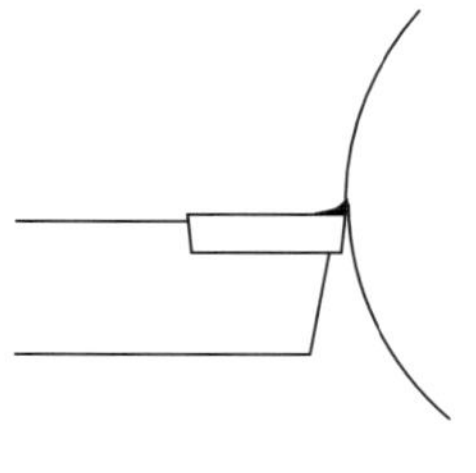

図20 バイトの先端に被削材塊がつく構成刃先

とが大事である．また，長尺物の作業は細いものでも安全な低速回転をおすすめする．もちろんセンタ支持をしなければならない．また，切削部にばかり気を取られていると刃物台がチャックに当たることもある．大学や職場の旋盤に，過去の接触履歴が残っているのではないだろうか．

3.4 これがフライス盤だ

フライス盤は図1のような縦フライスが一般的である．このほかに主軸が横向きの横フライスというのもある．通常のロボット製作には縦フライスだけで十分であろう．刃物をつける主軸が鉛直にあり，その下の被削材をつけるテーブルが上下，左右，前後に移動できる．上下動の機構は主軸側についているものもある．図2のように刃物の正面と側面で切削することができる．

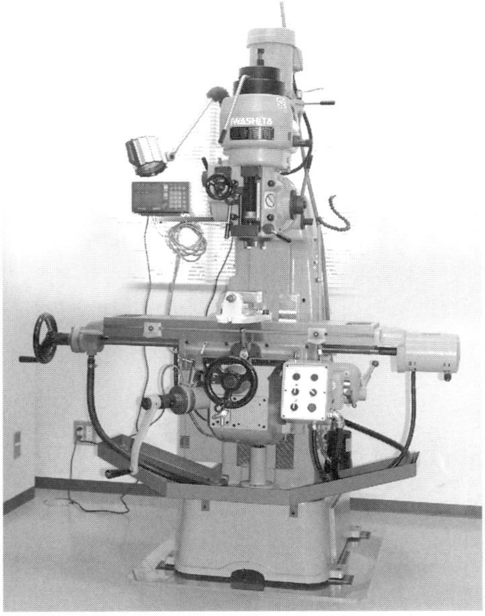

図1 被削材を3軸方向に動かして回転刃物で削るフライス盤

1. エンドミルとフライス

フライス盤で使用する刃物は図3のような多数のチップのついた「フライス」もあるが，通常は図4のような「エンドミル」を使うことが多い．エンドミルは図4のように2枚刃，4枚刃，チップ交換式の1枚刃などがある．2枚刃のものは図4のような非対称のものが多く，先端の中央部が大きいほうの刃の途中になっている．これによってエンドミルの端面での切削が可能になる．つまりドリルのようにエンドミルを押し下げる方向に切り進んでいくことができる．それに対して，図4(a)の4枚刃のもののように先端の中央部が刃になっていないものは，ドリルの穴あけのような切削をすることはできない．また，図4(d)は粗削り用の側面がギザギザのラフティングエンドミルである．これはギザギザだからよく削れるというよりは，切り粉の排出をよくするものである．エンドミ

図2 エンドミルによる正面と側面の切削

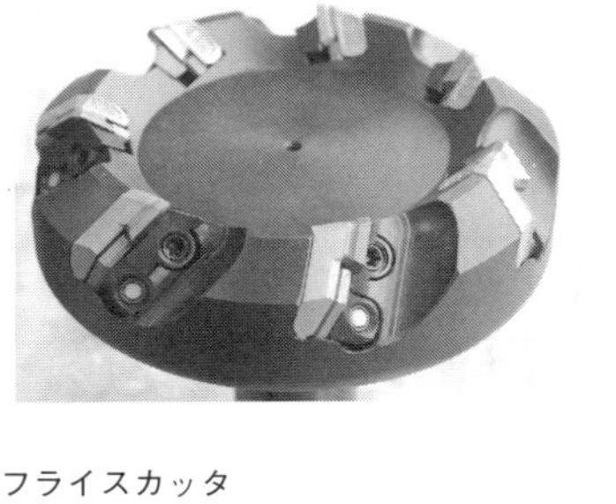

図3 フライスカッタ

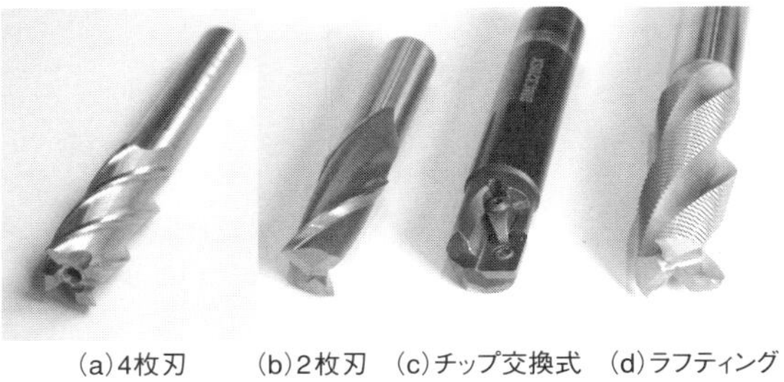

(a)4枚刃　(b)2枚刃　(c)チップ交換式　(d)ラフティング

図4 エンドミル各種

ルの側面で切削を行うと，通常は針のような切り粉ができて流れがあまりよくないが，ラフティングエンドミルは切り粉を小さくするとともに，ギザギザの隙間があることで側方の切り粉の流れをよくしている．

なお，エンドミルの材質はハイスコバルト(コバルト配合の高速度工具鋼)が多く，チップ付きの場合には超硬(タングステンカーバイドなど)のチップもある．表面に窒化チタン(TiN)をコーティングした金色のエンドミルもあり，かたい材料の切削に適している．

エンドミルの刃の先端は通常は指にチクリと刺さるほどの鋭さをもっている．ここが摩耗して切れ味が悪くなったものは，再研削することもできる．ただし，当然ながら上記のようなコーティングはなくなってしまう．エンドミルにかぎったことではないが，常に刃物の切れ味を気にして整えておくことは，よい工作の基本である．

2. コレットチャック

エンドミルは図5のようにコレットチャックを使って主軸に取り付ける．コレットチャックはドリルチャックのように広範囲な径の連続変化はできない．たとえば図5のコレットチャックは内径が20 mmであるから，シャンク(根元)径が20 mmのエンドミルならばそのままつけられる．もっと細い径のエンドミルをつけるときには図5右のような外径が20 mmで内径が6，8，10，12，16などのコレットを介してエンドミルを取り付ける．

このコレットチャックの利点は第一にドリルチャックよりも精度がよいことである．フライス盤による加工はボール盤よりも刃物の軸の傾きや心のずれを小さくし，0.02 mm程度の精度で切削ができるようになっている．第二の利点は把持力が強いことである．これはエンドミルはドリルよりも大きなトルクが必要になったり，力が刃の全周ではなく一方だけに作用して大きな並進力がかかるので，これを支えるためである．

3. 送り速度と切り込み深さ

エンドミルの回転数，被削材の材質と送り速度などの関係は，詳細は専門書に譲るとして，基本的には切削の速度と深さを考えればよい．切削速度，つまり刃が被削材を切り裂いていくスピードを適正にするためには，小径のエンドミルは高回転で，大径のものは低回転で使う．ただし，超硬チップ付きならば高回転でよい．一方，被削材を送る速度は，エンドミルの刃1枚あたりの切り込み深さを決めることになる．図6のようにエンドミルの刃が通過してから次の刃がくるまでの間にどれだけ被削材が進んでいるか，つまりdの距離が刃先が被削材をすくい取る厚さである．この厚さを適切にするには，エンドミルが高回転のときは送りは速め，低回転のときは遅め，そして，エンドミルの刃の枚数が多いときは送りを速め，枚数が少ないときは遅めにする．

これに対して，見かけ上の切り込み深さ，つまり図6のDの長さは，それほど小さくしなくてよい．エンドミルの半径より小さければよいくらいである．

なお，エンドミルの側面で深く切削するような状態では切り粉の排出がよくないので回転，送りとも低速のほうがよい．また，切削面をなめらかにしたい仕上げ工程ではもちろん送りを低速にしたほうがよい．なお，切削油は注入したほうがよいが，アルミニウム被削材に超硬エンドミルなどの場合には注油なしとすることも可能である．

テーブルを前後や左右の方向に送るときはエンドミル側面の切削面の接線方向の力が働き，テーブルの送り機構に力がかかる．このときの力の方向は主軸の回転と送り方向の関係によるが，送りねじのバックラッシュが押しつけられる方向が安心である．しかし，しっかりした機械なら逆方向でも問題ない．

よく，フライス盤で送り方向をまちがえそうだと心配する人がいる．送り部分はすべてハンドル右回しで前進，動くのは刃物ではなくテーブルだということを理解すればまちがいない．

フライス盤の機種によってはテーブルの自動送り装置がついている．旋盤の場合と違って，送りと主軸回転は連動していない．送り専用のモータがついていて，スイッチとつまみで方向と速度を調節する．

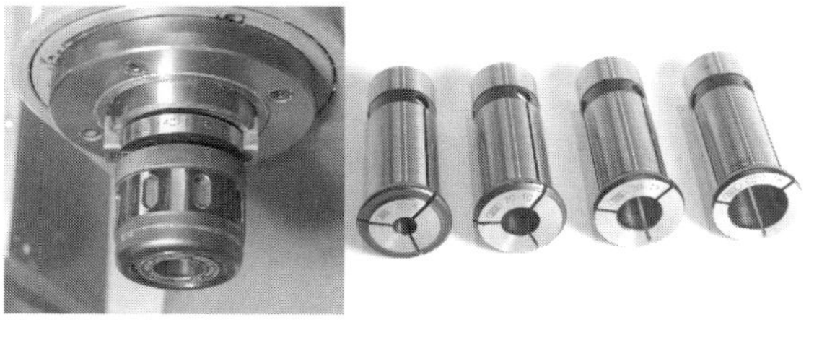

図5 コレットチャック(左)とコレット

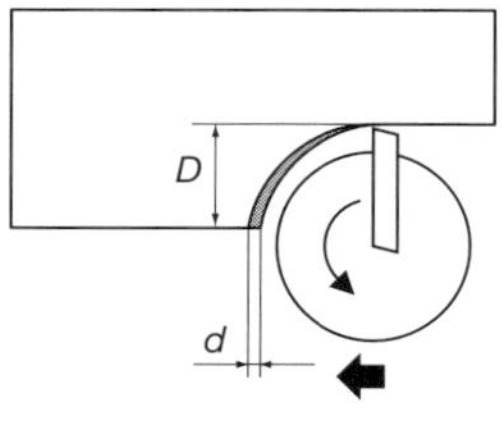

図6 エンドミルの送り量dと切り込み深さD

4. 位置出し

主軸とテーブル間の正確な位置出しには図7のようなセンタリングバーが便利である．先端の円筒部は根元部にばねで引っ張られてついているだけである．空中で回転しているときは根元部と先端が一直線であるが，被削材に接触すると接線方向の力で急に横ずれしてすぐに見分けられる優れものである．なお，ポイントマスタという，接触がLEDで表示される器具もある．

フライス盤のハンドル部の目盛りは，ねじをゆるめてゼロ点を調整することができる．削り始めの原点などに合わせるとよい．なお，図1の機械のようなデジタル表示があれば便利なのはいうまでもない．

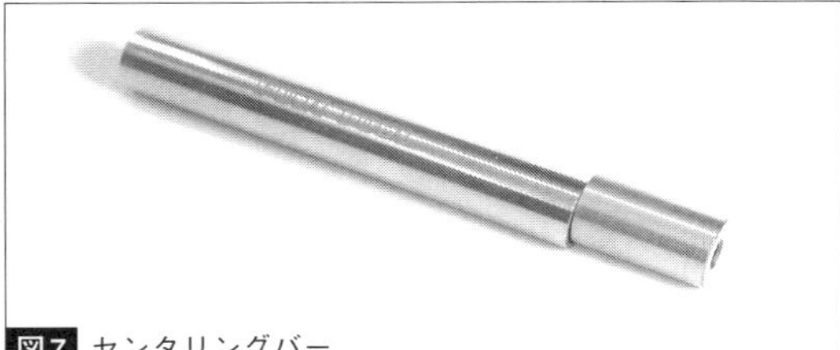

図7 センタリングバー

5. 送りのバックラッシュ

テーブルの送り機構には必ず，バックラッシュという，いわゆる遊びの隙間がある．旋盤のバイト送りでも同様であるが，このバックラッシュを常に考慮してテーブル送りをしなければならない．とくに，送りハンドルの目盛りを読むのは，一方向に送っている場合にかぎる．削り具合をよく見てみれば(あるいは音を聞いてみれば)，ハンドルを逆回転させても少しの角度の間は削れていないのがわかる．デジタル位置表示のセンサは，ねじの回転ではなくテーブルの直動を直接測っているので，バックラッシュの影響はない．

6. フライス盤使用時の注意

スイッチオンするときはエンドミルを被削材から十分離しておく．ギリギリをねらうとエンドミルの刃のへこみに被削材の先端が入っていることがあって，はじめの回転でいきなり深く当たり，たいへん危険である．

エンドミルの刃先は鋭くとがっている．この部分が時間をかけて摩耗していくのはしかたがないが，欠いてしまう場合も多い．切り込み深さを浅くして刃先ばかり使うよりは，送りを遅くして切削力を下げたほうが刃先への負担が少ない．

3.5 これがグラインダだ

グラインダは図1のように1つのモータの両側に円盤形の砥石がついている．一方は粗く，もう一方は細かいものがついている．あるいは，一方にはやわらかい金属用(茶色系のものが多い)，もう一方にはかたい金属用(青・緑系のものが多い)の砥石をつける．やわらかい金属用の砥石でかたい金属(工具鋼やばねなどの炭素含有率の高い鋼鉄)を削るのは，もちろんよくない．砥石のほうが削れてしまう．逆にかたい金属用でやわらかい金属を削るのも目詰まりが起こってよくない．とくにアルミニウムを削ってはいけない．さらにやわらかい鉛は，粘りがあるので高速で削るのは危険である．プラスチックや木材も，基本的には削ってはいけない．

グラインダには被削材を支持する台がついている．これを砥石から2 mm程度の隙間になるように位置を調整しておく．

グラインダの砥石は割れる可能性があると思わなけれ

図1 回転砥石でかたい金属を削るグラインダ

図2 手で持って使うディスクグラインダ

ばいけない．しかし作業中に割れることはほとんどない．使い始めのときに注意が必要なのである．もし，砥石にひび割れがあると，遠心力で破壊に至る可能性があるので，スイッチを入れて1分ほどは前に立たないほうがよい．横に待避して待つ．とくに砥石を交換したときは，新品砥石に異常がないことがわかるまで前に立ってはいけない．また，常に図1のように防護カバーを使い，ゴーグルなどで目を保護しなければならない．

グラインディング作業中には火花が飛ぶ．とくに炭素含有率が高い鋼鉄ではたくさん出る．周囲に可燃物がないことに注意すれば，火花自体は問題ない．ただし火花の多少に関係なく被削材が高温になることには注意が必要である．バイトなどの工具を削っているときは熱くなりすぎると焼きがなまってしまうことがある．すぐに冷やしたいときには機械油に浸すとよい．水よりもゆっくり冷やせるため，焼きが入りにくい．

なお，図2のような，手で持って使うディスクグラインダというのもある．大きな鋼材を床に置いたまま削るとか，ノコでは刃がたたないような，かたい材料を切断するときに使用する．

3.6 これがベルトサンダとディスクサンダだ

図1のようなベルトサンダや図2のようなディスク型のサンダは，ともに金工，木工の両方に使える．削っているときに被削材が熱くなるからといって軍手などをしてはいけない．ほつれた糸などが巻き込まれたら手も引き込まれる．なお，手で持って使うベルトサンダもあるが，床や家具を磨くような使い方をするので，ロボットづくりには登場しないであろう．

図1 ベルトサンダ

図2 ディスクサンダ

3.7 これが電気ドリルだ

図1のような電気ドリルは，ほぼ組み上がったロボットに追加工する際などの必需品である．図1(b)の，大工が使うような13 mmチャック付きの大型のものもあるが，ロボット製作のような作業なら小さいほうがよい．図1(a)の小型のものは，本来は電動ドライバである．ドライバビットを入れる六角穴にドリルチャックアダプタをつけているため，回転中心が多少ぶれやすい，回転速度が遅いといった欠点があるが，小型軽量のメリットも大きい．

なお，電気ドリルにかぎらず，電動工具にはだいたい家庭用の製品とプロ用の製品がある．プロ用は高価であるが，モータや減速ギアの軸受けにボールベアリングの部分が多いとか，チャックの精度が高いとか，電源コードの被覆材料がしなやかでゴワゴワしないなどの点でまさっている．ロボット製作ではコードレスドリルが便利である．無段変速装置付きも使いやすい．穴のあけはじめからバシッと一発で決められるプロは，いきなり高速回転でもいい．しかし，素人には，はじめはゆっくり回転させて慎重に穴位置決めができるものが使いやすい．

実際に使用してみると重要なのは，図2のように，どれだけコーナーに近いところにアクセスできるかである．チャックの大きさの分はしかたがないが，その根元の肩の部分ができるだけ出ていないものが便利なことが多い．とくにバッテリタイプのものは電動ドライバとしても使用できるものが多いが，ドライバの場合にもコーナーに近寄れるものが便利である．

電気ドリルで穴あけする場合には，金属材料には必ずポンチでへこみをつけておかないと，すべってしまう．木などのやわらかい材料ならへこみをつけなくても，はじめに強く押し当てながら回すとうまくいくこともある．プラスチックはすべりやすいので，へこみをつけておいたほうがよい．

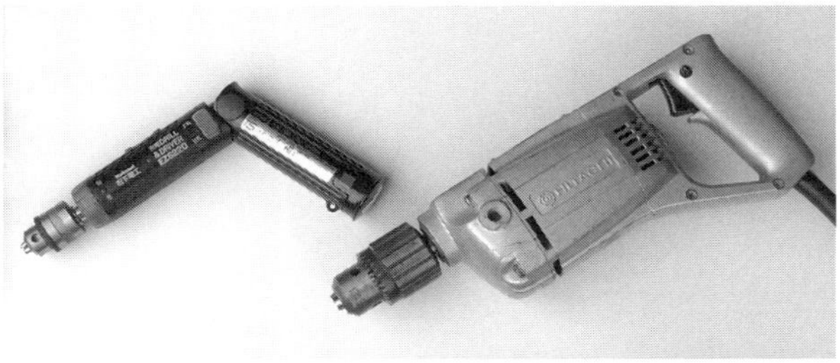

(a)電動ドライバにチャックをつけたもの　(b)本来は木工用の大型電気ドリル

図1 電気ドリル

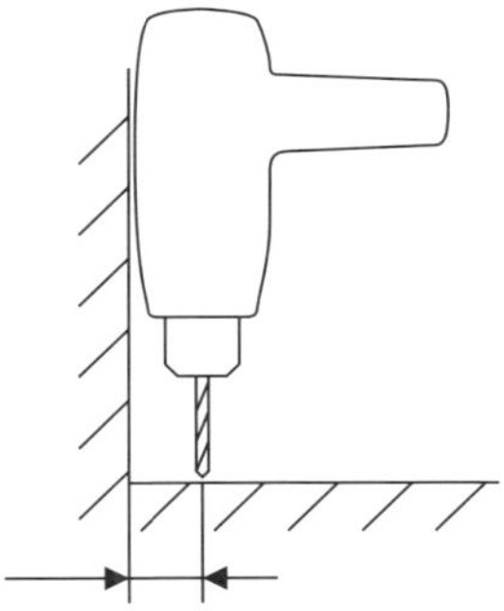

図2 コーナーに近寄れないと不便

3.8 これが切断機だ

図1のような切断機を使うと金属板を一気に一直線に切ることができる．テーブル上に材料を位置決めし，右側の押さえレバーを下げると，偏心カムのついた軸が回り，刃の手前の押さえ板が下がって材料が固定される．そのまま足踏み式のペダルを下げると，少し斜めになった刃が下りてきて巨大なハサミのような原理で切断できる．これは2人で作業をしてはいけない．材料の位置決めをしていた手を離して，自らの安全を確認して刃を下ろすようにする．厚板の切断にはかなり大きな踏み込み力が必要である．作業者が大きな力を出せるとしても機械の能力を超える材料を切ってはいけない．

切断面は厚みの上半分がナイフで切ったような光沢面，下半分は引き裂いたような梨地面となる．また，まな板の上でナイフで切断したのとは違い，ハサミ方式なので，細いものを切り出すとカールしてしまう．

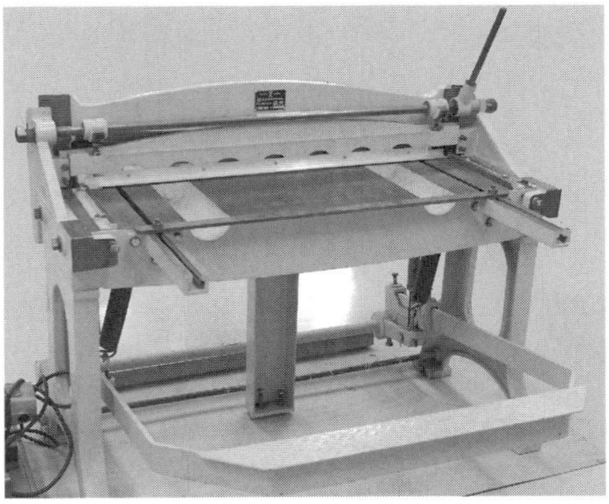

図1 足踏み式切断機

3.9 これが折り曲げ機だ

折り曲げ機は金属の薄板を折り曲げてL型にしたり，箱形のものをつくるときに使う．図1は，板の一方を押さえてもう一方を曲げていくものである．押さえ板には何か所かの切り込みがあり，箱形のものをつくるときに直交する面が入り込むようになっている．

また，図2のようにV字の溝の上に材料を置いて中央を上から押していくものもある．図の機械はごく小型のものであるが，工場にある大型機械はこの方式で油圧駆動になっている．このほうが厚板の折り曲げに向いている．V字金具は交換して長さの違うものにできるので，一部分だけの折り曲げや，箱ものの製作に対応できる．

なお，2か所以上曲げるときは，順番をよく考えて機械に当たらないようにしなければならない．だいたい，小幅の部分を先に曲げたほうがよい．

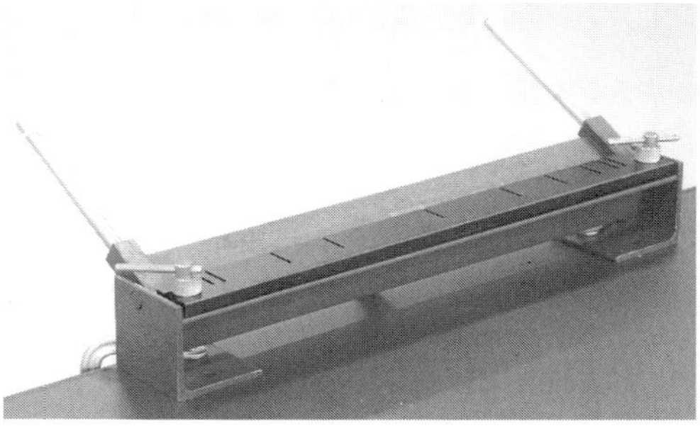

図1 板金折り曲げ機

図2 V字の凹凸で板をはさむプレス型の折り曲げ機

4 ロボット要素編

4.1 これがタッチセンサの設計だ

タッチセンサはロボットが外界からの接触を受け止めるところでもある．生物の皮膚や触覚のように，外界にやわらかく接することは，相手に優しいだけでなく，自分自身を守るために重要である．

タッチセンサ設計のコツは，動作検出までのストロークは小さく，そしてその後の余計な動作吸収ストローク分を用意しておくことである．たとえば，図1のように，はじめの小さなストロークでスイッチが入り，残りの比較的大きなストロークだけ，さらにばねが縮むようにする．この機構は，はじめの小ストロークの部分はスイッチ自体のばね性を使っている．このため，小さな力でスイッチがONになる．さらに，大きな力で押されても，その力はストッパで受け，スイッチ自体には伝わらないようになっている．横断歩道の押しボタンスイッチもこのようになっている．

触覚型のセンサでは，図2のようにすれば，スイッチがONになった後の弾性を触覚自体にもたせることができる．

タッチセンサで注意すべきところは，外界に引っかかるような形状にしないことである．ヒゲ型の場合は先端をループ形に丸めるとか，バンパ型の場合には両端を少しカーブさせて内側に入れるなどの工夫が有効である．

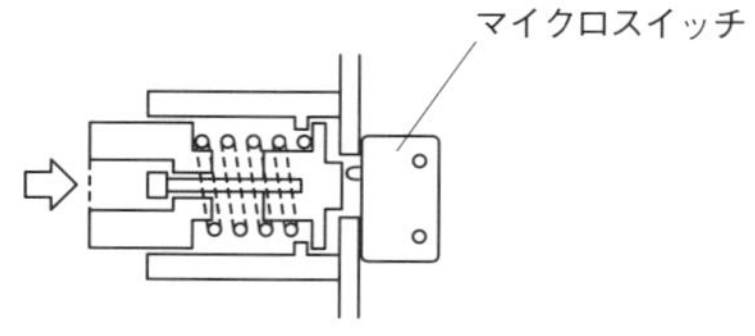

図1 はじめの小ストロークでONするタッチセンサ

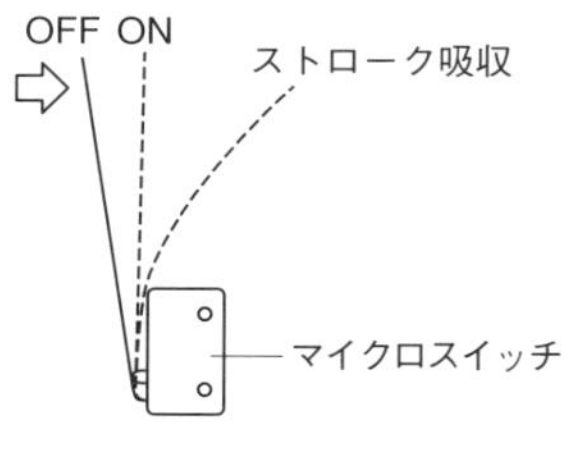

図2 はじめの小ストロークでONする触覚

4.2 これが力センサの設計だ

力を測るセンサは，市販品もあるが自作することも容易である．たとえば，図1のようなひずみゲージを用いたもの，図2のような光センサを用いたものがつくりやすい(☞本書姉妹編「はじめてのロボット創造設計」のp.162(ひずみゲージ)，p.164(力センサ)，p.179(フォトインタラプタ))．

ひずみゲージ方式では，図1(a)のように，力がかかると曲がる部分をつくり，曲がると伸びる上側と，曲がると縮む下側にそれぞれひずみゲージを貼る．ひずみゲージは伸びると抵抗が大きく，縮むと抵抗が小さくなる．この抵抗値は温度によっても変化するので，単独のひずみゲージの抵抗値を測定するだけでは，温度依存性が出てしまう．そこで，図1(b)のように2つの抵抗値の比が出るように配線する．これによって2つの(同じ温度の)ひずみゲージの伸び縮みによる抵抗変化分のみを電圧として取り出せる．あとはそれを増幅すればよい．ひずみゲージの抵抗変化率は，長さ変化率とほぼ同じで，0.1%のオーダーだから数百倍に増幅してやらなければならない．

一方，光センサ方式では，図2(a)のように，力がかかると変位する部分をつくり，そこに光をさえぎる板をつけ，フォトインタラプタの透過光量を変化させる．フォトインタラプタはLEDとフォトトランジスタが対向していて，その間の透過光量にほぼ比例して出力電流が流せる．この光透過窓はスリット形状になっているものが多いので，小さい変位で大きな透過光量変化を得るためには，スリットの幅方向を遮光板の変位方向とする．さて，このフォトインタラプタの出力電流値は温度によってかなり変化する．そこで，2つのフォトインタラプタを一方は力がかかると光量が減るように，もう一方は力がかかると光量が増えるように取り付ける．そして，これら2つの電流を図2(b)のように電圧として取り出し，差をとる．差のとり方はA/D変換してコンピュータ内で引き算でよい．フォトインタラプタの出力電流変化率は，ほぼ光量変化率に比例する．光量変化率は遮光する度合いだから，端のほうの不確実な部分を使わないことにしても50%くらいにすることができる．そのため，2つの電流の差をとったあとの増幅率はほとんど1に近いものでよい．

さて，光学式力センサの設計で大切なのは，変形部分を一体構造にすることである．図3(a)のように分割組立式にしてはいけない．図3(b)のようなヒステリシス特性が出てしまう．どうしてかというと，図の分割面は力がかかると伸び縮みを起こすところだから，ねじなどでしっかり接合しても微小に横ずれしてしまうのである．強い力で生じた横ずれは，力を少し弱めてももとにもどらない．そのため，現在の力が同じでも，力を増していったときと減らしていったときとで出力値が違ってしまうのである．分割してもよいのは，図4のように力がかからないところと，変形しても計測されないところである．

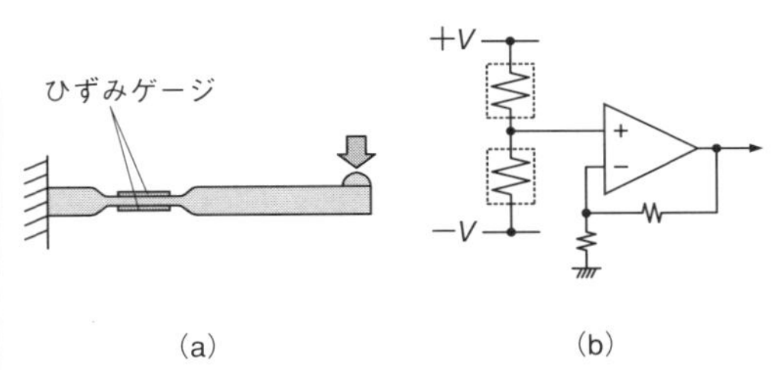

図1 ひずみゲージ式力センサ

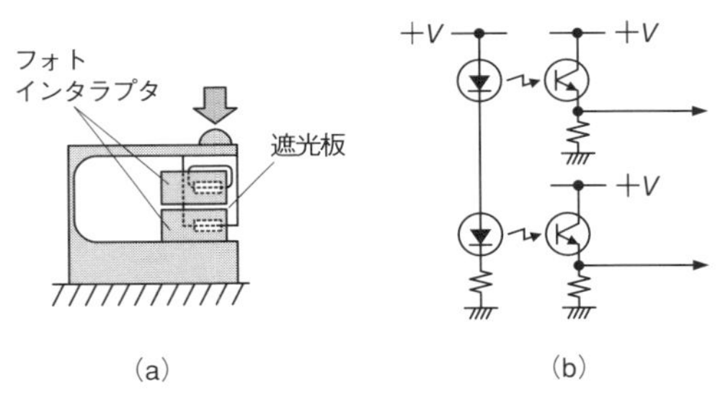

図2 光学式力センサ

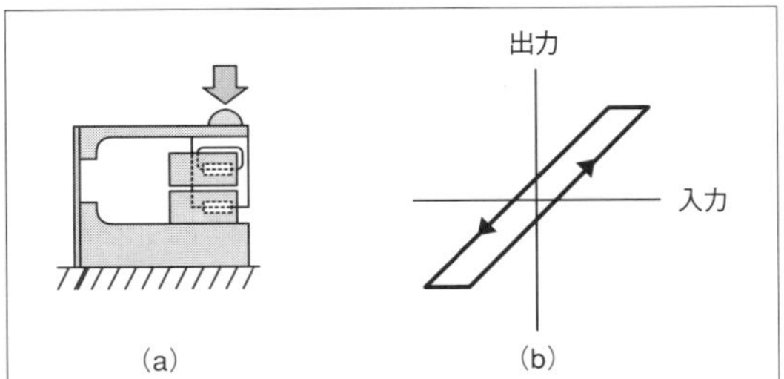

図3 変形部分に接合部をつくるとヒステリシスが生じる

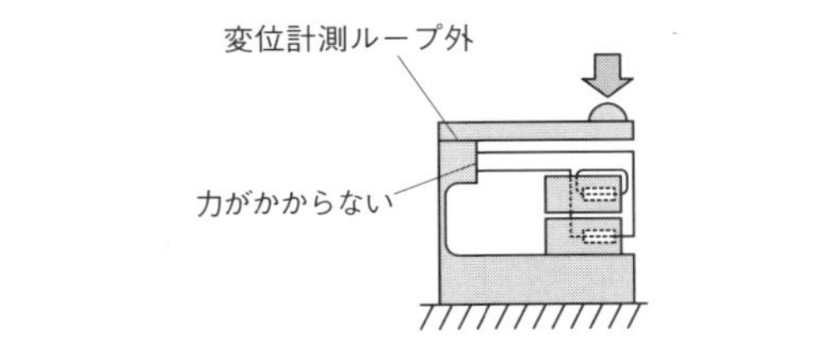

図4 力がかからない部分や変位計測ループ外で接合するならよい

もう1つ，ひずみゲージ式も光学式も，変形する薄い部分の両側に丸みをつくることが設計のポイントである．図5のような角のある構造では，この部分だけが大きく曲がってしまう．いわゆる応力集中の状態になり，容易に塑性変形(弾力でもとにもどらない永久変形)してしまう．図1，図2のようにR(丸み)をつける．目安として，薄い部分の厚みと同程度のRが必要である．つまり，薄いところの厚さが2 mmならば，R2(半径2 mm)とする．

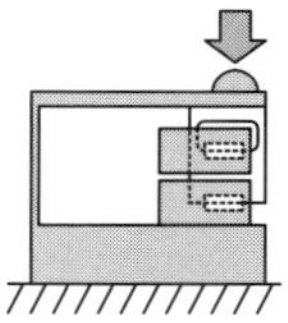

図5 角があると応力集中を起こし塑性変形する

4.3 これがゼロ点復元機構だ

ロボットにかぎらず，いろいろな機械で，中点からのずれを許容しつつ，中点に向かう復元力を出す機構を使うことが多い．この機構は，あまり深く考えずに設計すれば図1(a)のようにするだろう．これは通常のばねの特性であるから，図1(b)のように，中点からの偏差に比例した復元力を発生する．そうすると，常に小さな外力がかかるようなところでは，中点にはとどまらずにフラフラしてしまう．外力はないと思っていても，慣性力がある．これは図1(c)のように茶碗の中にビー玉を入れて運ぼうとするのと同じである．茶碗内面の傾斜によってビー玉を中央によせる復元力が，中心からの距離にだいたい比例しているとしよう．このビー玉は茶碗を移動させている間，常にゆらゆらと動いてしまう．これは，中点付近の微小変位に対して，微小(無限小)な復元力しか働かないからである．

左右のばねを少し縮めて押し込むようにすれば，初期圧縮力があるから微小でない復元力が働くのではないか，と思うかもしれない．そこは，そううまくはいかない．初期圧縮力も左右でつり合っているので，変位させた分だけ左右の圧縮力に差ができるにすぎない．この差はやはり変位に比例しており，微小変位で無限小復元力という関係は改善されない．

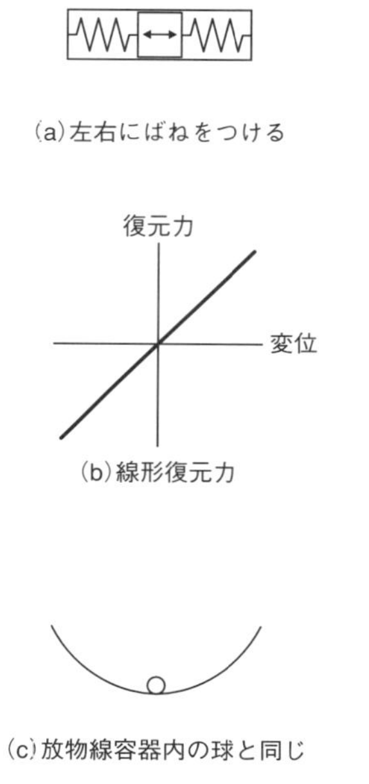

図1 変位に比例タイプゼロ点復元装置

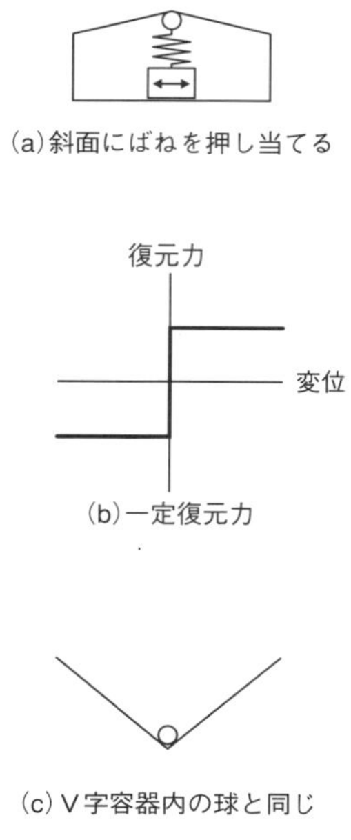

図2 一定復元力タイプ

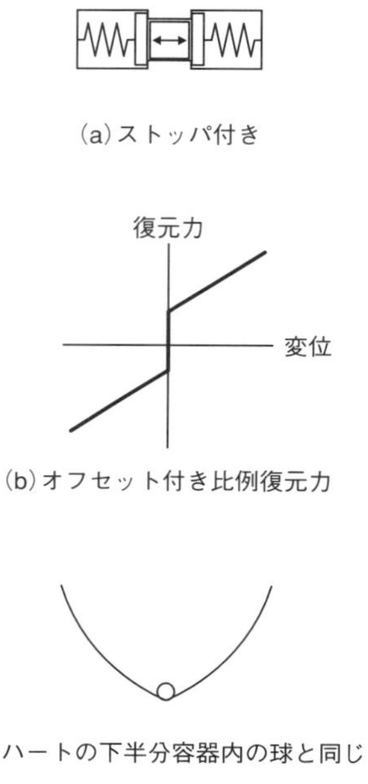

図3 オフセット復元力タイプ

そこで，微小変位に対しても有限の復元力が働くようにするのが，図2や図3の機構である．図2(a)は一定の傾斜面にボールを押し当てている．ばねが縮むと力が増すが，それを無視してほぼ一定力と考えよう．つまり図2(b)のような，中点の左右で符号が入れかわる一定復元力が得られる．これは，先ほどの茶碗の底の形が，図2(c)のように，丸くなくてV字型(立体なので球ではなく円錐形)になっているのに相当する．

一方，図3(a)は，左右のばねを縮めて押し込んだ状態で，初期圧縮力がある．前述の図1(a)との違いは，ストッパがあることである．これによって図3(b)のような，中点でオフセットがついていて，しかも変位が増せば復元力が増す特性が出せる．ちょうど図3(c)のような，ハート型の底部にボールを置いた特性になる．ただし，この機構は中点付近でわずかな遊びができてしまうという欠点がある．

4.4 これが管用ねじだ

空気圧機器には，空気がもれないように密閉接続するために，通常のねじとは違う特別なねじを使う．図1のねじ部は，よく見ると少しテーパ(先細り)になっている．これは管用ねじと呼ばれ，本来はISO規格のものを使用すればよいのだが，既製品にはいろいろな表示のものがあるので，ここで整理して解説しよう．

まず，管用ねじには，図2のように，ストレートのものと，テーパになっているものがある．ストレートのものは，管用平行ねじと呼び，ISO記号はGである(表1)．Gの後に表2の分数のような数字をつけ，その数字で太さを表す．たとえばG1/4のようにする．ただし，数値と直径は比例していない．さらに，雄ねじについては，精度等級のAかBを最後につける．G1/2Aのようになる．管用平行ねじは，慣用記号(旧JIS記号)でPFと表示することも多い．さらにPを略して，Fと表すこともある．この平行ねじは，製作は簡単だが耐密性は低い．

一方，図2(a)のようにテーパになっているものを，管用テーパねじと呼ぶ．テーパの勾配は1/16，ISO記号はRである．太さを数字で表すのは平行ねじの場合と同じである．また，慣用記号としてPT，または単にTを使う．このテーパねじは，締め付けると直径方向にも隙間がなくなってくるので，耐密性がある．

テーパねじの製作は平行ねじよりはむずかしい．とくにテーパ雌ねじ(ナット)はつくりにくい．そこで，図2(b)のようにテーパ雄ねじと平行雌ねじを組み合わせることが多い．つまりボルト側とナット側の角度が合っていない．雌ねじの一番手前のほうで当たることになるわけだが，もともと締め付けて密閉したいのであるから，これで大丈夫である．このとき，組み合わせる平行雌ねじは，上記の管用平行ねじとは，許容誤差範囲が少し違う規格になっている．この平行雌ねじをRpと表す．慣用記号ではPSまたは単にSと表示する．太さの表示は上記と同じである．配管関係でSねじといったら，このことである．S1/8などと表記する．一方，テーパになっている雌ねじの場合にはRcと表す．

なお，配管器具でも，ごく小さい直径のねじ部は，管

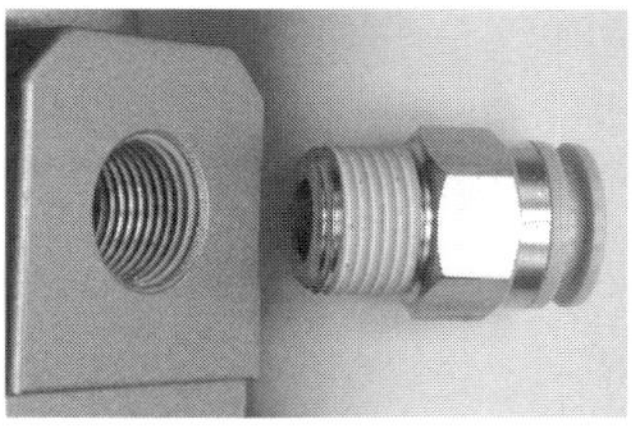

図1 テーパになっている管用雌ねじと雄ねじ

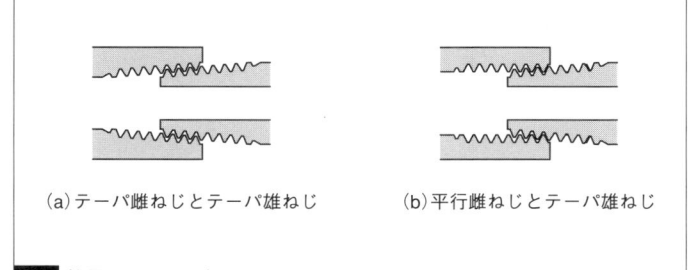
(a)テーパ雌ねじとテーパ雄ねじ
(b)平行雌ねじとテーパ雄ねじ

図2 管用ねじの組み合わせ

表1 管用ねじの記号

	ISO記号		慣用記号	省略形
	雄ねじ	雌ねじ		
管用平行ねじ	G(数字の後にAかB)	G	PF	F
管用テーパねじ	R	Rc	PT	T
管用テーパねじに組み合わせる平行ねじ		Rp	PS	S

用ねじの規格外なので，通常のM3，M5，M6などが使われる．これらは，ねじの山部ではなくフランジ部のパッキンで密閉することが多い．

その他の規格としては，自動車タイヤの空気入れ口(自転車の米式も同じ)はTV8という規格のものである．また，自転車タイヤの空気入れ口(英式)はBCである．

配管器具のねじ部は，密閉性を出すために，白いサラサラ地のコーティングがされているものもある．そうでない場合には，市販されている配管接続用のテフロンテープを巻いてからねじ込む．

なお，番外編になるが，カメラを三脚につけるところのねじは，インチ系列のねじでUNC1/4-20ユニファイねじである．雄ねじ外径1/4インチ＝6.35 mm，1インチ20山＝ピッチ1.27 mmである．この規格のタップやダイスを使えばカメラ底部やカメラ台を自作することもできる．

表2 管用ねじの大きさ表示

大きさ表示	インチあたり山数	雄ねじ外径(雌ねじ谷径)	雌ねじ内径(雄ねじ谷径)
1/16	28	7.723	6.561
1/8	28	9.728	8.566
1/4	9	13.157	11.445
3/8	9	16.662	14.950
1/2	4	20.955	18.631

4.5 これがバッテリだ

自立型(外部接続コードがないという意味，外部指令なしの「自律」とは違う)のロボットにはバッテリが欠かせない．軽くて大容量のバッテリは，高性能なロボット実現の要の1つである．ただし，使い方を誤ると，火を噴いたりすることもある．本項を読んで正しく使ってほしい．

1．バッテリの種類

おもな種類のバッテリの特性を表1に示す．この中でリチウム1次電池，アルカリ1次電池は充電できないので，頻繁に動かすロボットに使うのは不経済であるが，性能を比較するために載せている．

鉛蓄電池は，車のバッテリとしては液入りのものが使われるが，ロボットには図1にあるような中身がゲル状の密閉型が多く使われる．液入りのものと違い，横向きや逆さ向きで使用してかまわない．比重の大きい鉛が使ってあるために重いけれども，少々の荒い使用に耐える丈夫なバッテリである．

ニッカドとニッケル水素電池は，単3型のものや，小さな円筒形をまとめてパックしたもので，非常によく使われる．

リチウムイオンとリチウムポリマー電池は，ほぼ同じもので，リチウムイオンは電解質が液体，リチウムポリマーはゲル状になっている．充電がむずかしく，電池に内蔵した回路で充電を管理するタイプのものが多い．ビデオカメラやノートパソコン，携帯電話に使われる．ラジコン用には，単体のリチウムポリマー電池も市販されている．

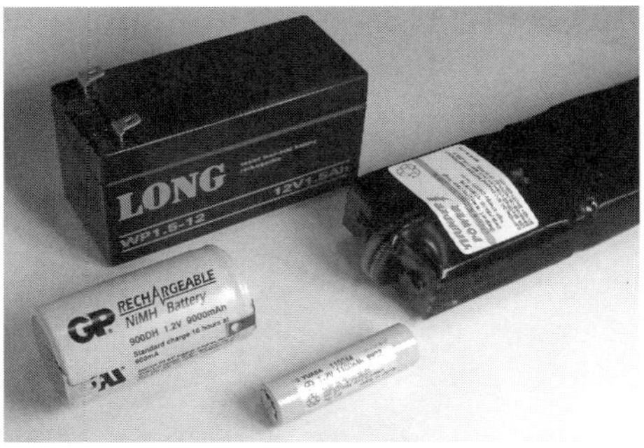

図1 手前右から時計回りに，ニッカド電池，ニッケル水素電池，鉛蓄電池，リチウムポリマー電池

表1 バッテリの特性

バッテリの種類	1セル電圧[V]	エネルギー密度の目安[Wh/kg]	デルタピーク[mV/セル]	メモリ効果
鉛蓄電池	2	30	なし	なし
ニッカド電池	1.2	55	10～20	あり
ニッケル水素電池	1.2	90	4～8	あり
リチウムイオン電池	3.6～3.7	150	なし	なし
リチウムポリマー電池	3.6～3.7	160	なし	なし
リチウム1次電池	3	260		
アルカリ1次電池	1.5	90		

このほか，ニッケル亜鉛電池というのもある．高価であったが，軽量で高容量(60 Wh/kg)のため，一時期使われた．亜鉛負極に結晶析出が起こるために寿命が短く，なかなか実用化されていない．

2. バッテリ容量

バッテリ内に蓄えられた電気容量は，［アンペア×時間］で表す．通常は10時間とか，ゆっくり使った場合の電流と使用可能時間の積である．短時間(大電流)で使用すると少なくなる．ロボットの使用電流を見積もり，稼働させたい時間を考え，その積に対して少し余裕のある容量のバッテリを搭載すればよい．

単3型バッテリの容量は，ニッカド電池が1100 mAh (1100ミリアンペア・アワー＝1.1 Ah)，ニッケル水素電池は2500 mAh程度である．これは年々よくなってきているので，最新型を使うとよい．なお，単3型の質量は23～30 gである．参考までに，単3型アルカリ1次電池(充電できないもの)の容量は1500 mAh程度である．

3. エネルギー密度

バッテリのエネルギー密度は，質量あたりの電気エネルギーである．数値は［watt·hour/kg］＝電圧［V］×容量［Ah］/質量［kg］で表す．表1を見ると，ニッケル水素電池はニッカド電池の2倍弱，リチウムイオン電池は3倍ものエネルギー密度があることがわかる．しかし，しょせんはバッテリであって，ガソリンのエネルギー密度7000 kcal/kg = 8200 Wh/kgを見てしまうと，表1はドングリの背くらべの感がある．

4. 許容電流

充電および放電の電流値は，当然ながら容量の大きな大型のものほど大電流とすることができる．そこで，電流値を容量の何倍かという数値で表す．容量［Ah］をCとして0.5 Cとか2 Cなどと表記する．2.2 Ahの場合に0.5 Cというのは1.1 Aのことになる．

出力電流は最大で5～10 Cに抑えるのが望ましい．3分しかもちませんというような使い方は，軽量化最優先の空を飛ぶもので使用するならばやむをえないが，電池寿命を縮めるであろう．

充電は0.1～5 Cで行う．つまり12分(実際にはロスがあり15分ほど)～10時間である．1時間以下の急速充電は，それに対応した電池でないと激しく温度上昇(液漏れ，破裂)するおそれがある．リチウムポリマー電池は1 C以下にしたほうがよい．

5. メモリ効果と過放電

使用中，電圧が下がるまで放電しないで，途中で再び充電をすると，次の使用時には前回の充電開始くらいの放電量で電圧が下がるようになってしまう．これは，あたかも折り返し地点を記憶しているかのような現象なので，メモリ効果と呼ぶ．メモリ効果を起こすと，電池容量が減ったことになってしまうから，これを防ぐためには，充電前に完全に放電しきってしまうほうがよい．ただし，完全に放電といっても，電球やモータをつけっぱなしにするような方法はよくない．これではゼロボルトまで使い切ってしまい，過放電である．過放電は電池の寿命を著しく縮めてしまう．目安として過放電しないためには，ニッカドやニッケル水素電池では0.9 V/セル，リチウムイオンとリチウムポリマー電池は3 V/セルまでで放電をやめるとよい．

6. 直列接続の制限

電圧を高くしたい場合には直列接続することになるが，注意を要する．セルによって放電終了時期にずれがあると合計電圧があまり下がっていなくても過放電になるセルができる．たとえば，ニッケル水素電池を20個直列にして24 Vを得たとしよう．もし，1つのセルだけが充電量が不足しているとか，劣化して容量が減っているとかで，使用中に先に過放電の領域に入るとする．このときの電圧の降下は0.3 V程度しかない．普通に考えれば，24 Vの電圧が23.7 Vになったところで，まだまだ平気と思うだろう．しかし，このばらつきによる過放電がバッテリ寿命を縮めたり，場合によっては加熱・発火する危険がある．だからバッテリメーカーは多数直列を推奨していない．48 Vとか72 Vをつくろうなどという場合には，リチウム電池は危険で，鉛蓄電池が無難である．あるいはセルごとの電圧を管理できる回路にするべきである．

同じように，充電時にも直列のままでは過充電の危険がある．あるセルだけが先に満充電状態になったとしても，全体の電圧はほとんど変わらない．そのまま充電を続けると，そのセルだけが過充電になり発熱する．だから，放電は直列としても，充電だけでも個別に電圧管理をしてやるとよい．なお，もともと5セル，6セルがパックになったものは，同じ製造ロットであるし，常に同条件で使用しているので，そのまま直列充電してよい．

7. デルタピーク

バッテリを充電していくと電圧が徐々に上がってくる．しかし，満充電状態に達すると，図2のように逆に電圧が低下する現象が起こる．その電圧低下量は全体の電圧の100分の1程度の小さなものだが，これを充電満了の合図として利用すると，かなり確実にちょうど満タン状態にできる．市販のニッカドとニッケル水素電池用の充電器は，このデルタピークを検出しているものが多い．

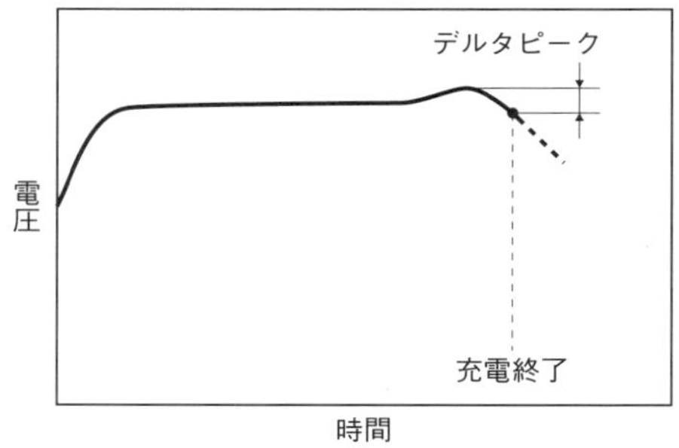

図2 ニッカドとニッケル水素電池の充電

8. 充電のしかた

市販されているバッテリの充電器は充電終了を判定するのに，

①電圧が上がったら(単なる電圧制限)

②電圧がピークを過ぎてわずかに下がったら(デルタピーク検出方式)

③温度が上がったら(充電器内にバッテリを入れるタイプになる)

④時間が過ぎたら(単なるタイマー)

⑤積算充電量が規定に達したら(電流積算値を電池容量/充電効率に設定)

という判断をしている．これらを併用している充電器もある．

単なる電圧制限方式は，鉛蓄電池によく用いる．0.1～0.2 C程度の電流でゆっくり充電し，2.3 V/セル程度で充電をやめればよい．メモリ効果のない電池なら，電源につないだまま，使用電流の大きいときは放電，少ないときには充電というように使用してもよい．

一方，デルタピーク検出方式の充電器は，充電電流をある程度大きく流して電圧測定しなければならない．0.3～1 Cくらいの急速充電となる．表1のように，ニッカドよりもニッケル水素はデルタピーク値が小さく，電圧降下検出感度を上げなければならない．そのため，ニッケル水素はそれに対応している充電器を使用しなければならない．リチウムイオンはデルタピークがないので，通常の(デルタピーク検出方式の)ニッカド・ニッケル水素用の充電器では充電できない．

多数セルを直列充電する場合，満充電のタイミングがばらつくので，デルタピークはセル数倍にはならない．小さめに設定して充電をやめたほうがよい．とくに，使用状況の違うもの，つまり購入時期や放電量の異なるものを直列にして充電すると，デルタピークがそろって現れないので，そのようなものを直列で充電するのはよくない．

充電中のバッテリの温度を測定して満充電を検出することもできる．充電中はバッテリ自体が少し発熱するが，満充電を過ぎるとそれが激しくなる．室温や充電電流にもよるが，だいたい40～50℃くらいが充電をやめる目安である．さわってみて「ほんのり温か」ならまだで，「熱い」ときは充電を停止したほうがよい．市販の充電器の中には，このような温度管理をしているものもある．

積算電流量を管理するのは，ほかの満充電検出法と併用するとよい．デルタピークがうまく現れなかったときや，温度検出部の接触が悪かったときなどの安全装置になる．ただし，充電前に適正な放電をやっておく．なお，充電時に投入した電気量がすべて内部にたまっているわけではない．熱になった分を差し引いたものが放電時に発生できる．放電時にも熱となる分があるから，それを引いたものが実際に取り出せる電気量となる．

9. そのほかの注意事項

バッテリの端子部，あるいはコネクタ部の接点は，青緑色の粉をふいたり，茶色くさびたりする．接触不良で導通しないというほどでなくても，電圧降下を起こすことが多い．常に端子をきれいに保つようにしたい．

また，バッテリは低温には弱いので，冬は使用前(および充電前)に温めてやるくらいの配慮があるとよい．

4.6 これが使えるプラスチック材料だ

プラスチック材料をうまく使うと，ロボットの軽量化を大いに促進できる．ロボコンなどの製作では，プラスチック材料の材質を指定して購入するというよりは，身近な材料を流用することが多いだろう．そこで，どんなプラスチックがどこに使われ，どんな特徴があるのか，端的にいえば「使えるのか」を説明しよう．

これらのうち，板状の材料として一般に市販されているのは，アクリルとポリスチレン(プラ板)であろう．実はこの2つだけが良好に接着できるプラスチックである．なお，CDケースは透明でアクリルのように見えるが，アクリルではなくポリスチレンである．

棒材として市販されているデルリンは，接着性には難があるが，摩擦が少なく，すべり部分に好適である．

身近にあるペットボトルや食品容器類は，割れにくい丈夫な材料であるが，接着性が悪いので，ねじ止めなどで組み立てるようにしなければならない．

表1 使えるプラスチック材料

材料名[略号]	比重	用途	性質など
ポリエチレン[PE]	0.92～0.95	スプレー缶のふた，ポリバケツ，食品容器のふた	接着不可
ポリプロピレン[PP]	0.90～0.92	食品容器の本体	半透明のみ(透明のものはなし)．接着不可
ポリスチレン[PS]	1.05	プラモデル，透明CDケース，プラ板として市販	良接着性
ABS(アクリロニトリル＋ブタジエン＋スチレンの略)		はさみの持ち手, 電話器のボディ, LEGOの主原料	溶剤に溶けにくいがアクリル用接着剤で溶かしてつけることができる
ポリメタクリル酸メチル[PMMA](アクリル樹脂)	1.19	看板，照明カバー	透明度が一番高い．溶剤に溶け，接着性良．割れやすい．溝入れによる切断可．ドリル穴あけ，旋盤などによる切削性が良好(ただし溶けないように低速で)．熱して曲げられる
ポリ塩化ビニル[PVC]	1.4	水道管，電線被覆材，ビニルシート	専用接着剤使用(普通の接着剤では接着不可)
ポリアセタール(デルリン，ジュラコン)		歯車	摩擦係数が小，高耐摩耗性，難接着性，旋盤やフライス盤で容易に切削加工可，ヤスリがけはしにくい
ポリアミド(ナイロン)		歯車	吸水性あり(水のある所では使用不可)
ポリカーボネート[PC]		CDなどのディスク，めがねレンズ，樹脂ねじ	高強度で割れにくい
ポリエチレンテレフタレート[PET]	1.34	ペットボトル	割れにくい
ポリウレタン(鎖に窒素を含むウレタン結合のある樹脂の総称)		タイミングベルト(ゴム製もある)(いわゆる「スポンジ」は発泡ポリウレタンである)	プラスチックとゴムの中間の弾性

4.7 これが接着剤の使い方だ

接着剤は，それぞれの特性を知って適材適所に使用し，設計段階から接着組み立ての強度や作業性を考えておくとよい．もちろん，まずはパッケージの表示をよく読んで使うのが基本である

1. 接着の原理

接着の原理というのは，完全には解明されていない．それでも，だいたい表1のように分類できる．

実際には，これらの相乗効果で接着できているものが多いと考えられている．溶け合ってくっつくのは，溶接と同じように，ほとんど一体になっているような強度が得られる．次に強い化学結合は，材料の分子と接着剤の分子の＋と－の部分が引き合うことで結合するものである．だから，分子に極性のない材料は接着しにくい．たとえば，ポリエチレン，ポリプロピレン，ブタジエンゴムは，炭素分子の鎖のまわりに水素がついているだけで，陰性の大きな原子がないので接着しにくい．

また，接着しやすいかどうかは材料の濡れ性に大きく依存する．水も油もはじくような樹脂は，タイヤやバケツなどの材料としては汚れがつかなくて都合がいいのだが，接着剤もつかないわけである．

2. 硬化の原理

接着剤が硬化する原理は，

①乾いて固まるタイプ：木工用，ゴム系，プラモデル用，ビニル用

表1 接着の原理

最強	溶け合ってくっつく	溶剤入りのタイプ	プラモデル用
↕	化学結合でくっつく	極性分子が引き合う	エポキシ系
	しみこんでくっつく	投錨効果	木工用
あまり強くない	分子間力(ファンデルワールス力)でくっつく		ホットメルト

②化学反応で固まるタイプ：エポキシ，瞬間接着剤，スーパーX，ねじロック

③冷えて固まるタイプ：ホットメルト

の3つに大別できる．

乾いて固まるタイプは，水や溶剤が蒸発すると，溶けていた樹脂成分が固まるのである．水溶性のタイプは気温が低いと蒸発しにくい．

化学反応タイプでは，エポキシや充填用パテのように硬化剤を入れるものは，しつこいくらいによく攪拌するのがコツである．

一方，瞬間接着剤やスーパーXは，空気中の水分と反応して硬化するから，速く硬化させたいときはハーっと息を吹きかけるのも手である．またこのタイプは盛り上げるように厚く塗ると，空気に接触する表面だけが硬化して，なかなか中まで固まらない．ねじロック剤は，酸素が遮断されると硬化するので，空気に触れないほうがよい．息を吹きかけるのは逆効果である．

冷えて固まるタイプは硬化が速くて便利だが接着力は弱い．

3. それぞれの接着剤の特徴

多用途弾性型　比較的新しいタイプで，スーパーXなどの商品名で市販されている．シリコーン樹脂が水分と結合して硬化するものである．色は白，黒，透明など選択できる．硬化後も弾力性が残るので，そのつもりで設計する必要がある．

瞬間接着剤　バラバラの分子(液体)が水を触媒にして結合して樹脂(固体)になるものである．通常は硬化するとかたくなるが，釣り具用の瞬間接着剤は弾性がある．またこの釣り具用は白い粉ふきがないため，透明部分などをきれいに仕上げることができる．

木工用ボンド　ビニルエマルションといって，水に酢酸ビニル(樹脂)がコロイド状に混ざっている．一般的なものは白くて，硬化するとほぼ透明になる．硬化後も弾力性がある．一方，アメリカでイエローボンドと呼ばれる黄色のものは，硬化するとかたくなるので，ヤスリがけがしやすい．また，耐水性のあるものも市販されているから，必要に応じて使うとよい．

エポキシ系　2つの液を同量混合して化学反応で硬化するタイプである．硬化時に体積が変わらないので，充填剤としても使える．強度に関しては，即硬化型よりも長時間型のほうが，かなり強い．つまり，とくに高強度を要求するならば，5分や15分というような表示のものでなく，6時間や24時間のタイプを使うとよい．硬化時には化学反応で若干発熱するので，大量に混ぜるときは注意したほうがよい．

プラモデル・アクリル用の溶剤タイプ　有機溶剤によって材料を少し溶かして接着するので，とても強力につけられる．上手につければ透明部分などもきれいに仕上げられる．

ホットメルト　何でも適度につくが強度は高くない．隙間を埋める充填的な用途に好適である．

ゴム系　ゴムを溶剤に溶かしたもので，この溶剤に溶ける材料に使用すれば接着強度は非常に高い．両面に塗布して半乾きの状態で圧着する．スプレーのりもこのタイプである．

タイル・コンクリート用　シリコーン樹脂が主成分で，硬化後も弾力がある．

ねじロック剤　低強度のものがねじのロック用，高強度のものがはめ合い部の固定用として市販されている．低粘性で浸透しやすいものから，高粘性で盛り上げやすいものまで，種類が豊富である．空気が遮断された状態で金属に触れると硬化する．

ビニル用　酢酸ビニルや塩化ビニル等の樹脂を有機溶剤に溶解したもので，ビニル専用である．

各種専用プライマ　ポリエチレン，ジュラコン，デルリンなどは接着しにくいが，接着前に専用のプライマを塗布すると接着剤のつきがよくなる．

4. 接着剤を使う設計

接着は，ねじのような突起もなく，スマートな接合であるから，その特性を知って設計すれば，ロボットの構造をコンパクトにできる．

接着剤を使う組み立てをするときは，接着面がはがれにくい構造にすることが大事である．図1(a)のように，端から引きはがれるようなのはよくない．ただし，弾力性のある接着剤の場合は，粘りがあるので，いくらかましである．また，図1(b)のように，てこの原理で大きな引きはがし力がかかるのもよくない．また，弾性のある接着剤では，図1(c)のように表面に貼りつけたものに，剪断(横ずれ)力がかかるのもよくない．一番よい使い方は，図1(d)のように，はめ込み部分が抜けてこないように使うことである．

はめ込む部分に接着剤を使うときは，隙間が必要である．プラモデル用や瞬間接着剤のように浸透性の高い，粘性の低いものなら0.1 mm程度の小さめの隙間でよい．組み立てた状態で端から隙間に浸透させることができる．一方，エポキシ系のように粘性の高いものには，0.3 mm程度の大きめの隙間が必要である．塗布してから組みつける．

5. 接着剤のはがし方

接着接合は，ねじ接合と違って分解不可能になることが多い．それでも，修理などで，はがす必要があるとき

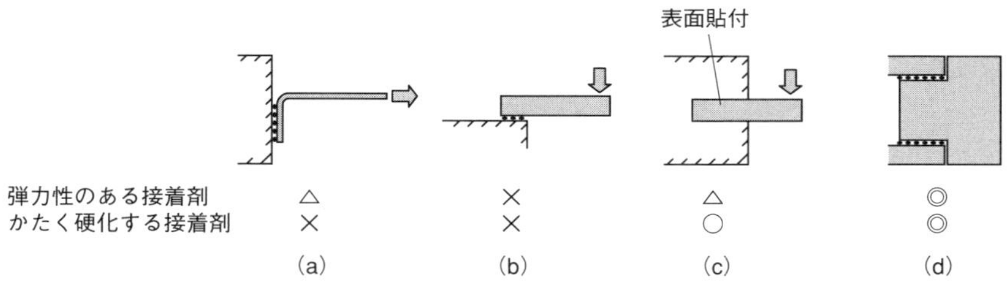

図1 接着剤を使う設計

	(a)	(b)	(c)	(d)
弾力性のある接着剤	△	×	△	◎
かたく硬化する接着剤	×	×	○	◎

は，次のように試みるとよい．
①再び溶剤に溶かす：木工用ボンドは水にひたして，じっと待っていればとれてくる．
②加熱する：瞬間接着剤はハンダゴテで加熱すると，すぐとれる．
③ナイフで切断：エポキシ，スーパーXなど厚みのある場合には，カッターナイフで切り離すのもよい．
なお，各種のはがし剤も市販されているので適宜利用するとよい．

5 創造設計の虎の巻編

5.1 これがねじ止めの正しい設計だ

ねじ止め式の組み立ては，簡単に組みつけられ，いつでも外すことができるからロボットの試作などにはとても便利である．ねじ止め部分の設計は「ねじ剪断（横ずれ）はダメ，ねじ引っ張りがよい」と思えばよい．

なぜかを説明する前に，ねじ止め以外の組み立てといえば，フックが引っかかるようなはめ込み，軸などの圧入，接着，ハトメのようなかしめ止め，金属なら溶接，木材なら釘打ちなどであろう．多くの場合，接合力に方向性がある．たとえば，釘打ちの場合，引き抜く方向にはあまり強くないが，横ずれの方向には強い．では，話をもどして，ねじの場合はどうか．

ねじの接合力自体は，引き抜く方向にも強いし，横ずれの方向にも強い．しかし，これは外れてしまう限界，つまり，ねじが抜けるとか，ちぎれてしまう限界を考えたものである．位置決め剛性という意味では違う．図1(a)のように引き抜く方向にはビクとも動かないのに対して，横ずれ方向には比較的弱い力で動いてしまう．だから，ねじ止めで，ずれ方向の大きな力を受けようとする設計はよくない．また，ねじに対して横方向の位置決めは，ねじ穴のゆるさ（通常バカ穴と呼ぶ大きめの穴をあける）程度の誤差が生じるから，精密位置決めとはいえない．それを逆手にとって位置調整を行うことができるくらいである．精密位置決めをするには図1(b)のような段付きにするとよい．つまり，もともとはめ込み式にして，

図1 横ずれ力がかかるときのねじ止め
(a) × (b) ◎ (c) ○ (d) × (e) ×

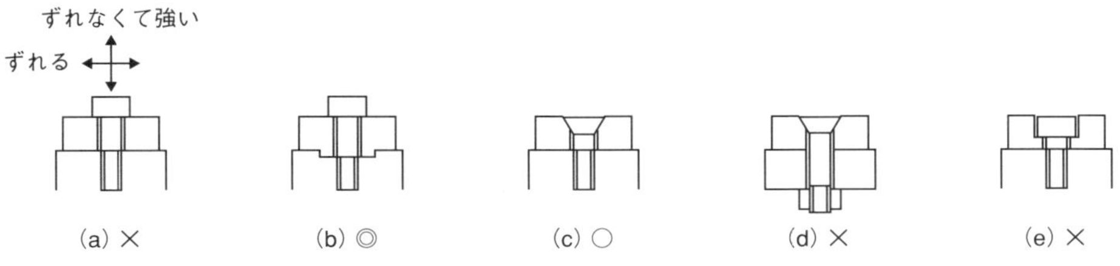

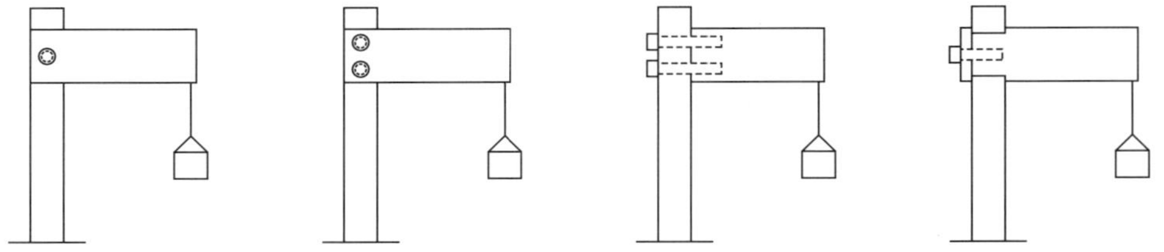

図2 ねじにかかる力を考えたねじ止め

抜け防止にねじ止めするくらいの設計がよい．

なお，裏技として，図1(c)のように，皿ねじ＋タッピングとする(ナットを使わない)と，頭部の円錐部分は比較的しっかり位置決めされ，バカ穴のゆるさは影響しない．ただし，図1(d)のように，ナットを使っては，その恩恵は受けられない．また，図1(d)のように六角穴付きボルト(キャップスクリュー)を埋め込み式にするのは，見かけがよくなるので推奨するが，横ずれ防止の効果はない．また，頭が六角のボルトを埋め込み式にすると，スパナで回せず，ソケットレンチを使うことになる．そのためのへこみ径が大きくなるのでスマートでない．

ところで，図2(a)のような，ねじ1本の接合で，そのねじ軸回りの回転を止めようとする設計がよくないのは，常識だろう．きつく締めておいても，取り付けたもの自体をねじがゆるむ方向に回せば，容易に回ってしまう．図2(b)は，ねじ2本だが，ねじに大きな剪断力がかかるから，上記の「よくない設計」に相当する．すぐにガタガタずれるようになってしまうのが予想できるだろう．これはねじの本数を3本とか4本に増やしても同じである．ねじに剪断力よりも引張力がかかるようにするには，図2(c)のように，突き当て型にすればよい．それでも，ねじに大きな力がかかりすぎる．ほんとうは図2(d)のように，差し込み式にして，抜け止めにねじを使いたいところである．

ねじの太さをどうするか，悩むことも多いだろう．もちろん太いほうが強固に接合できるが，頭が大きくてじゃまだったりする．また，タッピングする部材の厚さが不足しているときは，太いねじよりも細いほうがかえってよかったりする．引っ張り方向には，だいたいM3のスチール(鋼鉄)のねじで100 kgfぐらい押さえられる．締め付けトルクで0.8 kgf·cmに相当する(2π トルク＝張力・ねじのリード．☞本書姉妹編「はじめてのロボット創造設計」p.197)が，実際には摩擦があるためこれの5〜6倍のトルクになる．

JIS規格では，ねじの強度区分は$A.B$という数字で表し，100A N(ニュートン)/mm^{2}の破断強度，そのB割が耐力(下降伏点＝延びが0.2％残る)である．スチールのねじは4.6とか4.8が多く，400 N/mm^{2}の破断強度がある．ボルトの頭に4.6Tなどと書いてある．もっと強い600，800 N/mm^{2}のもある．耐力は，その6〜8割という規格になっている．この応力値(圧力の単位)は，ねじの［外径－ピッチ×0.94］の直径で計算される有効断面積と呼ぶ面積を掛けて張力を出すようになっている．400(N/mm^2)×M3ねじの有効断面積(mm^2)×0.6≒1220 Nに余裕をもたせたのが上記の100 kgf(＝980 N)である．

ねじの材質は上記のスチール(金色に表面処理されたものが多い)のほか，クロムモリブデン鋼(いわゆるクロモリ，黒い六角穴付きボルト)，黄銅(真ちゅう，ニッケルメッキされている，小なべねじに多い)，ステンレス，アルミニウム，樹脂がある．クロムモリブデン鋼は800 N/mm^{2}以上の規格だから上記のスチールの2倍，黄銅は6割，ステンレスはほぼ同等，アルミニウムは1/2，樹脂は1/8という目安である．

さて，ねじの締め付け力(強度)は有効断面積に比例するわけだから，ほぼ，ねじ径の2乗に比例する(正確には，ねじ径が大きくなるほど山の部分の比率が下がる)．M3を100 kgfとすると，M2は40 kgf，M4は180 kgf，M5は250 kgf，M6は400 kgf，M8は700 kgf，M10は1200 kgfとなる．実際，M2はM3よりずっと弱々しくしか締め付けられない．M4はM3よりずっと頑丈である．また，大きいところでは，M10のねじで出せる1トンというのが，小型バイス(万力)で出せる力の程度である．

ねじのタッピング部分の厚さは，ナットの厚さを最小値の目安にすればよい．ねじ径の0.8倍程度である．山が4〜5になる．アルミニウムなどのやわらかい材料では厚めにしたほうがよい．とくに純アルミニウム(1000系)はやわらかくて，山がダメになりやすい．できるだけジュラルミン(5000系)を使用したい．

5.2 これが位置決め設計と公差指定だ

図面上の公差指定，つまり，ある寸法をプラス何ミリからマイナス何ミリまで寸法を許容するか，というのは設計者の組み立てに対する意図を表している．図1のように，段付きの軸を穴に挿入する場合，1段目と2段目の双方で精密な位置決めをしようとしてはいけない．つまり図1(a)のような，両方がぴったりはまるつもりの公差指定ではいけない．2つの円筒部分が厳密に同心であるとはいえないから，実際には組み立てられなくなる．図1(b)のように，どちらか一方(この図では小径のほう)は，きつめの公差で位置決めをし，もう一方はゆるくしておく．あるいは，図1(c)のように一方(この図では大径のほう)は完全に大きな穴径の設計でもよい．

同様に，図2のような2本ピンの場合にも，両方をきつめのはめ合いとするのは無理である．2本のピン間隔の寸法指定は，ピンや穴の直径指定のように百分の何ミリという精度にするのはむずかしいからである．

なお，図面の書き方全般については本書姉妹編「はじめてのロボット創造設計」p.144，および「これだけは知っておきたい！機械設計製図の基本」を参照してほしい．

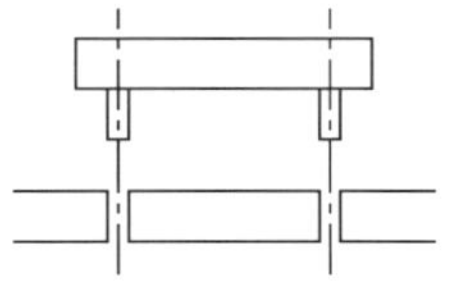

図2 2本とも精密はめ合いにするのは不可能

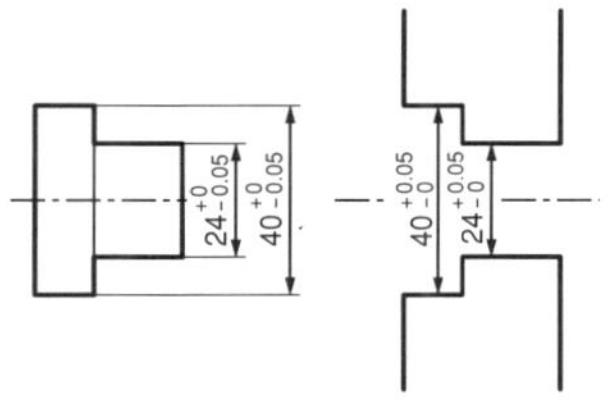

(a)2か所で精密はめ合い指定はよくない

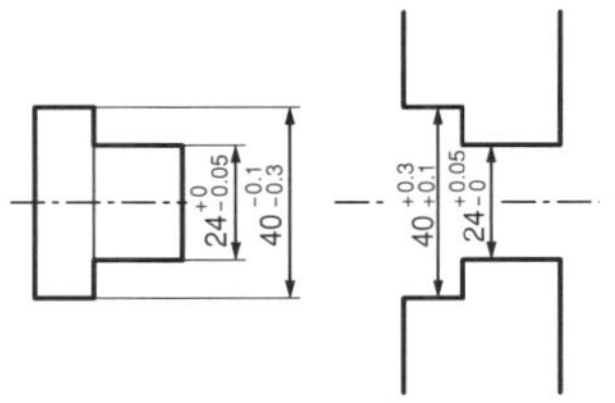

(b)一方はゆるい指定にする

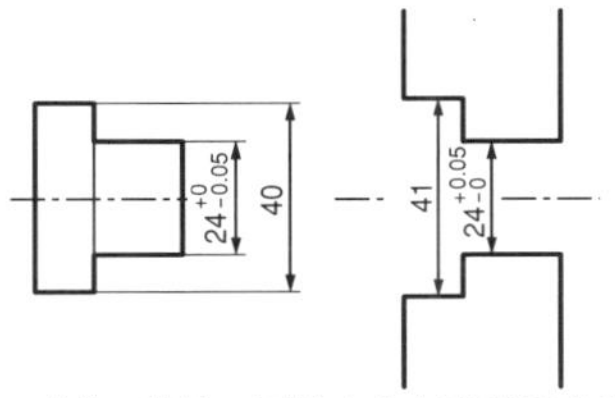

(c)一方は一回り大きな穴径にする

図1 公差指定と組み立て意図

5.3 これがマージンの設計だ

設計をするときに，余裕(マージン)をもつというのはどういうことであろうか．単に10 mmでよいところを12 mmにしておく，というのでは，余裕のほどがよくわからない．外的な条件がどれほど変化しても耐えられる設計になっているか，というのが余裕の尺度である．

代表的なマージンのとり方の例は，荷重条件である．ロボットに荷物を積むとして，10 kgと想定される荷物に対して，ロボット側は15 kgでも大丈夫なように設計する．各部材の太さ，厚さ，モータのトルク，ギアの強度などである．このくらいは，やっている場合が多いだろう．想定条件に対する設計条件の比を安全率という．10 kgの想定(仕様)に対して15 kgまで耐えられるように設計すれば，安全率は1.5である．

もっと見逃されているマージンがいろいろある．たとえば，搭載した電気回路は，電源電圧がどのくらい下がっても大丈夫か考えておいたほうがよい．よくあるトラブルで，モータが電流を使うときに電源電圧が下がって回路が誤動作することがある．

空気圧で動くロボットでは，供給圧力が少し下がっても動作するかチェックできるとよい．逆に圧力が上がった場合には，空気漏れや接続部の外れなどが起こる．ピストンやコネクタには使用圧力範囲が示されているから，これを守って使用すればよい．この場合，マージンをとることは，本来，その圧力範囲を示したメーカーが行っている．つまり使用範囲を超えてもすぐには壊れない設計になっている．なお，供給圧力が上がったために動作力や動作速度が増加して誤動作するというのは，また別の話である．このようなことのないようにマージンをもたせたい．

そのほか，温度がどのくらい上がっても大丈夫かというのも大事である．動作テスト時よりも本番では温度が高いかもしれないし，動作時間が長くなって自分自身の発熱で温度が上がるかもしれない．温度の上昇は，機械的な部材の熱膨張，デジタル回路のタイミングが間に合わなくなる，トランジスタなどのアナログ回路の電流増加を引き起こす．

逆に，温度が低いと，バッテリの電圧が下がる．回転やスライド部の粘性が増加する．また，スポンジなどの柔軟部材の弾力低下もある．

また，なかなか調べられないことであるが，想定する使用時間に対して設計上の耐用時間を考えておく必要がある．冷蔵庫が15年もつとか，自動車が10万km走るとかがその例である．ロボット競技においては，むしろ耐用時間を試合当日の運転時間程度に見きわめて，各パーツの通常の使用条件をオーバーする使い方をすることが多い．ギアやベルトがすり減ってくるなどという心配は無用である．

耐用時間については，このような摩耗のほかに，各部材の経年変化があっても大丈夫かという設計も必要である．たとえば，冷蔵庫の機械部分が平気でもドアのパッキンが硬化してボロボロになるとか，である．しばらく放置したロボットは軸がさびていたり，タイヤの弾力がなくなっていたりする．

フィードバック制御を行う場合には，ゲインのマージン，位相のマージンを設定する．マージンを計算するのでなくても，実際にゲインを上げていって発振するとこ

5.4 これが冗長性の設計だ

冗長性(redundancy)は前項のマージンとは違う．マージンはアナログ的「余分」であるが，冗長性はデジタル的「余計」である．なくてもいいものがついている状態である．では，これをどう設計するのか．脚を1本余計につける，車輪を1つ多くする，ということはしないだろう．基本は，信頼性の低い部分を2重にする，あるいは致命的になる部分を2重にする，である．

たとえば，コネクタの接点は，しばしば接触不良を起こす(微小電圧アナログ接点に多い)．そこで接点を2つ並列にする．どちらか一方だけでもつながっていれば電気が通じているわけである．しかし，ここでやっておかなければならないことは，個別チェックである．つまり，「このコネクタが導通しているな」ということを，「2つ並列状態のままで電気が通じている」というチェックですませてはいけない．すでにどちらか1つが不良かもしれない．そこで，片方の接点(の回路)を外してみて，それでも全体の電気が通じているのを確認する．つまり，外していないほうの接点が生きているというチェックをする．もちろん2つの接点それぞれについて行う．こうして，2つの接点がともに生きていることを確認したうえで使用すれば，運転中に片方が不良になっても大丈夫なのである．

同様に，4つのねじで取り付けた部品は，ねじが1つゆるんでも大丈夫なことが多い．ねじが冗長なのである．この冗長性を生かすためには，部品の取り付けにガタがないのをチェックするのではなく，4つのねじがすべて締まっていることを個別にチェックしておくべきである．

冗長性は，「それぞれの機能不良が他方を阻害しない」という前提が必要である．たとえば，バッテリを2つ並列にしたとしよう．どちらかのバッテリが電圧を発生していれば，全体として電源電圧が得られると思うだろう．しかし，バッテリの不良には短絡という事態もある．片方のバッテリが短絡したら，もう一方が正常でも，全体としてダメになってしまう．別の例として，6輪のロボットを考えよう．1つの車輪がパンクしても大丈夫だろう．しかし1つの車輪がロックしてしまったら，全体が進めなくなるだろう．電気の接点を並列にした場合でも，もし1つが焼きついて離れなくなってしまったら，全体の導通はOFFにはできない．

このような短絡あるいはロック型の不良に対しては，直列型の冗長性をもたせるか，あるいは方向性のある接続を行うと回避できる．直列型の例を見よう．バッテリを直列接続で使えば，1つが短絡しても全体の電圧は少し減るだけである．車輪のベアリングを，大きいものの中に小さいものを入れて2重にすれば，片方が異物をかみ込んでロックしても車輪は回り続ける．一方，方向性接続の例として，バッテリを並列にするときに，それぞれにダイオードを入れれば，片方が短絡しても大丈夫である．6輪車の場合は，前進しかしないと仮定すれば，それぞれの車輪にワンウェイクラッチ(自転車やソケットレンチのラチェットのようなもの)を入れれば，1つロックしても全体は前進できる．ただし，これらはどれもよい設計とは思えない．不良の種類と，それを回避する冗長性の種類の例として説明したものである．

5.5 これが安全側設計だ

「何かトラブルがあっても大事に至らない」という設計にするには，どのようなことを考えればよいだろうか．前項の冗長性をもたせることも1つの手法だが，ここではトラブルを未然に防ぐという設計をしよう．たとえば，ラジコンのロボットで，距離が遠くなって電波がとぎれたらどうするか．マニピュレータや車輪型のロボットならば，即停止でよいだろう．脚型のロボットは全脚を下ろしてから停止したほうがよい．飛行機やヘリコプタの場合はどうか．滑空して不時着してもよいが，燃料切れになったわけではないから，自動操縦で飛び続けてもよい．しかし，操縦不能の飛行は危険すぎる．そこで，電波到達限界を事前に検出しなければならない．ちょうど，携帯電話の電波強度インジケータのようなもので，インジケータ1本だけになったら警告を出して，これ以上遠くに行かないようにすればよい．つまり致命的事態に対しては，それを事前に検出して回避するのがよい．

これは，電池切れも同様である．事前に電圧低下を検出して対応策をとらなければいけない．ノートパソコンは，このことを非常にうまくやっている．

もう1つの方法は，致命的事態に対して，予備あるいは余力を用意しておくことである．電波が切れたら(受信側からの返答がなくなるなどを検出して)出力をアップすればよい．電池がなくなったら，予備の電池に切り換える．ガソリンが切れたらバイクのようにリザーブタンクのガソリンを使う．ただし，何も検出装置なしでは，予備に切り換える前に1回，切れた状態になってしまうが．

ところで，バッテリの電圧が下がってきたときに，モータは元気よく回るのに，回路が誤動作して暴走するのでは困る．指令を出す側(制御回路)の電圧は，指令を受ける側(モータ駆動)の電圧よりも，トラブルが起きたときの危険度が大きいと考えるとよい．

5.6 これがヒステリシスの生かし方だ

ある入力に対して，図1(a)のように，出力値が入力の値だけでなく変化の方向に依存するような特性を，ヒステリシス特性という．つまり，入力の過去の履歴が出力に影響するわけである．通常は，履歴といっても，ずっと前のことは関係ない．余談になるが，ダイヤル式の金庫のように，右・左・右と回して数字を合わせる，つまり2回前のことが記憶されるのは特別なメカニズムである．

さて，ヒステリシス特性は，出力がデジタル(2値)の場合と，アナログ(連続値)の場合で様子が違う．デジタル出力の場合は図1(b)のように，シーソーの上でネズミが移動する状態と考えることができる．ネズミの位置が入力で，シーソーの傾きが出力である．そして，このシーソーは，ネズミの走行面は支点よりも上にあるとする．ネズミが左端から右に移動していくと，図1(b)に示した走行面の中央まできても，シーソーは左に傾いたままである．もう少し右に進んで，支点の真上にくるとシーソーが右に傾くようになる．ここで重要なのは，支点の真上にきたところで，シーソーが「つり合う」のではないことである．シーソーが右に傾き始めると，ネズミが立ち止まっていても，その位置は支点の真上より右によっていって，右が重くなるのである．このように，出力が中間値にバランスしてとどまるようなことがないため，不確実な出力が生じないという利点がある．図1(c)は，押しボタンの変位入力に対してヒステリシス特性をもつマイクロスイッチの例，図1(d)は，入力電圧に対してヒステリシス特性をもつコンパレータをオペアンプで構成

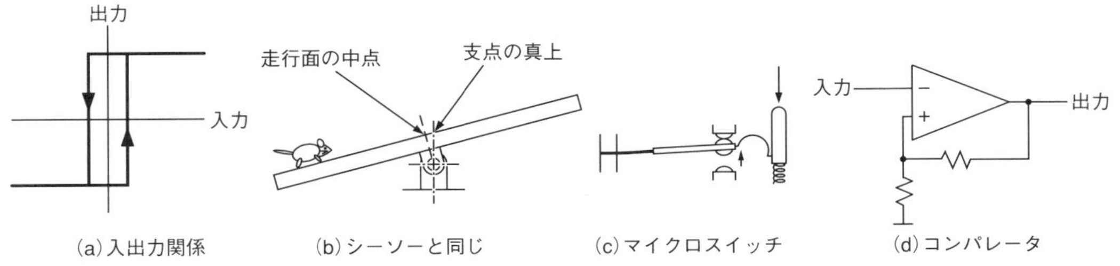

図1 デジタル出力のヒステリシス

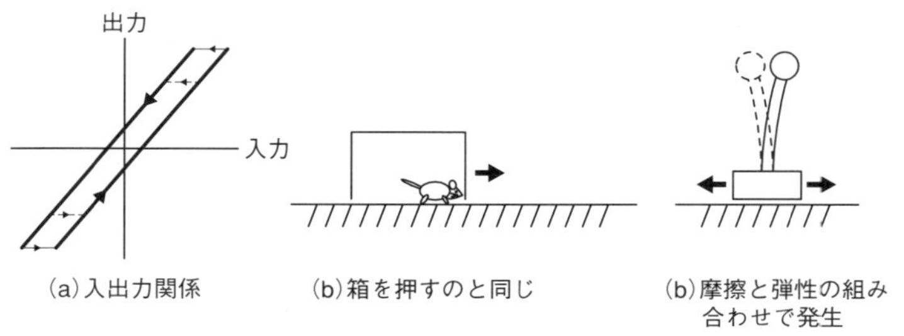

図2 アナログ出力のヒステリシス

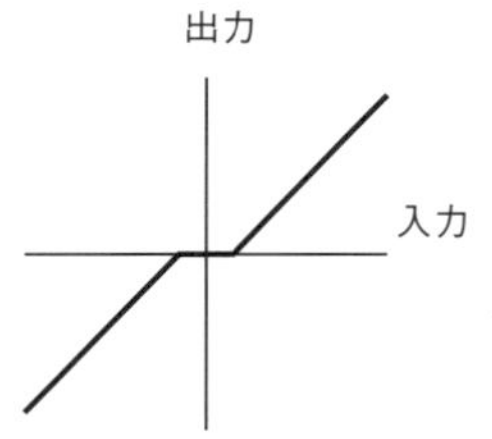

図3 ゼロ付近のふらつきをなくす不感帯

した例である．ただし，出力の上下が入力に対して反転するタイプである．出力がHレベルのときは入力と比較する基準電圧が高くなり，Lレベルのときは低くなる．

一方，アナログ出力のヒステリシス特性は，がた(ロストモーション)あるいは遊びとほぼ同義で，図2(a)のような特性になる．ここでは代表的な動作として，フルスパンの往復1回分を実線で示している．途中で入力の変化方向を変えれば，破線のように2つの太線間を移動する．これはちょうど，図2(b)のように，箱の中のネズミが壁を押して進むのに相当する．ネズミの位置が入力で，箱の位置が出力である．工作機械のねじ送り機構など，多くのメカニズムは多少の差はあれども，この特性をもつ．それは，可動部の隙間による遊びで生じるほか，摩擦と弾性の組み合わせでも生じるからである．図2(c)のように，摩擦のあるスライド部を弾力性のあるレバーで操作したとする．スライド部の摩擦力に打ち勝つだけの力をレバーから伝えるには，レバーをその分だけ変形させる必要がある．スライド方向を変えるときは，レバーの変形量の2倍(往復分)が遊びとなる．

このヒステリシスは悪者ではない．うまく利用すれば恩恵がある．例としては，タンク内にポンプで給水し，水位が規定に達したら注水をストップする機構に使う．たとえば，水位100 cmで注水をストップしたら，その後少し水位が下がっても補給水しない．そうしないと100 cm近傍でポンプのON/OFFが繰り返されることになる．そこで，給水再開は，たとえば水位が95 cmに下がったら行う．ポンプではないが，トイレのタンク給水も，このようなヒステリシス特性をもたせてある．フロートが規定高さに達してバルブが閉じ始めると，水圧でさらに押し上げられて，完全にバルブが閉じ，再びバルブが開く境界点は，だいぶ水位が下がったところになっている．このように，アナログ入力をデジタルに変換するときに，デジタル出力がバタバタと細かく変化しないようにするのに有効である．だから，前出のマイクロスイッチもヒステリシス特性をもたせてある．

なお，入出力ともにデジタルで，出力がバタバタしないようにするには，ローパスフィルタを入れる．入力を1回ONするだけだと，ちょうど時間遅れが生じたように少し遅れて出力がONになる．飛行機の座席の読書灯がそうなっている．

また，入出力ともにアナログで，出力のゼロ点付近でのふらつきをなくすためには，不感帯をつくる．図3のように，入力がゼロ近傍で少し変化しても，出力がゼロのままになるようにする．ラジコンのジョイスティックなどの操縦系に用いられる．ただし，出力のゼロ点はきちんと調整しておかなければならない．

5.7 これが優れたメカニズム創造のヒントだ

高性能で信頼性の高いメカニズムはどうあるべきか，そのヒントを紹介しよう．ロボット創造では，静的な剛性や強度も重要であるが，ここでは動きをつくるメカニズムの部分に注目して説明する．「気持ちのよいスムーズな動きのメカ」を目指して設計したい．

1. どんなに制御法が優れていてもメカニズム自体のもつ基本的な適応能力が高いのがよい

空間で自由な位置と姿勢がとれる6自由度マニピュレータでも，その機構設計しだいで，高性能にもなり，使い物にならないようなダメ設計もありうる．メカニズム自体が必要とされる速度・加速度および力を十分発生でき，あるいは外力による運動が十分高速でスムーズに行えることが大事である．たとえば，車のサスペンションをアクティブなものにするとして，アクチュエータが力を発生して変位を生み出すのだから，制御法がよければ高性能になる，と過信するのはまちがいである．メカニズムのもつ高速追従性のよしあしは，ほかではカバーできない．

①運動部分の質量が小さいのがよい

基本の第一は，運動部分の質量を小さくすることである．高速運動発生の要である．

②摩擦が小さいのがよい

アクチュエータで動かすにせよ，外力に追従するにせよ，摩擦は小さいほうがよい．摩擦で振動抑制をしている状態になっているメカニズムもあるが，粘性はよしとしても，すべり摩擦は素性がよくない．

③すなおな運動学特性がよい

マニピュレータも車のサスペンションも，広い可動範囲をもち，その範囲内での特性がすなおなのがよい．特性に方向性をもたせたり，特異点をあえて使う場合には，次項も大事である

④変形しないのがよい

ばねなどの変形する要素と，リンクやガイドのような変形するべきでない要素の剛性比を十分にとりたい．もちろんとっているつもりでも，高速な運動では慣性によってリンクが曲がる，軸がぶれるといった可能性がある．

2. 調整・制御を受け入れる素性のいいメカニズムがよい

①メカニズム自身で安定状態に向かう能力と，制御による安定状態に向かう操作受け入れを両立したものがよい

メカニズム自体で安定性をもたせるのは，おもに高速応答領域，制御で安定性をもたせるのは比較的ゆっくりした時間レベルにするとよい．飛行機は基本的に安定して直進するようにできているし，ヘリコプタもロータ部の工夫によって姿勢を保つ特性をもたせている．

②調整・制御のための力が小さいのがよい

制御の指令をアクチュエータが実行するとき，その実行のための力が小さいほうがよい．脚や腕が力を出すようなときはしかたないとしても，たとえば，図1のように，空気吹き出し口に，流れに逆らうようにふたをするのは，作動のために余計な力がいる悪い例である．これとは逆に，メインの動力で調整力が適度に補助されるのもよい．自転車の後輪ドラムブレーキは，前進する力でブレーキ力が強まるようになっている．

③調整部分のヒステリシスの小さいものがよい

図1 大きな作動力が必要な制御部の構造はよくない

アクチュエータや手動で操作する部分にヒステリシスがあると非常に調整しにくい．たとえば，自転車のチェーン掛け替えタイプの変速機では，レバーの位置と変速段の位置がなかなかうまく合いにくい．また，車のブレーキにヒステリシスがあったらコントロールしにくいだろう．ギターの弦の張り具合で音程を調律するのは，ヒステリシスがほぼないから，やりやすいのである．

3. 再現性の高いメカニズムがよい

動作が安定していて，カオス的な(やるたびに違うことが起きる)状況のないものがよい．ラジオなどの引き伸ばし式ロッドアンテナは，押し縮めるときに常に先から縮むだろうか．摩擦の微妙な具合によって中央部が先に縮んだりする．

①静止摩擦からすべり摩擦への移行は動作を不確実なものにすることが多い

ロボットに1 mm動けという指令を出すのは，なかなか酷なことである．それは動き出すためには静止摩擦力に打ち勝つ大きな力がいるのに，動き出したら1 mm行かないうちに止めなければならないからである．これを避けるための手段を紹介しよう．

常に動かし続ける　たとえば，チューブの中のワイヤを常に振動させて，静止摩擦をつくらないようにする．

微小な動きをあえて大きな動作の差でつくる　10 mm進んで9 mmもどれば，1 mmの移動になる．また，冗長マニピュレータ(☞第1部「2.9 冗長自由度マニピュレータ」)なら，根元を10 mm分進めて，先のほうを9 mm分もどすのでもよい．

遊びを利用して移行が徐々に起こるようにする　貨物列車が，まったく一体のものだったら，すべての車両を一気に静止摩擦からすべり摩擦へと移行させなければならない．しかし，連結部に遊びがあるので，機関車のすぐ後の車両から順に動き出していく．

②引っかかって動かない状態と，着実な保持の状態とは雲泥の差がある

摩擦や引っかかりでかろうじて保っているような中間的状態はできるだけ避けたほうがよい．

③摩擦力が少し増えても動作するのがよい

油をさして，ごまかして調子を出すようなのはよくない．とくに小さなメカニズムは油の粘性で動きが悪くなることさえある．また基本的に，力がかかっているものを横すべりさせる構造はよくない．たとえば，ドアを開けようとして力をかけているとカギを開けられない．

4. 外乱に強いスムーズな動きのメカニズムがよい

①モーメントは広い間隔で受ける

軸を片持ち支持するのは力の作用点が支持部に近接する場合にかぎる．たとえば，風が強いときは両手でかさを持つ．かさの上部の突起をもてば両端支持になるが，それは現実的ではないので，片持ち支持の中でも作用点と支持点を近くするためには，柄の上のほうを持つとよ

い．実際のメカニズムでは，曲げを受ける軸は軸受け間隔を広くする，リニアガイドの台車を2連にする，などの工夫である．

②余計な並進力やモーメントを生み出さない

小さすぎるギアで大きなモーメントを出そうとすると，大きな並進力が付随して発生する．直動では，ねじやベルトなどの推進軸とリニアガイドなどの間隔を広くすると，直動並進力に付随して大きなモーメントが発生する．いずれもできるだけ避けるべきである．

③力がかかったときの変形を上手に受け入れる

たとえば，車輪と胴体の間には，車軸がたわんだときにも両者が接触しないだけの隙間をつくっておく．

④精度不足に強くする

長い距離の軸受け間精度を要求しないほうがよい．軸の支持は組み立て誤差や軸のたわみを考慮して，一方で軸方向並進力を受け，もう一方は位置のみ決めるようにする．ボールねじの支持も同様である．よくある不具合で，「組み立てのためのねじを締めていくと動きが渋くなってくる」というのは，途中に組み立て部分がある遠く離れた部分の相対精度を要求するメカニズムだからである．ここでいう，「遠く離れた」という意味は実際の直線距離ではなく，メカニズムのつながりをたどっていったときに，道のりが長いということである．たとえば，部屋のドアの扉側のラッチと枠側の穴とは，距離はすぐ近くだけれども，道のりは遠い．

⑤振動に強くする

重力を過信しないほうがよい．レールと車輪，カムとフォロワのような押し当てる機構は，重力ではなく，ばねで押さえつけたほうがよい．また，ドアのラッチ部分やボールペンのノックのようなメカニズムのばねは，弱くしすぎないほうがよい．これは摺動部分の摩擦が増えたときの対策にもなる．

⑥遊びをうまく入れる

メカニズムは遊び(間隙)なしでは動かない．遊びは必要悪である．遊びを回転の根元につくると先端が大きくぶれてよくない．回転の遊びが必要でも軸ぶれの遊びは必要ないことが多い．ハンドル回転の遊びは必要だが，上下左右にはぶれないほうがよい．

⑦ヒステリシスを上手に使う

着実な切り換え動作を行うのに有効である(☞ 5.6 これがヒステリシスの生かし方だ)．

⑧かたい材料をうまく使う

小さな部分に力が集中するような機構のときは，強度の高い材料を使う．変形すると動きが渋くなることが多いから，ヤング率(弾性変形の係数)の大きな材料を使って変形を小さく抑える．

⑨潤滑する所と乾いているべき所を分ける

たとえばCDプレーヤのトレイはスライド部は油をつけて潤滑し，駆動するゴムベルト・プーリは摩擦が得られるように油を排除して乾いている状態に保つ．プーリ軸受けの潤滑油がベルトのかかる円周部に飛び散らないようにする．

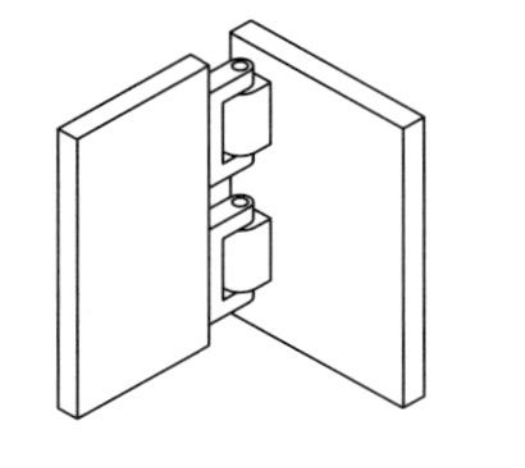

図2 過拘束なので2軸が一直線でないと動かない

5. メカニズムの拘束自由度を考える

ある可動部分(剛体とする)が運動をするように支持されているとき，それぞれの支持部を「拘束を与えるもの」とみなして，その拘束自由度数を考えてみよう．たとえば，単純な回転ジョイントである蝶番(ちょうつがい)は，1自由度の運動を生じさせるために残りの5自由度を拘束している．扉1枚に蝶番1つなら，5自由度拘束である．しかし，多くの場合，図2のように蝶番が2つついているだろう．拘束自由度数が10になる．このような状態を過拘束と呼ぶことにしよう．

過拘束のメカニズムは，何らかの特殊な状態を保っているから，全体として運動の自由度が残っているのである．上記の蝶番2つは，軸が一直線になっていなければならない．その分，組み立て精度が要求される．通常は調整しながら組み立てることになる．

さて，過拘束のメカニズムは変形に弱い．支持部分が複数あるから力が分散するので本来は変形しにくいが，力がかかって変形したときは内力が発生し動きが渋くなる．精度の悪い加工・組み立て，あるいは熱膨張でも同じく動きが渋くなる．たとえば，引き戸タイプの窓のレールが上下ともピッタリのガイドレールだったら，窓が変形したら動かないし，建物側の枠がわずかに変形しても動かない．

また，空間内の平面的4節リンクは，運動の自由度(☞ 本書姉妹編「はじめてのロボット創造設計」p.141)を計算すると4×6−4×5−6＝−2となる．つまり，過拘束である．4軸が平行，つまり，3自由度分が特別な状態でなければ動かない．力がかかって部材がねじれたりすると，軸が平行でなくなり，スムーズに運動しなくなる．

過拘束は，蝶番2つのように，単に1つの軸に2つの軸受けだけでも生じる．モータの2つの軸受けもそうである．また，解決法としては，以下のようなものが考えられる．

a)ころがり軸受け(ボールやローラ入り)を使って，過拘束の内力を渋さに変えにくくする．

b) 遊びで変形を許容する．軸と軸受けの間の隙間をつくる．

c) 半拘束を利用する．押す力は出せるが引く力は出せない状態を半拘束と呼ぶことにする．たとえば，レールにローラが乗っている引き出しのスライド機構などである．

6. 自己倍力・脱力(リーディング・トレーリング)をうまく利用する

たとえば，図3のように，穴に板ばねの突っ張りをするとしよう．これは，入れるときスムーズか引くときスムーズか．この図だと，入れるのはスムーズだが，引き抜こうとすると，引っかかってしまうだろう．すなおに進む向きをトレーリング，突っ張ってしまう向きをリーディングという．同様に，薄い紙でカバーした本を棚に入れるとしよう．押し入れるのは引っかかりやすいが引き出すのはスムーズである．

また，穴にほぼ同径のやわらかい棒を入れるとしよう．押し込もうとすると太くなるから渋い．それに対して引き抜くのは細くなるからスムーズである．また，曲がった穴にワイヤを入れるとしよう．押し込もうとしてもクネクネ固まってつっかえてしまう．引くときも，曲がった部分の内側壁面に押し当てられて摩擦が生じるようになり，引けば引くほど押し当て力が強くなり摩擦が増加して引き出せないこともある．いわゆる倍力効果が働いている．

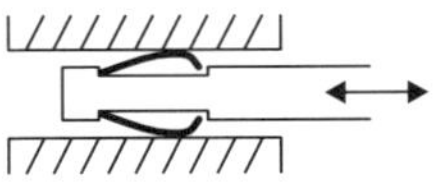

図3 押すのは楽だが引き抜きにくい

このようなリーディングとトレーリングの状態を考慮し，できればこれをうまく利用して設計したい．

7. 可動範囲限界を設計する(接触部を設計する)

マニピュレータや脚の関節可動角の限界は，どこかが接触して止まるところである．この接触部分，つまりストッパをきちんと設計しておくとよい．回転型関節の場合，ストッパは駆動部の近くがよい．当たったときに過大な力がかからないよう，駆動軸からある程度の半径をもつ位置とし，部材をねじるような力がかからないように，駆動部(ギアなど)の平面に近いほうがよい．

直動関節の場合は，駆動しているねじやベルトの近くがよい．あるいはねじ・ベルト自体につけるのもよい．

複数軸の角度が関係して接触が起こる場合もある．2足ロボットの右足と左足が接触するなどである．これは，単純なストッパでは防げないし，当たる場所が定まらないのでむずかしい．

なお，可動範囲限界にリミットスイッチをつけ，そこでモータを停止させるようにしてあるからといって，過信してはいけない．電源を入れないで手動で動かしてみるとか，輸送中に外力がかかって動いてしまうこともある．やはりストッパは必要である．

8. 一体成形を上手に使う

通常なら複数の部品の組み立て式にするようなものを，いわゆる削り出し加工で，1つの部材として設計すると，いくつかの利点がある．

a) 精度が高い．穴あけを通しで行うため軸の同心度がよい．

b) 接合のためのねじがいらないので，小さくできることが多い．

c) 十分な削り込みができる．棒材のように一定の太さではなく，力のかかり具合に応じて，根元は太く先端は細くなど，太さを最適化でき，軽量化ができる．

しかし，なかなか板金組み立て式より軽くならないのが現実である．また当然，加工コストは高くなる．一体成形の複雑な部品は，加工方法を想定して設計する必要がある．たとえば，フライス盤でエンドミルを当てる方向を考えて角のR(丸み)をつける．貫通して抜ける形状ならワイヤカット放電加工ができる．行き止まり穴の四角い角は型彫放電加工(電極を加工形状につくって放電させながら彫り沈めていく)でないと加工できない，などである．

9. 耐衝撃性を考える

メカニズム中には衝突というほどでなくても，ばね仕掛け装置のストッパなど，衝撃的な力のかかる部分が多い．脚型ロボットの動歩行では2G，つまり静加重の約2倍の荷重がかかると思えばよい．

もっと衝突的なものは，100Gくらいが目安となる．これは，1mの高さからものを落として1cmへこんで止まるときの加速度である．つまり1G(重力)で1mのあいだ加速して得られた速度を1cmの距離でゼロにもどすための減速はマイナス100Gとなる．だから，衝撃力を小さくするには，へこみ量を大きくすればよいのである．すでに当然のようにやわらかい材料で衝撃をやわらげていると思う．

索引

な行

は行

ま行

や行

ら行

わ行

数字・欧文

著者紹介

米田　完（工学博士）

1987年　東京工業大学大学院理工学研究科物理学専攻修了

現　在　千葉工業大学先進工学部未来ロボティクス学科　教授

大隅　久（工学博士）

1987年　東京大学大学院工学系研究科精密機械工学専攻修了

現　在　中央大学理工学部精密機械工学科　教授

坪内孝司（工学博士）

1988年　筑波大学大学院工学研究科電子・情報工学専攻修了

現　在　筑波大学システム情報系知能機能工学域　教授

NDC 548　222 p　26 cm

ここが知りたいロボット創造設計

2005年 9月20日　第1刷発行
2021年 2月 2日　第7刷発行

著　者　米田　完・大隅　久・坪内孝司

発行者　鈴木章一

発行所　株式会社　講談社

〒112-8001 東京都文京区音羽 2-12-21
販　売　(03) 5395-4415
業　務　(03) 5395-3615

編　集　株式会社　講談社サイエンティフィク

代表　堀越俊一

〒162-0825 東京都新宿区神楽坂 2-14　ノービィビル
編　集　(03) 3235-3701

印刷所　株式会社双文社印刷・半七写真印刷工業株式会社

製本所　株式会社国宝社

落丁本・乱丁本は購入書店名を明記のうえ，講談社業務宛にお送りください．送料小社負担にてお取替えします．なお，この本の内容についてのお問い合わせは講談社サイエンティフィク宛にお願いいたします．定価はカバーに表示してあります．

Printed in Japan

ISBN 4-06-153996-5